Personenwagen in der DDR

Herausgegeben von Achim Gaier

Schrader Verlag

ISBN 3-613-87202-1

Postfach 103743, 70032 Stuttgart
Ein Unternehmen der
Paul Pietsch Verlage GmbH + Co
2. Auflage 2000

Repro, Druck und Bindung:
Fotolito LONGO, I-39100 Bozen
Printed in Italy

Inhalt

Vorwort

Auch wenn sich die Motorpresse in der ehemaligen DDR mit der Medienvielfalt im Westen – aus bekannten Gründen – nicht messen konnte, so gab es doch ausgesprochen gute und solide recherchierte Publikationen, die auch internationalen Maßstäben genügten. Ein schönes Beispiel dafür ist das MOTOR JAHR, das im Ostberliner transpress-Verlag erschien.

Vor allem unter diesem Gesichtspunkt gibt es in diesem Sammelband viel zu entdecken. Schließlich hatte das Autoland DDR mehr zu bieten als die Wartburg- und Trabant-Typen, die auf den Straßen zwischen Zwickau und Rostock ihren typischen Zweitaktgeruch verbreiteten.
Natürlich war die Anzahl der angebotenen Personenwagentypen nicht mit dem zu vergleichen, was in Westdeutschland zur Auswahl stand. Dennoch hatte sich eine lebendige Szene entwickelt, und das MOTOR JAHR hatte Auge und Ohr am Puls der Zeit. Ob man nun die neuesten Modelle aus Zwickau oder Eisenach vorstellte oder über die Reisen in »Bruderländer« berichtete, aktuelle Lada- oder Polonez-Typen präsentierte oder eine Rückschau auf die Anfänge des Fahrzeugbaus in Ostdeutschland bot: Stets bemühten sich die Redakteure um eine ebenso lesenswerte wie exakte Darstellung. Dass die eine odere andere Passage nicht ganz frei war von zeitgenössischer Ideologie, tat dem Informationswert keinen Abbruch – und erhöht heute den Lesegenuss.

Für diesen Band unserer Reprint-Reihe wurden deshalb einige der interessantesten, im MOTOR JAHR erschienenen Beiträge ausgewählt. Allerdings: Wenn auch das MOTOR JAHR über fast alle Neuentwicklungen in der damaligen DDR und den östlichen Nachbarländern berichtete, entstand hier keine lückenlose Übersicht oder gar Typologie: In diese Auswahl konnte nur das aufgenommen werden, was seinerzeit auch im MOTOR JAHR stand. Und das ist auch heute noch ausgesprochen vielseitig und interessant.
Ich hoffe, Sie haben viel Freude daran.

Achim Gaier
Herausgeber

Horst Schlimper – Stellvertreter des Ministers für Verkehrswesen

Statt einer Einführung

25 Jahre DDR Verkehrspolitik

1 Der Minister für Verkehrswesen, Otto Arndt, übergab am 5. 10. 1971 die Autobahn Leipzig–Dresden dem Verkehr.
2 Komplexe Straßenverkehrslösung im Zentrum von Halle

1

Die Bürger der Deutschen Demokratischen Republik begehen in diesem Jahr den 25. Jahrestag der Gründung ihres Staates – des ersten deutschen Arbeiter-und-Bauern-Staates.
Ein Vierteljahrhundert ist in der Geschichte eines Volkes ein kurzer Zeitraum. Die Arbeiterklasse der DDR schuf jedoch in diesen 25 Jahren unter Führung ihrer marxistisch-leninistischen Partei mit ihren Bündnispartnern einen modernen und dynamischen sozialistischen Staat.
Im wahrsten Sinne des Wortes entwickelte sich die Deutsche Demokratische Republik aus den geistigen und materiellen Trümmerbergen, die der Faschismus nach seiner Zerschlagung durch die ruhmreiche Sowjetarmee hinterließ, zu einem leistungsfähigen Industriestaat. Sie ent-

2

wickelte sich in den 25 Jahren ihrer Existenz zu einem gleichberechtigten und unlösbaren Bestandteil der sozialistischen Staatengemeinschaft, zu einem in aller Welt geachteten und weltweit anerkannten sozialistischen Friedensstaat.
Die Ergebnisse und die Maßstäbe der Wirtschaftspolitik unserer Partei- und Staatsführung sind dank der fleißigen Arbeit aller Werktätigen in den zurückliegenden 25 Jahren auf völlig neue Dimensionen angewachsen. Das in unserem Staat produzierte Nationaleinkommen hat sich in dieser Zeit mehr als vervierfacht und beträgt jetzt jährlich mehr als 120 Milliarden Mark. Die Investitionen haben sich in der gleichen Zeit mehr als verneunfacht.

Die Bedeutung des Verkehrswesens hat im Zusammenhang mit der zunehmenden nationalen und internationalen Arbeitsteilung und Spezialisierung auf der einen sowie der Konzentration der Produktion auf der anderen Seite ständig zugenommen.
Die sozialistische ökonomische Integration, die immer breitere Durchsetzung der Prinzipien der friedlichen Koexistenz in den Beziehungen zwischen den Staaten unterschiedlicher Gesellschaftsordnung und die verschärfte ideologische Auseinandersetzung zwischen den Systemen stellt auch das Verkehrswesen unserer Gegenwart vor neue große Aufgaben.
Die Stellung des Verkehrswesens in der Volkswirtschaft der DDR wird hierbei nach dem gegenwärtigen Stand durch folgende wesentliche Proportionen charakterisiert:
Mit seinen Personenbeförderungs- und Güterverkehrsleistungen erbringt das Verkehrswesen zwischen 4 und 5 % des gesellschaftlichen Gesamtproduktes.
Etwa 4,8 % des Nationaleinkommens der DDR werden im Verkehrswesen erwirtschaftet. Von der Volkswirtschaft werden für das Verkehrswesen rund 6,4 % aller Beschäftigten und durchschnittlich mehr als 8 % der Investitionen bereitgestellt. Hinzu kommt, daß durch das Verkehrswesen etwa 25 % aller Grundfonds der Volkswirtschaft genutzt werden.
Das alles charakterisiert die hohe Verantwortung der Verkehrsschaffenden für die effektive Nutzung der von der Volkswirtschaft zur Verfügung gestellten Fonds.
Mit der volkswirtschaftlichen Entwicklung haben sich auch die Maßstäbe der Leistungen des Verkehrswesens vergrößert.
Im Reise- und Berufsverkehr haben sich im Betrachtungszeitraum die Anzahl der beförderten Personen auf rund 125 % und die Personenbeförderungsleistung auf rund 150 % erhöht. Hier ist, neben der beachtlichen Entwicklung des Flugreiseverkehrs, vor allem die Entwicklung des Kraftverkehrs hervorzuheben.
In diesem Zusammenhang muß natürlich auch die Auswirkung des vor allem in den 50er Jahren einsetzenden und in der Folgezeit stark zunehmenden Individualverkehrs auf die Entwicklung der Personenbeförderungsbedürfnisse mit öffentlichen Verkehrsmitteln gesehen werden.
Nach vorliegenden Untersuchungen betrug der Anteil der vom Verkehrswesen erbrachten Personenbeförderungsleistungen im Jahre 1950 noch rund 85 %, im Jahre 1960 rund 70 % und im Jahre 1970 rund 60 %.
In den nächsten Jahren wird sich dieser Anteil noch weiter rückläufig entwickeln, wobei durch eine ständige Verbesserung des Systems des städtischen Nahverkehrs und der Leistungsfähigkeit im Reiseverkehr der Wochenend- und Erholungsverkehr den höchsten Anteil haben wird.
Die Gütertransportmenge (t) hat sich gegenüber 1949 mehr als vervierfacht und wird sich bis 1975 annähernd verfünffacht haben. Und die Gütertransportleistung (tkm) hat sich von der Gründung der Republik bis jetzt mehr als verneunfacht.
Hinzu kommt – wie die Tabellen 1 und 2 ausweisen –, daß sich auf der Grundlage der Entwicklung der materiell-technischen Basis und der spezifischen Einsatzmöglichkeiten und -bedingungen der einzelnen Verkehrsträger deutliche Strukturverschiebungen ergeben haben.
Neben der Tatsache, daß die Statistik bis zum Jahre 1950 für die Seeschiffahrt, bis zum Jahre 1955 für die Zivile Luftfahrt und bis zum Jahre 1963 für die Erdölleitungen noch keine Transportmenge ausweist, ist vor allem das starke Anwachsen des Güterkraftverkehrs bemerkenswert.
Als ein Ergebnis dieser Strukturverschiebungen haben sich auch die relativen Anteile der einzelnen Verkehrsträger an der Gesamttransportmenge bzw. Gesamtgütertransportleistung, wie ebenfalls aus den Tabellen 1 und 2 ersichtlich, wesentlich verändert.
An den großen Leistungen in der jungen Geschichte der DDR haben auch die Werktätigen des Kraftverkehrs ihren Anteil. Das wird besonders deutlich, wenn man auf die Ausgangsbasis für den Neuaufbau des Kraftverkehrs zurückblickt.
Nach Beendigung des zweiten Weltkrieges war der größte Teil der Verkehrsanlagen und Transportmittel durch Kriegseinwirkungen zerstört. Zur Sicherung der dringendsten Versorgungsaufgaben für Industrie, Landwirtschaft und Bevölkerung mußte ein bedeutender Teil der Güter mit Kraftfahrzeugen transportiert werden. Besondere Anstrengungen unternahmen die Werktätigen der städtischen Nahverkehrsbetriebe, um den öffentlichen Verkehr in den Städten in Gang zu bringen.
Im Jahre 1945 befanden sich etwa 70 % des gesamten Fahrzeugbestandes in den Händen von Produktions- und Handelsbetrieben und rund 30 % in den Händen privater Fuhrunternehmer.

Die ersten volkseigenen Kraftverkehrsbetriebe wurden im Jahre 1949 gegründet. Sie hatten die Aufgabe, den Güterverkehr und den Arbeiterberufsverkehr mit Kraftomnibussen zu den Industrieschwerpunkten zu organisieren und durchzuführen. Die Kraftfahrzeug-Instandsetzungsbetriebe hatten zunächst die Einsatzbereitschaft der Nutzfahrzeuge zu sichern.
In den folgenden Jahren, insbesondere nach dem historischen Beschluß der II. Parteikonferenz der SED im Jahre 1952, der den planmäßigen Aufbau der Grundlagen des Sozialismus einleitete, zeichnete sich im Kraftverkehr ein Prozeß stürmischen Wachstums ab.
Der Aufbau moderner Verkehrsbetriebe, wie z. B. Karl-Marx-Stadt, Zwickau, Leipzig und Schwarze Pumpe, die ständige Erweiterung und Erneuerung des Fahrzeugbestandes, seine weitere Spezialisierung sowie die rationellste Ausnutzung der Fahrzeuge ermöglichten die kontinuierliche Entwicklung der Leistungen des Kraftverkehrs.
Begründet durch die Integration des Transportes in den technologischen Prozeß, bildeten sich insbesondere im Bauwesen und in der Landwirtschaft sowie im Handel leistungsfähige Einheiten des volkseigenen sozialistischen Werkverkehrs heraus, deren Anteil an der Transportleistung des Kraftverkehrs im Zusammenhang mit der stürmischen Entwicklung dieser Wirtschaftsbereiche ständig steigt.
Ein weiterer entscheidender Schritt zur umfassenden Lösung der Aufgaben war die verstärkte Konzentration und Kombination der Produktion des Kraftverkehrs, die Schaffung großer leistungsfähiger Wirtschaftseinheiten, die in den Jahren 1969 bis 1971 zur Bildung der Kraftverkehrskombinate führte.
Damit wurden u. a. bessere Voraussetzungen zur weiteren Entfaltung und Ausnutzung der schöpferischen Initiative der Werktätigen und zur Anwendung wissenschaftlicher Methoden der Führung und Leitung geschaffen.
Die Anwendung mathematischer Methoden unter Einbeziehung der elektronischen Datenverarbeitung hat dabei eine besondere Bedeutung.
Ausgangspunkt für das rasche Wachstum des Kraftverkehrs in der DDR war die planmäßige und stetige Entwicklung der Volkswirtschaft.
Aus der vom VIII. Parteitag formulierten Hauptaufgabe leiten sich für das Verkehrswesen und damit auch für den Kraftverkehr folgende Aufgaben ab:

- Befriedigung der Bedürfnisse im Berufs- und Reiseverkehr
- Bedarfsgerechte Durchführung des Güterverkehrs
- Realisierung der Kraftfahrzeug-Instandhaltungsaufgaben, besonders für den Individualsektor.

Besondere Bedeutung haben die ständig wachsenden Anforderungen im Personenverkehr. Hier kommt es besonders darauf an, den Berufsverkehr und städtischen Nahverkehr bedarfsgerecht, sicher und pünktlich durchzuführen.
Diese Aufgabe erfordert ein komplexes Zusammenwirken des städtischen Nahverkehrs, des Kraftverkehrs und der Deutschen Reichsbahn und die Entwicklung von geschlossenen Nahverkehrssystemen, eine langfristige verkehrspolitische Aufgabe, die schrittweise gelöst werden muß.
Durch Optimierung von Linien, Einsatz großräumiger Fahrzeugeinheiten und bessere Koordinierung der Fahrpläne wurden hier bereits beachtliche Erfolge erzielt.
In einigen Städten wurden unter der verantwortlichen Leitung der örtlichen Staatsorgane Programme zum Abbau von Verkehrsspitzen im Berufsverkehr erarbeitet, mit den betreffenden Werktätigen und der Bevölkerung beraten und erfolgreich durchgeführt. Damit werden die Kapazitäten besser ausgenutzt und die Qualität der Beförderung verbessert.
Zur Verbesserung der Versorgung der Bevölkerung mit Dienstleistungen ist die Bedarfsabdeckung bei der Instandsetzung von Personenkraftwagen und Krafträdern der Schwerpunkt. Der Zuwachs des Bedarfs ist jedoch allein durch intensive Nutzung und Entwicklung der Kfz.-Instandhaltung nicht zu beherrschen. Dazu ist es erforderlich, den volkseigenen Sektor der Kfz.-Instandhaltung zu stärken.
Andere Möglichkeiten wurden bereits in einigen Betrieben durch die Schaffung von Selbsthilfeeinrichtungen (Bereitstellung von vorhandenen Werkstätten, Räumlichkeiten und Anlagen in den Betrieben für die Werktätigen des eigenen Betriebes) geschaffen und dabei gute Erfolge erzielt. Hier öffnet sich ein breites Betätigungsfeld für die gesellschaftlichen Organisationen, wie ADMV und die Verkehrssicherheitsaktive der Betriebe und Einrichtungen.

3

3 Diese Hochstraße in Neubrandenburg ist Teil der Erschließung von Wohngebieten und Industrieanlagen, wobei gleichzeitig die ehemals höhengleiche Kreuzung mit einer Bahnstrecke beseitigt wird.
4 Inzwischen in vielen Städten der DDR zuhause: Ikarus 180
5 Solange noch Kleinstädte den Durchgangsverkehr aufnehmen müssen, sind bei Schwerlasttransporten Sondermaßnahmen, wie hier die Verbreiterung der Fahrbahn mittels Stahlplatten, notwendig.
6 Feierliche Begrüßung des ersten Containerzuges im Überseehafen Rostock.

4

5

In der Hauptstadt Berlin und im Bezirk Dresden sind von den Kombinaten des Kraftverkehrs die ersten Selbstbedienungswerkstätten auf kommerzieller Basis errichtet worden.
Die Betriebe und Einrichtungen des Straßenwesens haben unter Berücksichtigung der Entwicklung des Straßenwesens solche Voraussetzungen zu schaffen, die eine hohe Durchlaßfähigkeit der Straßenverkehrsanlagen und ein Höchstmaß an Verkehrssicherheit gewährleisten.
Im Rahmen der bestätigten Jahresvolkswirtschaftspläne erfolgte auf der Grundlage der Ausbaukonzeption und der erarbeiteten Straßenentwicklungsprogramme zielgerichtet der Aus- und Umbau sowie der Neubau der Straßenverkehrsanlagen.

Die Werktätigen des Straßenwesens können mit Stolz auf die erzielten Leistungen der letzten zwei Jahrzehnte zurückblicken. Auf der Grundlage der Beschlüsse der Partei- und Staatsführung erfüllten sie mit hoher Einsatzbereitschaft die Aufgaben zur Erweiterung und Erhaltung des Straßennetzes. Sie erzielten dabei hervorragende Ergebnisse für die Verbesserung der Befahrbarkeit, Erhöhung der Tragfähigkeit und Sicherheit der Straßenverkehrsanlagen sowie bei der Organisation des Verkehrsablaufes.
Die Entwicklung der Volkswirtschaft, die steigende Spezialisierung der Produktion und die damit erforderlichen steigenden Verkehrsleistungen setzten in der Vergangenheit die volkswirtschaftlichen Gesichtspunkte und Prioritäten zum Ausbau des Straßennetzes. Folgende Faktoren waren dabei bestimmend:
- Entwicklung der Zweige und Bereiche der Volkswirtschaft, differenziert nach Territorien und die daraus abzuleitenden Aufgaben für das Straßenwesen
- Entwicklung der Verkehrsträger im Rahmen der sozialistischen Arbeitsteilung und der Rationalisierungsaufgaben der Deutschen Reichsbahn
- Zustand und technisches Niveau der Straßenverkehrsanlagen, der Abnutzungsgrad der Fahrbahnen, der Tragfähigkeit der Straßendecken und Straßenbrücken und die Erhöhung der Durchlaßfähigkeit der Straßenabschnitte bzw. des Netzes, differenziert nach Straßenklassen.

6

Als wichtigste Kriterien für die Beurteilung der Entwicklung des Straßenverkehrs wurden dabei berücksichtigt:
- Bestand der Kraftfahrzeuge, der Motorisierungsgrad, die Verkehrsmischung und die Fahrleistungen
- Belegung und Belastung des Straßennetzes
- Leistungen der Personenbeförderung und des Gütertransportes auf den Straßenverkehrsanlagen.

Aus der Verkehrsentwicklung und der Technologie des Transportprozesses entstanden konkrete Forderungen an den Zustand der Straßenverkehrsanlagen, und zwar
- maximale Sicherheit im Verkehrsablauf
- Annehmlichkeit im Reiseverkehr

– Freizügigkeit im Straßennetz für den flächenerschließenden Kraftverkehr
– verlustlose Abwicklung des Transportprozesses bei einem Minimum an Reisezeiten und volkswirtschaftlichem Aufwand.

Die von den Organen, Betrieben und Einrichtungen dazu eingeleiteten Maßnahmen beruhten auf den Prinzipien der Straßenplanungs- und Baupolitik, die jeweils der wirtschaftlichen Entwicklung und Aufgabenstellung entsprechend in einzelnen Etappen im abgelaufenen Zeitraum zur Anwendung gelangten.

Bis 1952 galt es, die noch vorhandenen Kriegsschäden im Straßennetz zu beseitigen. Erhebungen, die im Straßennetz angestellt wurden, ergaben, daß allein bei 20 % der Fahrbahnfläche eine durchgreifende Reparatur durch Erneuerung der Fahrbahndecken – rund 100 Mill. m^2 – erforderlich wurde und daß von den erfaßten 5600 Straßenbrücken über 1000 Bauwerke, darunter sämtliche großen Flußübergänge, das sind rund 18 % aller Brücken, zerstört waren.

In der Etappe von 1953 bis 1957 standen die erhaltungswirtschaftlichen Aufgaben im Straßennetz und eine umfassende Herstellung der Ebenflächigkeit der Fahrbahnen im Vordergrund.

Ein umfangreiches Programm zum Anschluß von Dörfern und Gemeinden an das befestigte Straßennetz, die straßenseitige Erschließung neuer Industrie- und Wohngebiete sowie der systematische Ausbau des Fernverkehrsstraßennetzes wurden begonnen und durchgeführt.

Die Erweiterung und Rekonstruktion des Autobahnnetzes wurde begonnen. Im Oktober 1971 erfolgte die Übergabe der ersten Neubaustrecke Leipzig–Dresden.

Im Fernverkehrsstraßennetz wurden 550 km neue Straßen, teilweise vierspurig, gebaut. Rund 2700 km Straßen, d. h. 25 % des Netzes, wurden auf zwei volle Fahrspuren ausgebaut. Im Zuge des Programms zur Anlage von Ortsumgehungsstraßen erfolgte bei 68 Ortslagen der Bau von Umgehungsstraßen. Auf der freien Strecke wurden 76 höhengleiche Kreuzungen mit der Eisenbahn aufgehoben und entsprechende Überführungsbauwerke errichtet.

Im Bereich des kommunalen Straßennetzes lag der Schwerpunkt in den ländlichen Gebieten und in den Bezirkshauptstädten. Zur Realisierung des Anschlußprogramms der Dörfer, Gemeinden und Ortsteile an das befestigte Straßennetz konnte in zwei Etappen folgendes erreicht werden:

Zeitabschnitt	1949–1963	1964–1970	gesamt
Anzahl der Gemeinden, die an das Netz angeschlossen wurden	915	725	1640
Ausbau- bzw. Neubaulänge der Straßen in km	2165	1412	3577
Finanzielle Aufwendungen in Mill. M	428	402	830

Mit der Realisierung des Programms wurden durch Verbesserung der Verkehrsverhältnisse günstige Lebensbedingungen für die ländliche Bevölkerung geschaffen.

Im Bereich der Stadtstraßen galt es, hochleistungsfähige Stadtstraßenverkehrssysteme zu schaffen, die einen zügigen Verkehr auf den Hauptstraßen durch die Anlage und Ausbildung von Knoten z. T. in mehreren Ebenen und durch Lichtsignalanlagen sichern. So konnten u. a. die Hochstraßen in Dresden, Halle, Wismar und Neubrandenburg errichtet werden. In Berlin, der Hauptstadt der DDR, wurden im Zuge des Aufbaues und der Neugestaltung des Stadtzentrums sechs- und mehrspurige Straßen angelegt. Der weitere Ausbau erfolgt planmäßig.

Die abgeschlossenen Aufgaben und Maßnahmen im Straßennetz berechtigen zu der Feststellung, daß eine spürbare Verbesserung im Verkehrsablauf auf den Landstraßen, eine Verkehrsentflechtung für den Straßenverkehr in den Städten und eine wesentliche Verbesserung der Straßenverhältnisse in den ländlichen Gemeinden eingetreten ist.

Erhebliche Anstrengungen realisierte das Straßenwesen auf dem Gebiet der Erhöhung der Verkehrssicherheit.

Der steigende Motorisierungsgrad in unserer Republik – im Jahre 1970 hatten wir einen Fahrzeugbestand je Kilometer Straßennetz von 21,9 Fahrzeugen – erfordert hohe Aufwendungen zur Erhöhung der Verkehrssicherheit.

Diese Aufwendungen sind ein wesentlicher Bestandteil der eingesetzten Mittel für die Rekonstruktion des Straßennetzes und seiner Nebenanlagen.

Durch die planmäßige Verbesserung der Linienführung ganzer Magistralen, die Anlage von Ortsumfahrungen, die Herstellung standardgerechter Straßenbreiten sowie die Gewährleistung der Ebenheit und Griffigkeit der Fahrbahnen werden die Fahrbahnverhältnisse verbessert und die Durchlaßfähigkeit der Straßen, insbesondere der Fernverkehrsstraßen, erhöht.

Die Erweiterung des Autobahnnetzes, die Rekonstruktion bestimmter Abschnitte der vorhandenen Autobahnen sowie der Ausbau von Fernverkehrsstraßen auf vier Fahrspuren tragen der Zunahme des Straßenverkehrs kontinuierlich Rechnung und beeinflußt die Verkehrssicherheit positiv.

Besonders kritische Punkte im Verkehrswegenetz sind die schienengleichen Wegübergänge des Schienen- und Straßenverkehrs. Im engen Zusammenwirken zwischen Eisenbahn und Straßenwesen werden hier jährlich große Anstrengungen unternommen, um die Sicherheit für die Verkehrsteilnehmer zu erhöhen.

Aus diesem Grunde werden insbesondere am Hauptnetz wichtige und starkbelegte schienengleiche Wegübergänge durch Brückenbauwerke beseitigt.

In den Jahren 1970 bis 1972 wurden insgesamt 14 solcher Knoten „verkehrssicher" gestaltet, darunter solche wichtigen Kreuzungen der Deutschen Reichsbahn mit der F 105 in Wismar, der F 106 in Ludwigslust, der F 104 in Neubrandenburg, der F 185 in Dessau und der F 1 in Brandenburg.

Im städtischen Straßennetz tragen der Ausbau von Straßenknotenpunkten mit starkem Verkehr sowie der Bau von Fußgängerunterführungen und ampelgeregelten Fußgängerüberwegen wesentlich zur Erhöhung der Sicherheit im Straßenverkehr bei.

Durch die übersichtliche und den Verkehrserfordernissen Rechnung tragende Anordnung vertikaler und horizontaler Leiteinrichtungen, die Verbesserung der Straßenbeleuchtung und andere Maßnahmen – geplant ist z. B. die Aufhellung von Fahrbahnoberflächen – wird maßgeblich zur Erhöhung der Sicherheit im städtischen Verkehr beigetragen.

Im Jahre 1972 wurden über 50 Mill. M allein für Leiteinrichtungen aufgewendet. Die insbesondere in den Städten zunehmende Verkehrsdichte erfordert in zunehmendem Maße die Verbesserung der Durchlaßfähigkeit des Straßennetzes durch verkehrsorganisatorische Maßnahmen. Dabei ist die Installation von Lichtsignalanlagen sowie ihre Schaltung zu Grünen Wellen entscheidend.

Neben der Flüssigkeit des Fahrzeugverkehrs wird durch ampelgeregelte Übergänge maßgeblich dazu beigetragen, Konfliktsituationen, insbesondere für den Fußgänger, zu beseitigen und das gefahrlose Überqueren der Fahrbahnen zu gewährleisten. Die Vervollständigung und Verbesserung der Beschilderung, Vorwegweiser, Leitpfosten und Fahrbahnmarkierungen unter Verwendung von reflektierenden und Tageslichtleuchtfarben sowie das Anbringen von Leitplanken an Gefahrenpunkten tragen ebenfalls zu höherer Sicherheit im Straßenverkehr bei.

Im Gebiet der Deutschen Demokratischen Republik werden bisher insgesamt 23 Grüne Wellen, davon allein 9 in Berlin, durch die Koordinierung der Signalisation von Einzelknoten geschaltet. Darunter sind solche wichtigen Verkehrsadern wie die Karl-Marx-Allee in Berlin, der Juri-Gagarin-Ring in Erfurt und die Nord-Süd-Verbindung in Dresden.

Wichtige Verkehrsknoten in den Städten, wie z. B. der Berliner Alexanderplatz, der Pirnaische Platz in Dresden und der Ostplatz in Leipzig – hier wurde die erste verkehrsabhängige Lichtsignalanlage unserer Republik installiert – wurden durch koordinierte Schaltung der Lichtsignalanlagen flüssig und sicher gestaltet.

Die weiteren Aufgaben des Straßenwesens bestehen darin, im Zusammenwirken mit allen beteiligten gesellschaftlichen Einrichtungen und Betrieben die ökonomischen, technischen, organisatorischen, finanziellen und materiellen Leistungen im Hinblick auf die politische Zielstellung der sozialistischen Gesellschaft so zu gestalten, daß mit den zur Verfügung gestellten Fonds ein optimaler Nutzen und ein hoher Gebrauchs- bzw. Verkehrswert erzielt werden. Unter Berücksichtigung dieser generellen Linie ergeben sich eine Reihe von verkehrspolitischen Hauptaufgaben auf dem Gebiete des Straßenwesens, deren Gewichtung in den einzelnen Territorien auf Grund des z. T. stark variierten Verkehrsaufkommens, des Straßenzustandes, der Bevölkerungsdichte und der Struktur sowie der industriellen und landwirtschaftlichen Entwicklung zwar unterschiedlich ist, die aber konsequent in Anpassung an die konkrete Lage durchgesetzt werden müssen.

Die Grundlinie für die Fixierung von Prioritäten bei der Entwicklung eines leistungsfähigen Straßennetzes konzentriert

Tabelle 1

Gütertransportmenge
nach Verkehrszweigen (in 1000 t und %)

Jahr	insgesamt	%	Deutsche Reichsbahn	%	Kraftverkehr	%	Binnenschiff.	%	Seeschiff.	%	Zivile Luftfahrt	%	Öl-leitg.	%	Werkverkehr	%
1949	184778	100	110987	60,1	33100	17,9	8240	4,5	—	—	—	—	—	—	32451	17,6
1950	225794	100	128504	56,9	44300	19,6	10001	4,4	—	—	—	—	—	—	42989	19,0
1955	389667	100	207514	53,3	69592	17,9	12903	3,3	133	0	—	—	—	—	89525	25,5
1960	522148	100	237789	45,5	131464	25,2	12633	2,4	1375	0,3	4,6	0	—	—	139882	26,6
1965	628460	100	260430	41,4	166013	26,4	12129	1,9	6243	1,0	10,4	0	3826	0,6	179809	28,6
1970	764015	100	262901	34,4	180016	23,6	13660	1,8	8511	1,1	17,3	0	15359	2,0	283551	37,1
1971	806214	100	268473	33,3	184861	22,9	13566	1,7	9497	1,2	19,2	0	17595	2,2	312221	38,7
1972	837172	100	274448	32,8	185790	22,9	13242	1,6	10308	1,2	19,0	0	20853	2,5	332512	39,7

Tabelle 2

Gütertransportleistung
nach Verkehrszweigen (in Mill. tkm und %)

Jahr	insgesamt	%	Deutsche Reichsbahn	%	Kraftverkehr	%	Binnenschiff.	%	Seeschiff.	%	Zivile Luftfahrt	%	Öl-leitg.	%	Werkverkehr	%
1949	15161	100	12398	81,8	840	5,5	1123	7,4	—	—	—	—	—	—	800	5,3
1950	18588	100	15064	81,0	973	5,2	1578	8,5	—	—	—	—	—	—	972	5,2
1955	31064	100	25222	81,2	1477	4,8	2168	7,0	480	1,5	—	—	—	—	1717	5,5
1960	50637	100	32860	64,9	2638	5,2	2252	4,4	10518	20,8	4,7	0	—	—	2364	4,7
1965	78597	100	38868	49,5	3994	5,1	2196	2,8	30204	38,4	13,1	0	103	0,1	3219	4,1
1970	128008	100	41513	32,4	6197	4,8	2358	1,8	69721	54,5	26,6	0	2156	1,7	6036	4,7
1971	133847	100	44033	32,9	6484	4,8	2331	1,7	71938	53,8	29,7	0	2522	1,9	6509	4,9
1972	134335	100	44630	33,2	6778	5,0	2304	1,7	70636	52,7	29,2	0	3089	2,3	6869	5,1

sich im Rahmen der langfristigen Planung besonders auf nachstehende Komplexe:

- Schaffung eines geschlossenen Systems von Autobahnen
- Ergänzung des Autobahnnetzes durch Anlegung von vierspurigen Fernverkehrsstraßen
- Vervollständigung hochleistungsfähiger Stadtstraßenverkehrssysteme
- Rekonstruktion und Modernisierung der Straßen, die in den Ballungsräumen stark beansprucht werden
- Durchführung der straßenseitigen Aufgaben beim Verkehrsträgerwechsel sowie der Aufschließung von neuen Industrie- und Wohnungskomplexen.

Mit der Herausstellung der vorrangigen Aufgaben ergibt sich für das Straßenwesen die Ausarbeitung einzelner Programme für den Neu- und Ausbau nach Dringlichkeitsstufen. Bei der Herausarbeitung der Zielfunktion für die langfristige Gestaltung des Straßennetzes werden besonders solche Faktoren zu beachten sein, die eine gesamtvolkswirtschaftliche Bedeutung besitzen.

Die geleistete Arbeit der vergangenen Jahre ist eine gute Ausgangsbasis für die nächsten Planperioden.

Viel wurde geschaffen, wesentliche Verbesserungen in der Verkehrsdurchführung erreicht, doch bleibt noch viel zu tun. Die wichtigste Aufgabe ist und bleibt jedoch die Verbesserung des Berufs- und Reiseverkehrs im Kraftverkehr sowie die Erhöhung der Sicherheit für unsere Bürger im Straßenverkehr.

Die geplanten Aufgaben für die nächsten Jahre sowie die zunächst noch konzeptionell fixierte Entwicklungsrichtung tragen diesen Anforderungen Rechnung.

Die ideenreiche Aktivität der werktätigen Menschen unserer Republik wird dazu beitragen, die vor uns stehenden Aufgaben mit hoher Effektivität zu lösen.

Historie:

Autobau in Ostdeutschland

P. Gränz / Dr. P. Kirchberg (Arbeitsgemeinschaft Kraftfahrzeuggeschichte)

Vom »Puppchen« zum W 24

Ein Rückblick auf die Produktion der Wanderer-Werke

In der alten Industriemetropole Chemnitz des ehemaligen Landes Sachsen entwickelten sich um die Jahrhundertwende die Wanderer-Werke aus kleinsten Anfängen heraus zu einem bedeutenden Werk des Fahrrad-, Werkzeugmaschinen-, Büromaschinen- und Kraftfahrzeugbaus. Die Gründer Johann Babtist Winklhofer und Richard Adolf Jaenicke hatten 1885 mit einer kleinen Fahrradhandlung angefangen. Winklhofer wurde 1859 in München geboren, ging in die Mechanikerlehre und arbeitete später in mehreren bayerischen Waffenfabriken. In Ingolstadt traf er mit einem Meister zusammen, der sich ein Fahrrad gebaut hatte. Das war für den jungen Winklhofer entscheidend für seinen späteren Lebensweg, denn unter dem Eindruck dieser Begegnung entschloß er sich, in seiner Freizeit selbst Fahrräder zu bauen. Der Verkauf einiger Räder verhalf ihm zu einem bescheidenen Nebeneinkommen. In Münchener Radsportkreisen lernte er den Nähmaschinen- und Fahrradhändler Schad kennen, der aus England bezogene Hochräder verkaufte und in mehreren Orten „Fahrschulen" eingerichtet hatte.
Er stellte Winklhofer als Vertreter ein und schickte ihn nach Zwickau zur Übernahme der dortigen Radfahrschule. Einer der ersten Kunden war Winklhofers späterer Mitarbeiter, Freund und Schwager Jaenicke.
Dieser, 1858 in Chemnitz geboren, dort bei „Union" und später in den USA als Mechaniker tätig gewesen, wollte sich gerade in der Nähmaschinenbranche selbständig machen, als ihm Winklhofer vorschlug, sich gemeinsam dem Fahrradbaugeschäft zuzuwenden, für das er eine größere Zukunft voraussah. Sie einigten sich, mieteten in der Poststraße in Chemnitz zwei Räume, stellten zwei Arbeiter ein und gründeten 1885 mit der bescheidenen Betriebseinrichtung von zwei Schraubstöcken, Fußdrehbank und Schmiedefeuer das „Chemnitzer Velociped-Depot Winklhofer und Jaenicke". Man führte Reparaturen aus und baute Fahrräder zusammen, deren wichtigste Teile aus England bezogen wurden. Durch sportliche Betätigung im „Ersten Chemnitzer Bicycle-Club" suchte man neue Kunden und Freunde für das Radfahren zu gewinnen.
Bald wurden die Räume zu klein, schon 1886 zog man in die Theaterstraße. Nunmehr 22 Arbeiter fertigten in jenem Jahr über 100 Fahrräder. Ein Brand zwang zur nochmaligen Übersiedlung in die Hartmannstraße, wo ein größeres Gebäude bessere Fabrikationsmöglichkeiten bot. Den Erzeugnissen gab man den Namen „Wanderer" und firmierte ab 1887 „Chemnitzer Velociped-Fabrik Winklhofer & Jaenicke". Die Zahl der produzierten Fahrräder stieg zwischen 1890 und 1895 von 467 auf 3136 Stück jährlich. Obwohl Wanderer-Räder nicht zu den billigsten gehörten, konnte man der Nachfrage kaum entsprechen. Die Hochkonjunktur im Fahrradbau veranlaßte den Neubau einer Fabrik in Schönau, am damaligen Stadtrand von Chemnitz. Sie wurde im Oktober 1895 bezogen. 225 Beschäftigte arbeiteten hier an 120 Werkzeugmaschinen.
Die weitere Unternehmensexpansion konnte nur mit Hilfe größerer Kapitalien bewältigt werden. Zum Zweck der Kapitalbeschaffung wurde das Unternehmen in eine Aktiengesellschaft „Wanderer-Werke vorm. Winklhofer & Jaenicke AG" umgewandelt. Wenig später zogen sich die Firmengründer aus dem unmittelbaren Betriebsgeschehen zurück; lediglich Winklhofer blieb im Aufsichtsrat.
Mit der schnellen Verbreitung des Fahrrads wuchs allerdings auch die Zahl der Hersteller. Um die Jahrhundertwende zeigte sich die Gefahr einer Überproduktionskrise, die durch die Überschwemmung des europäischen Markts mit amerikanischen Fahrrädern beschleunigt wurde. Im Interesse der Krisenfestigkeit suchten sich die deutschen Fahrradwerke allenthalben eine Ausweichproduktion. Bei Wanderer hatte man seit langer Zeit Härteöfen und Maschinen vorwiegend für den Eigenbedarf gebaut, sie in Einzelfällen auch an befreundete Betriebe verkauft. Es lag daher der Gedanke nahe, die Erfahrungen, die man besonders auf dem Gebiet der Fräserei gesammelt hatte, auszunutzen und Maschinen nur für den Zweck des Verkaufs zu produzieren. So entstand 1898 die später bedeutungsvolle Abteilung Werkzeugmaschinen. Hier baute man fast ausschließlich Fräsmaschinen sowie dazugehörige Werkzeuge und Vorrichtungen.
Auf Winklhofers Anregung, die er von Auslandsreisen mitbrachte, entstanden 1903/04 die ersten Schreibmaschinen unter der Markenbezeichnung „Continental". Bis 1907 konnten davon 4000 und bis 1934 über 500000 hergestellt werden. Im Laufe der Zeit kamen noch Addier- und Buchungsmaschinen hinzu.
Zur weiteren Abrundung des Fabrikationsprogramms entschloß man sich – dem Zuge der Zeit folgend –, den Motorradbau aufzunehmen. Im Jahre 1902 erschien das erste Modell mit 1,5-PS-Motor auf dem Markt. Die Abstammung vom Fahrrad war noch deutlich erkennbar, doch bereits im folgenden Jahr verlängerte man den Rahmen und bog ihn zur Befestigung des Motors unter diesem durch. 1904 bekam das Wanderer-Motorrad einen 2,5-PS-Motor mit Magnetzündung, stärkere Reifen, einen längeren Radstand und einen breiteren Lenker. Der obligatorische Tretkurbelantrieb zum Anfahren und zur Mithilfe bei Steigungen ist bis zum ersten Weltkrieg beibehalten worden. Bei der Fernfahrt Mailand – Nizza 1904 errang ein Wanderer-Motorrad eine Goldmedaille. Ab 1905 wurde eine gefederte Vordergabel

und ab 1910 Hinterradfederung eingebaut. 1905 waren Motoren mit 4 und 5 PS lieferbar, mit denen Geschwindigkeiten von 60 bzw. 80 km/h gefahren werden konnten. Bei einem Langstreckenrennen von Moskau nach Petersburg erreichte ein 4-PS-Wanderer-Motorrad als einziges das Ziel. Das neue 2,5-PS-Modell von 1907 war ein großer Erfolg. Deshalb entschloß man sich, ein noch leichteres Rad mit 1,5-PS-Motor zu bauen, bei dem die Riemenscheibe exzentrisch gelagert war, um ein Lockern des Riemens an Steigungen zu ermöglichen – ein primitiver Ersatz für das nicht vorhandene Getriebe. Das bisherige 2,5-PS-Modell erhielt 1910 einen 3-PS-Zweizylinder-Motor und eine Zweigang-Hinterradnabe. Mit einem Kickstarter – und zwar an der Hinterradnabe – rüstete man erstmalig das Zweizylinder-4-PS-Modell in den Jahren 1914 bis 1918 aus, das überwiegend für Heereszwecke Verwendung fand.

Die Weiterentwicklung nach dem ersten Weltkrieg schloß dort an. Der erste Typ der Friedensfertigung besaß einen Zweizylinder-4,5-PS-Motor mit angeblocktem Getriebe, Kickstarter und Kettenantrieb, aber keine Hinterradfederung. 1925 brachte Wanderer eine neue Zweizylinder-Maschine auf den Markt. Der 700-Kubikzentimeter-Motor leistete 5,4 PS und war mit acht Ventilen ausgerüstet. Das Hubvolumen wurde 1927 auf 750 Kubikzentimeter (5,7 PS) vergrößert. Bei dieser PS-Angabe handelt es sich um sogenannte ADAC-PS, die aus dem Hubraum errechnet wurden. Die Bremsleistung dieser Maschine betrug maximal 20 PS. Ein nach der damaligen Gesetzgebung steuer- und führerscheinfreies Motorrad mit liegendem 200-Kubikzentimeter-Einzylinder-Motor und vier Ventilen baute man von 1925 bis 1929. Nach dem Fehlschlag mit dem letzten Modell, einer 500-Kubikzentimeter-Einzylinder-Maschine mit Preßstahlrahmen und Kardanantrieb, wurde der Motorradbau Mitte 1929 aufgegeben. Der Inhaber der Prager Waffenfabrik F. Janecek erwarb im gleichen Jahre die Lizenz für diese Kardanmaschine und brachte sie unter dem Markennamen „JaWa" auf den Markt. Obwohl Janecek viele Verbesserungen an der Konstruktion vornahm, konnte er infolge zu hoher Produktionskosten keine wirtschaftlichen Erfolge erzielen.

Im ersten Jahrzehnt des 20. Jahrhunderts begann sich der Kraftwagen langsam vom Sportfahrzeug zum Verkehrsmittel zu wandeln. Mögliche Absatzerfolge schienen dem am sichersten, der einen preiswerten, wirtschaftlichen und dennoch vollwertigen und leistungsfähigen Kleinwagen anbot. Ein solches Projekt paßte durchaus in den Rahmen der Wanderer-Werke, die ja einen geschulten Facharbeiterstamm mit großen Erfahrungen auf dem Gebiet des Motorradbaus besaßen. Die Unternehmensleitung beauftragte den späteren Oberingenieur Schulze daher mit der Konstruktion eines kleinen Wagens, der 1905 fertig war. Dieser Prototyp war als Zweisitzer in damals üblicher robuster Bauweise ausgelegt und unterschied sich nicht wesentlich von den Kleinwagen der Konkurrenz. Wie durch ein oder mehrere Wunder wurde gerade dieses Auto über die Jahrzehnte gerettet. Es steht heute im Verkehrsmuseum Dresden. Ebenso wie dieser

1

2

1 Anzeige der Chemnitzer Velociped-Fabrik nach dem Umzug in die Hartmannstraße 1887

2 Eine Anzeige von 1905 zeigt das Motorrad mit 5-PS-Zweizylinder-Motor und der ersten Ausführung einer gefederten Vordergabel

3 Das erste Versuchsmodell des 12-PS-Kleinwagens mit zwei hintereinander angeordneten Sitzen, 1911 gebaut; dieser Wagen hatte 1929 eine Laufleistung von 500000 Kilometern hinter sich

4 Titelseite des Prospekts „Gepäck- und Lieferungsauto" 1912/13

Prototyp entsprach auch der zweite Versuchswagen, der etwa 1907 fertig wurde, noch nicht den Vorstellungen der Werkleitung. Aufschlußreich für die Zielsetzung sind die Worte Winklhofers, die er für den ersten Wanderer-Automobil-Prospekt geschrieben hat: *Es durfte kein großer, starker Wagen sein, an solchen mangelte es nicht. Wir hatten einen ganz niedlichen kleinen Wagen im Auge, niedrig im Preis, sparsam im Verbrauch, anspruchslos im Platzbedarf, aber großen Wagen gleich in Schnelligkeit und im Nehmen von Steigungen, konstruktiv vollkommen, in allen Einzelheiten exakt gearbeitet, dauerhaft im Gebrauch, mit dem man jede noch so weite Tour auch über die höchsten Pässe ohne Sorge unternehmen kann.*

Nach Jahren gründlicher Vorarbeit konnte 1911 die endgültige Konstruktion festgelegt werden, und im Juli des gleichen Jahres lief der erste Wagen zur Probe. (Ein ausdrucksvolles Zeugnis seiner konstruktiven Reife und hervorragenden Fertigungsqualität ist die Tatsache, daß er bis zum Jahre 1929 über 500000 km zurücklegen konnte.)

Wenig später bot Ettore Bugatti Pläne für einen Kleinwagen an. Da man mit der eigenen Entwicklungsarbeit aber bereits fertig war, wies man ihn ab. Bugatti verkaufte daraufhin seine Konstruktion an die französische Firma Peugeot, die damit ihren berühmt gewordenen Peugeot-Bébé herausbrachte.

Bei Wanderer bemühte man sich durch weiträumige Versuchsfahrten um weitere Konstruktionsverbesserungen. Am bekanntesten wurde die 1912 unternommene Fahrt, die nach Südtirol und über schwierigste Alpenpässe führte. Der Wagen bestand diese Gewaltprobe glänzend ohne die geringste Beanstandung. Nunmehr stand einer Serienproduktion nichts mehr im Wege.

Der kleine Wanderer galt sofort als ein vollwertiges Automobil; er war flott und ausdauernd, dabei präzise und aus bestem Material gefertigt. Ihm haftete nicht die Primitivität anderer sogenannter Volksautomobile dieser Zeit an. Gleichwohl hatte er sich mit einem Schlage eine weitgehende Popularität gesichert. Die liebevoll-spöttische Bezeichnung „Puppchen", die ihm der Volksmund verlieh, war deutliches Zeichen dafür. Dieser kleine Wanderer und seine Nachfolgetypen zählten etwa 15 Jahre lang zu den besten leichten Wagen auf dem deutschen Markt und setzten sich auch in der Nachkriegszeit gegen eine Unzahl unerprobter Kleinwagenkonstruktionen durch.

Das „Puppchen" zeichneten folgende konstruktive Merkmale aus: der Vierzylindermotor hatte ein Hubvolumen von 1140 Kubikzentimeter und leistete 12 PS. Die Einlaßventile waren hängend und die Auslaßventile stehend angeordnet. Die Lederkonuskupplung übertrug die Kraft auf das angeblockte Dreiganggetriebe. Motor und Getriebe waren fest mit dem leichten, schmalen Rahmen verbunden und dienten gleichzeitig zu dessen Versteifung. Der Schub der Hinterachse wurde durch Kardanrohr mit Kugelkopf aufgenommen – eine solide Konstruktion, die nie zu Klagen Anlaß gab. Das gleiche konnte von der ausreichend bemessenen Wasserkühlung mit Pumpe gesagt werden. Das ganze Fahrzeug wog nur 500 Kilogramm und war für zwei Personen bestimmt. Die Anordnung der Sitze hintereinander entsprach ganz dem Geschmack der Zeit, in der schlanke „Torpedo-Karosserien" als sportlich galten. Die Höchstgeschwindigkeit lag bei 70 km/h. Dem Wunsch vieler Interessenten, nebeneinander zu sitzen, kam man Mitte 1913 mit der mit N bezeichneten Ausführung nach. Die Lenksäule war hier rechts, beim Typ H dagegen in der Mitte angeordnet. Gleichzeitig wurde die Bohrung von 62 auf 64 Millimeter vergrößert, was einen Hubraum von 1,22 Liter und 15 PS Leistung ergab. Durch Ver-

4

3

5

6

längerung des Hubs um fünf Millimeter kam man schließlich auf einen Hubraum von 1,28 Liter. Ein an der österreichischen Alpenfahrt 1914 beteiligter kleiner „Wanderer" absolvierte diese strapaziöse Prüfung mit Steigungen bis zu 36 Prozent strafpunktfrei, ein zweiter wurde nur durch Felgendefekt aus der Wertung geworfen. Dieser Typ W 3 war nun auch mit einer dreisitzigen Karosserie lieferbar (Modellbezeichnung Nv = nebeneinander, versetzt). Er wog damit aber 100 Kilogramm mehr und büßte auch seine hübsche schlanke Form ein.
Nach dem Kriege ordnete man beide Ventile hängend an und vergrößerte die Bohrung noch um eine Kleinigkeit, was einen Hubraum von 1,3 Liter ergab. Obwohl die Bezeichnung als 5/15-PS-Typ beibehalten wurde, stieg doch die Leistung damit auf etwa 20 PS. Dieser Leistungssteigerung war jedoch die hintere Dreiviertelelliptikfederung nicht mehr gewachsen, und eine sorgfältig konstruierte lange Auslegerfederung trat an deren Stelle. Die kleinen Wägelchen hatten eine derartig verblüffende Leistungsfähigkeit, daß man daranging, sie für Sportzwecke zurechtzumachen. Sie bewährten sich unter Privatfahrern in den Jahren 1920 bis 1924 besonders bei Berg- und Kurzstreckenrennen. Sogar nach Italien drang ihr guter Ruf. Besonders der Italiener Cercignani war mehrfach auf Wanderer in seiner Heimat erfolgreich, wobei er Durchschnittsgeschwindigkeiten von fast 90 km/h erzielte. Auch auf der Targa-Florio versuchte sich das Werk und setzte zwei im Hub auf 114 Millimeter gesteigerte, mit obenliegender Nockenwelle ausgerüstete 1,5-Liter-

7

8

9

10

11

12

Wagen im Jahre 1922 ein, die aber beide das Rennen vorzeitig beenden mußten.

Die Sporterfahrungen ausnutzend, bekam das Wanderer-„Puppchen“ Leichtmetallkolben und eine verbesserte Motorschmierung. Durch Drehzahlsteigerung auf 3000 U/min erzielte man eine Rennleistung von 20 PS. Bereits 1924 trug dieser Typ (W 8) die gebräuchlichere Bezeichnung 5/20 PS. Er war mit elektrischer Licht- und Anlasseranlage ausgerüstet und zum regulären Viersitzer geworden. Die Tandemanordnung der Sitze hatte man inzwischen aufgegeben. Im letzten Jahr seiner langen Bauzeit versah man ihn mit Vierradbremse, Hohlstahlspeichenrädern und hinten angebautem Kofferraum. 1926 gab man diesen erfolgreichsten Typ der Wanderergeschichte auf.

Den Bedarf nach einem Viersitzer hatte man bereits 1921 mit dem Typ W 6 zu stillen versucht. Dieser Vierzylinder-1,5-Liter-Typ leistete 18 PS und war durch die gleichen Konstruktionsmerkmale wie das kleine Modell gekennzeichnet. Er unterschied sich von diesem lediglich durch längeren Radstand, breitere Spur und hintere Halbelliptikfederung. Hieraus entstand 1924 durch Steigerung der Motorleistung das Modell W 9 mit Vierganggetriebe, Licht- und Anlasseranlage (6/24 PS). Beide Wagen wurden auch als Limousinen geliefert.

Im Jahre 1926 hatte man diesen Motor bei gleichen Abmessungen auf 30 PS gebracht und legte damit den Grundstein für einen neuen, für das Werk sehr erfolgreichen Typ der 1,5-Liter-Klasse, den 6/30-PS-Typ W 10. Er war mit den damaligen Neuerungen des Automobilbaus versehen: Linkslenkung, Mittelschaltung, Mehrscheibentrockenkupplung, geschlossener Motorgetriebeblock und Vierradbremse. Parallel dazu entwickelte man einen 2-Liter-Typ (W 10/II, 8/40 PS), der seit 1928 im neuerrich-

5 Der wechselgesteuerte 12-PS-Vierzylinder-Motor

6 Das 4-PS-Zweizylinder-Motorrad der Baujahre 1914–1918; die Tretkurbeleinrichtung ist durch einen auf das Hinterrad wirkenden Kickstarter ersetzt worden

7 5/15 PS in der Ausführung Nv (nebeneinander, versetzt) aus der Bauzeit 1918/19 mit 3/4-Elliptik-Hinterfederung

8 Der Italiener Cercignani mit seinem 5/15-PS-Wanderer-Rennwagen, mit dem er 1921/22 italienische Rennen erfolgreich bestritt

9 Der obengesteuerte 15-PS-Motor, wie er von 1919 ab gebaut wurde (Ventildeckel abgenommen)

10 W 6, 18 PS aus dem Jahre 1922 als 4sitzige Limousine

11 W 10, 6/30 PS, äußerlich dem 8/40 PS gleich (um 1928)

12 W 11 aus dem Jahre 1930/31 in 5sitziger Kabriolettausführung mit Drahtspeichenrädern

13

teten Zweigwerk in Siegmar gebaut wurde. Hinzu kam ein Jahr später der 10/50-PS-Typ W 11 mit 2,5-Liter-Sechszylinder-Motor, der überwiegend als Fahrzeug mit repräsentativer Note gefertigt wurde. Die Produktion des 30-PS-Modells ist 1928 vorübergehend eingestellt und 1930 erst wieder aufgenommen worden. Der Motor hatte einen kürzeren Hub (72×96) bekommen, das Fahrgestell wurde mit hydraulischen Stoßdämpfern und Zentralschmierung ausgerüstet. Die Karosserien lieferten das Daimler-Benz-Werk Sindelfingen und die Firma Reutter in Stuttgart.

In fast zwei Jahrzehnten der Automobilproduktion hatte sich Wanderer einen festen Kundenstamm erworben, der kaufkräftig genug war, erprobten Konstruktionen den Absatz zu sichern, dem man allerdings keine allzu große Experimentierfreudigkeit nachsagte. Das Marken-Image von Wanderer wurde wesentlich durch die außerordentliche Zuverlässigkeit dieser Autos und ihre einmalige Fertigungsqualität geprägt, wofür man allerdings nicht gerade niedrige Preise zahlen mußte. Gerade in der Zeit der Typeninflation und der Marktübersättigung in den zwanziger Jahren flüchtete sich der von vornherein zu relativ geringen Serien verurteilte deutsche Automobilbau meist in die „teure Qualität". In ganz besonderem Maße traf das für die großen Wagen und die Luxusautomobile zu. Bei Wanderer hatte man sich daher vorausschauend auf die Mittelklasse konzentriert.

Wenn man sich bei Wanderer für teure Qualität – gewiß auch aus Gründen des erbarmungslosen Konkurrenzkampfs, der jeden vom Markt fegte, sobald er auch nur die kleinste Schwäche zeigte – entschieden hatte, so entging man doch nicht der Gefahr, darüber hausbacken zu werden. Weder von der technischen noch von der stilistischen Seite her gehörten die Wanderer-Modelle gegen Ende der zwanziger Jahre zu den in die Zukunft weisenden. Erst die Weltwirtschaftskrise riß die Techniker und Kaufleute in Siegmar-Schönau aus ihrer Qualitätsidylle. Jäh erkannte man die Notwendigkeit zum konstruktiven Sprung nach vorn, wenn man auch weiterhin noch Autos verkaufen wollte. Man sicherte sich dafür den besten Konstrukteur, der zu haben war und der sich gerade kurz vorher selbständig gemacht hatte: Ferdinand Porsche. Am 29. November 1930 schlossen die Wanderer-Werke mit dem Automobilkonstrukteur einen Vertrag, wonach dieser drei Motoren zu entwerfen hatte: einen Sechszylinder und zwei Achtzylinder, von letzteren einen mit Kompressor. Der erste war bald fertig. Es handelte sich – wie bestellt – um einen Sechszylinder mit hängenden Ventilen. Aus dem Hubvolumen von 1962 Kubikzentimeter (Bohrung 70, Hub 85 Millimeter) erreichte man bei 3500 U/min eine Leistung von 40 PS (Typ W 17). Daneben hatte Wanderer auch noch einen kleineren gleichartigen Motor mit 1,7 Liter Hubvolumen (W 15) parat. An diesen Größenverhältnissen hat man dann wieder sehr lange festgehalten. Der neue Wanderer behielt zunächst sein Fahrwerk und seine biedere Karosserie, die erst später moderneren weichen mußten.

14

13 W14-Sportcabriolett, 65 PS, 6-Zylinder-Motor (1931)

14 Prof. Porsches Privatwagen, 3-Liter-Wanderer mit Kompressor

15 W 10/III bzw. W 15 (6/30 bzw. 7/35 PS) 4sitziges Cabriolett (1932/33)

15

In der Zwischenzeit hatte man sich bei der Dresdner Bank, dem Hauptaktionär der Wanderer-Werke, entschlossen, auch die Automobilabteilung abzustoßen. Obwohl Wanderer zu jenen Unternehmen der Kraftfahrzeugbranche zählte, die auch unter den harten Bedingungen der Weltwirtschaftskrise Dividende zahlten, so war doch nicht zu übersehen, daß diese Gewinne seit 1926 nicht mehr aus der Automobilabteilung stammten. Zunächst hatte man versucht, durch Investitionen die versiegte Profitquelle wieder freizulegen. So sind noch von 1929 bis 1931 erhebliche Summen für die Rationalisierung und die bauliche Erweiterung der Abteilung ausgegeben worden. Als aber die Gründung der Auto-Union AG auf der Grundlage der Zschopauer Motorenwerke AG J. S. Rasmussen (DKW), der Horch-Werke AG und der Audi-Werke AG, beide in Zwickau, zur Sprache gebracht wurde, entschloß man sich, diese günstige Chance zu nutzen. Die Automobilabteilung der Wanderer-Werke wurde am 1. Januar 1932 für 3,25 Millionen Mark an die Auto-Union verkauft. In einem über zehn Jahre abgeschlossenen Pachtvertrag wurden der Auto-Union Gebäude und Maschinen gegen Entgelt zur Verfügung gestellt. Nach Ablauf des Vertrags gingen sie kostenlos in das Eigentum des Pächters über. Außerdem erhielt die Auto-Union das Recht, „die Marke sowie das Wort und Bildzeichen ‚Wanderer' sowie die bisher für ihre Automobile benutzten Waren- und Bildzeichen in beliebiger Form für den Vertrieb von Kraftwagen zu benutzen und entsprechende Zeichen im Warenzeichenregister für die Ware Automobile für sich eintragen zu lassen; die Wanderer-Werke verpflichten sich, derartige Eintragungsanträge der Gesellschaft zu unterstützen, insbesondere keinen Widerspruch dagegen zu erheben." Nur für den Fall, daß die Auto-Union selbst das Warenzeichen Wanderer für ihre Automobilfabrikation für immer aufgibt, konnten es die Wanderer-Werke selbst wieder verwenden.

Es hat um diesen Vertrag in den folgenden Jahren viel Ärger und Streitereien zwischen beiden Konzernen gegeben, ohne daß sich am Sachverhalt etwas geändert hätte.

Mit der Bildung der Auto-Union wurde der Marke Wanderer ein ihr durch Tradition und Kundenstamm gebührender Platz als Spitzenprodukt in der Mittelklasse zugewiesen. Die einstigen Ambitionen, durch Achtzylinder in die exklusive Spitzenklasse einzudringen, mußten dabei natürlich zurücktreten. Das brach auch den Stab über die beiden noch offenstehenden Porsche-Konstruktionen.

Der von Porsche konstruierte Sechszylinder – mit Leichtmetallblock, nassen Laufbuchsen und Zylinderkopf aus Grauguß – blieb für die folgenden Jahre die Grundlage für das Herz des Wanderer-Wagens. Waren die ersten dieser neuen Bauart noch Starrachsfahrzeuge, so bekamen die Nachfolgetypen W 21 (1,7 Liter, 35 PS) und W 22 (2 Liter, 40 PS), die im Frühjahr 1932 herauskamen, eine hintere Schwingachse, an deren Konstruktion ebenfalls Ferdinand Porsche beteiligt war. 1935 erschienen dann die Typen W 35 (1,7 Liter), W 40 (2 Liter) und W 50 (2,25 Liter) als Vollschwingachser. Die Vorderachse – eine reine Auto-Union-Konstruktion – bestand aus einer Halbelliptik-Querblattfeder mit Schublenkern.

Die bisherigen Typen, die vorn eine Starr- und hinten eine Schwingachse besaßen, wurden unter der Typenbezeichnung W 235 (1,7 Liter,

16

16 Der 2-Liter-„Porsche"-Motor mit Silumin-Block und eingezogenen Laufbuchsen, Ausführung mit Vertikalvergaser für W 235/240/250 (1935)

17 Die Pendelachse mit tiefliegender Querfeder dieser Typen

17

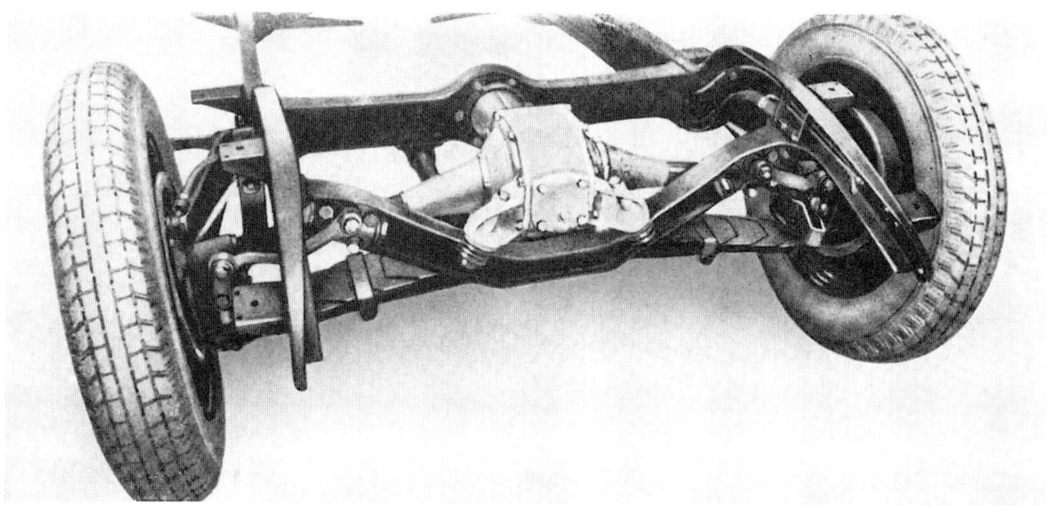

18

19

35 PS), W 240 (2 Liter, 40 PS) und W 250 (2,25 Liter, 50 PS) weitergebaut.
Der 50-PS-Motor war ein im Hub (um zehn Millimeter auf 95 Millimeter vergrößert) modifizierter 2-Liter-Typ. Er leistete 50 PS bei 3500 U/min, und sein größtes Drehmoment, das beim 2-Liter-Motor 11,5 kpm betrug, lag bei 14,0 kpm. Der gleiche Motor brachte bei Verwendung eines Solex-Doppelfallstromvergasers (zum Beispiel beim W 50) 5 PS mehr. Die neuen Sechszylinder-Wanderer wurden auf Anhieb ein voller Erfolg. Sie erwiesen sich nicht nur der Konkurrenz mit dem Mercedes-Stern in Form und Leistung als erheblich überlegen, sondern stellten auch durch ihre außerordentlich gelungene Karosserieform einen Anreiz für neue Käufer dar. Ein zeitgenössischer Expertenbericht hob besonders hervor: „... daß der Wanderer 1933 schon rein äußerlich zu seinen Vorgängern in jeder Beziehung in scharfem Gegensatz steht. Er ist der Vertreter eines kultivierten und trotz seiner Unaufdringlichkeit modischen Geschmacks, der seinen Vorgängern ... nicht gerade übermäßig anhaftete. So ungefähr wie die Seemannsfaust neben der feinnervigen Hand des Reiters nimmt sich ein bisheriger Wanderer neben dem Produkt der neuesten Ära aus."
Die Produktions- und Absatzerfolge der Autos mit dem Flügel-W, die man in Siegmar-Schönau nur mit Mehrarbeit und Überstunden mühsam bewältigen konnte, veranlaßten die Konkurrenz zu heftigen Reaktionen. Als bemerkenswerteste Konsequenz erschien in Stuttgart-Untertürkheim der 170 V, der später einer der meistgekauften deutschen Mittelklassewagen wurde. Man hat bei Wanderer den möglichen Erfolg dieses Konkurrenzfahrzeugs eindeutig unterschätzt und sich auf seinen Lorbeeren ausgeruht. Zweifellos erlebte man hier auch einen Höhepunkt. Wanderer-Wagen gab es in kaum noch übersehbaren Karosserievariationen, darunter auch als Lieferwagen und als fünftürige Kombi-Limousine. Die Motoren waren leistungsfähig und zuverlässig, ja sogar in gewissem Sinne sportlich.
Sie waren aber auch sehr viel komplizierter in der Herstellung und damit auch teurer als die technisch bewußt einfach gestalteten seitengesteuerten 170-V-Motoren. Eine Weiterentwicklung durch Aufbohren war nicht möglich. Auch eine Leistungssteigerung durch Anheben der Verdichtung, wie sie dem sportlichen Charakter des Motors nach durchaus möglich gewesen wäre, kam nach Einführung des Vergaserkraftstoffs OZ 74 in Deutschland nicht mehr in Frage. So entschied man sich zu grundlegenden Neukonstruktionen. Es entstanden ein Vierzylinder- (W 24) und ein Sechszylinder-Typ (W 23). Zur Automobilausstellung 1937 wurden beide Wagen erstmals der Öffentlichkeit gezeigt. Wesentliches Merkmal des in starkem Maße standardisierten neuen Motors – Bohrung und Hub betrugen 75 × 100 Millimeter und ergaben beim Vierzylinder einen Hubraum von 1755 und beim Sechszylinder 2632 Kubikzentimeter – war der Übergang zur Seitensteuerung. Diese technisch primitivere, aber eben auch billigere Bauweise entsprach durchaus den Konkurrenzprodukten. Man hatte auch die Bauart des Leichtmetallblocks mit eingesetzten und auswechselbaren Zylinderbüchsen verlassen. Dennoch lieferte dieses Kon-

20

fektionstriebwerk eine Spitzenleistung von 42 PS beim W 24 und überflügelte somit recht eindeutig den 170 V von Daimler Benz (38 PS). Auch sonst lassen sich aus dem Vergleich der technischen Parameter beider Konkurrenzfabrikate leichte Überlegenheiten für den W 24 erkennen, so zum Beispiel in der Höchstgeschwindigkeit, im Kraftstoffverbrauch und im Masse-Leistungs-Verhältnis. Auch im Fahrwerk ging man neue Wege. So wurde beim W 24 ein Kastenrahmen verwendet, an dem die Vorderräder wie bisher an einer untenliegenden Querfeder und darüber angeordneten Parallelogrammlenkern aufgehängt wurden. Die Hinterachse war starr und von einer hochliegenden Querfeder geführt. Man hatte hier die bei DKW-Wagen erprobte und bewährte sogenannte Schwebeachsenbauweise übernommen. Deren Zweck bestand darin, daß seitliche Kräfte keinen Hebelarm mehr als Angriffspunkt haben, sondern in Höhe des Schwerpunkts wirken, so daß sie den Wagenkasten bei hohen seitlichen Belastungen, wie zum Beispiel bei Kurvenfahrt, geringeren Neigungen aussetzen.

Der Sechszylindertyp W 23 zielte mit 2,7 Liter Hubraum deutlich auf die gehobene Mittelklasse. Auch dieser Wagen besaß vorn Einzelradfederung und hinten die Schwebeachse. Überhaupt ging man in den Standardisierungsbemühungen über Motor und Fahrwerk hinaus bis zur weitgehenden Angleichung der Karosserien. Beide waren durch gleiche Stilelemente gekennzeichnet und mitunter nur schwer voneinander zu unterscheiden. Während man aber den W 24 nur als Limousine, Kabrio-Limousine oder Kabriolett bekam, war der

18 4-Fenster-Kabriolett von Gläser auf 40-PS-W22-Fahrgestell (1933)

19 Gläser-Kabriolett auf 50-PS-W50-Fahrgestell (1935)

20 Einer der schönsten sportlichen Wagen seiner Zeit: der W25 K-Roadster, gebaut von 1936 bis 1938

21 Vorderansicht des W 23; das neue Wanderer-„Gesicht" wurde erstmalig beim W 25 K angewendet

22 Auto-Union-Lkw 1500 mit 62-PS-2,7-Liter-Wanderer-Motor

23 Das W24-Kabriolett

Fotos: Gränz

große Wanderer als Limousine und Kabriolett, aber auch auf unterschiedlichen Fahrgestellen zu haben. Außer dem W 23 gab es hier noch auf dem alten Fahrgestell mit Schwingachsen den W 26 als Pullman-Limousine und den W 52 als fünfsitziges Kabriolett.

Die sportlichen Intentionen hatte man mit den neuen Motoren nahezu aufgegeben. Immer wieder griff man auf den kopfgesteuerten Sechszylinder zurück, wenn es galt, dem Flügel-W neuen sportlichen Ruhm anzuheften. Am bekanntesten wurde dabei der W 25 K. Es handelte sich um ein bildschön karossiertes zweisitziges Fahrzeug, das als Roadster und als Kabriolett zu haben war. Dem 2-Liter-Motor blies ein Kompressor Leben ein, so daß er 85 PS bei 4000 U/min abgab. Leider hielt er das nicht allzu lange aus, und so gab es meist bald Ärger mit diesem „Gauner im Frack."

Die in den dreißiger Jahren aus bekannten Gründen stark geförderten Geländefahrten, aber auch die Langstreckenwettbewerbe sahen häufig Wanderer-Wagen als Sieger oder Pla-

21

zierte am Ziel. Bei den ersteren handelte es sich vornehmlich um den Typ W 11, der Ende der zwanziger Jahre als 2,5-Liter-Sechszylinder herausgekommen war und sich als viel zu schweres Fahrzeug und letztlich als Mißerfolg erwiesen hatte. Er war nach 1933 ausschließlich im Heeresauftrag wieder neu aufgelegt und mit entsprechenden Aufbauten versehen worden. Wanderer-Sportwagen auf der Basis des W 250 waren bei den Langstreckenfahrten (2000-Kilometer-Deutschlandfahrt usw.) recht erfolgreich, zumal sehr bekannte Fahrer, wie zum Beispiel Bernd Rosemeyer, verpflichtet

22

23

wurden. Zum letzten Mal ließ der Name Wanderer in der Sportwelt aufhorchen, als die Auto-Union ihre Sportwagen für die Fernfahrt Lüttich–Rom–Lüttich 1938 der Öffentlichkeit vorstellte. Man hatte die alte 2-Liter-Porsche-Motorkonstruktion mit zwei Vergasern ausgerüstet und war so auf eine Leistung von 60 PS bei 4800 U/min gekommen. Anstelle eines Ölkühlers wurde ein gewundenes Kupferrohr durch den Ölsumpf geleitet, durch das der in einem Trichter aufgefangene Fahrtwind geführt wurde. Diesen Motor hatte man in das W24-Fahrgestell gehängt und das Ganze mit einer Aluminiumkarosserie umkleidet.

In ganz anderem Sinne erwies sich der 2,7-Liter-Motor als vielseitig verwendungsfähig. Im Jahre 1943 stellte die Auto-Union ihren ersten Lkw vor, der 1,5 Tonnen Nutzlast tragen sollte und als Kurzhaubenfahrzeug bzw. als Frontlenker ausgeführt war. Der Wanderer-Motor sollte als Antrieb dienen. Das Projekt kam über das Versuchsstadium nicht hinaus, da der einzige in Frage kommende Abnehmer dieser Zeit, die faschistische Wehrmacht, luftgekühlte Motoren forderte. So blieben lediglich die später noch oft veränderten Konstruktionszeichnungen übrig, die es nach dem Kriege ermöglichten, die Fertigung des H 3 mit dem 100-PS-Maybach-Motor aus Restitutionsgut wieder aufzunehmen.

Im zweiten Weltkrieg wurden die Produktionsräume für Wanderer-Automobile, von denen das letzte 1941 vom Band lief, zu einer bedeutenden Rüstungsschmiede. Der Raupenschlepper Ost (RSO) und der nachgebaute Steyr-Lkw sollten ebenso wie Flaklafetten, Flugzeug-MG und Panzermotoren dazu beitragen, den Raubkrieg für die Faschisten zu gewinnen. Der Gang der Geschichte ist bekannt. Auch für die Automobil-Marke Wanderer war der Krieg das Ende, nach dem es keine Auferstehung mehr gab.

Typentabelle Wanderer

Typ	Zylinderzahl	PS	Hub × Bohrung (mm)	Hubraum (cm^3)	Bauzeit	Bemerkungen
W 1	4	12	95 × 62	1140	1912/13	Modell H
W 2	4	15	95 × 64	1220	1913/14	Modell H und N
W 3	4	15	100 × 64	1280	1914/19	Modell H, N und Nv
W	4	15	100 × 64,5	1298	1919/24	Modell N und Nv, Limousine
W 6	4	18	110 × 67	1550	1921/23	Viersitzer, auch Limousine
W 8	4	20	100 × 64,5	1298	1925/26	mit angebautem Koffer
W 9	4	24	110 × 67	1550	1923/25	
W 10/I	4	30	110 × 67	1550	1926/27	
W 10/II	4	40	120 × 72	1940	1927/28	
W 10/III	4	30	96 × 72	1550	1928/29	
W 10/IV	4	30	96 × 72	1550	1930/32	
W 11	6	50	104 × 72	2541	1928/39 }	ab 1934/35 überwiegend für Geländeeinsatz und Heereszwecke gebaut
W 11/I	6	60		2969	1935/38 }	
W 15	6	35	85 × 65	1680	1932/33	
W 17	6	40	85 × 70	1950	1932/33	
W 21	6	35	85 × 65	1680	1933/35 }	Schwingachse hinten, Starrachse vorn
W 22	6	40	85 × 70	1950	1933/35 }	
W 23	6	62	100 × 75	2632	ab 1937	
W 24	4	42	100 × 75	1755	ab 1937	
W 25 K	6	85	85 × 70	1950	1936/38	Sportwagen mit Kompressor
W 26	6	62	100 × 75	2632	ab 1937	Radstand 3150 mm
W 35	6	35	85 × 65	1680	1936 }	Schwingachsen vorn und hinten
W 40	6	40	85 × 70	1950	1936/38 }	
W 45	6	55	95 × 71	2241	1936/38 }	
W 50	6	55	95 × 71	2241	1936/38 }	
W 51 Spezial	6	55	95 × 71	2241	1936/38	dito, jedoch mit neuem Gesicht wie W 24; Reserverad seitlich
W 52	6	62	100 × 75	2632	1937/38	Radstand 3000 mm
W 235	6	35	85 × 65	1680	1935/36 }	Nachfolgetypen W 21/22 Schwingachse hinten, Starrachse vorn
W 240	6	40	85 × 70	1950	1935/36 }	
W 245	6	50	95 × 71	2241	1935/36 }	
W 250	6	50	95 × 71	2241	1935/37 }	

Dr. sc. Peter Kirchberg / D. P. Orban

Autos am Rande

Die Geschichte der Simson-Automobile

Um die Mitte des 19. Jahrhunderts erwarben die Brüder Loeb und Moses Simson mit dem Heinrichser Stahlhammer eines der ältesten Eisenwerke im Suhler Raum. Sie konzentrierten die Herstellung vorrangig und mit Erfolg auf Waffen. Ihr Unternehmen wurde zu einem der traditionellen Waffenlieferanten Deutschlands. Außerdem sind auch Werkzeugmaschinen hergestellt worden.

Das seit 1899 als Simson & Co, Suhl, firmierende Unternehmen hatte bereits 1896 Fahrräder in das Produktionsprogramm aufgenommen, die mit Ausnahme der Reifen in allen Teilen im Werk selbst hergestellt wurden. Als zu Anfang unseres Jahrhunderts immer mehr Fabriken die Automobilfertigung begannen, gingen auch in Suhl Überlegungen in diese Richtung. Als maßgeblicher Anreiz wirkte natürlich für Simson & Co. die Aussicht, an einer möglicherweise beginnenden Ausrüstung der Armee mit Kraftfahrzeugen beteiligt zu sein. So entstand 1908 auf dem Reißbrett in aller Stille die Konstruktion eines Kraftwagens, der mit einem luftgekühlten Zweizylindermotor ausgerüstet war. Die Kraftübertragung auf die Hinterräder besorgte ein Riemen.

Die absolut unbefriedigende Gesamtleistung des bewußt klein und sehr sparsam konzipierten Wagens veranlaßte die Suhler Konstrukteure – Obering. Fritz Sillmann zeichnete wie für alle Konstruktionen des Suhler Werkes auch dafür verantwortlich – zum Verzicht auf die Serienproduktion. Man experimentierte weiter. Ende 1910 war ein Vierzylindermotor mit Wasserkühlung fertig, mit dem man ein Phaeton üblicher Bauart ausrüstete. Dieser «Simson A» war das erste Automobil, von dem in Suhl einige Exemplare für den Verkauf hergestellt wurden. Allerdings hat weder damals noch zu irgendeinem späteren Zeitpunkt der Automobilbau eine ausschlaggebende Rolle im Gesamtprogramm des renommierten Waffenherstellers gespielt. Kraftwagen wurden gewissermaßen nebenbei mit fertig. Ihre Stückzahl überschritt kaum die eines größeren Handwerksbetriebes.

Auch der Nachfolgetyp, «Simson B», war ein Kleinwagen; auch er blieb für die Anforderungen auf den Bergstraßen des Thüringer Waldes, auf den steilen Steigungen, wie sie zwischen Zella St. Blasii und dem Rondell am Rennsteig oder der damals bekannten «Unteren Schweizerhütte» und Oberhof zu finden sind, zu schwach. 18 PS reichten eben nicht aus, und so trug man in Suhl den Kleinwagengedanken entschlossen zu Grabe.

Der 3. Typ, «Simson C», bekam daher einen Motor mit 2,6 l Hubraum und beiderseits stehenden Ventilen (einen sogenannten T-Kopf), die durch je eine links und rechts im Kurbelgehäuse angeordnete Nockenwelle gesteuert wurden. Mit 45 PS Leistung wurde der «Simson D» das stärkste Auto der Vorkriegszeit, das im Suhler Konstruktionsbüro entworfen worden war. Damit stieß man vom Aufwand her in die Luxusklasse vor, ohne allerdings in der technischen Konzeption verwöhnte Ansprüche befriedigen zu können. Der Motor war immer noch mit dem antiquierten T-Kopf ausgerüstet.

Von den C- und D-Typen wurden einige Exemplare mehr verkauft als von den vorher gebauten Kleinwagen, die nur für den lokalen Markt eine gewisse Bedeutung hatten. Die großen Simsons gingen schon auf weitere Reisen, so z. B. nach Rußland (seit 1912), Spanien und in die skandinavischen Staaten. Sie wurden dorthin per Achse überführt. Mit dem «Simson D» versuchte man nun auch, das Heeresgeschäft in Gang zu bringen. Allerdings konnte die auf geringste Stückzahlen orientierte Technologie der Suhler den Ansprüchen der Armee in keiner Weise gerecht werden. So gelang lediglich der Absatz einiger D-Typen als Sanitätskraftwagen. In der Zeit des 1. Weltkrieges wurden auch Flugmotoren, Munitionswagen und Feldküchen hergestellt.

Die vor 1914 gebauten Automobile der Simson-Werke zeigten einige charakteristische Details, die sie deutlich von den späteren Fahrzeugen der gleichen Marke unterschieden. Sie sind wie folgt zu kennzeichnen:

- Typisch für alle Fahrzeuge waren der Spitzkühler mit großen Kühllamellen sowie die Thermosyphonkühlung.
- An Karosserien wurden lediglich 2 Grundtypen hergestellt: Phaeton und Limousine.
- Ganz im Gegensatz zu den Nachkriegstypen waren es konservativ konzipierte, behäbige Fahrzeuge ohne technische Besonderheiten.

Der Produktionsumfang betrug nur wenige Fahrzeuge monatlich, und auch die Karosserien sind selbst hergestellt worden.

Als nach dem 1. Weltkrieg der Versailler Vertrag für Deutschland jegliche Waffenproduktion untersagte, begann die Firma Simson & Co. mit Hochdruck den «zivilen» Sektor zu entwickeln. Ausgangspunkt für die Nachkriegsfertigung war zunächst der «Simson B», aber auch die größeren C und D wurden wieder aufgelegt. Die Motorleistungen stiegen im Verhältnis zu den Vor-

1 Ein Simson-Co-Phaeton mit modischen Radverblendscheiben beim Schönheitswettbewerb in Bad Kissingen 1921

2 Abteilung Getriebebau im Simsonwerk etwa 1924

kriegsbaumustern vor allem infolge veränderter Ventilsteuerung. Die nunmehr wechselgesteuerten Motoren leisteten immerhin rund 25% mehr. Die äußere Formgebung paßte man dem Zeitgeschmack an, gleichzeitig konnte man die Eigenmasse reduzieren. Die Wagen erhielten jeweils ihr charakteristisches Kühlergesicht, das ausschließlich als großflächiger Spitzkühler in verschiedenen Formen in Erscheinung trat. Seit 1923 besaßen alle Fahrzeuge Linkslenkung.

Zur Verdeutlichung dieser Fortentwicklung wurde den Typenbezeichnungen der Buchstabe o angehängt, so z. B. «Simson Bo». Dieses o kennzeichnete den wechselgesteuerten, mit oben hängenden Einlaßventilen ausgerüsteten Motor. Die Hubräume blieben unverändert. Auch sonst unterschieden sich diese Triebwerke kaum von anderen gängigen Lösungen. Die Kurbelwelle war dreifach in Weißmetall gelagert. Der Steuerwellenantrieb erfolgte über Kette. Der Einblock-Vierzylindermotor wurde durch eine Umlaufschmierung mit Öl versehen, wovon er je nach Typ zwischen 0,2 und 0,4 l je 100 km verbrauchte. Am Lenkrad befanden sich die üblichen beiden Handhebel zur Verstellung der Bosch-Magnetzündung und des Zenithvergasers. Die Benzinzuführung geschah durch Unterdruck aus dem hinten liegenden Benzintank, der je nach Modell 30, 70 und 90 l faßte. Der «Simson Do» war für die Thermosyphonkühlung doch zu groß geraten; für den Wasserumlauf sorgte hier deshalb eine Pumpe. Alle diese Simson-Typen hatten Vierganggetriebe, Kulissenschaltung und Lamellenkupplung.

Mit den Co- und Do-Typen beteiligten sich die Suhler auch an verschiedenen Schönheitswettbewerben, die in den zwanziger Jahren stark in Mode kamen. 1922 gewann z. B. der später verunglückte Suhler Fahrer Fritz Jung den 1. Preis in seiner Klasse bei einem solchen Wettbewerb in Bad Kissingen auf einem «Simson Co». Für derartige Veranstaltungen wurden vorzugsweise Fahrer eingesetzt, die vom Werk üblicherweise die fabrikneuen Wagen zu den Kunden im In- und Ausland brachten. Außer Fritz Jung sind noch die Suhler Hugo Vonderlind und Otto Reif zu nennen. Ihr großes fahrerisches Können und ihre reiche Erfahrung hatten der Marke Simson manchen Sieg eingebracht.

Trotz der erfreulichen Leistungssteigerung ließ sich die Tatsache nicht leugnen, daß die Konstruktionen veraltet waren und dringend einer Neuschöpfung Platz machen mußten, wenn steigender Absatz erzielt werden sollte. Aus diesem Grunde verpflichtete die Unternehmungsleitung einen der berühmtesten Automobilkonstrukteure der damaligen Zeit, Paul Henze, als Konstrukteur und technischen Direktor für die Abteilung Automobilbau. Henze hatte vor dem 1. Weltkrieg für die «Reichenbacher Automobilfabrik» (RAF) gearbeitet und später mit seinem für die

3a Eine Anzeige aus dem Jahre 1921 ...

3b ... und eine ganzseitig mehrfarbige aus dem Jahre 1925

4 Auf einer Anzeige von 1927 sind alle Produktionszweige des Werkes verzeichnet

Steiger-Werke in Burgrieden/Württemberg entwickelten sehr gefälligen und und erfolgreichen 50-PS-Wagen Aufsehen erregt. Er kam 1922 nach Suhl und begann mit der Neuentwicklung von Motoren. Zunächst entwarf er einen ohv-Motor mit 3,6 l Hubraum, für den geplanten, aber dann doch nicht produzierten Typ F, der Radstand, Spur und Gesamtlänge des Do-Modells erhalten hatte. Gleichzeitig schuf Henze ein Hochleistungstriebwerk in 2 Varianten. Es handelte sich um einen von vornherein sportlich ausgelegten 2-l-Motor, der einmal – als S-Modell – mit 2 und zum anderen – als So-Modell – mit einer obenliegenden Nockenwelle versehen war, die durch Königswelle angetrieben wurden. Beim etwa 60 PS leistenden S gehörten 4 Ventile zu jedem Zylinder, bei dem etwa 40 PS starken So nur 2. Praktisch unterschieden sich die Motoren also nur durch die Zylinderköpfe, die sich übrigens untereinander austauschen ließen. Der «Simson S» wurde mit 2 Radständen – 2600 mm und 2350 mm – angeboten, der «Simson So» nur mit einem von 3000 mm. Nun wurde auch die Markenbezeichnung Simson durch den Zusatz «Supra» ergänzt. Alle von Paul Henze konzipierten Fahrzeugtypen trugen den neuentwickelten Schriftzug «Simson Supra» auf dem ebenfalls neuen Kühlergesicht.

Trotz der zunehmenden Bedeutung, die man dem Automobilbau in Suhl beigemessen hatte, entstanden diese Kraftwagen nach wie vor in solider Einzelfertigung. Eine wichtige Ursache für die anhaltende Randbedeutung der Autoproduktion kann man wohl in der Tatsache sehen, daß die Firma Simson & Co. im Jahre 1926 durch Beschluß des Interalliierten Kontrollrates als einziges Unternehmen in Deutschland die Genehmigung erhielt, Waffen für die Reichswehr herzustellen.

Die nunmehr einsetzende Betriebserweiterung und Anlagenmodernisierung ist daher vorrangig der Waffenerzeugung zugute gekommen. Die geringe Bedeutung der Automobilfertigung wurde aus dem Anteil am Betriebsgewinn deutlich, der bei einer Betriebsprüfung 1933 analysiert worden ist. Danach stammten in den Jahren 1924 bis 1933 nahezu 68% aus der Waffenproduktion, etwa 16% aus der Herstellung von Fahrrädern und nur 11% aus dem Automobilbau. In dieser Analyse ist auch der Umfang der jährlichen Produktion auf etwa 200 Stück beziffert worden.

Trotzdem erlebte die Marke Simson Supra gerade damals ihre Blütezeit. Das war in erster Linie den S- und So-Modellen zuzuschreiben. Für sportlichen Effekt sorgten bei beiden die blanken, flexiblen, seitlich durch die Motorhaube geführten Auspuffrohre, die dann unter dem Wagen in ein zentrales Rohr mündeten. Auch der serienmäßige Drehzahlmesser und das – aus Gründen recht beengter Einstiegsverhältnisse notwendigerweise – umklappbare Lenkrad verstärkten den sportlichen Gesamteindruck der Wagen, der durch die tiefe Schwerpunktlage, die recht niedrig gehaltene Karosserie ebenso wie durch die mit Zentralverschluß versehenen Draht-

5 8/40-PS-Simson-Supra So Tourenwagen mit Allwetterverdeck

speichenräder geprägt wurde, durch die hindurch die großen verrippten Silumin-guß-Trommeln der mechanisch betätigten Vierradbremse deutlich zu erkennen waren. Angeboten wurden die Wagen in folgenden Karosserievarianten: offener Tourenwagen, viertürige Limousine, viertüriges Cabriolet sowie zweisitziger Sportwagen.
Die Exklusivität im Hinblick auf Fertigungsqualität und Leistungsfähigkeit verführt im Nachhinein oft noch zur – falschen – Annahme, daß die Simson-Fahrzeuge auch im Preis an der Spitze des Angebots gelegen haben müssen. Erstaunlicherweise war das nicht der Fall. Im Jahre 1925 war der 8/40er Simson Supra mit 12000,- RM einer der billigsten Wagen seiner Leistungsklasse. Ein Blick auf die Preistabelle bestätigt diesen Eindruck. Dennoch zielte die Simson-Werbung bewußt auf den Exklusivcharakter des Suhler Automobils. Beispielsweise sah man auf Werbeplakaten den von Frauen umschwärmten 8/50er Simson in einer englischen Parkanlage. Die Bildunterschrift lautete schlicht: «Rasse». Sie stellte eine gezielte Assoziation zu Sportlichkeit, Eleganz und Spitzenqualität her. Auch mit den sportlichen Erfolgen wurde gern und häufig geworben. Werbekarten zeigten den Gernsbacher Rennfahrer Karl Kappler nach einem Sieg bei einem Bergrennen, den Suhler Otto Reif im Siegerlorbeer oder Paul Orban bei Rundfahrten durch die Thüringer Berge. Das Fludium eines ungewöhnlichen Qualitäts-

6a Simson-S-Spezial (SS) mit kurzem Radstand und weit zurückversetztem Kühler

erzeugnisses umgab den Simson, wohin er auch kam.

Die sportlichen Traditionen der Simson-Werke begannen erst 1920. Mit dem Bo wurde vorrangig die Teilnahme an Bergrennen in nächster Nähe des Suhler Werkes gepflegt. Erwähnenswert ist in diesem Zusammenhang das einstmals sehr bekannte Gabelbach-Rennen, das in der Nähe von Ilmenau stattfand und das berühmt-berüchtigt für seine Bergabschnitte war. Die 3300 m lange Rennstrecke überwand einen Höhenunterschied von 200 m und wies Steigungen von 16 % auf. Wenn auch diese ersten Rennbeteiligungen keine Siege brachten, so gewann man bei ihnen doch Erfahrungen. In deren Auswertung bauten die Suhler unter Leitung von Otto Reif 1922 einen eigenen Rennwagen, der eine überdimensionale Motorhaube und ein kurzes kegelförmiges Heck zeigte. Er sah aus wie eine Rakete auf Rädern, nur daß die Spitze nach hinten zeigte. Als Fahrgestell hatte man dasjenige des Do-Typs verwendet. Der Vierzylindermotor leistete 55 PS. Weil er in den oberen Drehzahlbereichen zu heiß wurde, bekam er zusätzlich einen vor der Vorderachse angeord-

Tabelle 1: Preisvergleich der gehobenen Mittelklasse

Marke	Ausführung	Zylinder	Preis in RM
Simson	Limousine 8/40	4	12 000,–
Benz	Limousine 11/40	6	18 000,–
NSU	Limousine 14/40	4	13 000,–
Hansa	Limousine 8/36	4	14 000,–

6b Typ SS mit rennmäßiger Windhaube und Windschutzscheiben. Im Gepäckkasten konnte ein Notsitz untergebracht werden

7 Simson-Supra J 12/60 PS als Pullman-Limousine

neten Ölkühler. So ausgerüstet startete das Fahrzeug auch zum 2. Avus-Rennen am 11. Juni 1922. Es war damals üblich, daß die Rennen mit Beifahrer gefahren wurden, für welche Aufgabe sich Otto Reif seinen Suhler Kollegen Richard Bauer in das Cockpit holte. Gerade die Beifahrer sorgten bei den Veranstaltungen für Leben auf der Rennstrecke durch ihre Akrobatik, mit der sie in den Kurven um Meter und Sekunden kämpften. Das später nur noch in den Gespannklassen übliche weite Hinauslehnen des Beifahrers erfreute sich damals auch in den Wagenklassen großer Popularität. Daß der Schmiermaxe auch andere Aufgaben wahrnehmen konnte, bewies Richard Bauer bei einer späteren Batschary-Fahrt, als am Wagen Otto Reifs das Zündkabel brach. Bauer hockte sich auf das Trittbrett und hielt bei gehobener Motorhaube das Zündkabel während der Fahrt fest!

Mitte der zwanziger Jahre schlug mit der Entwicklung der S-Typen die Erfolgsstunde für die Suhler Renner. Besonders bei Zuverlässigkeitsfahrten erwiesen sie ihre Klasse. Vor allem der S machte den sieggewohnten Bugattis auf den Bergstrecken schwer zu schaffen. Rennveranstaltungen, die heute kaum noch jemand kennt, brachten Sieg um Sieg: die Harzfahrt, das Kasseler Herkulesrennen, das Rennen im Forstenrieder Park, das Pöhlbergrennen bei Annaberg, Rund um Buckow, Rund um die Solitude oder die Salzbergfahrt.

75% aller Rennen, bei denen sie antraten, beendeten die Simson Supras als Sieger. Bei den Freiburger Rekordtagen im Jahre 1926 fuhr Karl Kappler seinen 200. Sieg auf Simson Supra heraus. Einen besonderen Höhepunkt brachte schließlich das Jahr 1928. Eine von Kappler geführte Mannschaft ging mit dem Simson Supra R auf die 3400 km lange Strecke der Rallye Monte Carlo. Am Rande bemerkt, hatte das Reichswehrministerium vom Ausgang dieser Beteiligung die Werkslieferungen an Reichswehr und Polizeiverbände abhängig gemacht. Am Ende der Veranstaltung hatte sich die Simson-Mannschaft als einzige deutsche unter 87 Teilnehmern plazieren können. Am 24. August 1930 schließlich fuhren Ernst Kotte und Richard Bauer zum letzten Mal einen Simson zum Sieg. Sie gewannen das Riesengebirgs-Rennen – der Simson hatte inzwischen einen Kompressor erhalten – und sorgten damit für einen würdigen Abschluß der kurzen, aber erfolgreichen Sportphase im Suhler Kraftwagenbau. Danach zog sich das Werk vom Motorsport zurück.

Um auch den Wünschen einer sportlich wenig ambitionierten, aber dennoch anspruchsvollen Käuferschaft entgegenzukommen, entwarf Paul Henze einen Sechszylinder. Nach ersten Versuchen unter enger Anlehnung an die vorherigen Königswellenmotoren – vorgestellt zur Automobilausstellung 1925 in Berlin als Typ I – entschied er sich aber besonders unter dem Einfluß der mit der Krise von 1925/26 verbundenen Finanzierungsprobleme für einen nicht so aufwendigen Stoßstangenmotor, der den nunmehrigen Typ R mit 60 PS antrieb. Er hatte hängende Ventile, betätigt durch Stoßstangen und Kipphebel. Der Antrieb der Nockenwelle geschah durch ein geräuscharm laufendes Novotexrad. Der Schalthebel konnte durch ein Sicherheitsschloß verriegelt werden, um Diebstählen vorzubeugen. Die Brem-

8a Simson-Supra R 12/60 PS als sechssitziges Phaeton

8b Simson-Supra R 12/60 PS, Limousine mit Leichtkarosserie und Kunstlederbespannung

sen waren mit einer Servoeinrichtung nach dem System Bosch-Dewandre ausgerüstet, wobei Saugluft die zur Pedalbetätigung erforderlichen Kräfte erheblich minderte. Auch die Ausstattung verzichtete auf die bisher demonstrierte Sportlichkeit – der Drehzahlmesser fiel weg. Stattdessen wurde das indirekt beleuchtete Instrumentenbrett mit einer Achttageuhr ausgerüstet. Es enthielt ferner Benzinanzeige, Ölmanometer, Tachometer und Kilometerzähler. Auch die Anzahl der Karosseriemodelle und deren Ausrüstung vermehrte und verbesserte sich. Im Produktionsprogramm befanden sich ein siebensitziges Doppelphaeton mit Allwetterverdeck, eine Pullmanlimousine, eine fünfsitzige Limousine mit einer sogenannten halbstarren, patentierten Leichtkarosserie und schließlich das zweisitzige Luxuscabriolet in Roadsterform mit 2 Notsitzen und 2 Reserverädern am Heck. Der Mode der Zeit folgend, gehörten zu den besonderen Ausstattungsdetails der Pullmanlimousine Schirmhalter, Zigarrenanzünder, Blumenvasen, seidene Springrollos usw. Einige Modelle dieser Serie erhielten auch eine verstellbare Sonnenblende aus farbigem Glas, die gleichzeitig als Regenschutz dienen konnte. Die Ersatzräder waren teilweise mit Schutzhauben überzogen, die das Markenzeichen trugen. Die Gepäckablage befand sich am Heck auf einer großflächigen klappbaren Brücke. Dieses Fahrzeug ist auch als gut ausgestatteter Krankentransporter sowie als Lieferwagen hergestellt und ausgeliefert worden. Eine Feuerwehr auf einem solchen Fahrgestell diente dem Brandschutz im Werk selbst.

Bemerkenswert reichhaltig war schließlich das mitgelieferte Zubehör. Es bestand u. a. aus einer Werkzeugtasche mit 12 verschiedenen Maul- und Steckschüsseln, einer Luftpumpe mit Manometer, einem Wagenheber, einem Sortiment Ersatzlampen, einem Radabzieher sowie weiteren Werkzeugen wie Feile, Hammer, Schraubenzieher, Fettpresse, Ölkanne, Feilkloben, Brustkurbel, Flachzange usw. Zum serienmäßigen Zubehör zählten ebenso ein Bosch-Suchscheinwerfer, eine Handlampe, ein Säuremesser für die Batterie sowie ein Nationalitätenschild.

Zur weiteren Leistungssteigerung ist der Sechszylindermotor von 76 auf 79,5 mm aufgebohrt worden, wodurch sich 70 PS als Gesamtausbeute ermöglichen ließen. Allerdings wurde diese Mehrleistung durch die üppigere Ausstattung der Limousine wieder verbraucht, da sie damit auf eine Gesamtmasse von 2 t kam. Auch der Benzinverbrauch stieg deutlich an. Dieser RI-Typ trat die Nachfolge der nun endgültig auslaufenden S-Typen an. Er sollte urpsrünglich ergänzt werden durch einen K-Typ, ebenfalls mit Sechszylindermotor, der den legendären 8/40er zum Vorbild hatte. Aber knapp werdende Mittel ließen ihn im Entwicklungsstadium stekkenbleiben.

Mittlerweile war 1928 Paul Henze bei Simson ausgeschieden und zu den Selve-Werken nach Hameln gegangen, wo er die Nachfolge des nicht minder berühmten Carl Slevogt antrat. In Suhl lebte man im Automobilbau zwar noch eine Weile von der Substanz, die Henze geschaffen hatte. Aber bald zeigte sich, daß mit diesem begabten Konstrukteur ein «guter Geist» das Werk verlassen hatte. Mitten in der

9 Start zur Rallye Monte Carlo mit einem R-Typ. Rechts die Besatzung Gutknecht/Kappler (Major Gutknecht und Karl Kappler)

10 Das Achtzylinder-Luxus-Sportcabriolet Typ A 18/90 PS, einer der formschönsten Wagen seiner Klasse

Weltwirtschaftskrise baute man hier eine Achtzylinderkonstruktion – eine kaum verständliche Modellpolitik, die freilich nicht ohne Parallele war; man denke nur an den Horch-Zwölfzylinder und andere Kostbarkeiten, die auf den Markt kamen, als keiner sie kaufen konnte. Dieser 1931 herauskommende «Simson A» verdiente den Zusatz Supra eigentlich nur noch von der Ausstattung her. Technisch bot er mit seiner seitengesteuerten Maschine lediglich Durchschnittsniveau. Der hochwertige Repräsentationswagen war in allen Ausführungen lieferbar: als Pullmanlimousine ebenso wie als Landaulet, als viertüriges Phaeton – bei dem übrigens die Türen ohne Mittelpfosten justiert waren, eine aufwendige und hochwertige Karosseriebauarbeit – oder als Sonderaufbau wie z. B. der Wagen für einen indischen Maharadscha. Die geistigen Väter der wirklich schönen Karosserieentwürfe sind leider nicht überliefert. Die auffällige Ähnlichkeit mit den großen NAG – vor allem mit dem 208 Sportcabriolet – jener Jahre legte den Schluß nahe, daß deren Designer Peter Behrens, einer der bekanntesten Architekten und Formgestalter der ersten 30 Jahre unseres Jahrhunderts und lange Zeit mit der NAG verbunden, direkt oder indirekt großen Einfluß auf die Gestaltung der Simson-Modelle gehabt hat. Alle Achtzylinderausführungen bekamen ein neues Kühlergesicht, wobei der traditionelle Schriftzug so überarbeitet wurde, daß das S einer stilisierten 8 entsprach. Die Bauzeit dieses Prachtexemplares war kurz. Im September 1934 hat Simson & Co. die Automobilproduktion eingestellt, nachdem in diesem Jahr die letzten 12 Wagen das Werk verlassen hatten.

Tabelle 2: Die Simson-Typen

Typ	PS U/min	Zyl.	Bohr × Hub	Hubraum	Bauzeit	Bemerkungen
Kleinwagen						
5/10 PS	10 PS	2	85 × 110	1249	1908/10	Prototyp
A 6/12 PS	12 PS	4	70 × 95	1462	1911/12	
B 6/18	18 PS	4	70 × 112	1569	1911/12	
C 10/30	30 PS	4	80 × 130	2612	1912/18	
D 14/45	45 PS	4	90 × 140	3561	1912/18	
Bo 6/22	22/1800	4	70 × 102	1569	1920/23	
Co 10/40	40/1900	4	80 × 130	2612	1920/23	
Do 14/55	55/1900	4	90 × 140	3561	1920/23	
F 14/65	65/2000	4	85 × 160	3615	1923	Prototyp
So 8/40	40/3000	4	70 × 128	1969	1924/28	
S 8/50	50/4000	4	70 × 128	1969	1924/28	
I 12/55	55/2800	6	72 × 126	3076	1925	Prototyp
R 12/60	60/2800	6	76 × 115	3128	1926/30	
RI 13/70	70/2900	6	79,5 × 115	3423	1928/31	
A 18/90	90/3000	8	79,5 × 115	4763	1931/34	
K 8/40		6			1928	Versuchsfahrzeug

Fotos: Archiv Gränz

11 Auch die Pullman-Limousine des gleichen Typs gehörte zu den Spitzenerzeugnissen des deutschen Automobilbaus

12 Der Absatzrückgang war auch mit spektakulären Erfolgen wie A. Mombergers Langstreckenfahrt von Nordafrika nach Baden-Baden 1930 mit einem 18/90 PS Sportzweisitzer nicht aufzuhalten.

Automobile aus Dömitz und Potsdam

Das seit 1975 in vier Auflagen erschienene Buch «Ahnen unserer Autos», in dem die Geschichte des deutschen Automobilbaus – begrenzt auf das Territorium der DDR – zusammengefaßt dargestellt worden ist, hat manchen Liebhaber der Kraftfahrzeugtechnik-Geschichte dazu angeregt, einmal selbst den Spuren dieser oder jener Marke zu folgen. Soweit dies kleinere und heute weithin unbekannte Automobilunternehmen betraf, war davon ein echter Erkenntniszuwachs zu erwarten.
Nachfolgend werden in konzentrierter Form die Forschungsergebnisse wiedergegeben, zu denen drei Autoren gelangten, nachdem sie sich in teilweise recht langwieriger und umständlicher Untersuchung mit den kurzlebigen kleinen Automobilfirmen von Foth in Dömitz und von BZ bzw. Nowa in Potsdam befaßt hatten. Abgesehen von den Einblicken in interessante Details, die die Lektüre dieser Arbeiten vermitteln, sollen sie andere ermutigen, der Geschichte anderer Automarken nachzuspüren. Die Technikgeschichte wird nicht nur von den Großen, sondern auch von den Kleinen bestimmt! Gerade bei diesen lohnt es sich aber, lange verblichene Spuren aufzufinden. In diesem Sinne mögen die Arbeiten von Eckhart Fuhrmann, Albert Schwarz und Dietmar Streuber ein Anfang sein.

Dr. Peter Kirchberg

ECKHART FUHRMANN

Die Automobilfabrik Carl Foth in Dömitz/Mecklenburg

Um die Jahrhundertwende zählten zu den Studenten am Technikum in Neustadt/Mecklenburg (heute Neustadt/Glewe) auch Carl Foth und Fritz Nebelung. Sie fühlten sich besonders von der Technik der motorisierten Fortbewegung angezogen.
Noch als Studenten bauten sie sich im Jahre 1902 nach dem Vorbild ähnlicher Fahrzeuge, von denen oft in der Zeitung zu lesen war, einen Motorwagen, mit dem sie in der Neustädter Umgebung ihre Fahrten unternahmen und entsprechendes Aufsehen erregten. Jedenfalls schickte ihnen der Magistrat der Stadt einen Brief, in dem ihnen die Bedingungen zum Führen von Kraftfahrzeugen bekannt gemacht wurden. Es dürfte eine der ersten Aufforderungen zur technischen Abnahme und zum Erteilen eines Führerscheins im Mecklenburger Raum gewesen sein.
Der gute Erfolg veranlaßte die beiden Techniker, auch nach ihrem Examen der Kraftfahrzeugtechnik treu zu bleiben. Sie gründeten in Dömitz/Mecklenburg eine kleine Fabrik, in der sie bald ihren ersten Motorwagen fertigstellten und zum Verkauf anboten. Der genaue Termin dieses Vorgangs ist nicht feststellbar.
Aus dem Jahre 1906 ist eine Beschreibung des in Dömitz gefertigten Modells erhalten. Danach besaß der Wagen einen 1300-cm^3-(1,3-l-)Einzylindermotor, der bei 1000 U/min 6 kW (8 PS) abgab. Ansaug- und Auspuffventil waren bereits gesteuert. Für ersteres war das sehr fortschrittlich, denn damals galten noch sog. Schnüffelventile als üblich, die durch den Unterdruck des Motors beim Ansaugen geöffnet wurden.
Es ist auch nicht bekannt, ob Carl Foth und Fritz Nebelung den Motor von auswärts bezogen, was sehr unwahrscheinlich ist, oder selbst hergestellt hatten. Die Kurbelwelle bezogen sie jedenfalls von einer Spezialfirma. Auch andere Teile kauften sie von bekannten Zulieferern, so kam der Kühler von der Firma Sauerbier, und die Zündung stammte von Bosch. Immerhin besaß das Auto eine Doppelzündung: Batteriezündung zum Anfahren, während der Fahrt Umschaltung auf die Magnetzündung. Besonders hervorgehoben wurde in der Beschreibung, daß der Vergaser eigener Konstruktion sei: «Minimaler Benzinverbrauch, unbedingtes Anspringen des Motors bei jeder Witterung, Verstopfen der Benzindüsen ausgeschlossen.» Interessant an dem Wagen war die Kraftübertragung: Sie erfolgte über ein Reibradgetriebe mit fünf Geschwindigkeitsstufen und einem Rückwärtsgang. Von da übertrug eine Kette die Kraft auf das Differential an der ungeteilten Hinterachse.
Der Wagen wurde nur zweisitzig geliefert, hatte eine Länge von exakt 3000 mm bei einem Radstand von 2100 mm und einer Spur von 1280 mm. Wie damals üblich, leisteten die Hersteller eine sechsmonatige Garantie und forderten eine Anzahlung in Höhe von 33% des Kaufpreises bei Bestellung.
Trotz des erklärten Willens, eine Automobil*fabrik* zu betreiben, kamen Foth und Nebelung über handwerkliche Grenzen nicht hinaus. Sie bewältigten die ge-

1 Diesen Motorwagen bauten sich Fritz Nebelung und Carl Foth in Neustadt im Jahre 1902. Am Lenkrad F. Nebelung und neben ihm Carl Foth. Mit dem Rücken zur Fahrtrichtung sitzt ein Lehrer des Technikums

2 Die Belegschaft der Automobilfabrik Carl Foth gruppiert auf einem ihrer Produkte (um 1903/04)

samte Produktion mit acht Arbeitskräften. Es ist heute leider nicht mehr festzustellen, wieviele Wagen insgesamt auf diese Weise produziert worden sind. Auch das Verbreitungsgebiet ist unklar, kein einziger der Foth-Wagen blieb erhalten. Wahrscheinlich befriedigten die beiden Mecklenburger Kraftfahrzeugtechniker nur die Nachfrage in ihrer nächsten Nähe, und bald ließ sich auch dort kein Geschäft mehr machen.
Im Jahre 1909 trennten sich die Wege der beiden, und Carl Foth ging nach Rathenow und gründete dort ein Unternehmen in der Optik- und Fotobranche. Fritz Nebelung blieb in Dömitz und stellte die Produktion auf Landmaschinen um. Mähmaschinen, Dresch- und Zugmaschinen verließen den Betrieb in den kommenden Jahrzehnten, bis er nach dem zweiten Weltkrieg seine Pforten schloß.

ALBERT SCHWARZ
UND DIETMAR STREUBER

Automobilbau in Potsdam

Begünstigt durch die Inflation und große Nachfrage entstanden zu Beginn der 20er Jahre in Deutschland kleine und kleinste Automobilfabriken. Viele Konstrukteure und Unternehmer aus ganz anderen Branchen versuchten um diese Zeit, in das Automobilgeschäft einzusteigen. Meistenteils blieben die Versuche erfolglos, und spätestens mit der Stabilisierung der Währung gingen die eben gegründeten Unternehmen wieder ein. Mit ihrer handwerklichen Fertigung waren sie zu teuer, um der Konkurrenz der großen Industrie standhalten zu können. Auch die Potsdamer Automobilproduktion teilte dieses Schicksal. Die hier gebauten Automobile spielten nur eine Außenseiterrolle und gerieten schnell wieder in Vergessenheit. Dennoch handelte es sich bei ihnen um recht bemerkenswerte Konstruktionen, die es durchaus verdienen, in Erinnerung gebracht zu werden.
In der durch die Einführung des Duraluminiums in den Bootsbau bekannt gewordenen Bootswerft Zeppelinhafen GmbH Potsdam/Wildpark befaßte man sich mit dem Gedanken, auch einen Kleinwagen mit einer solchen Aluminiumkarosserie herzustellen. Ein Versuch überzeugte:

3 Der Foth-Wagen von 1906

Der Prototyp hatte komplett eine Masse von 300 kg. Angetrieben wurde er durch den sog. Bayernmotor, den Zweizylinder-Boxermotor von BMW. Der luftgekühlte Motor leistete 4,8 kW (6,5 PS) und gab seine Kraft über eine Konuskupplung auf das ZF-Dreiganggetriebe ab, von wo sie über die Kardanwelle auf das Differential der Hinterachse geleitet wurde. Dank günstiger Masse waren 65 km/h eine durchaus reale Geschwindigkeit. Der Kraftstofftank befand sich vorn im Fahrzeug unter dem Armaturenbrett und faßte 20 Liter.

Der nach dem Hersteller und dem Zylinderinhalt des Motors als BZ 500 bezeichnete Wagen besaß einen Stahlblechrahmen, vorn und hinten Viertelelliptikfedern und Drahtspeichenräder, von denen die hinteren mit Innenbackenbremsen versehen waren. Die Länge des zweisitzigen Fahrzeugs, das nur in offener Ausführung geliefert worden ist, betrug (über alles) 2900 mm, seine Breite 1300 mm, der Radstand 2150 mm, die Spurweite 1100 mm.

Der bedeutendste Mangel dieses gewiß recht bemerkenswerten Wagens war, daß er zu spät kam. Er erschien 1924, als die Inflation bereits vorüber war und sich eine reelle Kaufkraft wieder durchsetzte. So sind insgesamt nur ein knappes Jahr lang diese «Aluminiumautos» in unbekannter Anzahl hergestellt worden. Keines von ihnen hat die Zeiten überlebt.

Ein Jahr früher, im Frühjahr 1923, errichtete Fritz Nathan in der damaligen Potsdamer Wilhelmstraße 29/33 (heute Alt Nowawes) der Webersiedlung Nowawes eine kleine Fabrik zur Herstellung von Automobilen. Wahrscheinlich entstand sie aus einer Reparaturwerkstatt, die auch Zulieferproduktion für die Berliner Lindcar Auto AG leistete, deren Mitarbeiter Fritz Nathan vorher gewesen war. Die hinter dem Oberlinhaus gelegene Produktionsstätte wurde von der damaligen Lokalpresse begeistert als modern und großzügig gelobt. Das ehemalige Bürogebäude ist ebenso wie die Mauer, vor der die Nowa-Wagen fotografiert worden sind, bis heute erhalten geblieben. Die neu errichtete Werkhalle befand sich auf dem Gelände der großen Garn- und Juteweberei von Louis Nathan, dem Vater des Automobilfabrikanten.

Hergestellt wurden Kleinwagen zunächst unter der Bezeichnung NAWA (**Na**than-**Wa**gen). Sie trugen deutliche Spuren des direkten Vorbildes der Lindcar-Automobile. Dieses Berliner Unternehmen wurde 1924 von General Motors übernommen und stellte seitdem keine eigenen Automobile mehr her.

In Potsdam kam zuerst ein zweisitziger, offener Wagen heraus; ihm folgte später ein offener Viersitzer. Eine dritte Ausführung als Limousine war vorgesehen, kam aber nicht mehr zur Fertigung.

Als Antriebsaggregat diente der 6/25-PS-Motor, den die Kamenzer Firma Steudel herstellte. Getriebe und Lenkung bezog man von Zulieferern (ZF, Prometheus). Auch Potsdamer Firmen lieferten Bauteile. So fertigte die Firma Thonke, Alt Nowawes 44/46 (heute B 1000-Werkstatt), die Federn. Von der ehemaligen

4 Kleinwagen BZ 500 aus dem Jahre 1924

5 Eine Anzeige der Bootswerft Zeppelinhafen, in der für den Kleinwagen geworben wurde

Firma Wollmershäuser & Gurth (heute Propangerätewerk) kamen komplette Hinterachsen. Beide Betriebe lagen in unmittelbarer Nähe der Nowa-Werke.
Die ersten Nowa-Wagen hatten noch die leistungsschwächeren Motoren von 4/12 bzw. 5/18 PS. Die 1926 noch gebauten Modelle bekamen dann den stärksten Motor mit 6/28 PS, Bohrung 71 mm, Hub 98 mm und Hubraum 1 580 cm^3.
Weitere charakteristische Einzelheiten der Nowa-Wagen waren der Spitzkühler, die Siemens-Magnetzündung, die Rudge-Räder mit den Conti-Cord-Reifen 710 × 90 und – wohlgemerkt – die Vierradbremse!
Das einzige bedeutende Bauteil, welches in der Wilhelmstraße selbst hergestellt worden ist, war die aus einem mit Sperrholz beplankten Hartholzgerippe bestehende Karosserie. Mit dem Pinsel lackiert wurde der Aufbau von der ehemaligen Potsdamer Lackiererei Alfred Wrege. Diese Firma hat übrigens die letzten Nowa-Wagen als Pfand einbehalten, als die vor der Pleite stehenden Nowa-Werke die Rechnungen nicht mehr bezahlen konnten.
Gebaut wurden monatlich 10 Fahrzeuge, und man plante, die Monatsquote auf 30 Wagen auszudehnen. Technologisch war das relativ leicht möglich, nur mit dem Bedarf haperte es. Die Zahl der Beschäftigten schwankte zwischen 20 und 50 Arbeitskräften einschließlich kaufmännischem Personal. Selbst von den 10 Autos konnte man nicht immer alle verkaufen. Noch 1925 verlangte man für einen Nowa-Wagen 5 500,– Reichsmark. Wegen der Konkurrenz vor allem aus den USA, die für gleiches Geld viel mehr Gegenleistung bot, war das zuviel. So hielt sich das Potsdamer Automobilwerk vor allem dank der angegliederten Reparaturwerkstatt über Wasser. Oft mußte sich Fritz Nathan auch zu einem Bittgang in die väterliche Weberei aufmachen, um den Arbeitern ihren Lohn zahlen zu können.
1924 wurde das Unternehmen zur GmbH umgewandelt, und seitdem hießen die NAWA-Wagen Nowa.
Als Test- und Einfahrstrecke diente von Anfang an die ehemalige Wilhelmstraße, die sich einschließlich der Steigung ent-

lang des Babelsberger Parks für diesen Zweck hervorragend eignete. Die Straße heißt heute Alt Nowawes, hat sich aber sonst nicht verändert.
Zur Automobilausstellung 1925 in Berlin stellten auch die Nowa-Werke fünf Wagen aus. Gegenüber dem Stand der Grade-Werke aus Borkheide warb man um die Gunst der Käufer, ohne sie zu erringen. Die Gesamtproduktion der Nowa-Wagen belief sich, als man am 31. August 1926 die Automobilfertigung für immer einstellte, auf ungefähr 2000 Stück. Auch von ihnen ist kein einziges Exemplar erhalten geblieben.

6 Die zweisitzige Ausführung des Nowa-Wagens

7 Der Nowa-Viersitzer

Fotos: Sammlungen der Autoren

Interessante Neuheiten der volkseigenen Fahrzeugindustrie

E. Preusch

Interessante Neuheiten der volkseigenen Fahrzeugindustrie

„Wartburg" mit 1-Liter-Motor

Das neue Wartburg-Modell ist mit dem 1-Liter-Motor schneller und temperamentvoller geworden. Die Höchstgeschwindigkeit stieg bei den Limousinen auf 125 km/h, und die Beschleunigungszeit von 0 bis 80 km/h sank von bisher 19 auf 15 Sekunden. Diese Werte verheißen gute Reisedurchschnitte und auch Vorzüge im Stadtverkehr.

Die Zylinderbohrungen im Dreizylinder-Zweitaktmotor des neuen Modells wurden – von 70 mm beim 900er „Wartburg" – auf 73,5 mm vergrößert, so daß sich ein Hubraum von 991 cm^3 ergibt. Die Motorleistung stieg um 5 PS auf 45 PS bzw. 50 SAE-PS bei 4200 U/min. Das maximale Drehmoment liegt bei der gleichen Drehzahl von 2200 U/min, aber mit 9,5 kpm um 1 kpm höher als beim alten Motor.

Während der 900er Motor mit Thermosiphonkühlung arbeitete, sorgt beim 1000er eine Wasserpumpe für den Zwangsumlauf des Kühlwassers. Die Pumpe liegt oberhalb der Lichtmaschine und wird vom gleichen Keilriemen getrieben. Je nach Betriebswärme des Motors wird das Kühlwasser von einem Thermostat über den Kühler oder durch eine Nebenschlußleitung direkt zur Pumpe zurück geleitet. Dadurch erreicht der Motor bedeutend schneller seine Betriebswärme, die vom Thermostat auch bei unterschiedlichen Fahr- und Belastungsbedingungen weitgehend konstant gehalten wird.

Ein weiterer Vorteil der Zwangsumlaufkühlung ist das rasche Einsetzen der Heizung, deren Wärmeaustauscher parallel zum Kühlkreislauf angeschlossen ist. Erwärmt wird dabei vorn am Kühlergrill eintretende Frischluft, die je nach Einstellung der Verteilerklappe in den Fußraum oder an die Frontscheibe strömt. Ein Gebläse, das bei sämtlichen Typen serienmäßig eingebaut wird, sorgt auch bei langsamer Fahrt oder im Stand für ausreichenden Luftdurchsatz. Bei geschlossenem Heizwasserventil kann über das Heizsystem Frischluft in den Wagen geleitet werden. Zur Einstellung dienen zwei Schiebehebel am Armaturenbrett.

Zur weiteren Dämpfung der Ansauggeräusche wurde der großvolumige Dämpfer mit dem Naßfiltereinsatz hinter den Kühler verlegt. In die lange Schlauchleitung zum Vergaser wurde eine weitere Dämpfungskammer eingeschaltet, die zur Beruhigung der Ansaugluft beiträgt. Die Windflügel des Ventilators bestehen aus Polyamid und arbeiten dadurch auch bei hohen Drehzahlen wesentlich leiser als Aluminiumflügel. Außerdem wurden die Lager der Ventilatorwelle in Gummi gebettet.

Gepolsterte Armstützen an den vorderen Türen hat jetzt auch die Standardausführung, ebenso eine zweite Sonnenblende für den Beifahrer. Die Kofferklappe hat am Schloß einen kleinen Handgriff erhalten, mit dem sie sich bequemer öffnen läßt. Alle Typen haben ein griffigeres Lenkrad erhalten, das im oberen Teil einen größeren Radius hat und bei dem kein Signalring mehr stört, wenn man einmal eine Hand auf die Speiche legen will. Die Hupe und die serienmäßig eingebaute Lichthupe werden vom kombinierten Lenksäulenschalter bedient.

Die einzelnen Ausführungen, Standard-Limousine, Limousine de Luxe, Coupé, Camping-Limousine und Kombiwagen des Typs 312 werden in den Serienfarben helloliv, mittelblau, polargrau, schwarz, korallenrot, korsogelb (Luxustypen zweifarbig) geliefert und sind außer Coupé und Kombiwagen für 5 Personen zugelassen.

7 Limousine „Trabant" – 500 cm³, 20 PS, mit Viergang-synchrongetriebe, Höchstgeschwindigkeit etwa 100 km/h.

„Trabant" mit Synchrongetriebe

Seit dem Frühjahr 1962 wird der Kleinwagen „Trabant" mit einem synchronisierten Getriebe ausgeliefert. Es arbeitet nach dem Prinzip der Sperrsynchronisation und entspricht dem beim „Wartburg" schon seit Jahren verwendeten System. Der Gleichlauf der durch das Schalten zu verbindenden Zahnradpaare bzw. Wellen wird durch gegeneinander gepreßte Reibkegel erreicht. Das Einlegen des Ganges ist bei der Sperrsynchronisation erst möglich, wenn die Reibkegel (Synchronringe) beide Teile auf gleiche Drehzahl gebracht haben. Dadurch braucht kein Zwischengas beim Abwärtsschalten gegeben zu werden, und der Schaltvorgang geht ohne Geräusche vonstatten.

Synchronisiert sind alle vier Vorwärtsgänge, da man mit dem kleinen Motor auch den ersten Gang nicht nur zum Anfahren braucht. Der Rückwärtsgang liegt bei dem neuen Getriebe vor dem 1. Gang (bisher vor dem zweiten), so daß er beim Abwärtsschalten vom dritten auf den zweiten nicht mehr versehentlich erreicht werden kann.

Der Freilauf, der beim bisherigen nichtsynchronisierten Getriebe in allen Gängen wirksam und sperrbar war, ist bei dem neuen Getriebe nur noch im vierten Gang (nicht sperrbar) vorhanden. Die unteren Gänge haben keinen Freilauf mehr, so daß hier die wenn auch geringe Bremswirkung des Motors ausgenutzt wird, ohne erst den Freilauf sperren zu müssen. Da sich das synchronisierte Getriebe spielend leicht bis in den ersten Gang herunterschalten läßt, kann man den Motor auch beim Schrittfahren auf mittleren Drehzahlen halten, in denen er rund läuft. Fahrtechnisch muß man sich natürlich etwas umgewöhnen, wenn man vorher in allen Gängen mit Freilauf gefahren ist.

Mit dem neuen Getriebe erhielt der Wagen auch verstärkte Antriebswellen, die an der Getriebeseite ein Schieberollengelenk anstelle des bisherigen Gummigelenks haben. Auch der Verbindungsflansch von Motor und Getriebe sowie die Schwungscheibe der Kurbelwelle sind anders gestaltet, so daß das Getriebe nicht an den alten Motor paßt. Man mußte in den Abmessungen schon dem 600er Motor Rechnung tragen, der aber erst seit Ende 1962 eingebaut wird.

Die Geräusche von Motor und Getriebe sind im neuen „Trabant" wesentlich geringer geworden. Vor allem der Körperschall, der bisher über die relativ harte Gummilagerung des Triebwerkblocks in den Hilfsrahmen und in die Karosserie übertragen wurde, konnte mit Erfolg gedämpft werden. Hinten wurde ein weicherer Gummipuffer eingesetzt, da sich das Triebwerk beim Vorwärtsfahren vor allem auf die hintere Gummiauflage stützt. Um die Eigenbewegung des Triebwerkblocks gering zu halten, wurden die beiden vorderen Auflagen schräg angeordnet und der hintere Gummipuffer hoch gelegt. Die geänderte Motorlagerung erforderte einen neuen Hilfsrahmen, der gegenüber dem bisherigen auch leichter geworden ist.

Nachdem bereits im Vorjahr durch das neue, weiter nach vorn verlegte Armaturenbrett und die geänderten Sitze mehr Platz im Innenraum gewonnen wurde, trägt die Minderung der Innengeräusche jetzt erneut wesentlich zum erhöhten Fahrkomfort bei. Während beim alten „Trabant" die Triebwerkgeräusche alles andere übertönten, treten sie jetzt hinter den vorher kaum zu hörenden Rollgeräuschen der Räder zurück. Dieser Vergleich gibt eine ungefähre Vorstellung vom Geräuschniveau, dessen Durchschnittswert mit 89 Phon angegeben wird.

Der Kombiwagen hat jetzt die gleiche Achsübersetzung wie die Limousine, so daß er ebenfalls eine Höchstgeschwindigkeit von rund 100 km/h erreicht. Die Übersetzungen der Vorwärtsgänge sind die gleichen geblieben, der erste reicht bis 23, der zweite bis 45, der dritte bis 70 km/h.

Die Lichthupe ist jetzt serienmäßig eingebaut und wird mit dem kombinierten Lenksäulenschalter bedient. In Grundstellung des Hebels spricht bei Zug in Richtung Lenkrad nur die Tonhupe an. Dreht man den Hebel 90° um seine Achse, so kann man bei Zug bis zum Druckpunkt mit den Scheinwerfern blinken und bei Zug über den Druckpunkt hinaus zusätzlich akustisch hupen. Für die Fahrtrichtungsblinklampen wird ein neu entwickelter Blinkgeber verwendet, der schneller blinkt.

Wartburg

Obwohl sich der bekannte „Wartburg" vom VEB Automobilwerk Eisenach äußerlich unverändert zeigt, wurde der Wagen in zahlreichen Details entscheidend verbessert. Die neuen Modelle sind an den Chrombuchstaben ihres Namens vorn auf der Motorhaube zu erkennen. Die Motorleistung wird jetzt mit 38 PS gegenüber 37 PS bei 4000 U/min angegeben, wobei die 38 PS gewissermaßen als garantierte Mindestleistung angesehen werden können, denn die Wartburgmotoren streuen in der Fertigung eher nach oben als nach unten.

Noch größere Bedeutung kommt jedoch den Verbesserungen des Fahrwerks und damit der Straßenlage des Wagens zu. Durch verschiedene Maßnahmen wurde erreicht, daß die Federung weicher und progressiver anspricht, ohne damit ihren sportlichen Charakter zu verlieren. Die Hinterachse wurde ebenfalls neu gestaltet. Bisher verband ein waagerechter Profilträger die Achsstummel. Bei der neuen Achse ist der Profilträger stark nach unten gekröpft, so daß sich für die Längsschubstreben und Teleskopstoßdämpfer tiefere Angriffspunkte ergeben. Der Wagen liegt mit der neuen Achse noch sicherer auf der Straße und zeigt selbst bei Glatteis keine Neigung zum Ausbrechen des Hecks.

Bei der Lenkung greifen die beiden Spurstangen nicht mehr direkt an der Zahnstange an, sondern an einem Zwischenstück, wobei Gummipuffer die von den Vorderrädern auf die Lenkung übertragenen Fahrbahnstöße dämpfen. Die Lenkung arbeitet damit erheblich weicher und geschmeidiger, harte Stöße dringen nicht mehr bis zum Lenkrad durch, und auch das durch den Frontantrieb bedingte Rupfen bei scharfen mit Gas gefahrenen Kurven wird vermieden. Dabei ist die neue Lenkung nur geringfügig weniger direkt ausgelegt, sie gestattet nach wie vor präzise Lenkradhandhabungen mit raschen und exakten Reaktionen.

Sämtliche Räder werden beim „Wartburg" dynamisch ausgewuchtet, wodurch Schwingungen infolge auftretender Zentrifugalkräfte am Rad vermieden werden. Die Masse des leeren Wagens wurde von 960 auf 920 kg vermindert, ein Faktor, der sich auf die Beschleunigung vorteilhaft auswirkt.

An der Verbesserung der Fahrleistungen hat auch das vom zweiten bis zum vierten Gang sperrsynchronisierte Getriebe einen großen Anteil. Verlangte das frühere nicht synchronisierte Getriebe ein sehr exaktes Einhalten der Schaltpausen und Dosieren des Zwischengases, so schaltet sich das neue Getriebe spielend leicht und sicher. Mit dem neuen Getriebe läßt sich die gute Beschleunigung des Motors erst richtig ausnutzen. Entsprechend dem gesteigerten Temperament des Wagens wurden auch seine Bremsen verbessert. Die Bremsfläche ist insgesamt größer geworden, vorn sorgen außerdem Duplexbremsen – wobei jede Bremsbacke ihren eigenen Bremszylinder hat und auflaufend wirkt – und gegenüber den Hinterradbremsen etwas vergrößerte Radbremszylinder für den an der Vorderachse höheren Bremsleistungsbedarf.

Bei den älteren Wartburgmodellen war das Öffnen des Tankdeckels ziemlich umständlich und mit einer Reihe von Handgriffen verbunden. Die neuen Modelle haben ein Schloß im Tankdeckel. Der Verschluß des Einfüllstutzens ist federnd am Deckel angelenkt und öffnet sich automatisch. Auch der Kofferraum hat ein Schloß erhalten und läßt sich bequem von außen öffnen. Die Seitenscheiben haben neue Kurbelapparate erhalten, bei denen etwa vier Kurbelumdrehungen zum Öffnen bzw. Schließen der Fenster erforderlich sind.

Zur Erhöhung der Fahrsicherheit bei Dunkelheit trägt das nunmehr serienmäßig eingebaute asymmetrische Abblendlicht bei, das entgegenkommende Fahrzeuge weniger blendet und die rechte Fahrbahnhälfte weiter ausleuchtet.

Technische Daten

900 cm³ Hubraum, Zweitaktmotor
3 Zylinder, stehend in Reihe
Leistung 38 PS bei 4000 U/min
Max. Drehmoment 8,3 kpm bei 2200 U/min
Vierganggetriebe, sperrsynchronisiert vom 2. bis 4. Gang
Frontantrieb
Kastenprofilrahmen, Einzelradaufhängung, vorn Querblattfeder oben, Dreieckslenker unten, hinten Starrachse mit hochliegender Querblattfeder, Teleskopstoßdämpfer
Länge 4300 mm, Breite 1570 mm, Höhe 1450 mm, Radstand 2450 mm
Eigenmasse 920 kg, zulässige Gesamtmasse 1300 kg
Höchstgeschwindigkeit 115 km/h

Dipl.-Ing. H. Ihling

Technik – Tempo – Qualität

An der Wiege des Wartburg

Die volkseigene Automobilindustrie der Deutschen Demokratischen Republik hat sich für die kommenden Jahre ein Programm aufgestellt, das nur unter breiter Mitarbeit der Brigaden der sozialistischen Arbeit, der Meister, Techniker, Ingenieure und aller Werktätigen sowie unter konsequenter Ausnutzung der Vorzüge der sozialistischen Produktionsverhältnisse durchführbar ist. Dazu ist es erforderlich, die Erzeugnisse und Fertigungsmethoden möglichst umfassend zu standardisieren und zu typen und die Prinzipien der Konzentration und Spezialisierung der Produktion weitgehend durchzusetzen.

Die ständig zunehmende Produktion des Personenkraftwagens „Wartburg" erforderte zwangsläufig auch im Automobilwerk Eisenach für den gesamten Produktionszyklus die Anwendung modernster technologischer Verfahren. So wurden in den letzten Jahren im Motoren- und Getriebebau moderne Transfer- und Fließstraßen in Betrieb genommen und im Fertigungsbereich „Oberflächenbehandlung und Endmontage" durch die Inbetriebnahme von zwei Galvanikautomaten die Grundlagen für eine Qualitätsfertigung bei gleichzeitig erhöhten Produktionsstückzahlen geschaffen.

Nach der Inbetriebnahme einer Lacktaktstraße 1959 konnte von der Nitro- zur Kunstharzlackierung übergegangen werden, deren Vorzüge nicht nur in größerer Haltbarkeit, sondern auch in der vereinfachten Technologie liegen. Da eine gute Lackierung vor allem eine sorgfältige Vorbereitung und Behandlung des Lackgrundes voraussetzt, errichtete man vor der Lacktaktstraße eine vollautomatische Wasch- und Phosphatieranlage. Da im Fertigungsbereich „Oberflächenbehandlung und Endmontage" ferner ein Fahrgestell- und Montageband sowie ein Karosserie-Pufferband aufgebaut wurden, konnten in der Organisation des gesamten betrieblichen Ablaufs und der Fertigung von der Rohkarosserie bis zum kompletten Fahrzeug optimale Verhältnisse geschaffen werden.

Ähnliches gelang auch in anderen Fertigungsbereichen. So wurden in den Fertigungsbereichen „Getriebe-" und „Motorenbau" viele im Werk konstruierte und selbst hergestellte Spezialmaschinen, ja sogar eine vollautomatische Transferstraße für den „Wartburg"-Zylinderblock eingesetzt, die zu einer wesentlichen Qualitätsverbesserung und Steigerung der Arbeitsproduktivität führten, so daß die Fertigungszeit für das Enderzeugnis in verschiedenen Positionen sogar noch weiter gesenkt werden konnte, als der Plan vorsah.

Auch die Aggregatmontage im Getriebe- und Motorenbau erfuhr durch den Bau neuer Montagebänder und ihren kombinierten Einsatz mit einem synchronlaufenden Kreisförderer wesentliche Verbesserungen.

Besonders große ökonomische Vorteile und eine erhebliche Erleichterung der dazu noch gesundheitsschädlichen Arbeit brachte in der neuerbauten galvanischen Abteilung die bereits erwähnte Aufstellung und Inbetriebnahme von je einem Kupfer- und Nickel-Chrom-Automaten.

Betrachten wir die nun bereits kurz umrissenen Details aus dem gesamten Fertigungskomplex des Automobilwerkes Eisenach etwas genauer.

Die *automatische Wasch- und Phosphatieranlage* bildet den Beginn des Fertigungskomplexes „Oberflächenbehandlung und Endmontage". In fünf Kammern wird die Karosserie hier den einzelnen Arbeitstakten Entfetten, Heißspülen, Phosphatieren, Nachspülen und Trocknen unterzogen, um den Haftgrund der Rohkarosserie vor dem Lackieren einwandfrei vorzubereiten. Dabei sind die fünf Einzelkabinen als zusammenhängender Tunnel in doppelwandiger, wärmeisolierter Stahlblechkonstruktion ausgeführt und durch nach unten versenkbare Hubtüren gegeneinander abgeschlossen.

Die Anlage arbeitet vollautomatisch und wird von einem zentralen Steuerpult aus gesichert und überwacht. Während der einzelnen Arbeitstakte drücken Kreiselpumpen die benötigten chemischen Lösungen aus den Vorratsbehältern unter den einzelnen Kabinen in die Spritzrohrsysteme im Innern der Anlage. Über viele Düsen wird die an einem Kreisförderer hängende, sich um ihre Längsachse drehende Karosserie allseitig mit der unter hohem Druck stehenden Lösung abgespritzt. Die einzelnen Flüssigkeitsvorratsbehälter werden mit Heißdampf stets auf einer Temperatur von etwa 85 °C gehalten. Außerdem befinden sich in den Behältern jeweils elektrische Heizbatterien mit automatischer Temperaturregelung, die zum schnellen Aufheizen eingesetzt werden. Nach den Spültakten gelangt die Karosserie in die Trockenkabine, wo Dampf-Luft-Erhitzer in Verbindung mit Elektro-Luft-Erhitzern eine Trockenraumtemperatur von 130 °C zu erzeugen vermögen.

Im eigentlichen Trockenprozeß selbst bläst ein Düsensystem von der sich hier wiederum drehenden Karosserie auch die letzten Spuren von Feuchtigkeit ab. Die entstehenden Dämpfe entfernen im Deckenbereich der Anlage über dem Eingang der Entfettungskabine, über der Phosphatierzone, zwischen Nachspülzone und Trockenraum und am Trockenraumausgang angebrachte Schwadenabsaugungen.

Motorhaube, Kofferklappe und die vier Türen werden unter einem be-

1

2

stimmten Öffnungswinkel durch entsprechende Vorrichtungen fest arretiert, damit sie beim Drehen der Karosserie um die Längsachse nicht auf- und zuschlagen können und gleichzeitig die umfassende Oberflächenbehandlung sowohl von der Karosserieaußen- als auch von der -innenseite gewährleistet ist.

Nach Verlassen der Wasch- und Phosphatieranlage laufen sämtliche phosphatierten Karosserien – immer noch drehbar am Kreisförderer hängend – über den Bodenspritzstand, wo die gesamte Unterseite einschließlich der Radkästen mit einer dauerhaften kombinierten Korrosionsschutz- und Antidröhnmasse von etwa 2 bis 3 mm Trockenschichtstärke versehen wird. Dazu wird die Karosserieunterseite nach oben gedreht. Sowohl die Entwicklung dieser zähflüssigen Abdicht- und Antidröhnmasse als auch die Konstruktion der entsprechenden Spritzeinrichtungen ist in erster Linie das Verdienst einer sozialistischen Arbeitsgemeinschaft von Ingenieuren des Automobilwerkes Eisenach.

Der Kreisförderer der Wasch- und Phosphatieranlage übergibt die Karosserie einem fahrbaren Transportgestell, das von einem Kettenzug jeweils nach Ablauf der Taktzeit – für die dort beschäftigten Kollegen durch optische und akustische Signale angezeigt – automatisch durch das gesamte Bearbeitungssystem der *Lacktaktstraße* befördert wird. Hier werden die Karosserien heute nicht mehr mit Nitro-, sondern mit Kunstharzlack gespritzt.

Die Nitrolackierung erfüllte lange Zeit die im Fahrzeugbau an sie gestellten Forderungen. Sie bestach durch ihren Glanz, trocknete schon bei Raumtemperaturen innerhalb von 50 bis 60 Minuten und war sehr gut polierfähig, so daß sie selbst nach Jahren mit den im Handel erhältlichen Mitteln wieder aufgefrischt werden konnte. Aber im internationalen Fahrzeugbau wurden besonders Ende der fünfziger Jahre bestimmte Nachteile der Nitro- gegenüber den Kunstharzlacken immer augenscheinlicher. Die Käufer wünschten aber nicht nur die Vervollkommnung der Technik und des Komforts am Kraftfahrzeug, es stiegen auch ihre Ansprüche in bezug auf das Wagenäußere. Deshalb fanden die Kunstharzlacke auf Grund ihrer besonderen Eigenschaften auch den Weg in die Automobilindustrie. Sie besitzen außer der ausgezeichneten dauerhaften Brillanz nach dem Einbrennen auch ein sehr gutes Füllvermögen, eine hohe Deckkraft und sind Witterungseinflüssen gegenüber unempfindlicher. Ferner ist die Kunstharzschale farbechter, sie sieht auch nach längerer Zeit selbst bei fehlender oder mangelhafter Pflege noch immer gut aus.

Für die Fertigung selbst ergeben sich bedeutende Vorteile. Einmal kann Kunstharzlack in weniger Arbeitsgängen aufgebracht werden – wodurch die aufzuwendende Zeit absolut gesenkt wird – und zum anderen entfällt dadurch in der Fertigmacherei des Betriebes, in der die verkaufsfertigen Fahrzeuge den letzten Schliff erhalten, das größtenteils von Hand mit Spezialschleifmaschinen durchgeführte anstrengende und teure Polieren. Die technologische Vereinfachung der Lackierung durch den geänderten Materialeinsatz erleichtert also unseren Werktätigen gleichzeitig die Arbeit.

Beim ersten Arbeitsgang in der Lacktaktstraße wird die Karosserie innen und außen einschließlich Motor- und Kofferraum satt und deckend mit einem Kunstharz-Einbrennschleifgrund gespritzt. Zum Abdecken geringer Oberflächenunebenheiten und zur Verstärkung der Stellen, die beim Schleifen besonders gefährdet sind, wird dann sofort Kunstharzvorlack nachgespritzt. Nach dem Abdunsten, Trocknen und Abkühlen dieser Kombination weist die Karosserie bereits eine Trockenschichtstärke von etwa 50 bis 60 μm (5 bis 6 Hundertstel Millimeter) auf.

Vor dem Spachtelziehen an bestimmten Stellen, wie Regenrinne und Dachinnenkante, und dem Spachtelspritzen an Kofferdeckelrinne, Türsäulen- und Hecksäulenanschlüssen sowie verschiedenen Seitenpartien steht das Abdichten sämtlicher Punktschweißnähte auf dem Programm, wozu gleichfalls die kombinierte Korrosionsschutz- und Antidröhnmasse mit Preßluft und Spezialpistole aufgetragen wird. Die weiter an diesem Taktplatz behandelten Partien, wie Türaußenbleche von innen, vorderer innerer Boden und Stirnwand von innen und außen, weisen nach dem Trocknen im Trockenkanal bei 60 bis 80 °C eine etwa 2 mm starke Korrosionsschutz- und Antidröhnschicht auf.

Als nächster Arbeitsgang ist leichtes, trockenes Anschleifen der gesamten Karosserieaußenhaut einschließlich Beseitigung der Spachtelflecke und sonstiger Oberflächenfehler vorgesehen.

Nach eingehender Kontrolle gelangt die Karosserie zum nächsten Takt, wo der Vorlack schon im Farbton des Decklacks aufgebracht wird, danach über eine Abdunstzone in den Trockenkanal, in dem Temperaturen von 120 bis 140 °C herrschen.

Den letzten Bearbeitungstakt vor dem Decklackspritzen bilden das „Vorlackschleifen" mit pneumatischen Schleifmaschinen oder von Hand und nach abermaliger Kontrolle eine gründliche Trocknung und Reinigung in einer speziellen Reinigungskabine. Besonderen Aufwand erfordert die Kabine für das Decklackspritzen. Da dieser Arbeitsgang eine absolut staubfreie Luft verlangt, muß die laufend zugeführte Frischluft durch wirksame Filterung entstaubt und zusätzlich noch vorgewärmt werden. Die Frischluft strömt von der Decke in die Spritzkabine, während die beim Spritzen auftretenden Farbnebel durch Bodenroste abgesaugt werden. Die dadurch hervorgerufene Luftströmung verhindert die Belästigung der dort arbeitenden Kollegen durch Farbnebel und wirkt einer möglichen Entzündung entgegen. Zusätzlich berieselt man die Seitenwände der Spritzkabinen mit Wasser. Dieser Wasservorhang verhindert Farbanlagerung an den Wänden und absorbiert bereits einen Teil der gesundheitsschädlichen Farbnebel.
Die fertiglackierte Karosserie gelangt dann wieder über eine Abdunstzone, die Trockenkammer und eine Abkühlstation zur Endkontrolle und weiter zur Montage. Handelt es sich um eine Luxus-Ausführung, passiert sie vorher erst noch die Zweifarbenanlage.
Da an der Lacktaktstraße dreischichtig, in der Endmontage aber nur in einer Schicht gearbeitet wird, mußten früher die in der zweiten und dritten Schicht fertiggestellten Karosserien in der betreffenden Fertigungshalle des Werkes oder im Freien abgestellt werden, was sich besonders in den Wintermonaten recht ungünstig auswirkte und Nacharbeiten erforderlich machte.
Um diesen Zustand abzuändern, wurde zu Ehren des VI. Parteitages der Sozialistischen Einheitspartei Deutschlands innerhalb von nur zehn Wochen von Konstrukteuren im Rahmen des Gesellschaftlichen Konstruktionsbüros und von sozialistischen Arbeitsgemeinschaften als *Karosserie-Pufferband* ein Kreisförderer mit insgesamt 81 Aufnahmegehängen entwickelt und gebaut, der die Möglichkeit bietet, die fertiglackierten Karosserien über den Montagebändern unter der Hallendecke aufzuhängen. Seine Aufgabestelle befindet sich am Ende der Lacktaktstraße, während die Abgabestation unmittelbar am Anfang des Endmontagebandes liegt.
Hier trifft die fertig lackierte Karosserie auf das gerade vom Fahrgestellband ablaufende Chassis und wird aufgesetzt. Das so entstandene Fahrzeug gelangt dann über eine Hebebühne auf das etwa 190 m lange *Endmontageband.* Sämtliche Arbeiten zur Komplettierung des Wagens, vom Innenausschlag über das Scheibeneinsetzen bis zur Elektroinstallation und dem Anbringen der Zierleisten und Stoßecken, werden hier durchgeführt. Die Wagen stehen dabei auf dem 36 Taktplätze fassenden Plattenband, dessen Geschwindigkeit durch ein stufenloses Getriebe geregelt werden kann.
Nach Verlassen des Endmontagebandes und dem Auftanken gelangt der Wagen zur Fahrerprobung und Funktionsprüfung der Einzelaggregate und der elektrischen Anlage direkt auf die „rollende Landstraße", die er dann als fertiger „Wartburg" verläßt.

* * *

Seit 1960 arbeitet die galvanische Abteilung in einem Neubau und verfügt über zwei vom VEB Galvanotechnik Leipzig entwickelte *Galvanisier-Vollautomaten.*
Diese beiden Automaten – ein Kupfer- und ein Nickel-Chrom-Automat – bestehen im wesentlichen aus einem System von verschiedenartigen Bädern und Transporteinrichtungen von insgesamt etwa 35,5 m Länge und etwa 2,8 m Breite. Sie ermöglichen eine vollkommen selbsttätige Durchführung der vorgeschriebenen Arbeitsgänge für die wichtigsten verchromten Außen- und Innenteile des „Wartburg", wie Stoßecken, Bügel und Zierleisten. Transportiert wird das Galvanisiergut durch die Reihe der Bäder durch Förderer in Verbindung mit sogenannten Überhebern, die die senkrechte Bewegung an den Fahrschienen nach oben durchführen. An den vollautomatisch laufenden Förderern werden die Großteile direkt aufgehängt, während man die kleinen Zierleisten vor der Übergabe an die Automaten an Vorbereitungsplätzen auf entsprechende Gestelle aufsteckt.
Die Funktion von Überhebern und Förderern ist aufeinander abgestimmt: Heben oder Senken ist nicht möglich, wenn ein Förderer auf einem Schienenstoß stehenbleibt, und der Förderer setzt aus, wenn der Überheber nicht richtig arbeitet und ein Gestell eventuell auf eine Behälterzwischenwand stößt.
Im Kupferautomaten wird auf die Teile bei einer Taktzeit von 50 Sekunden eine Schicht von etwa 35 μm Dicke aufgebracht, so daß nach dem Kupferpolieren und der Behandlung im Chrom-Nickel-Automaten, der bei 52 Sekunden Taktzeit eine Nickelschicht von etwa 24 μm und eine Chromschicht von 0,3 μm aufbringt, für alle Teile eine Gesamtschichtstärke von mindestens 58 μm erreicht und – wie die bisherige Praxis bewies – auch garantiert wird.
Von den insgesamt 20 Arbeitsgängen, denen die Teile im Kupferautomaten unterworfen werden, entfallen bereits vier auf unterschiedliche Entfettungsverfahren und acht auf das zwischen anderen Arbeitsgängen immer wieder notwendige Spülen in kaltem (18 bis 20 °C) oder heißem (80 bis 90 °C) Wasser. Da weiterhin zwei Arbeitsgänge zum An- bzw. Abtransport, zwei Arbeitsgänge zum Entgiften der Teile mit Chlorbleichlauge und ein Arbeitsgang zum Dekapieren, das heißt zur Beseitigung von Anlauffilmen, die sich sowohl an der Luft, im Wasser oder auch im Entfettungsbad bilden können, benötigt werden, konzentriert sich der eigentliche Galvanisierprozeß auf drei Etappen:

3

1 An der Abgabestation des Kreisförderers verläßt die Karosserie die Wasch- und Phosphatieranlage. Im Hintergrund ist noch die Bodenspritzanlage zu erkennen.

2 Auch im Karosseriebau ist zum Transport der Türen ein Kreisförderer eingesetzt.

3 Wagenendmontage in der „Halle der sozialistischen Jugend".

4

1. Vorverkupfern bei 35 bis 45 °C,
2. Starkverkupferung bei 60 bis 70 °C und
3. Trocknung mittels Infrarot-Dunkelstrahlern bei etwa 140 °C.

Aus der Trockenzone gelangen die Teile dann zur Kupferpoliererei. Die anschließende Behandlung im Nickel-Chrom-Automaten umfaßt insgesamt 29 Arbeitsgänge, die sich ähnlich aufgliedern wie im Kupferautomaten. Kernpunkte sind hier das Glanzvernickeln und danach nach einigen Spültakten das Glanzverchromen. Für den Arbeitstakt „Entgiften" wird im Unterschied zum Kupferautomaten Natriumbisulfit verwendet, und die Einhängegestelle für die Kleinteile müssen nach jedem Durchlauf einer Entchromung mit anschließenden Spül- und Beiztakten unterzogen werden.

Der Einsatz der beiden Galvanisier-Vollautomaten brachte außer den ökonomischen Vorteilen – ausgewiesen durch eine Zeitsenkung und Einsparung von Arbeitskräften – und der Qualitätsverbesserung auch zusätzlich eine wesentliche Erleichterung der dazu noch gesundheitsschädlichen Arbeit für die dort beschäftigten Kollegen.

Ebenfalls in der galvanischen Abteilung kam im Produktionsabschnitt der Leichtmetall-Zierleistenfertigung eine *vollautomatische Schleif- und Polierstraße*, die vom werkseigenen Spezialmaschinenbau entwickelt und gefertigt wurde, zum Einsatz. Anstoß und Ausgangspunkt der Überlegungen, die zur Entwicklung und zum Bau der ersten derartigen Einrichtung in der DDR führten, war die Notwendigkeit, die schwere körperliche Arbeit an den Schleif- und Polierböcken zu beseitigen und durch weitgehende Mechanisierung Fertigungszeit einzusparen.

Im Prinzip besteht diese Straße aus insgesamt sieben jeweils vollkommen selbsttätig arbeitenden Schleifstationen, deren Schleifköpfe sowohl in horizontaler als auch vertikaler Richtung verstellbar und mit einer automatischen Pastenzuführung ausgerüstet sind. Die Schleifscheibenbestükkung ist abhängig von der zu erfüllenden Funktion des jeweiligen Schleifkopfes. So werden zum Schleifen Filzscheiben und in Schleiffett und Kolophonium getauchte Sisalgewebescheiben verwendet, während für den Poliervorgang Vollnesselscheiben eingesetzt sind.

Den Transport der Zierleisten durch die Schleifstraße übernimmt eine endlose Transportkette, von der die in Spezialschleifvorrichtungen gespannten Zierleisten mitgenommen werden, so daß jeweils nur ein Kollege die Zierleisten in die Schleifvorrichtungen klemmt, diese auf die Transportkette legt und nach der vollkommen selbsttätigen Bearbeitung ein anderer die hochglanzpolierten Leisten abnimmt und säubert. Bei der derzeitigen Bearbeitung von vier Türzierleisten, zwei Zierleisten für Kotflügel vorn und sechs Türzierrahmen wurden insgesamt 32 Minuten Fertigungszeit pro Pkw eingespart und so die Arbeitsproduktivität bedeutend gesteigert.

Mit dem Entwurf, der Entwicklung und dem Bau der *Transferstraße zur Fertigung der „Wartburg"-Zylinderblöcke* innerhalb von nur zwei Jahren wurde von den Kollegen sowohl der Spezialmaschinen-Konstruktion als auch des Maschinenbaues vom Automobilwerk Eisenach Hervorragendes geleistet.

Nachdem Mitte März 1960 bei der Werkleitung die technische Konzeption für die Transferstraße vorgelegt und die Genehmigung erteilt worden war, kamen schon Anfang Mai 1960 die ersten Zeichnungen in die Werkstatt. Dieser Zeitpunkt ist deshalb als Baubeginn für die Transferstraße anzusehen. Planmäßig war sie am 31. Dezember 1961 fertig und lief dann ein halbes Jahr in der Industrieerprobung. Seit Juli 1962 läuft diese Transferstraße voll in der Serie und fertigte seitdem schon Tausende von „Wartburg"-Zylinderblöcken. Da die manuelle Beeinflussung der Fertigungsvorgänge nunmehr ausgeschaltet ist, konnte nicht nur eine wesentliche Qualitätsverbesserung, sondern vor allem eine Einsparung an Fertigungszeit von 60 Minuten erzielt werden, obwohl bei der Projektierung dieser Anlage nur 46 Minuten geplant worden waren.

Mit einer Station für die Beschickung, 9 Arbeits- und 2 Wendestationen umfaßt diese Straße insgesamt 12 Stationen und erstreckt sich über eine Gesamtlänge von 15,6 m. Bei den insgesamt 17 Arbeitseinheiten kommen gleichzeitig 113 Werkzeuge zum Einsatz. Außerdem gehören zur Anlage eine selbständige Absaugung und ein Transportband, das zentral unter dem Mittelteil läuft, von allen Stationen die Metallspäne übernimmt und sie in den dafür bestimmten Spänewagen befördert.

Bedient wird die gesamte Transferstraße von einem zentralen Steuerpult an der Stirnseite aus, wobei sowohl das gruppenweise Anlassen der Straße als auch die Einzelbedienung bestimmter Stationen möglich ist. Selbstverständlich sind an dieser Kommandostelle auch entsprechende Einrichtungen zur Kontrolle und Überwachung des gesamten Fertigungsablaufs installiert. Bei etwaigen schwerwiegenden Störungen besteht die Möglichkeit, vom zentralen Steuerpult aus durch einen Notschalter die gesamte Anlage stillzusetzen. Auf einer Steuerbrücke oberhalb der Stationen haben in insgesamt sieben Schaltschränken sämtliche elektrischen Schaltelemente Platz gefunden.

Der Werkstücktransport wird ohne Werkstückträger durch ein hydraulisch betätigtes zentrales Transportgestänge bewältigt, indem der Zylinderblock auf gehärteten Gleitschienen von Station zu Station geschoben wird. Nur den Werkstücktransport von Station I bis IV übernimmt – in der Hauptsache wegen der Bearbeitung der Bezugsflächen am Zylinderblockrohling – ein Transportschlitten. Die Taktzeit der Straße, die sich aus längster Bearbeitungszeit auf einer Station und der Zeit für Werkstücktransport, Arretieren und Spannen zusammensetzt, beträgt insgesamt 3 Minuten.

Auf den insgesamt 12 Stationen werden die Paß- und Befestigungslöcher, die Zylinderbohrung und Gewinde an der Ansaug-, Auspuff- und Kurbelgehäuseseite gebohrt sowie das Freistechen der Kurbelräume vorgenommen.

Außer dem rein ökonomischen Nutzen und der Gewährleistung einer

gleichbleibenden Qualität durch weitgehende Ausschaltung der manuellen Arbeit bringt die Transferstraße für die noch eingesetzten wenigen Kollegen eine wesentliche Arbeitserleichterung und vor allem spürbare Verbesserung der Arbeitshygiene, da durch die gedrängte Aufstellung der bei der Bearbeitung anfallende Metallstaub besser und wirksamer abgesaugt werden kann, als das bei der vorherigen Fertigung innerhalb der Maschinenfließreihen möglich war.
Zur komplexen Mechanisierung des gesamten Motorenbaues ist die hier kurz skizzierte Transferstraße nur ein erster Anfang. Sowohl für das Kurbelgehäuse-Unterteil als auch für den Zylinderblock mit montiertem Kurbelgehäuse – hier ist noch eine ganze Reihe von Arbeitsgängen notwendig – wurden ebenfalls Transferstraßen projektiert, die sich im Bau befinden und in absehbarer Zeit gleichfalls für die Serienproduktion zum Einsatz kommen.

* * *

Diese wenigen Beispiele mögen genügen. Uns ging es heute nur darum, den vielen „Wartburg"-Freunden einen kleinen Einblick in die Stätte der Herstellung dieses inzwischen beliebten und bewährten Fahrzeugs zu geben. Dabei konnte ein Großteil von Einrichtungen und Produktionsabschnitten nur gestreift oder überhaupt nicht behandelt werden, wie die stattliche Anzahl der hochproduktiven, mechanisierten Vielpunktschweißvorrichtungen im Karosseriebau oder die neu in Betrieb genommenen modernen Gasaufkohlungsanlagen im Fertigungsbereich Getriebebau.
Dennoch lassen die vorstehenden Ausführungen bereits klar die unablässigen Bemühungen der Eisenacher Automobilbauer um Durchsetzung der modernsten Technik und komplexe Automatisierung und Mechanisierung in ihrem Werk erkennen. Diese Bemühungen fanden ihre Anerkennung durch die Verleihung hoher Staatsauszeichnungen an hervorragende Persönlichkeiten des Automobilwerkes Eisenach, die wesentlichen Anteil an verschiedenen der durchgesetzten Maßnahmen hatten.
So wurde zum 13. Jahrestag der Deutschen Demokratischen Republik ein aus vier Ingenieuren bestehendes Kollektiv mit dem Werkleiter an der Spitze mit dem Nationalpreis III. Klasse ausgezeichnet und damit gleichzeitig die von den Werktätigen des Betriebes in den letzten Jahren vollbrachten überdurchschnittlichen Leistungen durch unsere Regierung gewürdigt und anerkannt.
Vor den Betriebsangehörigen des Automobilwerkes Eisenach, vom Arbeiter an der Maschine und dem Fließband bis zum letzten Konstrukteur am Zeichenbrett, steht nun die schwere Aufgabe, die mit diesem Fahrzeug geschaffene gute, ökonomische Position durch ebenso planmäßige und zielstrebige Weiterentwicklung wie bisher zu halten und darüber hinaus laufend aufzubauen, denn die Anforderungen an die einzelnen Erzeugnisse unseres volkseigenen Automobilbaues – sowohl bezüglich der konstruktiven Auslegung als auch hinsichtlich der in der Produktion angewandten Technologie und damit der Arbeitsproduktivität – werden im Zuge der Entwicklung nur noch schneller anwachsen.

4 *Die „rollende Landstraße" dient zur ersten Erprobung des Fahrzeugs, das das Endmontageband gerade verlassen hat.*

5 *Aufgabestelle und zentrales Schalt- und Steuerpult für die Transferstraße zur Fertigung der „Wartburg"-Zylinderblöcke.*

6 *113 Werkzeuge kommen auf der Transferstraße für die Zylinderblöcke gleichzeitig zum Einsatz. Auf Station VII wird das Gewindebohren an Ansaug-, Auspuff- und Kurbelgehäuseseite erledigt.*

5

6

DIPL.-ING. H. IHLING

Der »Neue« aus Eisenach

Wartburg Typ 353

Nahezu zehn Jahre produzierte das Automobilwerk Eisenach den Wartburg Typ 311, der dank seiner Anspruchslosigkeit, Leistung und Zuverlässigkeit als Fahrzeug der unteren Mittelklasse in aller Welt viele Freunde gefunden hat. Ab September 1965 bot das auf eine nunmehr über siebzigjährige Tradition im Fahrzeugbau zurückblickende Thüringer Werk seinen Kunden als erste Stufe der Weiterentwicklung bereits einen Wagen mit vollkommen neuem Fahrwerk mit der Typenbezeichnung 312/1 – vorerst noch in Verbindung mit der alten Karosserie – an. Ein knappes Jahr später, ab Juli 1966, kam dann zum neuen Fahrwerk die neue Karosserie, wobei einige Details an Fahrwerk und Motor erneut verbessert wurden. Seitdem läuft ein im Vergleich zum Typ 311 völlig neues Fahrzeug – nunmehr der Typ 353 – als modernstes Eisenacher Erzeugnis vom Band. Allerdings konnte zum Serienanlauf noch nicht das neuentwickelte Getriebe mitgeliefert werden; es ist für Mitte 1967 vorgesehen. Von diesem Zeitpunkt ab wird das neue Fahrzeug so ausgeliefert, wie wir es hier in der Ausführung „de luxe" vorstellen.

Beim Motor wurden die wichtigsten Kennziffern, also Leistung (45 PS) und maximales Drehmoment (9,5 kpm), nicht verändert, da sie noch heute Spitzenwerte in der Hubraumklasse bis 1000 cm³ darstellen. Bedingt durch die geänderte Triebwerkslagerung erhielt der Zylinderblock eine andere Guß-Außenkontur. In den Zylinderkopf sind jetzt die direkt von der Lüfterwelle angetriebene Kühlmittelpumpe sowie der neuentwickelte Kühlmitteltemperaturregler mit eingebaut. Damit ergab sich außerdem ein vereinfachter Dreipunkt-Keilriementrieb, für den jetzt ein sich durch verminderte Reibung auszeichnender Schmalkeilriemen verwendet wird. Bemerkenswert sind weiter ein neuer *Fallstromvergaser* und die darauf abgestimmte Ansauganlage, wobei der Ansauggeräuschdämpfer mit einem Papierluftfilter versehen wurde. Eine Zusatzeinrichtung am neuen Vergaser ermöglicht es, das Kraftstoff-Luft-Gemisch bei Vollast anzureichern, und gestattet damit eine günstige Abstimmung der Motorkennwerte. Die Starteinrichtung in Form einer federbelasteten zweiten Drosselklappe ist im Ansaugrohr untergebracht. Sie öffnet sich beim Anspringen des Motors automatisch.

Das neue *Papierluftfilter* garantiert einen wesentlich höheren Reinheitsgrad der Ansaugluft als das bisher verwendete Naßluftfilter. Seine Filterpatrone ist nach jeweils 20000 bis 25000 km auszutauschen. Ebenfalls überarbeitet wurde die Zündanlage, bei der man zur eigengelagerten Dreihebelunterbrecheranlage überging. Die nunmehr zwei Hauptschalldämpfer umfassende dreiteilige Auspuffanlage erhielt eine geräusch- und schwingungsisolierte Aufhängung.

Da der Hauptschalldämpfer jetzt vorn unter dem Motor liegt, können nun die Vorderräder auch stärker eingeschlagen werden. Damit hat sich der *Wendekreis*durchmesser nach beiden Seiten auf 10,2 m verringert und damit die Manövrierfähigkeit des Wartburg erheblich erhöht. Nicht zuletzt tragen alle diese Maßnahmen dazu bei, die Geräusche im Fahrzeuginnenraum spürbar zu verringern.

Bemerkenswert ist auch das neue geschlossene Kühlsystem. Der hermetisch geschlossene Kühler ist mit einem Plastik-Ausgleichsbehälter verbunden, der den durch den Fahrbetrieb zwangsläufig auftretenden Druck- und Volumenwechsel des Kühlmittels ohne jeglichen Verlust von Kühlflüssigkeit kompensiert. Das mit rosthemmenden Zusätzen versetzte Spezialkühlmittel bietet bis — 25 °C Frostschutzsicherheit. Um die Wirksamkeit des Kühlsystems zu erhöhen und den Kühlluftstrom vom Fahrtwind weitgehend unabhängig zu machen, umgab man den Plastiklüfter nunmehr mit einem Leitring. Der Ring ist über eine Manschette mit der am Kühler angebrachten Hutze verbunden, so daß der Kühlluftstrom zwangsläufig immer durch den Kühler gedrückt wird.

Damit das bisherige reichhaltige Wartburg-Typenprogramm nicht eingeschränkt zu werden braucht, wurde die Rahmenbauweise beibehalten. Der Rahmen selbst besteht nach wie vor aus geschlossenen verwin-

1 Die Karosserieform wurde in Windkanalversuchen auf ihre Zweckmäßigkeit überprüft

ZM34-98

dungssteifen Kastenprofilen. Sämtliche Aufnahmen für Triebwerksblock, Kühler, Lenkung, Quer- und Schräglenker sowie Schraubenfedern, Gummizusatzfedern und Stoßdämpfer befinden sich ebenfalls am Rahmen, so daß das montierte Fahrwerk als geschlossene Funktionseinheit in gleicher Weise wie beim alten Baumuster von der Karosserie getrennt ist. Das stehend angeordnete Fußhebelwerk und die zwischen den Sitzen gut zugängliche als Stockbremse ausgebildete Handbremse wurden beibehalten, während das nunmehr als Plattenpedal ausgebildete Gaspedal nicht mehr am Rahmen, sondern am Karosserieboden gelagert ist.

Die Räder der Vorderachse werden einzeln an oberen und unteren Dreieckslenkern aus Stahlblechpreßteilen aufgehängt, die in ihren Längen so abgestimmt sind, daß Spur- und Sturzveränderungen beim Einfedern in engen Grenzen bleiben. Die Stahlkugelgelenke in den Schwenklagern sind durch Gummimanschetten staub- und wasserdicht gekapselt, wobei die Fettfüllung für 50000 Fahrkilometer ausreicht. Am Rahmen wurden die Querlenker in radial- und axialelastischen Gummibundbuchsen gelagert, die keinerlei Wartung brauchen und für eine Mindestlebensdauer von 100000 km ausgelegt sind.

Das gesamte Fahrwerk ist generell für 50000 km wartungsfrei und weist nur noch drei Schmiernippel auf: zwei an den Handbremsseilen und einen am Kupplungsseil. Sehr sorgfältig konstruierte man den Radantrieb – vor allem unter dem Gesichtspunkt einfacher Wartung und Reparatur. So sind die Räder nicht mehr wie beim alten Baumuster direkt auf den äußeren Mitnehmern der Antriebswellen gelagert, sondern auf durch Innenprofile formschlüssig mit den Antriebswellen verbundenen Laufhülsen der Radmitnehmer. Auf diesen Radmitnehmern sitzen die für alle Räder einheitlichen Bremstrommeln. Sie lassen sich nach dem Abnehmen der Laufräder leicht entfernen, so daß beispielsweise ein Neubelegen der Bremsbacken ohne großen Montageaufwand möglich ist. Radlager und Antriebswellen lassen sich getrennt voneinander demontieren und montieren. Es werden jetzt neue homokinetische nadelgelagerte Antriebswellen eingesetzt, die mit dem Getriebe durch Dreifingergelenke mit Längenausgleich anstelle der bisherigen Gummigelenke verbunden sind. Ölfeste mitlaufende Gummimanschetten kapseln die äußeren und inneren Gelenke gegen Staub und Wasser so sorgfältig ab, daß die Gelenkwellen nun für 100000 km wartungsfrei sind.

Ebenfalls vollkommen neu ist die Konstruktion der Hinterachse, wobei wegen der Einzelradaufhängung und einwandfreien Trennung von Radführung und Radfederung von einer Achse im eigentlichen Sinne wie beim alten Baumuster gar nicht mehr gesprochen werden kann. Die einzeln aufgehängten Räder sind an gabelförmigen Schräglenkern in Stahlblech-Schweiß-Konstruktion geführt, die am Rahmen in den gleichen wartungsfreien Gummibundbuchsen gelagert sind, wie man sie auch bei der Vorderachse findet.

Die Abfederung aller vier Räder übernehmen weiche Schraubenfedern, die sich über eine geräusch- und schwingungsdämpfende Gummizwischenlage an den vorderen Federträgern bzw. den hinteren Auslegern des Rahmens abstützen. Gummizusatzfedern verstärken bei größerer Belastung die Federkraft und begrenzen gleichzeitig den Federweg. Dadurch war es möglich, die Federung im Hauptarbeitsbereich sehr weich auszulegen. Die doppeltwirkenden leicht auswechselbaren Teleskopstoßdämpfer sind innerhalb der Schraubenfedern angeordnet, die zwar äußerlich gleich sind, aber in ihren Dämpfwerten vorn und hinten Unterschiede zeigen. Der durch die komfortable Federung (Gesamtfederweg vorn 170 mm, hinten 220 mm) bei Kurvenfahrt zwangsläufig auftretenden Seitenneigung des Aufbaus wird durch einen Drehstab-Querstabilisator entgegengewirkt, der mit dem hinteren Rahmenende durch je zwei und mit den Schräglenkern der Hinterräder durch je ein wartungsfreies Gummilager verbunden ist.

Auch die Lenkung wurde entsprechend den derzeitigen technischen Erkenntnissen vollkommen neu gestaltet und erweist sich als für einen Frontantriebswagen erstaunlich leichtgängig, gut gedämpft und außerordentlich exakt. Von Anschlag zu Anschlag sind nunmehr dreieinhalb Lenkradumdrehungen erforderlich, da einmal die Übersetzung im Lenkgetriebe auf 1:19 erhöht wurde und außerdem jetzt im Vergleich zur alten Ausführung größere Radeinschläge möglich sind. Die Zahnstangen-Schubstangenlenkung weist außer dem üblichen Zahnstangenlenkgetriebe eine parallellaufende Schubstange auf, die mit dem Lenkgetriebe durch eine gummielastische und damit stoßdämpfende Verbindung gekoppelt ist. An der Schubstange selbst sind zentrisch die beiden Spurstangen mit den vollkommen wartungsfreien inneren und äußeren Gelenken angeschlossen. Durch staub- und wasserdichte Kapselung aller beweglichen Teile erzielte man auch hier Wartungsfreiheit für 50000 km. Darüber hinaus wird das schwenkbar gelagerte Ritzel durch Feder-

2 Motor-Getriebe-Block und Vorderachse

3 Das moderne Fahrwerk des neuen Wartburg

druck immer spielfrei mit der Zahnstange in Eingriff gehalten, so daß für die gesamte Laufzeit keinerlei Ein- oder Nachstellarbeiten anfallen.
An den kleineren Reifen in der Größe 6.00–13 mit Felgen $4^1/_2$J × 13 war das neue Fahrwerk bereits beim Typ 312/1 zu erkennen. Diese sogenannten Niederquerschnittreifen zeichnen sich durch besseres Seitenführungsverhalten aus. Trotz des geringeren Felgendurchmessers der Laufräder konnten die guten und bisher auch unter extremen Bedingungen bewährten hydraulischen Bremsen mit einer Gesamtbremsfläche von 820 cm^2 beibehalten werden. Sie erhielten nun auch eine automatische Bremsbackennachstellung, durch die die Ein- und Nachstellarbeiten wegfallen. Gleichzeitig wurde die hydraulische Übersetzung zwischen Haupt- und Radbremszylindern verändert und in die Bremsleitung zu den Hinterachsen ein Bremskraftbegrenzerventil eingebaut, das den auf die Hinterradbremszylinder wirkenden Flüssigkeitsdruck auf maximal 30 kp/cm^2 begrenzt. Dadurch wird vor allem eine gute Bremskraftdosierung erreicht und die Wirksamkeit der Bremsanlage erhöht.
Grundsätzlich wurde beim neuen Getriebe sowohl beim Wechsel- als auch beim Ausgleichgetriebe die bisherige Konzeption vom Baumuster 311 beibehalten. Hauptvorzüge der Neukonstruktion sind leichte Reparaturmöglichkeit, gute Anpassung an die Leistungswerte des Motors und eine hohe Lebensdauer von 150000 km bis zur ersten Generalreparatur. Um das zu erreichen, vergrößerte man den Achsabstand zwischen Antriebs- und Ritzelwelle, konnte damit die Wälzlager stärker auslegen und den Achsantrieb größer dimensionieren. Alle auf der Ritzelwelle angeordneten Losräder erhielten Nadellagerung. Für die Sperrsynchronisierung der vier Vorwärtsgänge werden die gleichen Synchronisiereinrichtungen und Schaltelemente verwendet wie für die auf der Ritzelwelle angeordneten Losräder. Der Freilauf sitzt nunmehr vor dem Wechselgetriebe direkt auf der Antriebswelle. Das dreigeteilte Getriebegehäuse ist in Mitte Achsantrieb und im Wechselgetrieberaum quergeteilt, und die inneren Dreifingergelenke wurden dadurch in den Getrieberaum einbezogen, daß man die großen Ausgleichskegelräder gleichzeitig als Mitnehmer ausgebildet hat. Daß der Freilauf beim Einlegen des Rückwärtsganges jetzt nicht mehr gesperrt zu werden braucht, wirkt sich günstig auf die Schaltbarkeit aus. Durch alle diese Maßnahmen erreichte man, daß Montage- und Demontagearbeiten mit nur geringem Aufwand an Spezialvorrichtungen möglich sind.
Durch veränderte Abstufung der einzelnen Gänge kamen der dritte und der vierte Gang dichter zusammen und überdecken einen größeren Fahrbereich als beim bisherigen Wartburg-Getriebe. Der erste Gang ist jetzt höher und der vierte Gang direkter übersetzt. Daraus ergeben sich gutes Steigvermögen im ersten und die Möglichkeit zu motorschonender Fahrweise im großen Gang. Die Kupplung wurde durch einen für Leerlauf- und Lastbetrieb getrennt abgestimmten Drehschwingungsdämpfer an das neue Getriebe angepaßt.
Die bewährte Lenkradschaltung wurde beibehalten, aber der internationalen Norm angepaßt, wodurch sich die Lage der Gänge gegenüber den bisherigen Wartburg-Typen praktisch umkehrte: Der 1. und 2. Gang sowie der Rückwärtsgang liegen nunmehr in Lenkradnähe, während der 3. und 4. Gang in Richtung der Instrumententafel angeordnet sind.
Die Karosserie des neuen Wartburg 1000 – wie er offiziell heißt – ist gekennzeichnet durch klare Linien und Flächen, gute Harmonie der Gesamtproportionen und einfache Gliederung der Karosserieeinzelteile und Baugruppen. Den Karosseriegrundkörper charakterisiert die im Bereich der größten Breite umlaufende Knickkante und die aus der Haubenfuge über die Türen bis in Kofferdeckelfuge geführte Sicke. Bug- und Heckpartie wurden im Interesse günstiger aerodynamischer Werte im Übergang zu den Seitenflächen ebenso wie die Windschutzscheibe stark gerundet. Die geschlossene Form der Bugpartie wurde durch den organischen Einbau der Ovalscheinwerfer erreicht. Strömungsgünstig wirken sich ferner die flache Wölbung der Heckscheibe und eine Abrißkante am Dach aus.
Die Karosserie selbst wurde im Institut für Leichtbau Dresden zuerst im Modell 1:2 und dann später in Originalgröße überprüft. Dabei konnte bewiesen werden, daß der Karosseriegrundkörper relativ strömungsgünstig geformt ist und die für ein gutes Fahrverhalten auch bei starkem Seitenwind gewünschte und angestrebte weitgehende Unempfindlichkeit bei Seitenanströmung aufweist. Gegenüber der alten Wartburg-Karosserie wurde der Luftwiderstandsbeiwert c_w vermindert, so daß trotz der vergrößerten Stirnfläche der für die Verlustleistung zur Überwindung des Luftwiderstands ausschlaggebende Wert erhalten blieb.
Im merklich vergrößerten Innenraum für die Fahrgäste fallen besonders die größere Sitzraumbreite, vor allem bei den Fondsitzen, und die durch größere Fensterflächen und schmale Dachsäulen im Hauptsichtbereich deutlich verbesserten Sichtverhältnisse auf. Weitere Vorteile der neuen Karosserie sind ein großer glattflächiger Kofferraum und durch die vier Türen mit großen Öffnungswinkeln bequemer Zugang zu allen Sitzen.
Wie erzielte man aber die merkliche Vergrößerung des *Innenraumes* bei fast gleichgebliebenen Außenabmessungen?
Mit den Pedalpunkten, der Stirnwand und den Vordersitzen rückte auch die Fondsitzbank nach vorn und damit weitgehend aus dem Bereich der Radeinbauten heraus. Gleichzeitig ermöglichten die gebogenen Seitenscheiben und die dadurch mögliche herabgezogene Gürtellinie,

1
2
3
4
5
6
7
8
9
10
11
12
13
14
15
16
17
18
19
20
21
22
23
24
25
26
27
28
29
de Luxe

WARTBURG 1000 TYP 353

1 Scheibenwischer-Motor, 2 Zentraler Lufteintritt für Heizung und Lüftung, 3 Vorratsbehälter für Bremsflüssigkeit, 4 Heizaggregat, 5 Ansauggeräuschdämpfer, 6 Stoßdämpfer, 7 Lenkung, 8 Kühler, 9 Leitring für Lüfter, 10 Abzweigtopf in der Ansauganlage, 11 Thermostat im Zylinderkopf, 12 Ausgleichbehälter für geschlossenes Kühlsystem, 13 Befestigung für Ausgleichbehälter, 14 Anbau-Dreihebelunterbrecher, 15 Lichtmaschine, 16 Getriebe, 17 Motorlagerung, 18 Oberer Querlenker, 19 Bremsschlauch, 20 Gummizusatzfeder und Endanschlag, 21 Doppelgelenkwelle, 22 Unterer Querlenker, 23 Abdichtmanschette für Gelenkwelle, 24 Schraubenfeder, 25 Radbremszylinder, 26 Bremsbacke, 27 Radnabe, 28 Spurstangengelenk, 29 Bremstrommel, 30 Bremspedal, 31 Kupplungspedal, 32 Sitzverstellung, 33 Lehnenverstellung, 34 Türsicherung, 35 Schräglenker, 36 Entlüftung, 37 Gummizusatzfeder und Endanschlag, 38 Stoßdämpfer, 39 Schraubenfeder.

die Gesamtfahrzeugbreite ohne größere Verbreiterung des Dachs wesentlich besser auszunutzen. Der so erzielte Gewinn an Innenraum, besonders im Fond, reicht nunmehr aus, um auf der hinteren Sitzbank drei Personen bequem Platz zu bieten. Im gleichen Verhältnis konnte der durch einen breiten Deckel gut zugängliche *Kofferraum* vergrößert werden, der mit einem Gesamtfassungsvermögen von 525 *l* über 100 *l* größer ist als der des alten Baumusters. Das Reserverad ist nunmehr stehend angeordnet. Damit sind Reserverad und auch das notwendige Werkzeug selbst bei vollbeladenem Kofferraum gut zugänglich.

Im Interesse der *inneren Sicherheit* erhielt nicht nur die obere Kante der Instrumententafel ein Schaumstoffpolster, sondern auch sämtliche evtl. in Frage kommenden Aufschlagkanten an den Türsäulen und Dachrahmen. Vorspringende Kanten sind grundsätzlich vermieden. Dem gleichen Zweck dient ein Haltegriff, der sich auf der Beifahrerseite harmonisch in die Instrumententafel einfügt. Ebenfalls abgepolstert wurde die Kante der unter der Instrumententafel über die gesamte Wagenbreite reichenden großzügigen Ablage für die vielen mit zum Fahrzeug gehörenden Kleinigkeiten. Das bereits beim Baumuster 312/1 eingeführte Sicherheitslenkrad mit schaumstoffgepolsterter Nabe blieb unverändert. Ein weiterer Beitrag zur Sicherheit sind die neuen Zahnsternschlösser mit Druckknopfbetätigung in den feststehenden Türaußengriffen. Durch eine besonders gestaltete Schließnase am Schloß ist jede Tür auch bei starken Karosserieverwindungen – beispielsweise bei einem Unfall – gegen Aufspringen gesichert. Von innen wird das Schloß mit einem Knopf betätigt, der aber erst herausgezogen werden muß, bevor er sich nach hinten bewegen läßt, und somit ein unbeabsichtigtes Öffnen verhindert. Außer den üblichen Verriegelungsknöpfen haben beide Hintertüren zusätzliche Kindersicherungen, die nach dem Einschalten ein Öffnen der Hintertüren vom Fahrgastraum aus nicht mehr gestatten. Als spezieller Diebstahlschutz dient ein auf die Lenksäule wirkendes Zündanlaßlenkschloß, das bei Parkstellung die Lenkung blockiert.

Die neue *Frischluftheizanlage* arbeitet mit einem reichlich dimensionierten Wärmetauscher, der unmittelbar an der Stirnwand sitzt und die Frischluft aus einer relativ staub- und abgasfreien Stauzone direkt vor der Windschutzscheibe bezieht. Sie kann je nach Schaltung sowohl Frisch- als auch Warmluft in den Fußraum, an die Frontscheibe bzw. durch die seitlich in der Instrumententafel angebrachten schwenkbaren Luftdüsen an die Seitenscheiben oder in Richtung auf die vorn sitzenden Personen abgeben. Das neue Heizgebläse mit zwei Geschwindigkeitsstufen gestattet eine gute Anpassung der Heizwirkung je nach Außentemperaturen und Fahrgeschwindigkeiten. Entlüftungsschlitze in den Hecksäulen garantieren auch bei geschlossenen Fenstern ausreichende Entlüftung und erhöhen die Wirksamkeit der gesamten Frischluftzuführung. Außerdem bleiben dadurch in der kalten Jahreszeit die Scheiben beschlagfrei.

Ebenso wie die anderen Baugruppen entspricht auch die elektrische Ausrüstung dem derzeitigen internationalen Stand. Die gesamte Anlage wurde auf eine Nennspannung von 12 Volt und alle Anschlüsse auf Flachsteckverbindungen umgestellt. Neu ist ferner die Installation einer Masseringleitung, durch die die meisten Geräte zweipolig angeschlossen und damit weitgehend unabhängig vom Zustand der Karosserieverbindungsstellen sind. Dadurch verbesserten sich die ohnehin schon gute Kaltstartfähigkeit, die Fahrbahnbeleuchtung und die Erkennbarkeit der Signalleuchten weiter.

Die neuen ovalen *Einbauscheinwerfer* mit einem Lichtaustritt von 220 × 140 mm bieten auch durch die größeren Reflektorflächen gegenüber den beim alten Baumuster verwendeten Einheitsscheinwerfern mit 170 mm ⌀ besonders bei Abblendlicht bessere Sichtverhältnisse. Die Reflektoren können von Hand verstellt werden, damit der Lichtkegel auch bei Beladung des Wagens seine Richtung beibehält. Eine Kontrollleuchte zeigt die jeweilige Reflektorstellung an.

4 Erprobung auf dem Laufbandprüfstand

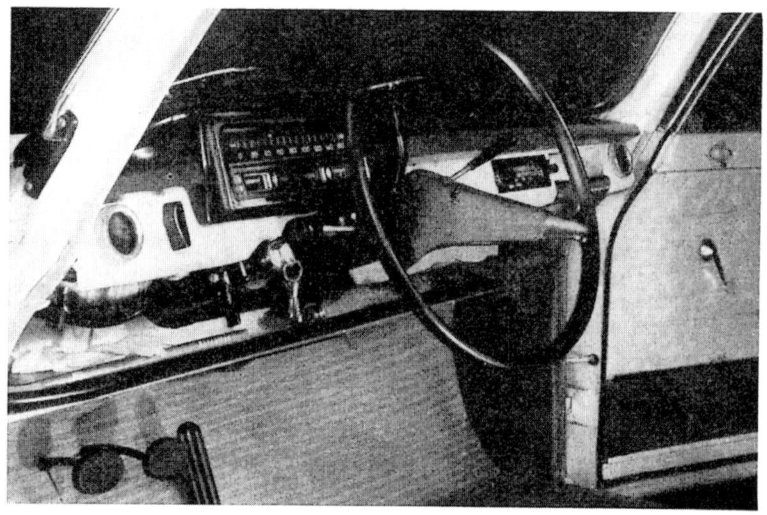

5 Instrumententafel mit durchgehender Ablage

Ebenfalls neu ist die für zwei Geschwindigkeiten ausgelegte Gleichlauf-*scheibenwischanlage*, die zusammen mit einer neuentwickelten elektrischen Scheibenwaschanlage über einen gemeinsamen Druck-Drehschalter zu bedienen ist. Mit einem weiteren Drehschalter betätigt man die Scheinwerfer sowie Stand-, Schluß- und Kennzeichenleuchten. Für Blinkleuchten, Lichthupe und Zweiklangfanfare sowie den elektromagnetischen Abblendschalter ist ein Lenksäulenschalter vorhanden. Damit beim Einschalten der Fahrbahnbeleuchtung in keinem Fall der Gegenverkehr geblendet werden kann, wird immer – unabhängig von der

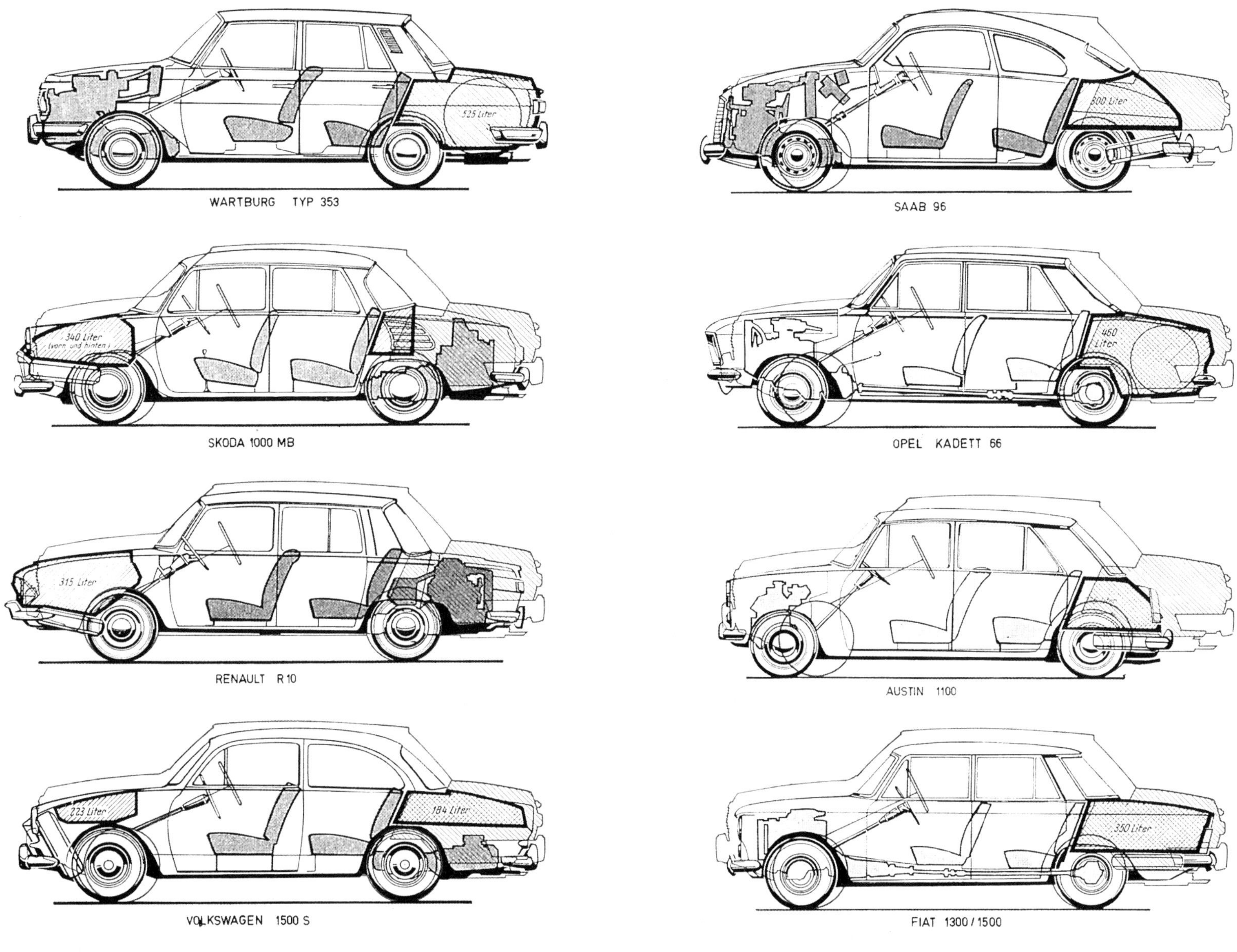

6 Vergleich der Raumausnutzung bei unterschiedlicher Lage des Triebwerks

Stellung des elektromagnetischen Abblendschalters – das Abblendlicht eingeschaltet. Die Instrumenteneinheit im Sichtbereich hinter dem Lenkrad umfaßt außer dem Bandgeschwindigkeitsmesser, Gesamt- und Tageswegzähler, Fernthermometer und Kraftstoffvorratsanzeiger, auch die Kontrolleuchten für Ladestrom-, Blinker und Fernlicht sowie die Reflektorstellung.

*

Daß der neue 1000er aus Eisenach in seiner Klasse ein Spitzenerzeugnis im internationalen Automobilbau darstellt, zeigt ein Vergleich seiner Hauptkennziffern mit denen einer Reihe von Fahrzeugen aus dem Ausland. Für die Beurteilung wurden von allen Vergleichsfahrzeugen einschließlich des Wartburg die wichtigsten technischen Kennziffern erfaßt, Mittelwerte gebildet und dem durch diese Werte charakterisierten internationalen Stand die einzelnen Fahrzeuge gegenübergestellt. Darüber hinaus wurde versucht, außer für die direkt vergleichbaren Kennziffern wie Parkfläche, Masse-Leistung-Verhältnis, Tonnendrehmoment, Wendekreis oder Höchstgeschwindigkeit auch für die Komplexe Sicherheit, Komfort, Wartung und Ausstattung zu einem aussagekräftigen Vergleich zu kommen. Für das Vorhandensein dieser den Gebrauchswert eines Fahrzeugs maßgeblich beeinflussenden Faktoren erhielt das entsprechende Fahrzeug einen Punkt je Merkmal. Bewertet wurden im Komplex

Sicherheit: Scheibenbremsen, Zweikreisbremsanlage, Bremskraftbegrenzer, Sicherheitsgurte, Reflektorverstellmöglichkeit

Komfort:	4 Türen, Vollsynchrongetriebe, selbsttätige zugfreie Entlüftung. Reserverad auch bei Beladung zugänglich, beide Vordertüren verschließbar
Wartung:	Wartungsfreiheit für mindestens 30000 km, maximal 5 Schmierstellen, automatische Bremsennachstellung, geschlossenes Kühlsystem, frostsichere Kühlmittelmischung
Ausstattung:	zwei Wischergeschwindigkeiten, elektrischer Scheibenwischer, zwei Heizgebläsegeschwindigkeiten, 12-Volt-Bordspannung, Rückfahrscheinwerfer

Die für alle Fahrzeuge erarbeiteten Werte wurden in der Tabelle auf Seite 106 notiert.

Wie Abbildung 9 zeigt, liegt der Wartburg Typ 353 auch bei einem Kennziffernvergleich mit größeren Wagen recht günstig. Die wenigen Kennziffern, die dabei nicht dem durchschnittlichen Stand entsprechen, sind aber andererseits auf die großzügigen Platz- und Raumverhältnisse (Parkfläche), die bewußt beibehaltene Rahmenbauweise mit der dadurch gegebenen erhöhten Stabilität und damit Sicherheit (hohe Eigenmasse und damit höherer durchschnittlicher Straßenverbrauch) zurückzuführen. Dafür weist aber der Typ 353 erhebliche Vorteile gegenüber den Vergleichsfahrzeugen auf. Durch den kompakten Frontantrieb wird nicht nur stabiles Fahrverhalten und ausgezeichnete Straßenlage selbst bei ungünstigen Straßenverhältnissen gewährleistet, sondern auch eine ideale Raumausnutzung. So bietet das Fahrzeug im Verhältnis zur Parkfläche den größten Innenraum, und sein Kofferraumvolumen wird von keinem Wagen der 1000er Klasse auch nur annähernd erreicht und von den Vergleichsfahrzeugen der nächsthöheren Hubraumklasse nur von Ford Taunus 12 M und 1,5-*l*-Opel-Rekord überboten.

Für einen Vergleich der Raumausnutzung bei unterschiedlicher Lage des Triebwerks wurden typische Vertreter der jeweiligen Bauweisen herangezogen. Aus der 1000er Klasse wurde als Fronttriebler der Saab 96 und als Fahrzeug mit Heckantrieb der Skoda 1000 MB ausgewählt. Hier liegt letzterer günstiger, da seine zwei Kofferräume zusammen größer sind als der eine des Saab. Bei den Fahrzeugen der unteren Mittelklasse hat der Opel-Kadett in Standardbauweise den größten Kofferraum, während der Kofferraum beim Renault R 10 trotz Heckmotor noch größer ist als beim frontgetriebenen Vollheckfahrzeug, dem Austin 1100. Recht aufschlußreich ist auch der Vergleich der beiden Mittelklassefahrzeuge. Beim Volkswagen 1500 konnten durch den Unterflurhecktriebsatz zwei auch für größere Gepäckstücke verwendbare Kofferräume geschaffen werden, die insgesamt größer sind als der Kofferraum des Fiat 1500, eines Fahrzeugs der Standardbauweise, das hier eigentlich bessere Werte zeigen müßte (Abb. 6).

In diesem Vergleich sind die Fahrzeuge mit Hecktriebsatz ganz eindeutig unterlegen. Daß das Fronttriebwerk nicht nur Wagen der 1000er-Klasse vorbehalten ist, sondern sich durch seine ganz offensichtlichen Vorteile mehr und mehr auch in den Fahrzeugen der Mittelklasse durchsetzt, beweisen gerade die jüngsten Neukonstruktionen von Peugeot, Renault, Citroen, Austin, Morris und Oldsmobil.

Darüber hinaus liegt der Tausender-Zweitaktmotor nach Leistung und Drehmoment an der Spitze seiner Klasse und zeichnet sich durch sehr gutes Kaltstartverhalten, geringe Störanfälligkeit und weitgehende Wartungsfreiheit aus. Bei einer ganzen Reihe weiterer Details – z. B. bei der Bremsfläche –, für die keine Vergleichsmöglichkeiten durch eine aussagekräftige Kennziffer gegeben sind, bietet der Wartburg 1000 absolute Spitzenwerte. Das gilt beispielsweise für die leichte Austauschbarkeit stark gefährdeter Karosserieteile, wie Kotflügel vorn und hinten, und in bezug auf Aufwand und Kosten für notwendige Reparatur- und Wartungsarbeiten am Fahrwerk. Auch im Vergleich der Komplexe Sicherheit, Komfort, Wartung und Ausstattung steht das Eisenacher Erzeugnis ebenfalls an der Spitze. Bezüglich Raumangebot, Fahrkomfort und Ausstattung entspricht das neue Wartburg-Baumuster sogar voll den Forderungen der Mittelklasse. Den Beweis dafür liefert der genannte Kennziffernvergleich (Abb. 9) mit Fahrzeugen der Hubraumklasse von 850 bis 1500 cm³. Hier liegt der Wartburg immer noch in 10 Positionen über dem internationalen Stand, und nur bei 6 Kennziffern erreicht er die Mittelwerte nicht.

Als Fazit aller dieser Vergleiche bleibt festzustellen, daß das jüngste Kind des Automobilwerks Eisenach für die Beurteilung der in unserer Republik gefertigten Personenwagen neue Maßstäbe setzt und wegen seiner modernen Konzeption auch auf dem internationalen Markt verstärktes Interesse finden dürfte.

7 Die De-luxe-Ausführung ist mit Liegesitzen ausgestattet

8 Luftführung im Innenraum

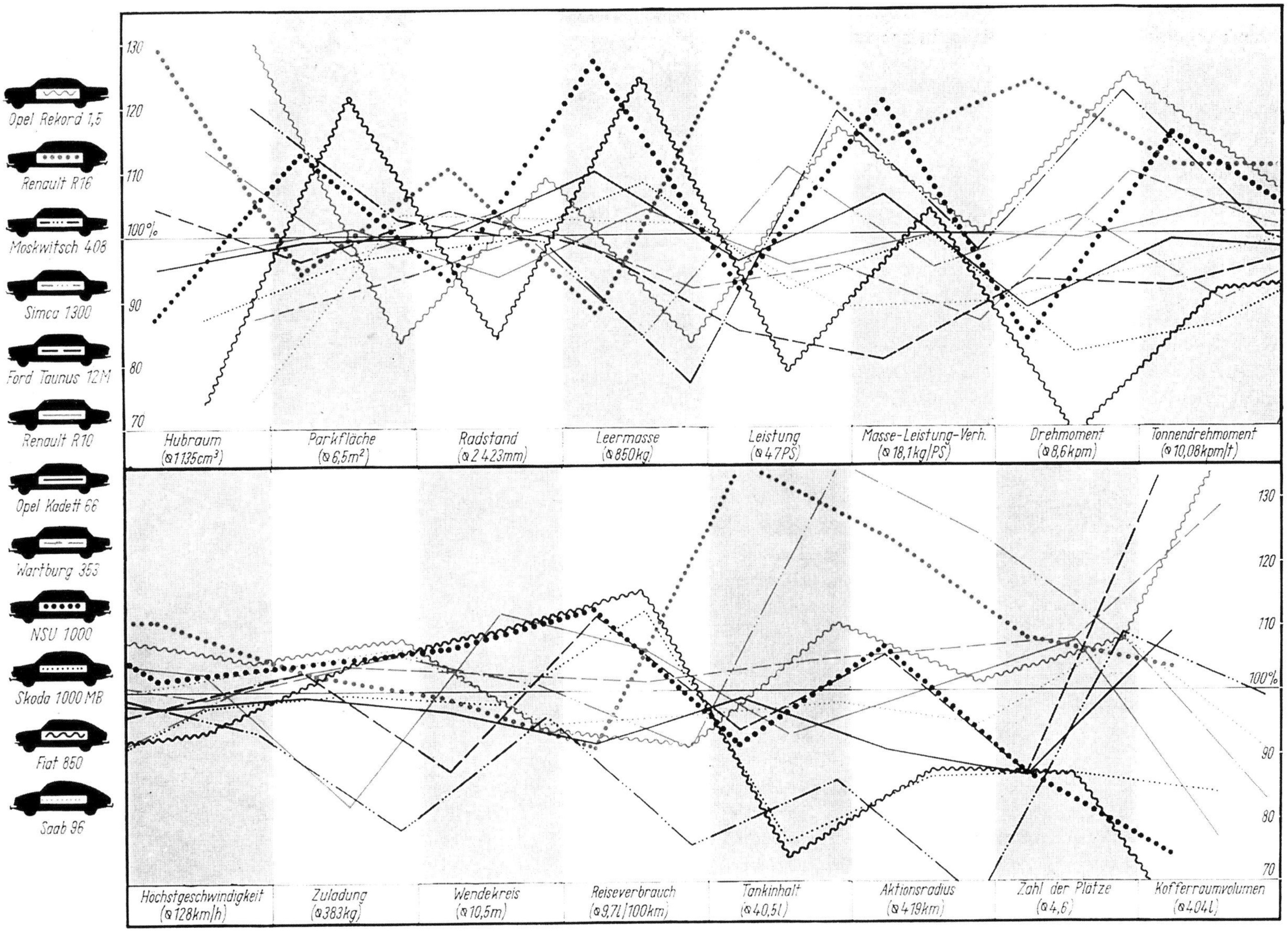

9 Kennziffernvergleich ausgewählter Fahrzeuge der Hubraumklasse 850 bis 1 500 cm³ (∅ = 100%)

Weltstandsvergleich Fahrzeuge 850–1500 cm³	Kennziffer Sicherheit						Kennziffer Komfort							Kennziffer Wartung						Kennziffer Ausstattung					
Fahrzeug Typ	Scheibenbremsen	Zweikreisbremsanlage	Bremskraftbegrenzer	Scheinwerfer bei Belastung verstellbar	Befestigungsmöglichk. für Sicherheitsgurte vorn	Σ Punkte	4 Türen	Vollsynchrongetriebe	Selbsttätige zugfreie Entlüftung	Reserverad auch bei Belastung zugänglich	Beide Vordertüren verschließbar	Rückenlehnen verstellbar	Σ Punkte	Wartungsfreiheit über 30000 km	Weniger als 5 Schmiernippel	Automatische Bremsnachstellung	Geschlossenes Kühlsystem	Frostsichere Kühlmittelmischung	Σ Punkte	Wischanlage mit 2 Geschwindigkeitsstufen	Elektrischer Scheibenwascher	Heizgebläse mit 2 Geschwindigkeitsstufen	12-Volt-Bordspannung	Rückfahrscheinwerfer	Σ Punkte
Saab 96		×			×	2	×		×				2			×			1				×		1
Fiat 850						–		×		×	×		3				×	×	2				×		1
Škoda 1000 MB					×	1	×	×		×			3			×			1		×		×	×	3
NSU 1000	×				×	2		×		×			2			×	/	/	1	×				×	2
AWE Wartburg 353			×	×	×	3	×	×	×	×	×		5	×	×	×	×	×	5	×	×	×	×	×	5
Opel Kadett	×				×	2	×	×		×	×		4			×			1		×	×	×	×	4
Renault R 10 Major	×		×		×	3	×	×	×	×	×		5		×	×	×	×	4		×	×	×		3
Ford Taunus 12 M	×				×	2	×	×		×			3			×	×	×	3		×		×	×	3
Simca 1300/1500	×				×	2	×	×					2		×	×	×		3	×	×	×	×		4
Opel Rekord 1,5					×	1	×	×		×			3			×			1		×				1
Moskwitsch 408					×	1	×	×		×			3			×			1	×			×		2
Renault R 16	×		×	×		3	×	×	×	×	×		5		×	×	×	×	4	×	×	×	×		4

Dipl.-Ing. H. Ihling

Wartburg-Tourist

Ein Mehrzweckfahrzeug von Format

Mit dem Begriff Kombiwagen verbanden viele Autointeressenten bis vor wenigen Jahren noch die Vorstellung von einem besseren Lieferwagen, der aber in bezug auf Repräsentation keinem Vergleich mit der Limousinen-Ausführung des gleichen Typs standhalten konnte. Daß diese Auffassung heute weitgehend überholt ist, beweist einmal mehr der Wartburg-Tourist, die Neuentwicklung von AWE auf der Basis des seit über einem Jahr in Großserie gefertigten Wartburg-Baumusters 353 aus den VEB IFA Karosseriewerken Dresden, Betriebsteil Halle.
Unter Wahrung aller spezifischen Eigenschaften einer Limousine bietet der Tourist den zusätzlichen Vorteil, für den schnellen Transport leichter Güter geeignet zu sein, und erweist sich als ein Kraftfahrzeug, das nicht nur für Handel und Gewerbe, sondern auch als bequeme Reiselimousine allen Anforderungen entspricht. Der generell 5türige Wagen bietet bei Besetzung mit 4 bis 5 Personen einen Laderaum von etwa 1,08 m³ und ist für eine maximale Zuladung von 450 kg ausgelegt. Für den Tourist wurde dabei das gleiche moderne Fahrwerk mit Fronttriebsatz und Einzelradaufhängung verwendet wie für die Limousinen-Ausführung, wobei lediglich die Hinterfedern für die höheren Belastungen entsprechend verstärkt wurden. Auch die Karosserie entspricht bis in den Bereich der hinteren Türen völlig der Limousine; die abweichende Heckpartie ist selbsttragend ausgebildet und im Bereich der Radhäuser verstärkt. Trotz der Übernahme vieler Baugruppen und Teile von der Limousine präsentiert sich der Tourist in Form und Gestaltung aus einem Guß, und der hier gebotene Komfort mit der reichhaltigen Ausstattung wird ihn besonders für funktionell eingestellte Automobilisten attraktiv erscheinen lassen. Auch nach seinen technischen Daten weist er im Vergleich zu den Vorgänger-Typen Wartburg-Kombi 311 und 312 deutliche Vorteile auf:

Kennziffer		Wartburg 311	Wartburg 312	Wartburg 353
Maximale Länge	(mm)	4250	4400	4380
Gesamtbreite	(mm)	1570	1570	1642
Gesamthöhe	(mm)	1475	1455	1451
Leermasse	(kg)	1050	1025	960
Nutzmasse	(kg)	400	400	450
Laderaumvolumen	(m³)	1,42	1,57	1,80
Maximale Laderaumlänge	(mm)	1620	1635	1910
Ladeöffnung hinten	(mm)	1000×940	1135×850	1270×800
Fensterfläche	(m²)	2,0	2,2	2,8

Genau wie bei der Bugpartie die Motorhaube aufliegend ausgebildet ist, wurde auch in der Heckpartie die große Hecktür auf die hintere Dichtfläche gesetzt. Die Tür steht dabei nicht senkrecht, sondern ist um 28° nach vorn geneigt, um der gerade bei Kombifahrzeugen immer so auffälligen Verschmutzung der gesamten Heckpartie wirksam begegnen zu können. Das große weit herabgezogene Heckfenster gewährleistet eine ausgezeichnete Sicht nach hinten. Die Hecktür öffnet nach oben mit einem Öffnungswinkel von 122°. Ein Massenausgleich durch Federkraft erleichtert das Anheben und arretiert die Tür in geöffneter Stellung. Durch den großen Öffnungswinkel der Tür ergibt sich eine sehr gute Zugänglichkeit zum Laderaum, der bei umgeklappten Rücksitzen eine Fläche von etwa 2,4 m² aufweist. Bei nicht umgeklappten Rücksitzen stehen immer noch 1,35 m² Ladefläche zur Verfügung. Zum Umbau in die zweisitzige Variante mit maximalem Laderaumangebot wird in üblicher Weise die Rücksitzfläche nach vorn hochgeklappt und die Rücksitzlehne gleichfalls nach vorn umgelegt. Analog zur übrigen Ladefläche sind Rücksitzunterseite und die Rückseite der Rücksitzlehne als Blechschalen ausgebildet.
Beladen werden kann der Tourist sowohl durch die große Hecköffnung als auch von beiden Seiten durch die breiten hinteren Seitentüren.
Unter dem hinteren Teil der Ladefläche sind die notwendigen Zubehörteile wie Wagenheber, Radmutternschlüssel, Bordwerkzeug und das Reserverad in mehreren Schalen untergebracht. Die den Ladeflächenboden bildenden Abdeckplatten für diese Schalen werden durch Gummiverschlüsse klapperfrei arretiert.
In der Innenausstattung weist der Tourist alle wesentlichen Merkmale der Limousine auf: Schaumstoffgepolsterte Instrumententafel, schwenkbare Luftdüsen, eingearbeiteter Haltegriff für den Beifahrer, abwaschbarer perforierter Kunstleder-Himmel, leicht zu reinigende Türinnenverkleidungen, Befestigungsmöglichkeiten für Sicherheitsgurte, zusätzliche Kindersicherungen an den Hintertüren sowie Schaumstoffpolster an sämtlichen möglichen Aufschlagkanten. Darüber hinaus ist der Wartburg-Tourist mit einer zweiten Innenleuchte im Fondraum ausgestattet, die nicht wie die vordere Leuchte über die Ruhekontaktschalter der Vordertüren geschaltet, sondern über einen zusätzlichen Schalter bedient wird. Anders als bei der Limousine sind hier an vorderer und hinterer Stoßstange auch je zwei Vollgummi-Stoßstangenhörner angebracht. Achsübersetzung und Bereifung wurden unverändert übernommen. Für den Luftdruck sind entsprechend der Belastung unterschiedliche Werte vorgeschrieben, und zwar bei Belastung mit bis zu 50 Prozent der zulässigen

KA 94-57

Nutzmasse vorn 1,5 und hinten 1,7 kp/cm² und bei höherer Belastung vorn 1,7 und hinten 2,5 kp/cm². Wie seit Juli 1967 auch alle Limousinen wird der Tourist selbstverständlich mit dem neuen Getriebe ausgestattet, bei dem für alle Vorwärtsgänge durch Zuordnung jeweils einer Sperrsynchronisierung eine exakte Synchronisation erreicht wurde. Gleichzeitig wurde die Getriebeabstufung sorgfältig auf die Kennwerte des 353er Motors abgestimmt und durch konstruktive Maßnahmen eine wesentlich höhere Grenznutzungsdauer für das Getriebe erzielt, ohne daß es durch die größeren Lager schwerer geworden wäre.

Der Freilauf ist nunmehr auf der Antriebswelle angeordnet und kann vom Fahrersitz aus durch einen Stahlzug gesperrt werden, wobei lediglich die Betätigungsrichtung gegenüber der alten Ausführung umgekehrt ist. Zum Einlegen des Rückwärtsgangs braucht nunmehr nicht erst der Freilauf gesperrt zu werden, und die Vollsynchronisierung aller Gänge macht sich besonders im Stadtverkehr vorteilhaft bemerkbar. Die generellen Ölwechselfristen sind auf 25000 km erhöht worden; der erste Ölwechsel im neuen Getriebe bleibt allerdings verständlicherweise bei 1000 km. Mit Einführung des neuen Getriebes wurden zur weiteren Verringerung des Geräuschniveaus im Innenraum gleichzeitig die Stirnwand und der vordere Boden mit einer stark dämmenden Faservliesmatte ausgekleidet.

Mit Beginn der Serienproduktion von Wartburg-Tourist-Wagen ist die Fertigung des Kombi 312/1 und des Wartburg-Camping eingestellt worden. Als Nachfolger der Camping-Version wird die Luxus-Ausführung des Tourist angeboten, die zur Standard-Ausführung im wesentlichen die gleichen Unterschiede aufweist wie die Luxus-Limousine gegenüber dem Wartburg-Standard:

- vordere Liegesitze mit Chromblenden-Verkleidung der äußeren Sitzführungsschienen,
- qualitativ hochwertigere Polsterung aller Sitze,
- durch Zierleisten mit Chromeffekt abgesetzte Innenverkleidungen,
- als Zuziehgriffe ausgebildete Armlehnen an allen vier Türen,
- Bouclé- bzw. Velourteppiche anstelle des Gummimatten-Fußbodenbelags,
- durchgehende Ablage unter der Instrumententafel aus glasfaserverstärktem Polyester,
- metallisierter Kunststoff-Füller im Profilgummirahmen für Front- und Heckscheibe,
- eloxierte untere Türabschlußleisten mit Steinschlagschutz,
- eloxierte Leichtmetall-Radzierringe für alle Laufräder,
- Flachgeräte-Kombinationsinstrument mit Tageswegzähler und zweistufiger Skalenbeleuchtung,
- Zweiklangfanfaren sowie
- Firmenzeichen auf der Motorhaube und Schriftzug „de Luxe" an den vorderen Kotflügeln.

Als Sonderwunsch-Zubehör wird weiter angeboten ein Standentfrostergebläse mit zwei Geschwindigkeitsstufen, ein Stahlschiebedach sowie der Autosuper A 120 mit Außenantenne.

Werfen wir abschließend noch einen Blick auf die wichtigsten technischen Daten. Mit 10,2 m ist der Wendekreisdurchmesser des 4,38 m langen 1,64 m breiten und 1,42 m hohen Fahrzeugs mit seinem Radstand von 2,45 m durchaus angemessen. Die Spurweite beträgt vorn 1260 und hinten 1300 mm. Die Höhe der Ladefläche über der Fahrbahn wird mit 595 mm unbelastet und 518 mm bei zulässiger Belastung angegeben. Die Bodenfreiheit beträgt 160 mm. Bei einer maximalen Ladefläche von 2,4 m steht eine Laderaumtiefe von maximal 1935 mm und minimal 1100 mm zur Verfügung sowie eine durchgehende Laderaumhöhe von 860 mm. Belastungsgrenzen sind einmal die zulässige Gesamtmasse von 1410 kg sowie die Werte für die zulässigen Achslasten (vorn – 640 kg, hinten – 800 kg).

Der Wartburg-Tourist beansprucht eine sich aus seinen Abmessungen ergebende Verkehrsfläche von 7,17 m². Als Höchstgeschwindigkeit werden 122 km/h angegeben.

Damit repräsentiert sich uns der Wartburg-Tourist als ein formschönes Mehrzweckfahrzeug, dem man an vielen Details anmerkt, daß seiner Konzipierung eine sorgfältige Analyse des internationalen Standes im Kombiwagenbau vorausging.

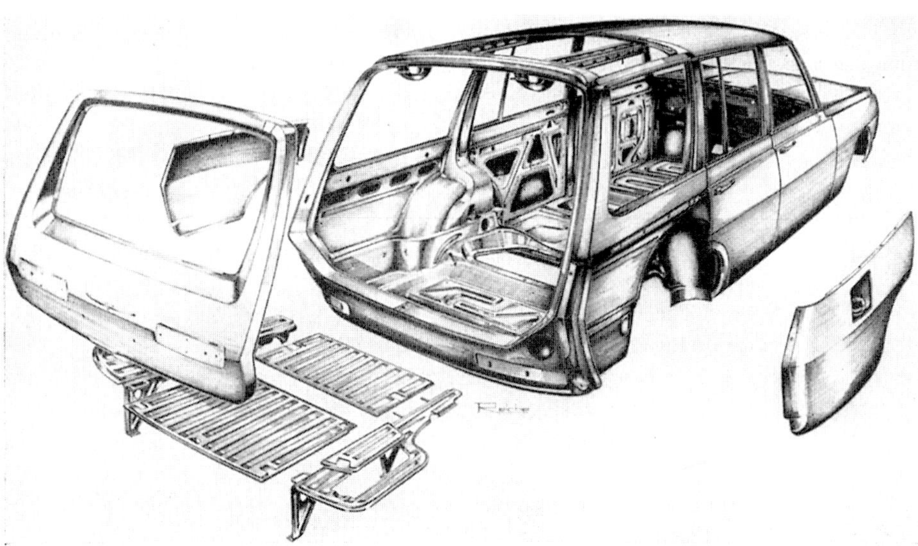

Karosserie-Bauteile des Wartburg-Tourist, links unten die demontierbaren Abdeckplatten

E. Pester

Alternative der Vernunft

Wartburg 353 echt sportlich als RS 1000

Für den Automobilsport in der DDR stehen sowohl Fahrzeuge der eigenen Serienproduktion als auch Importe zur Verfügung. Durchgeführt wird er unter Oberhoheit des ADMV der DDR.

Der erste und von der Zahl her stärkste Zweig ist dabei der Tourenwagensport (Rallyesport), bei dem die Fahrzeuge so, wie sie vom Band rollen, eingesetzt werden können, oder aber bei dem Automobile an den Start gebracht werden, die nach den Vorschriften des Anhangs J zum Internationalen Automobilsportgesetz „frisiert" werden dürfen. Mit dem Frisieren ist eine Einordnung in die entsprechende Gruppe verbunden. Allen für den Tourenwagensport vorgesehenen Fahrzeugen, auch den Sportwagen und den Prototypen, ist eigen, daß sie den Vorschriften der Straßenverkehrs-Zulassungsordnung entsprechen müssen und für den Straßenverkehr polizeilich zugelassen sind.

Der zweite Zweig des Automobilsports in der DDR ist der Automobilrennsport. Er wird unter anderem mit K-Wagen der Hubräume bis 50 Kubikzentimeter und bis 125 Kubikzentimeter betrieben. Weit attraktiver ist er aber in der Formel 3. Diese Formel erstreckt sich auf einsitzige Rennwagen und ist eine begrenzte Herabsetzung der Formel 1 in niedrigere Hubräume.

Während die derzeitige Formel 1 den Hubraum für Saugmotoren bis 3000 Kubikzentimeter begrenzt, sind für die Formel 2 bis 1600 Kubikzentimeter und waren für die Formel 3 maximal 1000 Kubikzentimeter zulässig. Letztere kam dem Bau von Rennwagen in der DDR insofern entgegen, als mit dem 1000-Kubikzentimeter-Motor des Wartburg schon ein Antriebsaggregat zur Verfügung stand, das mit entsprechenden Modifikationen durchaus konkurrenzfähig war, wenngleich der Leistungsentwicklung eines Automobil-Zweitaktmotors in den oberen Grenzbereichen gewisse Schwierigkeiten erwachsen, die größer sind als bei vergleichbaren Viertaktmotoren.

Diese mit maximal 1000 Kubikzentimeter Hubraum festgelegte Formel 3 ist mit dem 31. Januar 1970 ausgelaufen. Ab 1. Januar 1971 gilt eine neue Formel 3. Der Hubraum der maximal vierzylindrigen Motoren ist nach oben hin auf 1600 Kubikzentimeter begrenzt. Da anzunehmen ist, daß im internationalen Maßstab dieser Hubraum voll ausgeschöpft wird, haben die uns zur Verfügung stehenden Motoren keine echte Wettbewerbschance mehr. Mit einem solchen Formel-3-Rennwagen in einem internationalen Feld mitfahren zu wollen würde von vornherein bedeuten, hinterherfahren zu müssen.

So geht es also darum, entweder ein entsprechendes Triebwerk aus der uns zur Verfügung stehenden Serienproduktion zu finden und zu modifizieren, oder aber nach einer vernünftigen Alternative zu suchen, die den DDR-Sportlern eine erfolgversprechende Beteiligung garantiert. In diesem Zusammenhang ergibt sich die Frage, ob es sinnvoll ist, weiterhin Rennwagen zu bauen oder aber die Konstruktion eines Rennsportwagens zu erwägen. Der Vergleich zwischen einem Rennwagen und einem Sportwagen spricht klar zugunsten des Sportwagens.

Ein Rennwagen kann in einer Saison zwischen fünf- und zehnmal genutzt werden, und das nur auf abgesperrten Strecken. Er muß mit einem speziellen Transportfahrzeug transportiert werden. Zwischen den Einsätzen steht er ungenutzt in einer Garage. Alle vier Jahre unterliegt er einer Formeländerung. Der Preis ist im Vergleich zum Nutzen zu hoch. Außerdem können nur wenige damit fahren, und das, was sie an fahrerischem Können im Umgang mit dem Hochleistungssportgerät im Sommer gelernt haben, verlernen sie in der langen Winterpause.

Ein Sportwagen dagegen kann die ganze Saison über genutzt werden. Er darf im normalen Straßenverkehr eingesetzt werden und ist von den Jahreszeiten unabhängig. Trotz einer speziellen Konzeption bleibt er in Seriennähe, weil sich Aggregate und einzelne Bauteile unmittelbar von einem Serienautomobil herleiten lassen. Natürlich sind die Fahrleistungen ungleich höher. Die einzigen Schwierigkeiten für eine optimale Nutzung bestehen in der auch auf Autobahnen auf 100 km/h begrenzten Höchstgeschwindigkeit.

So viel für einen Sportwagen spricht, so sehr müssen seine Konzeption und die Auslegung seiner technischen Parameter den spezifischen Zwecken und Belangen angepaßt sein. Ein Sportwagen kann von der Karosserie her konzipiert werden, wofür der Ford Capri ein Beispiel ist. Sein Kleid verrät zwar sportlichen Schick, unter dem Blech aber versehen biedere Alltagsaggregate simple Dienste. Bei ihm kann bestenfalls von „sportlicher Note" die Rede sein, ein Sportwagen ist er nicht.

Ein echter Sportwagen muß über Eigenschaften verfügen, die vom Rennwagenbau abgeleitet sind. Hierzu gehören optimales Leistungs- und Fahrverhalten. Komfort und Platz sind gegenüber der Limousine gemindert. Nach den neuesten Erkenntnissen ist ein echter Sportwagen am günstigsten mit dem Prinzip des Mittelmotorwagens zu verwirklichen.

Mit dieser Problematik befaßte sich seit langem der Dresdner Rennfahrer, Konstrukteur und Hersteller von Formel-3-Rennwagen, Heinz Melkus. Seine Idee war es, auf der Basis von Serienteilen einen echten Rennsportwagen zu entwickeln. Der Anfang war gemacht, als er mit seinen zwei Söhnen zwei Modelle – einen offenen Sportwagen und ein Coupé – im Maßstab 1:10 herstellte.

Der Gedanke, einen Sportwagen zu bauen, wurde von einer sozialistischen Arbeitsgemeinschaft im Jahre 1968 aufgegriffen, weiterentwickelt und bis zur Fertigungsreife gebracht. Nach der Entscheidung, das geschlossene Modell (Coupé) zu bauen, wurde der erste Entwurf vom Diplom-Formgestalter Ing. Stefan Scheitler von der Kunsthochschule in Berlin-Weißensee überarbeitet. Es entstand ein Modell im Maßstab 1:5, das im Windkanal erprobt wurde und einen Luftwiderstandsbeiwert von nur 0,3 aufwies. Danach wurde ein Modell im Verhältnis 1:1 gebaut, das gleichzeitig als Grundlage für die Formeinrichtungen der aus glasfaserverstärktem Polyester zu fertigenden Karosserieteile dienen sollte.

Die Formgestaltung des beabsichtigten Sportwagens war freilich nur ein Teil der Entwicklungsarbeit. Ebenso wichtig, wenn nicht weit bedeutender, war die Entscheidung, ob der Sportwagen, wie schon vorher die Melkus-Formel-3-Rennwagen, auf der Basis des Wartburg 353 gefertigt und somit in der Nähe der Serienproduktion bleiben sollte. Sie war auf Grund der guten Erfahrungen mit dem Formel-3-Rennwagen und bei dem hohen Qualitätsstand der Erzeugnisse unserer Kraftfahrzeugindustrie bald getroffen, und so entstand im Frühjahr 1969, zu Ehren des 20. Jahrestages der Deutschen Demokratischen Republik, der erste Melkus-Rennsportwagen unter der Bezeichnung RS 1000.

In Anwendung der neuesten Erkenntnisse im Bau von Sportwagen wurde der RS 1000 als Mittelmotorwagen konzipiert. Das Antriebsaggregat steht hinter den Sitzen, vor der Hinterachse. Bei dem Motor handelt es sich um den bewährten Dreikanal-Zweitaktmotor des Wartburg 353 mit einer Bohrung von 73,5 Millimetern, einem Hub von 78,0 Millimetern und einem Hubraum von 992 Kubikzentimetern. Die Steuerzeiten sind gegenüber dem normalen Serienmotor leicht angehoben. Die Verdich-

1

1 Der RS 1000 verbindet die Eleganz seines Äußeren mit optimalen aerodynamischen Eigenschaften

2 Auch die Seitenansicht zeigt modernste Linienführung

3 Vor der Hinterachse das Herz des RS 1000 – der Motor

4 Die Vergaserbestückung

5 Ein Blick auf die Ansaug- und Auspuffseite

2

3

4

tung beträgt nur 8,3, so daß handelsüblicher Kraftstoff VK 88 im normalen Mischungsverhältnis $33^1/_3$:1 mit Hyzet-Zweitaktmotorenöl M 22 verwendet werden kann.
Der Motor erreicht eine Höchstleistung von 70 PS bei 4500 U/min. Das maximale Drehmoment beträgt 12 kpm bei 3500 U/min. Die enorme Leistungssteigerung gegenüber dem Serienmotor wird durch ein Dreivergasersystem sowie eine exakte Abstimmung der Ansaug- und Auspuffanlage erreicht. Als Vergaser dienen drei Motorradvergaser der BVF für die MZ ES 250 Trophy, allerdings mit einer anderen Düsenbestückung (115/120). Auf der Ansaugseite werden ein gemeinsamer Lambda-Topf, ein Luftfilter vom Robur-LO-Lastwagen und ein langgezogener Schnorchel verwendet, der die Luft aus der staubarmen Zone unter dem Heck entnimmt. Auf der Auspuffseite wirken ein Vorschalldämpfer, zwei Nachschalldämpfer und zwei Endrohre, die letztlich auch für den kernigen Ton sorgen.
Wie beim Serienmotor besteht die Zündanlage aus drei Unterbrechern, drei Hochleistungszündspulen und drei Zündkerzen mit einem Wärmewert zwischen 240 und 260.
Der Motor des RS 1000 ist wassergekühlt. Die Wasserpumpe befindet sich seitlich am Motor und wird gemeinsam mit der Lichtmaschine von der Kurbelwelle angetrieben. Über den Thermostaten im Zylinderkopf wird der Kühlmittelkreislauf gesteuert. Der Querstromkühler steht im Wagenbug direkt im Luftstrom hinter einem Lufteinlaßschlitz. Der Ausgleichsbehälter des verplombten Kühlsystems ist unmittelbar am Motor befestigt.
Über eine Tellerfederkupplung wird die Motorkraft auf das Getriebe übertragen. Das Getriebe, ebenfalls vom Wartburg 353, wird von der Firma König in Dresden, die schon 20 Jahre für die Melkus-KG Renngetriebe fertigt, mit einem fünften Gang ausgerüstet, der die Funktion des Schnellgangs übernimmt. Die einzelnen Gänge haben folgende Übersetzungen: 1.–3,769; 2.–2,160; 3.–1,347; 4.–0,906; 5.–0,794; R.–4,44. Über Gelenkwellen werden die Hinterräder angetrieben. Die Übersetzung des Achsantriebs beträgt 4,222.
Die Grundlage des Fahrwerks bildet der Kastenprofilrahmen des Wartburg 353. Nur wird beim RS 1000 berücksichtigt, daß die Karosserie keinerlei tragende Funktionen übernehmen kann, der Rahmen also alle Kräfte des harten Sportbetriebs aufnehmen muß. Dementsprechend wird er durch eine in Längsrichtung verlaufende Y-Traverse verstärkt, die nicht

5

6

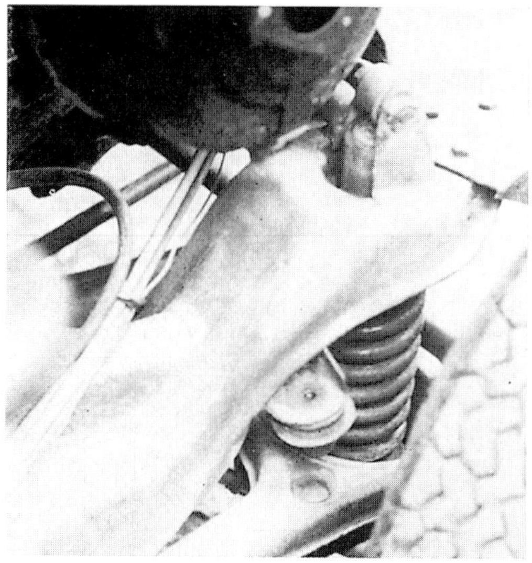

7

6 Die Sitze sind zwischen den Rahmen-Außenträgern versenkt eingebaut

7 So sieht die hintere Radaufhängung aus

8 Unter der vorderen Klappe sind die Aggregate leicht zugängig

9 Auch die Zugängigkeit der Antriebsaggregate läßt keine Wünsche offen

nur für erhöhte Steifigkeit sorgt, sondern auch die Möglichkeit bietet, die Sitze zwischen den Rahmenaußenträgern versenkt einzubauen.

Die Räder sind wie bei der Limousine 353 einzeln aufgehängt, vorn an doppelten Querlenkern, hinten an einer Schräglenkerachse. Die Federung übernehmen Schraubenfedern und Teleskopstoßdämpfer. Um eine geringere Bauhöhe zu ermöglichen, werden zwar vorn normale Wartburg-Federn verwendet, die aber um vier Windungen gekürzt sind. Für die Hinterachse werden Schraubenfedern anderer Kennung eingesetzt. Dennoch sind die Federwege serienmäßig, nur die Anschläge werden nach unten hin verkürzt, und die Progressivität der Gummiklötze ist verändert. Eingebaut werden auch serienmäßige Stoßdämpfer vom Harthaer Stoßdämpferwerk, die jedoch speziell auf die Sportwagenbedingungen eingestellt sind. Das gilt auch für Sturz und Spur der Vorderachse. Die Hinterräder erhalten einen leicht negativen Sturz.

Für die Räder werden die Felgen $4^1/_2 \times 13$ genommen, die allerdings eine geänderte Einpreßtiefe haben, so daß sich die Spurbreite um insgesamt 60 Millimeter vergrößert. Auf diesen Felgen werden Gürtelreifen der Größen 155 SR 13 und später auch 165 SR 13 gefahren. Es besteht aber die Möglichkeit, mit breiteren Felgen auch Reifen bis zur Größe 185 zu verwenden. Dann sieht der Wagen sportgerecht bereift aus.

Auch die Bremsen bleiben in Seriennähe. Vom Wartburg 353 sind auch die Trommelbremsen übernommen, die aber innerhalb zweier Bremskreise mit separater Abstimmung für die Vorder- und Hinterachse wirken. Sobald die normale Serienlimousine im Zuge der ständigen Weiterentwicklung auf Scheibenbremsen umgerüstet wird, gilt das auch für den RS 1000.

Bei reinen Sporteinsätzen, für die der Motor auf 80 PS gebracht werden kann, stehen aus dem Melkus-Formel-Wagen Leichtmetallfelgen mit eingeschrumpftem Stahlgußbremsring zur Verfügung. Die Karosserie, die nach modernen aerodynamischen Gesichtspunkten entwickelt wurde, sorgt dafür, daß das Auto gegenüber dem Modell einen nur geringfügig höheren Luftwiderstandsbeiwert hat, der mit 0,35 immer noch Spitzenklasse ist. Im Grundaufbau besteht sie aus drei Teilen: dem Bug-, dem Heckteil und der Mittelzelle.

Das Bugteil ist mit dem Rahmen und der Mittelzelle verschraubt. Es enthält unter einer von außen zugängigen Klappe den Kofferraum in der vorgeschriebenen Größe von $60 \times 40 \times 20$ Zentimetern und außerdem den Zugang zu Lenkung und vorderer Radaufhängung, Batterie, Scheibenwaschanlage, Heizung, Bremsflüssigkeitsbehälter und Sicherungskasten.

Das Heckteil, das mit Scharnieren an der Mittelzelle befestigt ist, läßt sich in seiner Gesamtheit so anheben, daß der Motorraum völlig frei liegt. Unter dem Heckteil ist auch das Reserverad an einer Halterung aufgeschraubt. Notwendige Reparaturen am Antriebsaggregat bereiten keine Schwierigkeiten.

Die Mittelzelle wird gebildet durch eine Boden-

8

wanne aus Aluminiumblech, Dach und Türen aus Stahlblech sowie den Windlauf mit der Windschutzscheibe des Wartburg 353. In der Mittelzelle integriert befindet sich der mit dem Rahmen verschweißte Überrollbügel. Die Türen, ihrer Form nach als Flugzeugtüren gestaltet, lassen sich nach oben aufklappen und werden in geöffnetem Zustand von zwei unter dem Dach befindlichen Federbeinen gehalten. Der zum Öffnen nötige Raum beträgt seitlich nur 40 Zentimeter.

Unterhalb der Türöffnungen sind seitlich rechts und links der Sitze zwei miteinander verbundene Tanks von je 30 Liter Fassungsvermögen angeordnet. Um ein schnelles Betanken zu garantieren, hat jeder Tank einen separaten Einfüllstutzen seitlich vorn vor der Windschutzscheibe.

Bei einer Länge von 4000 und einer Breite von 1700 Millimetern ist das Fahrzeug nur 1070 Millimeter hoch. Der Radstand beträgt 2450, die Spurweite vorn 1340, hinten 1380 Millimeter. Sportwagengerecht ist auch die Bodenfreiheit von 150 Millimetern. Mit nur 680 Kilogramm Leermasse hat der RS 1000 ein günstiges Masse-Leistungs-Verhältnis. Der Wendekreisdurchmesser ist mit 10,1 Metern geringer als bei der Limousine und trägt zu einer guten Manövrierfähigkeit bei.

Von sportlichem Zuschnitt ist die Innenausstattung. Am meisten beeindrucken wohl die zwei anatomisch körpergerecht geformten Schalensitze, die nicht nur verstellbare Lehnen haben, sondern entsprechend der Größe des Fahrers auch in Längsrichtung beweglich sind. Bemerkenswert dabei ist, daß sie, wenn sie nach vorn verstellt werden, gleichzeitig nach schräg oben ansteigen. Das garantiert die jeweils günstigste Sitzposition.

Vor den Schalensitzen sind in der Bodenwanne unter einer Abdeckung Wagenheber, Werkzeug und Sanitätskasten leicht zugängig untergebracht. In Zukunft soll durch eine Umgestaltung der Rahmengruppe hinter den Sitzen noch Platz für eine größere Ablage oder die Unterbringung von zwei Kleinkindern geschaffen werden.

Attraktiv wirkt das lederüberzogene kleine Sportlenkrad mit drei Aluminiumspeichen. Der kurze Schaltknüppel und der Handbremshebel sind günstig im Griffbereich des Fahrers angeordnet. Gut im Blickfeld befinden sich als Rundinstrumente das Tachometer, der Drehzahlmesser und die Anzeigen für den Kraftstoffstand und die Kühlwassertemperatur. Die notwendigen Schalter für Scheibenwischer und -waschanlage, zweistufiges Heizgebläse, Leerlaufregulierung, Choke und Beleuchtung ergänzen das Instrumentarium. Das Instrumentenbrett wird je nach Wunsch in einer Holzimitation oder in blendfreiem Schwarz gehalten. Selbstverständlich hat der Wagen Sonnenblenden über beiden Sitzen, Heizung und getrennte Frischluftzufuhr. Die Luft wird durch einen Schlitz am Bug aufgenommen.

Im Vorderteil der Kotflügel sind unter einer Piacrylscheibe zwei normale Scheinwerfer mit 170 Millimeter Lichtaustritt installiert. Darüber hinaus sind unterhalb des Bugs – neben der Lufteintrittsöffnung für die Motorkühlung – zwei Halogenbreitstrahler als Nebelleuchten angeordnet. Am Heck übernehmen runde Leuchteinheiten die Signalgebung.

Die Fahrleistungen des RS 1000 entsprechen dem günstigen Masse-Leistungs-Verhältnis und dem geringen Luftwiderstandsbeiwert. Eine Beschleunigung von 0 auf 100 km/h in 12 Sekunden gehört durchaus in die Kategorie der guten Werte für einen Wagen mit 1000 Kubikzentimeter Hubraum.

Das Fahrgefühl ist von dem eines normalen Pkw verständlicherweise weit entfernt. Das beginnt bereits beim Einsteigen, wenn man sich erst auf die Seitentanks setzen muß, um in die Sitze zu gelangen. Die Füße liegen in Kinnhöhe, und der Körper ist in die Schalensitze so eingebettet, daß nicht einmal der Wunsch aufkommt, anders sitzen zu wollen. Etwas eigenartig erscheint am Anfang die sehr tiefe Sitzposition. Der Kopf in Höhe der Kilometersteine der Autobahn vermittelt eine völlig neue Verkehrsperspektive, an die man sich erst gewöhnen muß

Die Beschleunigung des sehr drehfreudigen Motors drückt einen sanft in die Sitze, und die Kraft will wohl dosiert werden, damit die Antriebsräder nicht durchdrehen.

Dank einer hervorragenden Abstimmung von Federung und Dämpfung arbeitet das Fahrwerk problemlos. Das bezieht sich sowohl auf Fahrten über Holperstrecken als auch auf hohe Geschwindigkeiten jenseits von 150 km/h bis zur Höchstgeschwindigkeit von mehr als

9

10

widerlegt eigentlich auch die These, daß viele Pferde viel Futter brauchen.
Der RS 1000 ist gegenüber einem Formel-3-Rennwagen eine Alternative der Vernunft. Natürlich ist er eine teure Alternative, denn er wird praktisch – im Monat ein Wagen – in handwerklicher Fertigung hergestellt. So soll er, obwohl käuflich erhältlich, vorerst noch bevorzugt dem Sporteinsatz dienen.
Nachdem er 1970 versuchsweise bei Rennen innerhalb der DDR in der Gruppe der Prototypen bis 1000 Kubikzentimeter eingesetzt wurde, kann er nach den neuen Festlegungen der FIA ab 1971 in der Gruppe der Sportwagen bis 1000 Kubikzentimeter starten. International wird er hier auf eine starke Konkurrenz treffen. Aber da 1000 Kubikzentimeter Hubraum als Limit wenigstens Chancengleichheit bieten, ist es kein Kampf auf verlorenem Posten.
Und wenn der RS 1000 innerhalb der DDR den Charakter eines Straßensportwagens einnimmt, mit dem man auf Grund des hineinkonstruierten Sicherheitsgehalts schnell und sicher fahren kann, so stellt er nicht nur eine Bereicherung des Verkehrsbildes dar, sondern ist auch ein echter Beitrag zur Ausweitung des Motorsports.

165 km/h. Der Wagen zeigt sich in keiner Phase trampelnd rauh, sondern bleibt immer sportlich komfortabel bis an die Grenze von bequem. Natürlich haben nur zwei Personen Platz – aber in ausreichendem Maße. In Grenzsituationen bleibt der Wagen einwandfrei beherrschbar, wenn man versteht, mit Lenkung und Gaspedal entsprechend umzugehen. Eine Freude bereiten lange Steigungen, an denen die Geschwindigkeit kaum abfällt. Das Getriebe ist so gestuft, daß jederzeit das günstigste Drehmoment eingesetzt werden kann. „Löcher" zwischen den einzelnen Gängen bestehen nicht. Das Motorgeräusch ist, obwohl für einen Mittelmotorwagen durch schallschluckende Materialien weitgehend gedämpft, immer deutlich zu hören, aber in keinem Drehzahlbereich unangenehm, sondern kräftig sonor. Geräuschmessungen entsprechend den gesetzlichen Bestimmungen ergaben außen 80 bis 81 dBA und ein Innengeräusch von 83 bis 84 dBA.
Die Scheibenwischer sind mit Andruckflächen versehen und verrichten ihre Arbeit bis zu Geschwindigkeiten um 150 km/h zur Zufriedenheit. Dann werden sie „leicht" und heben von der Windschutzscheibe ab. Allerdings ist die Neigung der Scheibe so groß, daß die Regentropfen dann vom Fahrtwind weggerissen werden.
Masse - Leistungs - Verhältnis und aerodynamische Eigenschaften wirken sich auch auf den Kraftstoffverbrauch aus, der die Werte der normalen Serienlimousine kaum übersteigt. Durch die relativ niedrigen Drehzahlen, durch den günstigen Füllungsgrad der Zylinder, durch geringe Fahrzeugmasse und luftwiderstandsarme Karosserieform bewegen sich die Verbraucherwerte je nach Geschwindigkeit zwischen 10 und 13 Litern je 100 Kilometer. Das ist durchaus zivil, wenn man bedenkt, wie schnell man mit dem RS 1000 reisen kann. Das

10 Der Schwenkradius der Türen wurde klein gehalten

11 Instrumentenbrett und Lenkrad fügen sich harmonisch in den Gesamteindruck

Fotos: Frank (1, 2, 9, 10)
Autor

11

Horst Ihling

Gestalter des Wartburg

Hans Fleischer

– Karosseriekonstrukteur im Automobilwerk Eisenach

Wenn mir die Aufgabe gestellt würde, einen Menschen als Beispiel für eine sozialistische Persönlichkeit zu benennen, so brauchte ich überhaupt nicht zu überlegen:
Hans Fleischer, Mitarbeiter im Konstruktionsbüro des VEB Automobilwerk Eisenach. Er nennt sich schlicht «Karosseriekonstrukteur» – während seine Amtsbrüder in anderen, vor allem westlichen Automobilwerken unter «Designer» gar nicht erst anfangen – und zeichnet ohne betonte Image-Merkmale für die gesamte Formgestaltung des Wartburg-Programms verantwortlich. Neben seinen gestalterischen Fähigkeiten wird er von seinen Fachkollegen vor allem deshalb so geschätzt, weil er als gelernter Facharbeiter bei der Gestaltung auch daran denkt, wie man das betreffende Karosserieteil oder auch die Baugruppe mit einer optimalen Technologie ökonomisch fertigen bzw. montieren kann. Die Technologen im Automobilwerk Eisenach haben deshalb bei Fleischer-Entwürfen noch nie vor größeren Problemen in der fertigungstechnischen Umsetzung gestanden. An diesem neuralgischen Punkt treffen erfahrungsgemäß in der Praxis sehr oft die Meinungen und Vorstellungen der Formgestalter und Konstrukteure und die der Technologen sehr hart aufeinander.
Der jetzt fast 60jährige Hans Fleischer begann in der Automobilindustrie wie man so schön sagt «von der Pike auf» und erlernte von 1935 bis 1938 den Beruf eines Maschinenschlossers im damaligen BMW-Werk in Eisenach.
Durch seine überdurchschnittliche zeichnerische Begabung machte er dort sehr schnell auf sich aufmerksam, so daß er

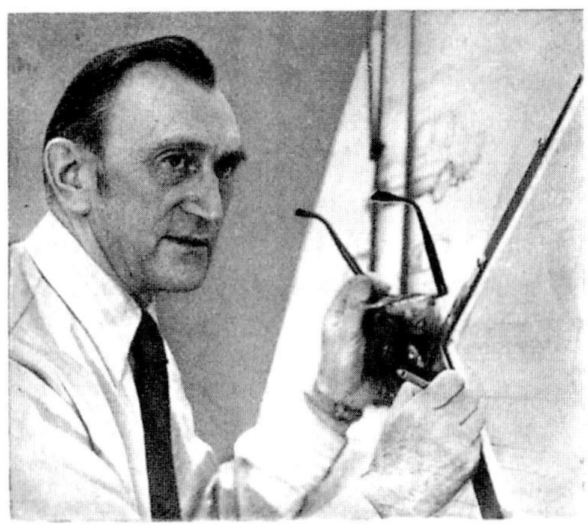

1 Hans Fleischer im Büro

noch als Lehrling ins Konstruktionsbüro – Gruppe Fahrwerk und Motor – kam. Nach Abschluß der Lehre, als sich der junge talentierte Hans Fleischer gerade anschickte, seinen Weg als Konstrukteur zu gehen, rissen ihn die faschistischen Eroberungspläne aus seinen verheißungsvollen Träumen.
Er überstand Kriegsjahre und Gefangenschaft. Nach seiner Rückkehr arbeitete er sofort wieder in seinem alten Betrieb in Eisenach, der zwar 1945 zu 70% zerstört war, aber seit 1946 wieder Automobile als SAG «Awtowelo» unter den naturgemäß schwierigen Bedingungen produzierte. Fleischer begann ab 3. Januar 1947 wieder als technischer Zeichner und Graphiker in der Gruppe Fahrwerk im Konstruktionsbüro. Es folgten die Aufgaben eines Karosserie-Konstrukteurs und Gestalters für Informations- und Werbematerialien. Hier war er auch an der Entwicklung des Baumusters 340 und dessen Modellvarianten beteiligt und wurde dann schließlich in die Konstruktionsgruppe Karosserie übernommen.
Sein erster Gestaltungs-Entwurf – ein abgewandeltes Modell des Baumusters 340 – wurde 1951 auf der Leipziger Messe ausgestellt, womit er erstmals auch außerhalb des Werkes auf sich aufmerksam machte.
Ab 1952 beauftragte man Hans Fleischer auch mit dem Entwurf von kompletten Pkw-Karosserien.
Seine erste selbständige Arbeit auf diesem Gebiet war dann der Gesamtentwurf des Pkw-Baumusters 342 – eine Weiterentwicklung des seit 1948 gefertigten EMW 340. Diese gleichzeitig als Wettbewerb ausgeschriebene Arbeit brachte ihm mit dem 1. Preis gleichzeitig auch seine Berufung als hauptverantwortlicher Formgestalter für alle Pkw-Karosserien.
Nachdem 1952 das Eisenacher Automobilwerk volkseigener Betrieb wurde, kam im Rahmen der Profilierung und der Modell-Strategie der Betriebe innerhalb der damaligen Hauptverwaltung Automobilbau der F 9 in das Produktionsprogramm des Werkes unterhalb der Wartburg.
Für den Karosseriekonstrukteur Fleischer ergaben sich an diesem Modell einige Retuschen an der Front- und Heckpartie – wovon allerdings nur die Vollsicht-Frontscheibe und eine größere durchgehende Heckscheibe zur Serieneinführung kamen.
Auf der Grundlage des F 9, unter Beibehaltung der Baugruppen Motor, Getriebe und Fahrwerk, aber bei Verlängerung des Radstandes, entstand dann in relativ kurzer Zeit die Wartburg-Baureihe mit den vielen Karosserie-Varianten. Hier konnte Hans Fleischer seine Fähigkeiten erstmals an einer neuen Modell-Reihe voll entfalten und trug durch sein Wissen und

2

2 Hans Fleischer mit einigen seiner Modelle. Rechts vor dem EMW 340 der Sportwagen 340-2, der u. a. 1950/51 bei verschiedenen Rennen auf dem Sachsenring eingesetzt wurde. Im Vordergrund ein Modell eines Vorläufers vom Sportwagen 313/1

3 Erster selbständiger Karosserieentwurf von Hans Fleischer, das Baumuster 342

4 Erster Prototyp des Wartburg 311, 1954 noch in zweitüriger Ausführung

Können, durch seine «glückliche Hand» bei der Gestaltung von Basis-Typ und Modellvarianten wesentlich dazu bei, daß das Wartburg-Programm nicht nur in der DDR sondern auch in einer Reihe von Exportländern sehr gut ankam und allgemeine Anerkennung fand.

Sowohl die verschiedensten Limousinen-Ausführungen als auch die Modelle Coupé, Cabriolet, Kombi und Camping wiesen in ihrer Grundlinienführung die typischen Gestaltungsmerkmale von Hans Fleischer auf. Eines der gelungensten Karosserie-Modelle in dieser Baureihe war das Sport-Coupé 313/1, das 1957 auf der Leipziger Frühjahrsmesse eine Urkunde für gute Formgestaltung und später bei verschiedenen anderen Ausstellungen Schönheitspreise erhielt.

Auf dem «Concours d'Elegance» in Wien 1958 wurde das Wartburg-Coupé mit der Silbermedaille ausgezeichnet. Bei einer Ausstellung des gesamten Wartburg-Programms Anfang der sechziger Jahre auf einem Wettbewerb für gute Karosseriegestaltung in Scheveningen vergab der königliche-niederländische Automobilclub für die Eisenacher Modelle den 1., 2. und viermal den 3. Preis.

Aber auch Hans Fleischer konnte nicht alle Überlegungen und Pläne verwirklichen. Parallel zu den Weiterentwicklungsmaßnahmen an den Karosserien der Wartburg-Modelle des Baumusters 311 liefen unter Regie von Hans Fleischer 1958/59 Arbeiten zur Einführung von Schiebetüren, die – konstruktionsbedingt – gleichzeitig erhebliche Karosserieänderungen und damit eine ganze Reihe von neuen Karosserieentwürfen verlangten. Da die Vorteile der Pkw-Schiebetüren in keinem Verhältnis zum konstruktiven und technologischen Aufwand standen, wurde nach der Fertigung von Prototypen in Limousinen- und Kombiaufführung dieses Projekt wieder fallengelassen.

Ende der fünfziger Jahre wurde als Nachfolger des Sportwagens 313/1 der Typ 313/2 entwickelt, der sich nicht nur technisch durch den Unterflur-Heckmotor vor der Hinterachse von der Baureihe 311 unterschied, sondern vor allem durch vollkommen neue Linienführung bestach. Er war vorerst in der Ausführung als Coupé und Cabriolet konzipiert. Gestaltung und

3

4

5 Wartburg-Sport-Coupé 313/1, das nach Abnahme des Coupé-Aufsatzes mit einem Schlechtwetterverdeck gefahren werden konnte

6 Gestaltung der Instrumententafel beim Sport-Coupé 313/1

Linienführung dieses Sportwagens gefielen so gut, daß nach Abbruch dieses Entwicklungsthemas die Karosserie-Grundkonstruktion als Basis für eine Limousine-Nachfolgeversion des Wartburg 311, den Typ P 100, Verwendung fand, dem jedoch später das Baumuster 353 vorgezogen wurde.

Bei diesem vollkommen neu konzipierten Wartburg 353 gelang es Hans Fleischer, die Erfordernisse von Ästhetik, Funktion und Technologie in Verbindung mit einer zeitlos optimalen Form zu vereinen.

Absolut funktionsbetont, frei von jeglichem modischen Tand und bei voller Berücksichtigung der fertigungstechnischen Belange, konnte der Ausnutzungsgrad von hochwertigem Tiefziehblech wesentlich erhöht werden. Das bedeutete eine Mengenreduzierung dieses Zieh- und Tiefziehbleches, das zum großen Teil importiert werden mußte, in einer Größenordnung von fast 70 kg je Fahrzeug.

7 Wartburg 311 – Modell mit Panoramascheibe vorn und hinten (1956)

9 Wartburg-Camping, der im Karosseriewerk Dresden gefertigt wurde

10 Das Wartburg-Coupé, eine der gelungensten Karosseriekonstruktionen der Baureihe 311

8 Variante eines veränderten Kühlergesichtes beim Baumuster 311

Darüber hinaus konnte durch die gute Zusammenarbeit und Leistung des gesamten Entwicklungskollektivs die Fertigungszeit der Karosserie 353 gegenüber der Ausführung 311/312 um 18% gesenkt werden. Die weitgehend allen technologischen und ästhetischen Gesichtspunkten gerecht werdende Formgestaltung des Wartburg 353 hat auch ökonomische Auswirkungen:

– Steigerung der Arbeitsproduktivität um 34%,
– Einsparung bzw. Freisetzung von über 200 Arbeitskräften bzw. entsprechende Kapazitätserhöhung,
– Erhöhung des Mechanisierungsgrades um 30%,
– Übergang zum Zweischichtbetrieb und damit Freihalten der 3. Schicht für Wartungsarbeiten an den Anlagen.

Aber nicht nur bei der Gestaltung von konventionellen Stahlblech-Karosserien konnte Hans Fleischer seinen Schöpfungen die ihm eigene individuelle und typische Note geben. Auch bei der Entwicklung von Vollplaste-Aufbauten bewies er seine Fähigkeiten, die verschiedenen spezifischen Anforderungen von Ausgangsmaterial, Technologie und Form miteinander zu vereinen und in der Synthese optimale Lösungen zu erreichen. So lief als technologisches Verfahrensthema Ende der sechziger Jahre im VEB Automobilwerk Eisenach die Entwicklung eines Vollheck-Plaste-Coupés, das Hans Fleischer wieder in der ihm eigenen Art trotz Berücksichtigung aller plasttechnischen Belange

so gestaltete, daß auch der nicht eingeweihte Betrachter ohne große Mühe die typischen Merkmale dieser Fleischer-Wartburg-Karosserie erkennen konnte.
Nicht nur im fachlichen Bereich, sondern auch bei allen politischen und gesellschaftlichen Problemen beweist Hans Fleischer große Aufgeschlossenheit und Aktivität. In seiner Freizeit arbeitet er – seinen Neigungen entsprechend – sehr aktiv im Freundeskreis malender Arbeiter und im Filmzirkel des VEB Automobilwerk Eisenach mit.
Für seine hervorragenden Leistungen wurde er 1957 und 1960 als «Aktivist der sozialistischen Arbeit» und 1972 als «Verdienter Aktivist» ausgezeichnet. Die Konstruktionsgruppe, in der er wirkt, errang 1969 die Auszeichnung «Kollektiv der sozialistischen Arbeit», die seitdem ständig verteidigt wurde, und dazu noch den Ehrentitel «Bereich der Deutsch-Sowjetischen Freundschaft».
Die Erfolge dieses profilierten und stets fast zu bescheiden wirkenden Mannes beruhen auf seiner großen Fähigkeit, in immer optimaler Art und Weise bei der Gestaltung die unterschiedlichen und teilweise gegensätzlichen Anforderungen miteinander zu

11

11 Modell-Varianten der Schiebetür-Limousinen

12 Sportwagen 313/2 in Coupé-Ausführung

13 Cabriolet 313/2

14/15 Prototyp des Baumusters P 100

Fotos: Fleischer (2, 4, 6, 10, 14, 15)
Werkfoto (8, 9)
Autor

12

13

14

15

16 Erstes Holzmodell des Baumusters 353, das später vor allem noch in den Bereichen Front- und Heckpartie überarbeitet wurde

17/18 Verschiedene Gestaltungsentwürfe der Heckpartie des 353

vereinen und jeder seiner Karosseriekonstruktionen seine individuelle Note zu geben. Dabei ist es ihm selbstverständlich, in seinen Gedankengängen alle Vorschläge und Anregungen der mit ihm zusammenarbeitenden Kollegen – nicht nur der Konstrukteure, sondern vor allem auch der Technologen, mit denen er persönlich seit Jahren eng verbunden ist – aufzunehmen und schöpferisch umzusetzen. Wenn sich wie bei Hans Fleischer Neigung und Beruf harmonisch verbinden, entwickelt sich unter unseren sozialistischen Bedingungen die Persönlichkeit, die als Vorbild in ihrem Wirkungsbereich und darüber hinaus ausstrahlt.

Das alles geschieht so ruhig und unauffällig, daß besonders ausländische Besucher immer wieder sehr überrascht und teilweise sogar ungläubig sind, wenn ihnen anstelle einer großen Styling-Abteilung für Karosserien der bescheidene Hans Fleischer als verantwortlicher Formgestalter vorgestellt wird. Dieses Erstaunen ist vor allem auch dadurch begründet, daß eine ganze Reihe von großen Automobilfirmen die Formgestaltung von speziellen Entwurfsbetrieben – die vor allem in Italien ansässig sind – ausführen lassen.

Durch die Tätigkeit von Hans Fleischer als verantwortlicher Formgestalter des Automobilwerkes Eisenach und seines Kollektivs brauchten auf dem Gebiet der Karosserieentwicklung nie Trendaufträge vergeben zu werden. Der von Hans Fleischer geprägte Stil, der internationale Anerkennung fand, ist gleichzeitig Ausdruck sozialistischer Ästhetik und wird auch in Zukunft das Gesicht der Pkw unserer Automobilindustrie weiter mitbestimmen.

19/20 Prototyp des technologischen Verfahrensthemas «Vollheck-Plaste-Coupé»

20

Trabant-Kombiwagen

Zu dem beliebten Kleinwagen „Trabant“ hat sich nunmehr auch ein Kombityp gesellt, dessen technische Grundkonzeption der der Limousine entspricht. Auch die Karosserie des Kombiwagens ist selbsttragend aus verschweißten Stahlblechgerippen aufgebaut und mit Duroplast bekleidet. Vorn unterscheidet sich der Aufbau nicht von der Limousine, nach hinten wurde die Karosserie verlängert. Die als Heckflossen angedeuteten Rücklichter unterstreichen auch beim Kombityp die Pontonform.

Beladen wird der Kombiwagen durch die von außen verschließbare Hecktür, die 640 mm hoch ist. Ihre Breite beträgt oben 730 mm und unten 855 mm. Fährt man mit zwei Personen, so läßt sich die hintere Sitzbank doppelt nach vorn bis unmittelbar an die Rückenlehnen der Vordersitze klappen. Der dadurch entstehende Laderaum ist 1200 mm lang, 1180 mm breit und 890 mm hoch. Auch bei der Fahrt mit vier Personen bietet sich hinter den Rücksitzen ausreichend Platz für Koffer und Camping-Utensilien. Das Reserverad sowie Werkzeug und Zubehör sind hinter den Rücksitzen unter einem Zwischenboden untergebracht.

Die Masse des leeren Kombiwagens ist mit 660 kg nur 40 kg schwerer als die der Limousine. Die zulässige Gesamtmasse beträgt beim Kombiwagen 1000 kg. Besetzt man den Wagen mit 4 Personen, so können noch 80 kg zugeladen werden. Mit zwei Personen besetzt beträgt die maximale Zuladung 210 kg. In den äußeren Abmessungen bestehen gegenüber der Limousine keine merkbaren Unterschiede. Auch der Radstand ist der gleiche.

Der Motor entspricht in allen Daten dem der Limousine, lediglich die Achsenübersetzung wurde beim Kombiwagen reichlicher gewählt, um der höheren Transportleistung Rechnung zu tragen. Der Trabant-Motor wurde inzwischen allgemein verbessert. Die ursprünglichen Graugußzylinder mußten den moderneren Aluminiumzylindern mit eingegossener Laufbüchse weichen. Diese Alfer-Zylinder gewährleisten eine noch bessere Wärmeableitung und eine höhere Standfestigkeit. Gleichzeitig wurde die Verdichtung von 6,7 auf 7 erhöht und ein neuer Vergaser mit einem von 26 auf 28 mm vergrößerten Durchlaß verwendet. All diese Maßnahmen führten zu einer Erhöhung der Motorleistung von bisher 18 auf 20 PS bei 3900 U/min.

Die Steigerung der Motorleistung ermöglichte bei der Limousine die Verminderung der Achsübersetzung von 4,93 auf 4,33, womit die Limousine eine Höchstgeschwindigkeit von 100 km/h erreicht. Der stärkere Motor kommt auch dem Kombiwagen zugute, für ihn wurde jedoch die Achsübersetzung von 4,93 beibehalten. Die Höchstgeschwindigkeit des Kombiwagens liegt deshalb bei 90 km/h. Ferner wurde die Heizanlage des „Trabant“ verbessert, wodurch die Umrüstung des Motors von Sommer- auf Winterbetrieb wegfällt. Bei Umstellung von Heizung auf Frischluftzuführung ist lediglich das Umstecken eines Schlauches erforderlich. Zahlreiche Detailverbesserungen, wie verstärkte Hinterachsstummel, geteilte Bremstrommeln, die abgenommen werden können, ohne die Radnabe von der Achse abzuziehen, zeigen die systematische Weiterentwicklung des Wagens auch im Hinblick auf die Vereinfachung der Reparaturen.

Technische Daten

Zweitaktmotor, 500 cm³, 2 Zylinder stehend quer zur Fahrtrichtung, Einlaßsteuerung mit Flachdrehschieber, Luftkühlung durch Axialgebläse.
Leistung 20 PS bei 3900 U/min, maximales Drehmoment 4,5 kpm bei 2750 U/min
Vierganggetriebe, Frontantrieb, hydraulische Fußbremse
Selbsttragende Karosserie mit vorderem Hilfsrahmen (Fahrschemel)
Radaufhängung vorn an oberer Querblattfeder und unteren Dreieckslenkern, hinten Schrägpendelachse und Querblattfeder mit progressiver Wirkung, Teleskopstoßdämpfer
Länge 3361 mm, Breite 1493 mm, Höhe 1405 mm, Radstand 2020 mm
Eigenmasse der Limousine 620 kg, des Kombiwagens 660 kg,
zulässige Gesamtmasse der Limousine 950 kg, des Kombiwagens 1000 kg.

ING. H. MAIER UND ING. R. SCHULZE

Menschen und Technik an den Fliessbändern des »Trabant«

Immer wieder und überall auf den Straßen unserer Deutschen Demokratischen Republik wie bereits vieler befreundeter Länder ist er zu sehen – der schmucke Kleinwagen TRABANT aus Zwickau.
Seitdem im Jahre 1958 die ersten Fahrzeuge dieses Typs aus dem VEB Sachsenring Automobilwerke Zwickau ihren Weg in die Öffentlichkeit nahmen, hat der TRABANT im In- und Ausland viele Freunde gefunden. Das beweist überzeugend die Leistungsfähigkeit dieses modernen und wirtschaftlichen Kleinwagens.
Um dem ständig wachsenden Bedarf breitester Bevölkerungskreise an technischen Gebrauchsgütern gerecht zu werden, steigerte auch der VEB Sachsenring Zwickau kontinuierlich die Produktionszahlen. So wurden 1961 bereits doppelt soviel TRABANT gefertigt wie 1959, und ab 1965 verlassen jährlich mindestens 65000 TRABANT das Werk.
Derartig hohe Produktionszahlen können natürlich nur in einem Betrieb erreicht werden, in dem alle Arbeitsfolgen planvoll aufeinander abgestimmt sind und unter Anwendung der modernsten Technik ablaufen. Von der Planung über die Konstruktion zur technischen Vorbereitung, von der Fertigung der Einzelteile bis zur Montage und Auslieferung ist es ein langer Weg. Auch das letzte Einzelteil muß geplant, hergestellt und im richtigen Augenblick in einwandfreiem Zustand zum Einbau angeliefert werden. Kurz, der Betrieb verlangt eine straffe Leitung und vor allem eine gute Organisation der Produktion.
Der wichtigste Faktor in der Produktion ist aber immer der Mensch. Er gestaltet den Produktionsprozeß, beeinflußt und verbessert ihn ständig. Im VEB Sachsenring bilden die Werktätigen ein großes Kollektiv. Dabei ist jeder – ob an der Drehbank oder am Reißbrett – von gleicher Wichtigkeit und ein gleichberechtigtes Mitglied dieser großen Gemeinschaft.
Wir laden Sie ein zu einem Streifzug entlang der Fließbänder, vorbei an Menschen, denen es Tag für Tag darauf ankommt, daß unter ihren Händen ein Erzeugnis höchster Qualität entsteht. Dabei kommt es uns nur auf die Produktionsabteilungen an, die für die Fertigung des TRABANT typisch oder von allgemeinem Interesse sind.
Neun Teile der Karosserieaußenhaut bestehen aus dem bewährten Duroplastbaustoff. Um dieses Material für die Automobilindustrie aufbereiten und verarbeiten zu können, mußten umfangreiche Betriebseinrichtungen geschaffen, mußte eine bisher für den Automobilbau artfremde Produktion aufgebaut werden.
Die Ausgangsstoffe des Duroplast sind Baumwollabfälle, Kunstharz und verschiedene Zusätze. In Textilaufbereitungsmaschinen, den Krempeln, werden die Baumwollabfälle gerissen und zu einem hauchdünnen Wolleflor verarbeitet, der mit gemahlenem Harz bestreut wird. Jeder Krempelmaschine ist ein automatischer Leger nachgeschaltet, der den Wolleflor auf ein kontinuierlich bewegtes Transportband schichtet. Durch mehrere in einer Reihe angeordnete Krempeln ist es möglich, 80 bis 90 Lagen des Wolleflors übereinanderzuschichten.
Zwischen zwei Stahlwalzen, im Kalander, wird das Vlies zusammengepreßt. Ein modernes Isotopenmeßgerät überwacht die Schichtdicke und schreibt diese über einen Diagrammschreiber nieder. Messen und Aufzeichnen geschieht kontinuierlich; selbst kleinste Dickenabweichungen vom Sollwert können sofort abgelesen und bei Überschreiten der zulässigen Fertigungstoleranz korrigiert werden. Als endloses Band verläßt das Vlies die Straße. Mit Schneideinrichtungen, die am Bandauslauf angebracht sind, werden die Duroplast-Karosserieteile in Grobumrissen zugeschnitten.
Die Teile gelangen nunmehr aus den Betriebsräumen der Vliesaufbereitung in die Presserei. Hier erhalten sie unter heiz- und kühlbaren Spezialpressen ihre endgültige Form. Dabei verbindet sich das Kunstharz mit den Baumwollabfällen und den Zusätzen und ergibt die etwa 3 mm dicke, elastische, widerstandsfähige Karosseriebeplankung.
Die Entwicklung der neuartigen Karosseriehaut war nur in enger Zusammenarbeit zwischen der Textilindustrie und den Technologen und Konstrukteuren des Automobilbaues möglich. Der beschrittene Weg, den Baustoff Duroplast für den Automobilbau nutzbar zu machen, war bahnbrechend. Bereits heute zeigt sich das Interesse hierfür in der ganzen Welt.
Anfangs war die neue Produktion für die Automobilbauer in Zwickau „weder Fisch noch Fleisch". Es mußte erst eine neue Berufsgruppe, ein neuer Facharbeiterstamm – die Preßstoff-Facharbeiter – herangebildet werden. Der beste Schlosser ist hier ein verlorener Mann, wenn er keine reichen Erfahrungen in der Textilindustrie hat und diese nicht schöpferisch bei dem neuen Fertigungsverfahren anwenden kann.
Vom ersten Tage der Fertigung an in der Werkstatt war als Praktiker der Schichtführer und Vertreter des Meisters, Kollege Siegel, mit dabei, der vorher 36 Jahre in der Textilindustrie arbeitete. Kollege Siegel erklärte uns, daß die Deckschicht des Vlieses aus gereinigtem Baumwollstrips besteht und daß der Flockenbast, der als Füllmaterial beigegeben wird, nicht an die Oberfläche gelangen darf, da er sehr hart und spröde ist und zu unebener Oberfläche führt.
Alle Mitglieder der Brigade Tautenhahn, der der Kollege Siegel angehört, wachen ständig über die Qualität ihrer Erzeugnisse. Da es der Brigade dank ständiger Bemühungen gelungen ist, hohe Qualität bei kleinstem Ausschuß zu erreichen, wurde das Kollektiv im II. Quartal 1961 mit dem Titel „Brigade der besten Qualität" ausgezeichnet.
Im Zwickauer Automobilwerk wird das produktionsterritoriale System, welches die volle Anwendung aller Prinzipien der sozialistischen Leitungstätigkeit gewährleistet, verwirklicht. Der Betrieb ist entsprechend den Hauptbaugruppen am Fahrzeug, wie Preßstoffteilefertigung, Karosseriebodengruppe, Getriebefertigung, Montage usw., gegliedert. Jeder dieser Bereiche ist technologisch fest umrissen, und der Leiter jeder Abteilung ist voll verantwortlich für die Produktion, Instandhaltung der Ausrüstung, Einhaltung der Kosten usw. Im VEB Sachsenring AWZ gibt es damit keine allgemeinen Abteilungen wie Dreherei, Fräserei, Klempnerei oder ähnliche mehr.

Theaterbesuch in der Messestadt Leipzig. In jedem Licht kann sich der TRABANT sehen lassen.

AE 40-33

1

2

1 Eine der beiden Vliesstraßen. Die fünf in Reihe geschalteten Krempeln mit Leger schichten den mit Harz bestreuten Wolleflor zu einem dicken Vlies. Der Kalander ist im Vordergrund zu sehen. Das Dickemeßgerät war hier noch nicht montiert. Vorn im Bild die Schneidevorrichtung.

2 Das zugeschnittene Teil wird zum Pressen in eine heiz- und kühlbare Spezialpresse eingelegt.

Diese Gliederung des Produktionsprozesses bildet eine sichere Grundlage zur maximalen Verbesserung der Technik und Technologie und für eine weitgehende Mechanisierung und Automatisierung der Produktion. Die Verkürzung der Transportwege ist ein weiterer wesentlicher Vorteil dieses Organisationsprinzips.

Die Boden- und Gerippefertigung ist unser nächstes Ziel. Bekanntlich geht die moderne Automobilindustrie mehr und mehr von der konventionellen Rahmenkonstruktion ab und bevorzugt die selbsttragende Karosserie. Damit kommt dem Karosserieboden hinsichtlich Tragfähigkeit und Verwindungssteifheit eine sehr große Bedeutung zu. Diese Eigenschaften werden erreicht, indem man vorgepreßte Einzelblechteile zu einer Kastenkonstruktion verbindet.

Die vorgefertigten Einzelteile werden in moderne Schweißmaschinen eingelegt, festgehalten und durch Punkt-, Elektro- oder Gasschweißung miteinander verbunden. Transportiert wird der so entstehende komplette Boden von Maschine zu Maschine mit einem Hängetransportmittel. Der Boden und die Einzelteile müssen zur Schweißung in ortsfeste Schweißmaschinen eingelegt werden. Aus diesem Grunde ist hier ein kontinuierlicher Bandlauf nicht möglich; das Band rückt in bestimmten Zeitabständen taktmäßig weiter.

Nach jedem Takt verläßt ein fertiger Boden das Band und wird in einen sogenannten Aufbaublock eingelegt. Die Seitenteile und die anderen Gerippeaufbauten werden mit 40 pneumatischen Spannern festgehalten und mit dem Boden und miteinander verschweißt. Das gesamte Gerippe besteht aus etwa 300 Einzelteilen, die bei der Vorkomplettierung und im Aufbaublock mit etwa 2000 Elektroschweißpunkten verbunden werden. Auf einem etwa 150 m langen kontinuierlich laufenden Band werden die Schweißstellen verputzt, Unebenheiten beseitigt sowie Richt- und Abschlußarbeiten ausgeführt.

Bei dieser Bearbeitung geht das Gerippe durch viele Hände und ist am Ende mit Fett und Staub behaftet. Auf einer fettigen Oberfläche hält aber der Lack nur schlecht oder gar nicht. Deshalb ist es erforderlich, das Gerippe allseitig zu reinigen. Aus Gründen der Wirtschaftlichkeit und des Arbeitsschutzes wurde schon vor Jahren im Zwickauer Automobilwerk für die Reinigung des Gerippes eine automatische Anlage eingesetzt. An eine Förderkette angehängt durchläuft das Gerippe die etwa 50 m lange Anlage. Es wird hier in Tauchbädern gereinigt, anschließend mit einer dünnen, aber porösen und rauhen Phosphatschicht überzogen, im klaren Wasser gewaschen und schließlich mit Heißluft und Infrarotstrahlen getrocknet. – Die mikroskopisch feine Aufrauhung der Oberfläche des Bleches hat den Vorteil, daß die Grundierung einwandfrei haftet. – Der gesamte Reinigungs- und Trockenkomplex, Phosphatieranlage genannt, wird nur von einem Kollegen bedient.

Die metallisch reine, von jedem Fett befreite Oberfläche des Bleches ist jetzt schutzlos der Luftfeuchtigkeit ausgesetzt. Deshalb wird das Gerippe sofort nach dem Phosphatieren grundiert.

Um schwere körperliche Arbeit endgültig aus dem Produktionsprozeß zu verbannen und gleichzeitig den Automatisierungsgrad zu steigern, wurde im Werk eine automatische Farbtauch- und Trockenanlage projektiert und gebaut.

Bei der Behandlung in dieser Anlage durchläuft das Gerippe, an eine Transportkette angehängt, große Farbtauchbäder und leistungsstarke Trockenöfen. Das Gerippe wird so aufgehängt, daß überschüssige Farbe in die Behälter zurücklaufen kann und Farbanhäufungen, die zu Runzelbildungen und Farbläufern führen würden, vermieden werden. Wenn wir bisher laufend vom Gerippe sprachen, dann können Sie das absolut wörtlich nehmen, denn zur Rohkarosserie fehlt noch die Außenhaut, und zwar die bereits beschriebene Duroplastbeplankung.

3 Karosserien der Sonderausführung stehen zum zweiten Farbauftrag bereit. Im Hintergrund ist ein Teil der Lackiertaktstraße zu sehen. Peinliche Sauberkeit herrscht in den Räumen.

Sie werden bereits festgestellt haben, daß der gesamte Karosseriebau einem einzigen großen Fließband gleicht. Auch in der Abteilung Beplankung laufen drei Fließbänder parallel zueinander. Hier werden, mit dem Dach beginnend, alle neun Duroplastteile am Gerippe angebracht. Ecken und Unebenheiten an den Übergängen Stahl – Kunststoff werden mit elektrischen Handschleifmaschinen geglättet.
Nachdem die Rohkarosserie grundiert, in Durchlauföfen getrocknet und der Grundlack sauber beschliffen wurde, kann der Lack aufgetragen werden. Zu diesem Zweck wurde eine moderne, halbautomatische Lakkiertaktstraße gebaut und eingesetzt. Die Gesamtanlage ist etwa 90 m lang. Alle anschließend beschriebenen Arbeitsoperationen werden in abgeschlossenen staubfreien Kabinen ausgeführt. Um schädliche Staubeinflüsse zu vermeiden, werden die Kabinen nach jedem Takt mit Hubtüren wieder hermetisch abgeschlossen.

Im einzelnen werden folgende Arbeiten ausgeführt:

drei	Takte	Vortrocknen, Feuchtigkeitabdunsten bei 120 °C,
ein	Takt	Kühlen,
zwei	Takte	Abreiben mit Lösungsmittel,
zwei	Takte	Lackspritzen mit Spritzpistole (Lack wird über Druckbehälter der Pistole zugeführt),
ein	Takt	Lösungsmittel abdunsten,
sechs	Takte	Trocknen und Lackeinbrennen, Temperatur 80 bis 100 °C, Heizung durch Infrarot-Dunkelstrahler mit Luftumwälzung.

Soll das Fahrzeug zweifarbig lackiert werden, so durchläuft die Karosserie die Straße ein weiteres Mal. Im zweiten Durchlauf erhält sie den zweiten Farbauftrag, wobei die Übergänge und die restlichen Partien, um Verwaschungen zu vermeiden, abgedeckt werden.
Insgesamt dauert nach der oben beschriebenen Technologie der Durchlauf einer Karosserie durch die Lackierstraße 15 Takte. Der Takt ist entsprechend der geforderten Stückzahl zwischen vier und zehn Minuten einstellbar.

Es ist verständlich, daß eine solche gewaltige Anlage nicht errichtet werden kann, wenn sie dem Betrieb keinen wirtschaftlichen Nutzen bringt. Der Volksmund sagt: „Es muß sich bezahlt machen.“ Auch die Lackiertaktstraße „muß sich bezahlt machen“. Der durch die Einsparung an Fertigungszeit pro Karosserie erzielte finanzielle Nutzen gleicht die erheblichen Anschaffungskosten der Anlage wieder aus. Durch den Einsatz der Lackiertaktstraße wurden zum Beispiel 35 Arbeitskräfte freigestellt und für andere Arbeiten einsetzbar. Im Gegensatz zu den Praktiken in kapitalistischen Betrieben zieht eine technische Vervollkommnung oder eine Automatisierung in einem volkseigenen Betrieb auf keinen Fall die Entlassung von Arbeitskollegen nach sich. Vielmehr werden die durch den Einsatz hochproduktiver Anlagen von schwerer körperlicher Arbeit befreiten Kollegen für qualifizierte Arbeiten eingesetzt.
Für den technisch interessierten Leser sei noch gesagt, daß die gesamte Lackiertaktstraße einen elektrischen Leistungsbedarf von 1128 kW hat und ca. 3000 kg Dampf je Stunde verbraucht. Die Luft wird durch Spezialfilter geleitet, die sie zu 99,8 % reinigen. Der hohe Reinheitsgrad der Luft in der Anlage ist erforderlich, da selbst kleine Staubpartikel an der lackfeuchten Oberfläche haften und die Lackierungsqualität mindern würden.
Nach dem Durchlauf zeigt die Karosserie ihr richtiges Gesicht. Alle Bearbeitungsfehler würden auf der glänzenden Oberfläche schonungslos ans Tageslicht treten. Aber unsere Kontrolleure haben ein scharfes Auge. Keine Karosserie mit Lackfehlern wird zur Weiterbearbeitung ausgeliefert. Die Sichtkontrolle allein genügt der Gütekontrolle aber nicht. Der Lack muß, um den Witterungseinflüssen trotzen zu können, auch eine gewisse Festigkeit und Elastizität aufweisen. Diese Eigenschaften prüft man mit einem Gitterschnittmesser. Durch feine Schneidzähne wird der Lack auf etwa einem Quadratzentimeter in Quadrate zu 1 mm Kantenlänge zerschnitten. Die entstehenden winzigen Lackfelder müssen, ohne auszubröckeln oder abzubrechen, auf der Unterlage, der Karosseriehaut, stehen. Die Schichtdicke des Lackes – entscheidend für die Korrosionsbeständigkeit – wird mit einem magnetischen Schichtdickenmeßgerät gemessen. Da dieses Gerät die Dicke in Tausendstel Millimeter anzeigt, ist der Lackierer jederzeit in der Lage, geringste Abweichungen sofort zu korrigieren.
Bevor die Karosserie zur Fertigmontage abgeliefert wird, werden auf drei parallel zueinander laufenden Montagebändern die allgemeinen Ausrüstungen, wie Lichtanlage, Innenverkleidung, Instrumententafel, Fenster, Windschutzscheibe, Zierleisten usw., montiert. Auch diese Arbeitsgänge sind taktmäßig abgestimmt. In der Abteilung sind viele Frauen beschäftigt, denen die saubere Arbeit gut von der Hand geht.
Schauen wir uns jetzt dort ein wenig um, wo das Getriebe des TRABANT „entsteht“. Von gleißendem Neonlicht und hochglänzenden farbenfrohen Karosserieflächen ist hier nichts mehr zu sehen. Nüchtern erscheinen uns die Werkzeugmaschinen, die dicht aneinandergereiht zwei große Fertigungshallen füllen. Hier müssen wir schon mehr Techniker sein, um die Gesetzmäßigkeiten des Fertigungsflusses zu erkennen. Wie in allen Abteilungen der Serienfertigung bemerken wir aber auch hier einen straff organisierten Fertigungsablauf in Form von Maschinenfließreihen, Takt- und Verkettungsstraßen.
So werden zum Beispiel die Getrieberäder auf drei losen Maschinenfließreihen vorgearbeitet. Bei diesen losen Fließreihen werden die Werkstücke in Spezialtransportbehältern von Maschine zu Maschine transportiert und jeweils von Hand eingelegt. Von einer Automatisierung kann man bei diesem System im Gegensatz zur Verkettungsstraße noch nicht sprechen. Auf einer Verkettungsstraße werden aber zum Beispiel die Räder verzahnt. Es wurden drei normale Werkzeugmaschinen und eine Waschmaschine zu einer automatischen Maschinenfließreihe verkettet.

Zwischen den Maschinen befinden sich Magazine für eine Anzahl von Werkstücken. Sie bilden einen gewissen Puffer und ermöglichen es, bei Ausfall einer Maschine die anderen, die ja weiterarbeiten, mit Werkstücken zu versorgen.

Für die Überwachung der Anlage ist ein hochqualifizierter Facharbeiter eingesetzt. Er kommt mit den Werkstücken aber nicht in Berührung, denn das Einlegen in die Maschinen sowie das Herausnehmen wird von den Lade- oder Beschickungseinrichtungen besorgt. Die Anlage in ihrem gesamten Ablauf und ihrer vollendeten technischen Harmonie gehorcht dem Kollegen am Bedienungsstand, der mit dem Druck auf den Knopf den „Automatik-Start" auslöst.

Die kompletten Getriebegehäuse werden auf einer automatischen Transferstraße bearbeitet. Die Werkstücke werden in Vorrichtungen eingespannt und von Bearbeitungsstation zu Bearbeitungsstation automatisch im Takt weitertransportiert. Auf der Straße werden die Lagerbohrungen von automatischen Maschineneinheiten in den verschiedenen Durchmessern vor- und feinstgedreht. Am Ende der Straße werden die fertigen Gehäuse den Aufspannvorrichtungen entnommen. Die Vorrichtungen bringt man über Rückführbahnen zur Ladestation zurück.

Getriebewellen und andere Teile werden auf losen Maschinenfließreihen bearbeitet und mit Spezialtransportkästen weiterbefördert. Eine Ringhängebahn bringt alle fertigen Einzelteile zu der in einem abgegrenzten Raum befindlichen Getriebemontage.

Als oberstes Gebot für alle an die Montage gelieferten Einzelteile gilt die Forderung, daß die einzelnen Bauelemente die ihnen zugedachte Funktion im zusammengefügten Getriebe auch wirklich erfüllen. Die Einzelteile müssen deshalb während des Produktionsprozesses öfter auf die Einhaltung der vorgeschriebenen Fertigungstoleranz überprüft werden. Es wird einleuchten, daß damit das Messen und Prüfen einer der wichtigsten Vorgänge im Produktionsablauf darstellt. Allgemein ist heute die Meßtechnik ein wichtiger Faktor bei der Weiterentwicklung der Industrie, die ohne hochentwickelte Meßgeräte, qualifizierte Meßtechniker und Kontrolleure nicht existieren kann. Werden falsche Maße und Meßgeräte oder falsche oder unsichere Meßmethoden verwendet, so hat das unweigerlich Ausschuß in der Produktion sowie Störung technologischer Prozesse zur Folge. Diese Auswirkungen würden zu Verlusten in der Volkswirtschaft führen. Um das zu verhindern, wird deshalb die Produktion von einer großen Anzahl von Kontrolleuren, ausgerüstet mit bewährten Standardmeßgeräten und vielfältigen neuentwickelten Kontrolleinrichtungen, überwacht.

Durch die Einführung der Selbstprüferbewegung unter der Losung „Meine Hand für meine Produktion" wurde in der Abteilung Getriebebau die Qualität der einzelnen Bauelemente und letztlich des kompletten Getriebes wesentlich verbessert. Außerdem wurde ein ganzer Stab von hochqualifizierten Kontrolleuren für andere Arbeiten freigestellt. Der volle Erfolg der Selbstprüferbewegung war darin begründet, daß alle Selbstprüfer ihre Qualifizierung an der Betriebsakademie des Werkes in Qualifizierungslehrgängen mit Examenabschluß erhielten.

Hier tritt in aller Deutlichkeit die Verbundenheit, die enge Zusammenarbeit und Hilfsbereitschaft zwischen den Arbeitern und der technischen Intelligenz des Betriebes zutage. Mit Selbstverständlichkeit übernahmen Techniker und Ingenieure die weitere Qualifizierung der Facharbeiter und übermittelten ihnen ihr reiches Wissen. Dieses Beispiel zeigt, daß die sozialistischen Produktionsverhältnisse dem Meßwesen einen völlig neuen Sinn geben. Durch schöpferische Mitarbeit aller Arbeiter, Meister, Techniker und Ingenieure ist es möglich, in allen Zweigen der Technik, so auf dem Sektor des Kraftfahrzeugbaues, in der Mechanisierung und Automatisierung von Produktionsabläufen, den Höchststand zu erreichen.

4 Um den Kollegen die Arbeit zu erleichtern, wird die Karosserie beim Montieren der Hinterachse um 180 Grad gedreht. Rechts oben im Bild das Fahrzeug auf einem Hochband zur Kontrolle.

Die Montage des Wechselgetriebes ist in zwei Gruppen eingeteilt: Vormontage und Fertigmontage. In der Vormontage werden einzelne Baugruppen, wie die Hauptwelle und das Ausgleichgetriebe, vormontiert und nachfolgend dem Montageband angeliefert. Das Montageband hat zehn Stationen und ist mit 32 Aufnahmevorrichtungen bestückt. In der ersten Station wird das Getriebegehäuse in eine Vorrichtung eingespannt. Bei jedem Takt werden Einzelteile oder Baugruppen montiert; selbst das Einfüllen des Getriebeöles durch Dosiergeräte wird auf dem Montageband ausgeführt. Die Haltevorrichtungen sind schwenkbar, wodurch das Getriebe während der Montage allseitig zugängig ist.

Nach beendeter Montage wird das Getriebe einer sorgfältigen Geräusch- und Funktionsprüfung unterzogen, die Montagevorrichtungen aber werden durch eine Umkehrrolle der Ausgangsstation wieder zugeführt. Schwerpunkt Nummer 1 in allen zahnradgetriebebauenden Betrieben der Welt ist die Geräuschfrage. Das Zahnrad als am schwersten zu beherrschendes Maschinenteil neigt bei der Paarung und im funktionellen Zusammenspiel mit dem Gegenrad trotz größter Sorgfalt und bester Kontrolle zur Geräuschbildung. Um die im Fahrbetrieb störend wirkenden Geräusche auszuschalten, wurde eine Sozialistische Arbeitsgemeinschaft „Geräuschminderung" gegründet. Ihr gehören Arbeiter, Techniker und Ingenieure des Betriebes an. Die Arbeit an der Lösung der gestellten Aufgabe „Erhöhung des Fahrkomforts durch geräuscharme Wechselgetriebe" brachte bereits entscheidende Erfolge.

Bevor wir die Getriebefertigung verlassen, noch schnell einen Blick in den Prüfraum. Hier arbeitet der Kollege Werner Schiecke. Er ist Aktivist und Mitglied der Stadtleitung der Sozialistischen Einheitspartei Deutschlands. Durch seine jahrelange Tätigkeit im Getriebebau hat sich der Kollege zu einem qualifizierten Monteur entwickelt und ist in der Lage, alle Montagearbeiten auszuführen.

Auf unsere Frage, welche Mängel bei der Getriebefertigung noch zu beseitigen sind, sagte er: „Unsere Getriebe sind uns immer noch zu laut. Die Selbstprüferbrigade der Getriebemontage, der ich angehöre, ist in Verbindung mit der Arbeitsgemeinschaft bestrebt, die Getriebegeräusche noch weiter zu mindern. Wir haben schon große Erfolge erzielt. Wenn die Geräuschfrage so gelöst ist wie der jetzige Produktionsfluß, dann haben wir unser Ziel erreicht."

Anhand des Getriebebaues, an den Beispielen der Selbstprüferbewegung und der sozialistischen Arbeitsgemeinschaft haben wir gesehen, wie im ganzen Betrieb an der Verbesserung des TRABANT gearbeitet wird. Sehen wir uns jetzt jene Abteilung an, in der alle Fäden der Planung, Produktion und Organisation zusammenlaufen. Hier in der Montage fließen alle Teilerzeugnisse aus den Fertigungsbereichen, aber auch alle Kauf- und Normteile zusammen. Mit Kreisförderanlagen und Spezialtransportgeräten für Karosserien und Großteile werden alle Einzelteile den drei großen Montagebändern zugeführt. Regelmäßig wie ein Uhrwerk führen die beiden Vormontagebänder, auf denen die Karosserie mit Hinterachse einerseits und der Fahrschemel mit Motor und Getriebe andererseits montiert werden, dem Endmontageband die Aggregate zu. Auf dem Endband werden außer der Montage der Unterbaugruppen und der Räder sowie dem Einstellen der Bremsen noch Prüf- und Abschlußarbeiten, wie Einstellen der Scheinwerfer und Einstellen der Vorspur, ausgeführt. Die genaue Kontrolle aller Arbeitsgänge wird auf Hebebühnen und Hochbändern ausgeführt, auf denen das Fahrzeug allseitig zugängig ist.

Für den Herstellerbetrieb ist genau wie die Betriebssicherheit seiner Kraftwagen, die im Zwickauer Automobilwerk durch viele geschulte Kontrolleure täglich aufs neue überprüft wird, die Sicherung der täglichen Produktion von großer Bedeutung.

Auch im Fall von Störungen in irgendeiner Betriebsabteilung, beim Ausfall einer Transporteinrichtung oder einer Fertigungseinrichtung, muß die Montage ungestört weiterlaufen. Der Fertigungsablauf muß so organisiert und gegen Störungen so gesichert sein, daß Produktionsausfälle vermieden werden.

Allein diese Aufgabe bindet in einem Großbetrieb eine ganze Menge hochqualifizierter und allseitig informierter Mitarbeiter.

Wir gehen dem vom Band rollenden Wagen nach und werden vom Motorengeräusch der Zweizylinder-Zweitakt-Motoren angezogen. Zwei große Rollprüfstände empfangen als letzte Fertigungsstation das Fahrzeug zur „Fahrerprobung". Zwischen zwei Stahlrollen rotieren die Laufräder des TRABANT, angetrieben vom Fahrzeugmotor. Mit einer Geschwindigkeit von 100 km/h „steht" das Fahrzeug auf dem Rollprüfstand. Auf diesen Prüfständen wird der Fahrzustand auf der Straße weitgehend nachgeahmt, um auch kleinste Mängel sofort sichtbar zu machen.

Der Außenstehende wird den harmonischen Lauf der Fließ- und Montagebänder vielleicht nicht sofort erkennen. Das ist insofern verständlich, als das Verstehen des fertigungsgerechten Betriebsablaufes eingehende Kenntnisse der Gesetze der Technologie erfordert.

Manch fixierter Gedanke mußte wieder verworfen werden, um einer besseren Idee Raum zu geben, und ständig wird der Produktionsablauf weiter verbessert. „Großleistungen können nur vollbracht werden, wenn alle Beteiligten gut zusammenarbeiten." Von diesem Gedanken ist das große Kollektiv der Zwickauer Automobilbauer erfüllt.

Der TRABANT beweist es!

5 Getriebemontage auf dem Plattenband. Die beiden Gehäuseteile werden mit Elektroschraubern verschraubt. Unter dem Band laufen die schwenkbaren Montagevorrichtungen zur Ausgangsstation zurück.

6 Exportverladung im Hochseehafen Rostock.

5

6

Wolfgang Roediger

Der flinke Kleine

25 Jahre Trabant im internationalen Tourenwagensport

Prolog

Termin und Art der ersten registrierten Wettbewerbsteilnahme des Trabant lassen bereits erkennen, daß automobilsportliche Veranstaltungen tatsächlich von Anfang an in die Modellentwicklung einbezogen wurden.

Vom 3. bis 5. Oktober 1957 absolvierten zwei Zwickauer Prototyp-Fahrzeuge das vollständige Pensum der zum dritten Mal ausgetragenen Internationalen Rallye Wartburg. Dieser Einsatz stellte praktisch ein Übergangsstadium dar zwischen abschließendem Fahrversuch und anlaufender Fertigung des damaligen Baumusters P 50, das zum 40. Jahrestag der Großen Sozialistischen Oktoberrevolution, am 7. November 1957, in die Nullserie ging.

Jene III. Rallye Wartburg verlief als Tourenwagenprüfung nach nahezu klassischem Vorbild. Der Wettbewerb enthielt als 1. Teilaufgabe eine Sternfahrt über mindestens 300 km von einem beliebigen Standort aus nach Eisenach, mit festgelegter Ankunftszeit. Nach einstündiger Pause, einschließlich Fahrzeugabnahme und Kontrollkartenausgabe, folgte eine Zuverlässigkeitsfahrt über eine vorgeschriebene Strecke von fast 1 400 km mit Durchschnittsgeschwindigkeiten zwischen 50 und 60 km/h und 5 Strafpunkten pro Minute zu frühen oder zu späten Eintreffens an einer Zeitkontrolle. Als 3. Wertungskomplex waren während der Zuverlässigkeitsfahrt drei Spezialstrecken zu bewältigen:

11,2 km bei Etterwinden hinauf in den Thüringer Wald, dann 7,5 km auf dem Schleizer Dreieck und noch 13,7 km von Kelbra über den Kyffhäuser nach Bad Frankenhausen. Den Abschluß bildete eine Brems- und Beschleunigungsprüfung über 1,8 km auf der Autobahnabfahrt Eisenach-Ost, wobei in jeder Klasse nur das schnellste Teilnehmerpaar strafpunktfrei ausging.

Das wird hier etwas ausführlicher geschildert, weil allgemein Austragungscharakteristik und Wertungsmodus bei internationalen Rallyes bald sehr viel anders aussahen. Doch darauf ist später noch einzugehen.

Während bei der Rallye Wartburg 1957 das Fahrerpaar Landgraf/Günther auf AWZ P 70 als Sieger der Klasse bis 750 cm^3 genannt wurde, erwähnte ein Sportbericht lediglich: «AWZ hatte zwei P 50 außer Wertung mit auf den Kurs geschickt, die gut durchstanden.» Daß dieser erste Auftritt noch inoffiziell war, versteht sich schon daraus, daß hinter den Versuchsmustern des neuen Zwickauer PKW-Modells noch keine Mindeststückzahl serienmäßig hergestellter Wagen stand. Das Sportreglement schreibt nämlich für jeden Typ eine Mindestproduktionsziffer binnen 12 Monaten vor.

Aber die Rallye-Generalprobe des P 50 hatte stattgefunden.

Singgemäß und sachdienlich

Noch bis Ende 1957 entstanden in der Nullserie 50 Wagen. Übrigens war die Namensgebung «Trabant» schon vollzogen. Zugleich wurden die ersten Voraussetzungen zur Großserienproduktion geschaffen. Dabei kooperierten bereits die Betriebe AWZ (vormals Audi) und Sachsenring (früher Horch). Am 1. Mai 1958 vereinigten sich beide Werke zum VEB Sachsenring Automobilwerke Zwickau, und am 10. Juli 1958 begann die Serienfertigung des Trabant P 50/1.

Im gleichen Jahr und im Jahr darauf waren von Zwickauer Tourenwagensportlern gefahrene Wagen dieses 500-cm^3-Typs, serienmäßig mit zunächst 18 PS (13,2 kW) und ab 1959 mit 20 PS (14,7 kW) Leistung, bei mehreren DDR-Veranstaltungen anzutreffen. Dazu gehörten die Rallye Elbflorenz und die Acht-Berge-Rallye. Letztere entwickelte sich ab Mitte der sechziger Jahre «vor der Haustür» der Zwickauer Automobilbauer und durch mustergültige Veranstaltungsorganisation zur modern konzipierten internationalen Rallye Sachsenring, die nicht nur den Status eines ständigen DDR-Meisterschaftslaufes aufweist, sondern auch seit 1968 im jährlichen Wechsel mit der Rallye Wartburg und Pneumant-Rallye als in der DDR gefahrener Wertungslauf um den Pokal der Freundschaft ausgetragen wird. Dieser Pokal-Wettbewerb ist die höchste Titelkonkurrenz im Tourenwagensport der sozialistischen Länder. Mit dieser Anmerkung eilen wir jedoch den Ereignissen schon weit voraus.

1960 wurde im VEB Sachsenring Automobilwerke Zwickau eine Sportabteilung gegründet.

Erst von diesem Jahr an – und nicht schon seit dem authentisch verbürgten «Generalprobe»-Termin im Jahr 1957 – registriert die Sachsenring-Chronik die offizielle Teilnahme vom Trabant an Rallyes.

Nachdem also zunächst eine mehr oder weniger interne Versuchsmustererprobung auch in Wettbewerben gelaufen war und der Trabant bereits in ansprechenden Stückzahlen die Endmontage verlassen

1 Ein Bilddokument vom ersten Trabant-Sporteinsatz (wobei der Gartenlauben-Hintergrund täuscht): Wenige Meter neben dem Startplatz der Int. Rallye Wartburg 1957 wird mit Streckenkarte und Zeitplan die – inoffizielle – P-50-Wettbewerbsteilnahme vorbereitet.

2 Kontrolle auf verschneitem Kurs der Rallye Elbflorenz 1958. «Alles klar!» Bis 1960, dem Gründungsjahr der Sachsenring-Sportabteilung, wurden Wagen vom Typ Trabant 50/1 von Werksangehörigen unter Nominierung der Mitgliedschaft zum MC Zwickau gefahren.

hatte, demonstrierten offenkundig die Zwickauer Automobilwerker, sei es die hinter den Zeichenbrettern, sei es die an den Taktstraßen in der Produktion, die Qualität des Trabant im Sport. Ebenfalls wurde auf Beiträge zur Weiterentwicklung des Fahrzeugs orientiert.

Folgerichtig kamen ausschließlich Sporteinsätze mit dem Serienwagen in Betracht.

Im Automobilsport war die einst sprichwörtliche und bis in die zwanziger Jahre mit Einschränkungen zutreffende Technik-Ideologie «Der Rennwagen von heute ist der Gebrauchswagen von morgen» überholt. Die früher entwicklungsfördernde und beweisführende Rolle großer Rennen ging in den sechziger Jahren über auf anspruchsvolle Tourenwagenwettbewerbe. Rallyes wurden maßgebend zu Schauplätzen scharfer automobilsportlicher Auseinandersetzungen prominenter PKW-Produzenten und zum Gradmesser von Leistungsfähigkeit, Fahreigenschaften und Dauerbelastbarkeit, kurzum von nach wie vor entscheidenden Gebrauchswertmerkmalen serienmäßig hergestellter Automobile.

Unter diesen Gesichtspunkten debütierte der Trabant im europäischen Rallyesport.

Mit hohem Wirkungsgrad

Bereits im Jahr der Sportpremiere des Trabant gelangen der kleinen Sachsenring-Werkswagenequipe bei mehreren internationalen Rallyes einige Erfolge. Vier Klassensiege gaben Auskunft über die Qualitäten des Typs 50/1.

Ein erster Höhepunkt wurde schon 1961 bei der Rallye Hanseat erreicht. Diese Veranstaltung in der BRD bestand aus obligatorischer Langstreckenfahrt bei Nacht und im Morgengrauen, zunächst über die «Route der 15 Berge» und dann über die «Route der 1000 Kurven». Der dritte Teil lag auf der Nürburgring-Rennstrecke, wo die Spezial-Geschwindigkeitsprüfungen abgehalten wurden. Beteiligt waren namhafte Automobilfabrikate aller

3 So stellte sich nach Rückkehr von der Int. Rallye Hanseat 1961 das erfolgreiche Trabant-Team im Werk dem Fotografen zum «Gruppenbild». Die Aufnahme «der alten Garde» zeigt von links Servicemechaniker Alfred Kießling, dann Karl König und Franz Galle, Heinz Feldmann und Manfred Georgi, den ersten Leiter des Trabant-Sportkollektivs, sowie Eberhard Asmus und Helmut Piehler.

Tabelle 1: Einsatz und Ergebnis der Sportabteilung des VEB Sachsenring Automobilwerke Zwickau bei internationalen Rallyes 1960/1980

Jahr	Gefahrene Rallyes (Zahl)	Trabant a. d. Starts (Zahl)	Medaillengewinne Gold	Medaillengewinne Silber	Medaillengewinne Bronze	Gesamtsiege	Klassensiege	Mannschaftssiege Fabrik	Mannschaftssiege National
1960	7	22	7	1	2	–	4	1	–
1961	8	32	7	5	4	2	3	1	–
1962	5	22	4	7	–	–	2	–	–
1963	7	30	14	5	2	–	4	–	–
1964	9	38	11	5	–	–	5	–	–
1965	7	26	7	5	2	–	6	–	–
1966	8	32	4	4	4	–	5	–	–
1967	8	32	4	2	2	–	4	1	–
1968	8	30	9	1	1	1	5	3	3
1969	9	35	10	5	–	1	7	2	4
1970	8	31	11	2	2	1	9	3	4
1971	9	31	9	4	–	1	5	2	2
1972	8	29	7	1	2	1	7	2	2
1973	9	34	4	2	–	–	5	1	3
1974	7	24	7	2	–	–	8	1	–
1975	8	28	8	2	2	–	9	1	–
1976	7	19	5	6	3	–	4	–	–
1977	8	24	9	7	2	–	6	–	–
1978	7	22	7	6	3	–	5	–	–
1979	8	28	8	6	7	–	7	2	–
1980	9	32	9	8	1	–	8	–	–
Gesamt	164	601	161	86	39	7	118	20	18

Anmerkung:
Für die Medaillen-Bilanzierung wurden ab 1975 Klassensiege und nachfolgende Plazierungen infolge immer geringer werdender offizieller Medaillenwertung entsprechend auf Medaillen umgerechnet.
Der anscheinende Widerspruch einer höheren Anzahl von Klassensiegen als bestrittenen Rallyes im Jahr (1970, 1974 und 1975) erklärt sich aus Trabant-Beteiligung sowohl bei Gruppe-1-Serientourenwagen als auch Gruppe-2-Tourenwagen.
Nationalmannschaftssiege wurden teilweise gemeinsam mit Wartburg-Werkswagenbesatzungen der Sportabteilung des VEB Automobilwerk Eisenach erzielt.

4 Im Rennbetrieb avancierten die nach dem «Spezial»-Rezept des Gothaers H. Aßmann getrimmten Trabant zu heißen Typ-Favoriten. Ihre Motoren (auf dem Foto ein derartiges Triebwerk im 601 des Klubfahrers G. Regel) waren unter umstrittenem Wegfall des Drehschiebers schlitzgesteuert und leisteten etwa 40 bis 44 kW (55 bis 60 PS) ab 5 000 U/min.

Hubraumklassen und Kategorien, von NSU Prinz über Porsche und Einspritz-Mercedes bis zu Citroën und Austin-Healey. Auf der 300 + 150-km-Langstrecke waren die zeitlich vorgegebenen Durchschnittsgeschwindigkeiten für sämtliche Klassen gleich. Die Nürburgring-Prüfungen, über drei volle Runden sowie auf sechs ausgesuchten Streckenabschnitten, trugen infolge äußerst knapper Sollzeiten echten Renncharakter; von anfangs fast 300 Teilnehmern schafften nur sechs, darunter die drei gestarteten Trabant, alle Limits. Zur Siegerehrung wurde verkündet: «Den Gesamtsieg erzielten die beiden Trabant-Fahrerpaare Galle/Georgi und Feldmann/König, die sich wegen völliger Punktgleichheit auch diesen 1. Platz teilen, ein 2. Platz wird nicht vergeben. Platz 3 im Gesamtklassement belegten Asmus/Piehler, ebenfalls auf Trabant.»

Weiterhin standen so große Wettbewerbe wie die österreichische Semperit-Rallye, die Tour de Belgique, die Fahrt München—Wien—Budapest, die Rallye für Frieden und Freundschaft, die 1 000-Seen-Rallye in Finnland und die Rajd Polski im Terminkalender der Sachsenring-Sportabteilung. Fortgesetzt festigte der Trabant, der anfangs im Reigen der Großen noch belächelte kleine Personenkraftwagen aus der DDR, der 1962 mit Vollsynchrongetriebe ausgestattet wurde und ab Oktober 1962 mit 23 PS (16,9 kW) leistendem 600-cm^3-Motor erschien, sein Ansehen.

1964 debütierte dann auch der damals neue Trabant 601 bei internationalen Rallyes. In vielen Welt- und Europameisterschafts- sowie Pokalläufen bezeugte das Zwickauer Trabant-Team hohe technische Gütemerkmale des Sachsenring-Produkts, und zwar oft gegen weit hubraumgrößere Konkurrenzfabrikate. Häufig mußte der Trabant in der Klasse bis 1 300 cm^3 antreten. Dennoch wurden, außer zahlreichen Klassensiegen, mehrere Plätze unter den ersten zehn im Gesamtklassement und sogar Gesamtsiege erzielt.

Daneben fungierte und wirkt nach wie vor der werkseitige Trabant-Rallyesporteinsatz ergänzend zu wissenschaftlich-technischen Versuchsprogrammen als Faktor bei der Fahrzeug-Weiterentwicklung. Hier zeigt sich sozusagen die zweite Seite der Medaille, sie bringt Gewinn für jeden

5 Auch und besonders bei den Rallye-Spezialprüfungen auf kurvenreichen Bergstraßen bewiesen die Fronttriebwerk-Trabant immer wieder hohes Leistungsvermögen und ausgezeichnete Fahreigenschaften.

6 Um Abschlußprüfungspunkte kämpfen hier Trabant-601-Teilnehmer sozusagen «unter sich». Ansonsten aber mischten sich, seitdem international zunächst die Zwickauer Konkurrenz technisch vorwiegend aus Heckmotorwagen bestand, allmählich weitere modern konzipierte Modelle als starke Kontrahenten ein.

Trabant-Nutzer, auch für den, der sonst keinerlei automobilsportliche Interessen hegt. Konkret kommen als Teil der Verbesserungen am Trabant 601

- Montageerleichterung für Keilriemen durch Zündkabelverlegung,
- Montageerleichterung für Motor und Getriebe durch Sechskant- statt Stiftschrauben,
- verbesserte Schmierung der Getriebe-Losräder,
- höhere Gummifassungshälften am Dreiecklenker,
- verbesserte Verlegung der Kraftstoffleitung,
- Stabilisierung des Unterbrechergehäuses,
- Einführung von Nadellagern bei Motorteilen,
- abgeänderte Vorschalldämpfer-Aufhängung,
- Verklebung des Duroplastdaches auf drei Seiten

7 Dieser Blick unter die Motorhaube eines Klubfahrer-Trabant zeigt als äußerlich sichtbare Rallye-«Frisur» Veränderungen am Luftfilter-Einlaß und Kraftstoffbehälter.

8 Auf nächtlicher Jagd in den französischen Seealpen während der Rallye Monte Carlo 1970: Asmus/Piehler auf Trabant, am Ziel dann Sieger in der 850-cm³-Klasse. Platz 2 belegte die Trabant-601-Besatzung Galle/Müller.

9 In den siebziger Jahren entwickelte sich die Trabant-«Bewegung» von Klubfahrern zu einem faszinierenden Faktor im DDR-Straßenrennsport.

eindeutig mit auf das Konto der gesammelten, zuweilen auch mit Zeitverzug oder gar Ausfall bezahlten Erfahrungen in großen europäischen Rallyes.

Wie sich die Beteiligungen als umfassende Trabant-Tests unter extrem harten Bedingungen darstellen, sollen nur drei knappe Angaben aus den Wettbewerben von 1968, 1969 und 1970 verdeutlichen: Während dieser drei Jahre belief sich die Gesamtdistanz der mit Trabant-Werkswagen beschickten Veranstaltungen auf 48 528 Rallye-km, davon entfielen 3 695 km auf reine Sprintprüfungen, und die Teilnehmerausfallquoten betrugen durchschnittlich 56,3 und 55,0 und 54,1 % (eingerechnet z. B. auch die Ausfallquote von 90,3 % bei dem EM-Lauf Rallye DDR 1970).

10 Während einer Rallye-Rundstreckenrennen-Prüfungseinlage sticht das führende Trabant-Rudel durch die Stadtkurven auf dem Sachsenring.

In den siebziger Jahren

Bei der 39. Rallye Monte Carlo, 1970 als EM-Lauf ausgetragen über insgesamt 5 793 km (einschließlich 31 schneller und durch winterliche Straßenbedingungen sehr schwerer Etappen über 2 197 km und 16 Sprintprüfungen mit zusammen 405 km Länge), erzielten die Zwickauer Trabant-Fahrerpaare Asmus/Piehler und Galle/Müller den Sieg und Platz 2 in der Hubraumklasse bis 850 cm³. Gesamtsieger wurden die Schweden Waldegaard/Helmer auf einem ca. 240 PS (176 kW) leistenden 2,2-Liter-Porsche 911 S der Gruppe 4, dem sogenannten Spezial-Grand-Tourisme-Wagen.

Die vorstehenden Notizen deuten ein wenig die neueren Bedingungen im internationalen Tourenwagensport an, zugleich auch die sich für den Trabant ergebenden besonderen Probleme.

Die Zuspitzung des internationalen Rallyesportes, gekennzeichnet durch das Aufeinandertreffen prominentester Automobilmarken aus Europa und Japan, war und ist in vollem Gange. Bei der Rallye Monte Carlo, dem bislang ältesten und bekanntesten Tourenwagenwettbewerb, waren weitere und teils noch härtere Veranstaltungen mit ausgesprochenem Prestigecharakter hinzugekommen. Allgemein wurden der Schwierigkeitsgrad und der Anteil der Sprint- an den Gesamtkilo-

Tabelle 2: Verzeichnis der besten Trabant-Klubfahrer entsprechend Meisterschaftswertungen und -ergebnissen in den betreffenden Kategorien.

Jahr	Tourenwagensport (Rallyes) Serientourenwagen	Tourenwagensport (Rallyes) verbesserte bzw. Spezialtourenwagen	Straßenrennsport Tourenwagen A 2
1961	Bretschneider/Bretschneider (MC Zwickau)		
1962	Geidel/Kessler (MC Zwickau)		
1963	Geidel/Kessler (MC Zwickau)		
1964	Geidel/Kessler (MC Zwickau)		
1965	Storbeck/Kallus (MC Zwickau)		
1966	Witt/Schauer (MC Post Berlin)	Luckes/Zehlicke (MC Post Berlin)	
1967	Storbeck/Kallus (MC Zwickau)	Geidel/Tenzler (MC Zwickau)	
1968	Richter/Weißflog (MC Zwickau)	Geidel/Tenzler (MC Zwickau)	
1969	Beyer/Schramm (MC Leipzig)	Storbeck/Kallus (MC Zwickau)	
1970	Beyer/Schramm (MC Leipzig)	Kramer/Kramer (MC Zwickau)	
1971	Söldner/Renker (MC Wismut K.-M.-Stadt)	Kramer/Kramer (MC Zwickau)	Kramer (MC Zwickau)
1972	Wolf/Jahme (MC Zwickau)	Söldner/Hase (MC Wismut K.-M.-Stadt)	Kramer (MC Zwickau)
1973	Golde/Dressel (MC Carl Zeiss Jena)	Kramer/Weißflog (MC Zwickau)	Aßmann (MC Gotha)
1974	Golde/Dressel (MC Carl Zeiss Jena)	Seyfarth/Lichtenberg (MC Gotha)	Aßmann (MC Gotha)
1975	Meier/Flügel (MC Eisenach)	Seyfarth/Lichtenberg (MC Gotha)	Kubald (MC Eisenach)
1976	Franke/Golz (MC Wismut K.-M.-Stadt)	Hähn/Naue (MC Fernsehelektronik Berlin)	Keßler (MC Smalcalda)
1977	Franke/Golz (MC Wismut K.-M.-Stadt)	Seyfarth/Lichtenberg (MC Gotha)	Keßler (MC Smalcalda)
1978	Köppe/Bunk (MC KV Wittenberg)	Seyfarth/Lichtenberg (MC Gotha)	Aßmann (MC Gotha)
1979	Troitzsch/Troitzsch (MC KV Wittenberg)	Uth/Grimm (MC Eisenach)	Schumann (MC Lützkendorf)
1980	Bräutigam/Knüpfer (MC Lützkendorf)	Pöhlmann/Neugardt (MC Zwickau)	Keßler (MC Kali Merkers)

metern erhöht. Und beispielsweise bei der finnischen Rallye der 1000 Seen fallen ausschließlich auf den Spezialstrecken die Entscheidungen. Gegen Härte und Sprint-Dominanten ist schwerlich etwas einzuwenden. Aber die Erfolgsaussichten sind ungleicher verteilt als je zuvor.
Bei der 39. Rallye Monte Carlo – und eben nicht nur dort – wurden auf allen schnellen Etappen hohe Durchschnittsgeschwindigkeiten verlangt, ohne Unterschied nach Hubraumklassen. Das heißt bei generell zutreffender Reglement-Gültigkeit, daß auf derartigen Rallye-Abschnitten die Fahrer des 600er Trabant bereits voll «aufdrehen» müssen, während die Fahrer großkalibriger Wagen solche Abschnitte noch im «Schongang» zurücklegen. Auf den nun meist entscheidenden Sprintsonderprüfungen aber gibt es ohne Unterschied von Gruppe und Klasse je gefahrene Sekunde einen Strafpunkt. So sind die Fahrzeuge höherer Gruppen und Klassen von vornherein im Vorteil und rangieren letztlich im Gesamtklassement obenan.
Beschränkte sich anfangs noch die Trabant-Konkurrenz bis 850 cm^3 etwa auf Austin Mini 850, Fiat 850 Spezial, Honda 600 GT, NSU Prinz, Saab 96 und Steyr Puch, so ist sie nun längst ausgedehnt auf sämtliche Kontrahenten bis hinauf zu den Spezialfahrzeugen, beispielsweise in Gestalt des für die Rallye-WM präparierten Fiat 131 Abarth oder des gleichermaßen angelegten Audi Quattro mit rund 230 kW (300 PS) Motorleistung. Dagegen ist neben dem auch ständig verwendeten 19-kW-(26-PS)-Serien-Tourenwagen, technisch also «wie vom Band», der Gruppe-2-Trabant (siehe Tabelle 3)

Tabelle 3: Trabant-Technik der Gruppe 2 («Spezialtourenwagen»):

Motor

veränderte Auspuffanlage
Spezialzylinderköpfe
veränderte Steuerzeiten
vergrößerte Ein- und Auslaßkanäle
Verwendung eines Vergasers Typ Jikov
max. Leistung 33,8 kW (46 PS) bei 5200 U/min
max. Drehmoment 66,7 Nm (6,8 kpm) bei 4250 U/min

Kraftübertragung

5-Gang-Getriebe mit serienmäßiger Achsübersetzung
Frontantrieb-Gelenkwellen Prinzip Wartburg, abgeändert

Fahrwerk

veränderte Stoßdämpfer-Einstellwerte
vorn Trommelbremsen vom Wartburg
Zweikreisbremsanlage
Spurverbreiterung um max. 36 mm durch geänderte Scheibenräder

Karosserie

Unterbodenschutz vorn
Bodengruppe durch Längsträger im vorderen Bereich verstärkt
Hilfsrahmen verstärkt

Elektrik

12-V-Anlage
Drehstromlichtmaschine 500 W

Sonstige Angaben

Fahrzeugmasse leer, fahrfertig 685 kg
max. Geschwindigkeit 135 km/h

Anmerkung: Aufgeführt sind Veränderungen gegenüber dem Serienfahrzeug wie sie – abgesehen von Rallyeausrüstung mit zusätzlichen Meß- und Kontrollgeräten, Überrollbügeln, Zusatzscheinwerfern usw. – unter Beachtung der Anhang-J-Bestimmungen des international verbindlichen Automobilsportgesetzes der FISA an den Sachsenring-Werkswagen Gruppe 2 in der Ausführung 1980 vorgenommen bzw. registriert worden sind.

die effektiv schärfste Fahrzeugversion der Sachsenring-Sportabteilung. Hinzu kommt, daß westeuropäische und japanische Konkurrenzfirmen nach der heutzutage im internationalen Rallyesport praktizierten Parole «Sieg um jeden Preis» ihre kostbaren Wettbewerbswagen unter professionellen Star-Piloten an den Start schicken und mit einem generalstabsmäßig, teilweise vom Hubschrauber aus geleiteten Rallye-Service operieren, gegen den sich einstige oder auch gegenwärtige Grand-Prix-Renndienste geradezu ärmlich ausnehmen.

Im Hinblick auf diese Bedingungen nötigen die vielen Trabant-Plazierungen Hochachtung ab, die vielleicht nie in den seltenen Automobilsport-Nachrichten erwähnt wurden und auch in der Tabelle 1 nicht aufgeführt sind. Das gilt z. B. für den 2. Platz von Galle/Kießling in der Gruppe-2-Klasse bis 1150 cm^3 bei der Rallye Akropolis 1980.

Würdigung

Anläßlich des zwanzigjährigen Bestehens der Sportabteilung im VEB Sachsenring Automobilwerke Zwickau wurden die früheren und derzeitigen Mitglieder dieses kleinen Kollektivs für ihre Leistungen und Verdienste, die zur internationalen Anerkennung der DDR und Wertschätzung des Sachsenring-Erzeugnisses beigetragen haben, mit dem Orden «Banner der Arbeit» – Stufe II – ausgezeichnet.

Die Spitze und die Breite

Der sich 1982 zum 25. Male jährende Rallyeeinsatz Zwickauer Werkswagen hat in seiner Funktion als Leistungsbeweis und Entwicklungsfaktor unstreitig vorrangige Bedeutung.

Ebenso eindrucksvoll und bezeichnend ist jedoch die Rolle des Trabant als «Sportgerät der Privaten». Gemeint sind hier die organisierten Klubfahrer, die mit ihrem Trabant ein beträchtliches Stück DDR-Automobilsportgeschichte mitgestaltet haben.

Dieser Komplex steht selbstverständlich wiederum in unmittelbarem Zusammenhang mit der Entwicklung des Sachsenring-Erzeugnisses und der Sachsenring-Produktion.

Am 22. November 1973 verließ in Zwickau der millionste Trabant das Endmontageband.

Angefangen hatte die Klubfahrer-Trabant-«Bewegung» bereits 1959/60 im Rallyesport. 1961 errang im DDR-Tourenwagensport das Ehepaar Bretschneider den ersten Meistertitel auf Trabant. Immer mehr Klubfahrer beteiligten sich mit dem Zwickauer PKW an kleinen und größeren Rallyes. Und 1980 verzeichnete das Programmheft vom DDR-Meisterschaftsendlauf Rallye Wartburg bei den 600er Gruppe-1-Serientourenwagen und Gruppe-2-Tourenwagen 46 «private» Teilnehmerpaare, darunter auch aus der ČSSR und der Ungarischen VR, auf Trabant. Dabei handelte es sich um eine vom Veranstalter gewissermaßen begrenzte Quote; die Gesamtzahl aller im Rallyesport aktiven Trabant-Klubfahrer liegt weitaus höher ...

«Pistenbrenner»

Außerdem aber ist der Trabant von Anfang an in dem seit eh und je wohl attraktivsten Zweig des Automobilsports anzutreffen, nämlich im Straßenrennsport. In dieser Disziplin wird der Trabant-Einsatz ausschließlich von Klubfahrern bestritten und hat hier ein Publikum mit teilweise sechsstelliger Zuschauerzahl.

Der Trabant stellte sich im Straßenrennsport erstmals während des Schleizer Dreieck-Rennens 1970 vor. Im gemeinsamen Lauf der Sport- und Tourenwagen, zusammen mit RS 1000 aus der Melkus-Miniserie und Wartburg 353, belegte Trabant-Fahrer V. Beyer vom MC Leipzig Platz 7. Für die schnellsten Teilnehmer bzw. jeweiligen Fahrzeuge stoppte die Zeitnahme in der sechsten Runde folgende Durchschnittsgeschwindigkeiten: RS 1000 107,269 km/h, Wartburg 353 99,104 km/h und Trabant 98,571 km/h.

Aus solchem Durchschnittstempo auf dem sehr hohe Ansprüche stellenden Schleizer Dreieck geht unmißverständlich hervor, daß bereits seinerzeit nicht mit serienmäßigen Trabant 601 an den Start gegangen wurde. «Rennfrisur», ebenfalls wieder im Rahmen geltender Spezialtou-

11 Der DDR-Rallyesport verzeichnete einen fortwährend größer werdenden Kreis von Klubfahrern, die in der Klasse bis 600 cm^3 der Gruppe-1-Serientourenwagen und Gruppe-2-Tourenwagen auf Trabant an den zahlreichen Wettbewerben teilnahmen – von Klubveranstaltungen über Bezirksmeisterschaften bis hinauf sogar zu Wertungsläufen um den Pokal der Freundschaft der sozialistischen Länder.

12 Unter zunehmend verschärften Bedingungen, teils extrem harten Verhältnissen und mit dem ständigen Handikap, als Hubraumkleinste praktisch gegen sämtliche anderen Wettbewerbsteilnehmer konkurrieren zu müssen, demonstrierten die Trabant-Werkswagenbesatzungen fortgesetzt erstklassige Qualitäten des Erzeugnisses aus dem VEB Sachsenring Automobilwerke Zwickau.

renwagen-Vorschriften, geschieht freilich nach etwas anderen Gesichtspunkten als bei Gruppe-2-Rallyetuning. So wird z. B. motorseitig auf absolute Leistungsspitze bei Durchhaltevermögen lediglich über die relativ kurze Renndistanz abgezielt, während es bei Rallyes auch auf kraftvolles Drehmoment und zähe Standfestigkeit ankommt. Oder ein Beispiel aus dem Fahrwerkbereich ist, daß in Rennen, wo selbst kleinste Steinchen von der Piste säuberlich entfernt werden, profillose Reifen zur Anwendung gelangen, sogenannte Slicks, die wiederum für rauhen Rallyebetrieb untauglich sind. Derzeit kommen in den schnellsten Renn-Trabanten Motoren mit rund 47,8 kW (65 PS) bei 5 600 U/min zum Einsatz und sorgen bei entsprechend «langer» Übersetzung für Höchstgeschwindigkeiten um etwa 165 km/h.

Hier ist noch eine Vergleichsangabe: 1980 fuhr im DDR-Meisterschaftslauf für Tourenwagen A 2 bis 600 cm^3 auf dem Schleizer Dreieck der Sieger, K. Hiemisch vom MC Greiz auf Trabant, mit 121,395 km/h neuen Rundenrekord und mit 119,780 km/h neuen Streckenrekord für diese Klasse!

Schließlich sei auf zwei weitere Tempodisziplinen hingewiesen, in denen der Trabant, wenigstens was die Baugruppe Motor anbelangt, ebenfalls maßgeblich vertreten ist. Einmal handelt es sich um Auto-Cross, in der DDR seit 1976 betrieben. Für die «Buggys» der Hubraumklasse bis 600 cm^3 kommt allein der Trabant-Motor in Betracht, dessen Leistung im Cross-Einsatz auf 30 bis 35 kW (41 bis 48 PS) gesteigert wird. Daneben wurde ab 1981 eine neue «Buggy»-Kategorie vorgesehen, in der ausschließlich der serienmäßige Trabant-Motor mit 19 kW (26 PS) Leistung Verwendung finden darf.

Zum anderen geht es um die jüngste Rennwagenklasse, sie war 1978 zum ersten Mal auf einer DDR-Rennstrecke zu sehen gewesen. Es ist dies die ausdrücklich nach serienmäßigen Trabant-Baugruppen bzw. -Teilen «maßgeschneiderte» Formel Junior. Auch in deren neuen Fassung bleibt vom Trabant weiterhin der 600-cm^3-Motor vorgeschrieben, bei dem die nun erlaubten Änderungen eine Leistungssteigerung bis etwa 33 kW (45 PS) bei 5 500 U/min zulassen.

13 Lediglich 11 Mann, einschließlich der «jüngsten Generation» von Fahrern und Kopiloten, umfaßte auch 1980 die Sachsenring-Sportabteilung (v. l. n. r.) J. Wolf, R. Leonhardt, H. Galle, W. Lange, Th. Fischer, W. Kießling, der Abteilungsleiter H. Piehler, Chefmechaniker R. Graupner, K. Riedel, Ch. Meischner, Th. Schröter.

Fotos: Roediger (12); Der Automobilbauer (2)

Fazit

Auch Konstruktion und Produktion der Personenkraftwagen des VEB Sachsenring Automobilwerke Zwickau beruhen entscheidend auf den Arbeitsleistungen der Werktätigen, auf wissenschaftlich-technischen Ergebnissen in Forschung und Entwicklung. Zusammenhängend damit sind die verschiedenen Trabant-Erscheinungen im Automobilsport zu werten. Sie bedeuten:

1. Dokumentation von Typ-Gebrauchswerteigenschaften – wobei allein schon die Resultate im Werkswagen-Rallyeeinsatz eine Beurteilung buchstäblich mit dem Prädikat erstklassig ergeben;
2. Beiträge zu fortwährender Produkt-Optimierung – durch Auswertung der Wettbewerbsteilnahmen und, ergänzend zu Prüfstandversuchen oder anderweitigen Simultanermittlungen, entsprechend vorgenommene Detailverbesserungen;
3. Entfaltung und Breitenwirkung von Automobilsport-Aktivitäten – basierend auf einem in erster Linie für den Alltagsbetrieb entwickelten, populären und zahlreich produzierten Serienwagenmodell.

Wesentlicher und wertvoller könnte es um die Funktionen des Automobilsports und darauf bezogene Trabant-Entwicklung wohl kaum bestellt sein.

14 Allein mit acht Klassensiegen bei neun internationalen Rallyes während einer Saison begann die Trabant-Equipe den Wettbewerbsantritt in die achtziger Jahre.

Dipl.-Ing. oec. W. Lang und Ing. L. Sachse

Europäische Kleinwagen

Ein Vergleich zum TRABANT 601

Von Kleinwagen spricht man und Kleinwagen baut man nicht erst seit den ersten Nachkriegsjahren. Dennoch ist auch heute vielfach noch nicht bekannt, welche Merkmale eines Kraftwagens ihn zum „Kleinwagen" stempeln. Im allgemeinen Sprachgebrauch wird dieser Begriff vielmehr von der niedrigsten Hubraumklasse, also eigentlich den „Kleinstwagen", bis fast zu Fahrzeugen mit 1-Liter-Motor, den sogenannten „großen" Kleinwagen, die sich bereits mit der unteren Mittelklasse vermischen, angewendet.

In den ersten Nachkriegsjahren folgten auf dem europäischen Automarkt den Kabinenrollern die Kleinstwagen wie GOGGO 250, 300 und 400 sowie VESPA, LLOYD LP 400, MAICO 500 und andere. Diese Fahrzeuge waren im wesentlichen 2-plus-2-Sitzer, boten also zwei Erwachsenen und auf relativ einfachen Fondsitzen zwei Kindern Platz. Diese Klasse wurde von den heute gebräuchlichen Kleinwagen abgelöst, die vier vollwertige Sitzplätze bieten. Dabei wird die Kategorie der „großen" Kleinwagen, wie HILLMANN IMP., DKW JUNIOR oder RENAULT DAUPHINE, weniger wegen größerer Innenräume als vielmehr nach der Motorengröße unterschieden. Der WARTBURG mit 1 Liter Hubraum könnte motorenseitig noch zu den „großen" Kleinwagen eingestuft werden, zählt aber zur Mittelklasse, weil er in seinen Innenraumverhältnissen bereits den 1,2- bis 1,5-Liter-Wagen gleicht.

Geht man vom Gebrauchswert des Kraftwagens aus, so wird deutlich, daß die Einstufung der Fahrzeuge in die einzelnen Größenklassen nicht nur den Hubraum berücksichtigen darf, sondern vielmehr Sitzzahl und Sitzbequemlichkeit in Abhängigkeit zur beanspruchten Verkehrsfläche und der erforderlichen Fahrleistung zu sehen sind. Nur in diesem Zusammenhang kann damit die Hubraumgröße von Interesse sein.

Aus diesem Grund soll zunächst der Wert des TRABANT 601 gegenüber anderen vergleichbaren europäischen Kleinwagen von der Raumausnutzung her untersucht werden, wobei zu berücksichtigen ist, daß in der Größenklasse von 500 bis 700 cm³ hinsichtlich des Sitzkomforts der Übergang vom Kleinwagen zum „großen" Kleinwagen liegt.

Zum Vergleich werden 11 Pkw-Varianten herangezogen, die zur Zeit auf dem internationalen Automarkt angeboten werden. Die FIAT-Lizenz-Typen von STEYR-PUCH werden mit aufgeführt, da sie in Leistung und Eigenmasse gegenüber den FIAT-Wagen einige Unterschiede aufweisen. In die Vergleichsklasse von 500 bis 700 cm³ soll ferner der CITROËN 2 CV mit 425 cm³ Hubraum wegen seines angemessenen Innenraums sowie seiner interessanten technischen Einzelheiten einbezogen werden.

Die Gesamtlängen aller vergleichbaren Fahrzeuge liegen im Bereich von 2970 bis 3920 mm. Der TRABANT 601 besitzt daher mit 3555 mm einen guten Mittelwert. In diesem Längenbereich wurden Fahrzeugkonstruktionen geschaffen, die auf unterschiedlichen Wegen das gewünschte Ergebnis zu erzielen trachten. Die Entscheidung, welche Konzeption der Wagen erhalten soll, erfordert ein Abwägen der einzelnen Vor- und Nachteile. Es will genau überlegt sein, wo man Abstriche macht, um an anderen Stellen zu positiven Ergebnissen zu kommen, die den Gesamtwert der Konstruktion erhöhen.

So wurde der TRABANT 601 mit einer Breite von etwa 1500 mm festgelegt, um den Insassen von vornherein eine angemessene Ellbogenfreiheit zu gewähren. Mit dieser Fahrzeugbreite liegt er hinter dem CITROËN AMI 6 an zweiter Stelle der Vergleichstypen, deren Gesamtbreite zwischen 1322 und 1524 mm variiert.

Wenn man die beanspruchten Verkehrsflächen vergleicht, so muß in diesem Zusammenhang auch das erreichte Innenraumverhältnis berücksichtigt werden. Die kleinste Verkehrs- oder auch Parkfläche benötigt der FIAT 500 D mit 3,93 m², die größte Parkfläche dagegen der AMI 6 mit 5,97 m² (siehe „Hauptkenndaten der Klasse 500 bis 700 cm³"). Der TRABANT mit günstigen Innenraumverhältnissen liegt mit 5,35 m² etwas über dem Durchschnitt. Obwohl er gegenüber dem AMI 6 mit einer kleineren Parkfläche auskommt, sind seine Innenraumverhältnisse diesem ebenbürtig, wobei der TRABANT 601 im Kofferraumvolumen sogar Vorteile zu verzeichnen hat.

Wenn auch der längere BMW 700 LS eine hinsichtlich der Kniefreiheit günstigere Fondsitzbankanordnung als der TRABANT 601 hat, so darf man nicht darüber hinwegsehen, daß man dafür eine schlechtere Kopffreiheit im Fond in Kauf nehmen muß.

Die beim BMW 700 LS für die Nutzung als Innenraum verschenkte Fahrzeuglänge ermöglicht eine gestreckte Linienführung. Mit Frontantrieb hätte der BMW in seiner Konzeption hinsichtlich der Zweckmäßigkeit zweifelsohne Vorteile gegenüber dem TRABANT 601, da er dann günstigere Kofferraumverhältnisse besitzen würde. Durch die Hecktriebsatzanordnung blieb jetzt jedoch nur ein begrenzter Kofferraum im Bug übrig. Um diesen Nachteil auszugleichen, wurde das Ablagefach hinter der Fondlehne geschaffen. Damit hat man das Gesamtvolumen wohl vergrößert, erreicht aber immer noch nicht das Kofferraumvolumen des TRABANT 601. Somit hat der TRABANT diesem Typ gegenüber außer einem größeren Kofferraumgesamtvolumen auch den Vorteil, einen einzigen ungeteilten Kofferraum zu besitzen, was zweifellos bessere Nutzungsmöglichkeiten bietet. Genau wie beim BMW zeigt sich auch bei allen anderen Typen mit Hecktriebsatz dieser bedeutsame Nachteil hinsichtlich der Raumausnutzung. So entschied man sich nicht allein aus Tradition, sondern auch aus Raumausnutzungsgründen beim TRABANT für Frontmotor und Frontantrieb.

Betrachtet man die Typenvergleiche zwischen TRABANT und den anderen Typen – als Bezugspunkt wurde jeweils die Unterkante des Lenkrads gewählt –, so läßt sich allgemein formuliert feststellen, daß der TRABANT 601 von der Innenraumaufteilung gesehen mit den Typen FIAT-GIARDINIERA, STEYR-PUCH 700 C und NSU-PRINZ 4 gleichliegt. Der CITROËN 2 CV hat wohl geringfügige Sitztiefenvorteile, die jedoch durch stark reduzierte und relativ primitive Rückenlehnendicken erkauft wurden. Ein Vorteil des CITROËN AMI 6 ist seine auf Grund der eigenwilligen Formgestaltung noch größere Kopffreiheit. Die GLAS-ISAR-Typen 600 und 700 besitzen fast gleiche Innenraumverhältnisse wie der TRABANT, jedoch mit geringerer Kopffreiheit im Fond. FIAT 500 D und STEYR-PUCH 500 D haben sowohl in der Innenraumbreite als auch in der Kopffreiheit und im Sitzkomfort im Fond in keiner Weise Vorteile, zumal kein Kofferraum, sondern nur ein sogenannter Stauraum vorhanden ist. Außerdem werden die Typen als 2-plus-2-Sitzer geführt.

FIAT wählte, um gegenüber dem 500 D bei annähernd gleichen Längenabmessungen günstigere Innenraum- und Kofferraumverhältnisse zu schaffen, den GIARDINIERA-Typ, eine Vollhecklimousine mit Mehrzweckcharakter. Diese Limousinenart ist eine Formvariante, die sich immer mehr durchzusetzen scheint. Das ist nicht allein auf die günstigere Raumausnutzung zurückzuführen, sondern dürfte auch darin begründet sein, daß sie in ihrer Aerodynamik hinsichtlich Luftwiderstandsbeiwert und Fahrtrichtungsstabilität Vorteile aufweist. Auf jeden Fall sollte diese Karosserieform auch von uns bei Perspektiventwicklungen nicht außer acht gelassen werden, da sie neue, formal wie auch zweckmäßig interessante Gestaltungsmöglichkeiten bietet.

Während man in den Klassen bis zu 1 Liter Hubraum vorwiegend zweitürige Limousinen baut, setzte CITROËN die Tradition des französischen Fahrzeugbaus fort und blieb bei viertürigen Wagen. Wenn die Türöffnungen auch beengter als bei den höheren Klassen sind, muß man dies doch als positiv bewerten. Von Vorteil ist auch beim FIAT-GIARDINIERA die Hecktür, die einen bequemen Zugang zur Ladefläche gewährleistet.

Ist die Beurteilung von Innenraumgrößen bei Kleinwagen bereits eine problematische Angelegenheit, so steht es um die Kofferraumfrage nicht viel anders.

Mit Recht stellt der Kleinwagenkäufer die Forderung nach einem Kofferraum, dessen Größe es ihm ermöglicht, mit komplettem Gepäck für die Familie den Jahresurlaub anzutreten. Auch sollen im Kofferraum hin und wieder größere Transportstücke im Nahverkehr befördert werden können, um nicht in jedem Fall ein Gütertaxi bestellen zu müssen. Man darf allerdings von einer Kleinwagenlimousine nicht Zuladungsmöglichkeiten verlangen, die einem Kombiwagen gleicher Klasse bzw. einer 1-Liter- oder 1,5-Liter-Limousine zukommen. Das

1

Kofferraumvolumen der Limousine muß schließlich in einem vertretbaren Verhältnis zur zulässigen Achsbelastung stehen, denn je größer der Laderaum ist, um so mehr wird er erfahrungsgemäß ausgelastet, ohne daß sich der Wagenbesitzer über den Achslastzustand überhaupt Gedanken macht.

Das führt dann gegebenenfalls so weit, daß vier erwachsene Personen mit kompletter Campingausrüstung einschließlich Großzelt sowie dem dazugehörigen Urlaubsgepäck eine Reise antreten wollen und dann die Meinung auftaucht, daß der Kofferraum zu klein sei, weil das eventuell mitzunehmende Faltboot nur noch auf einem zusätzlichen Dachgepäckträger Platz findet.

Hier sollte man sich immer vor Augen halten, daß eine Limousine vornehmlich für den Personentransport entwickelt wird, wobei selbstverständlich ein angemessener Kofferraum für das Gepäck der vier Personen vorhanden sein soll. Wer laufend außer der üblichen Personenzahl

2

größere Gepäckstücke transportieren will oder muß, der sollte sich für die Kombivariante entschließen. Wie sehr diesen Kunden überall Beachtung geschenkt wird, beweist die Tatsache, daß außer dem VEB SACHSENRING auch FIAT, STEYR-PUCH und GLAS neben der Limousinenausführung ein Kombi- oder Mehrzweckfahrzeug – mitunter sogar in verschiedenen Abwandlungen wie TRABANT-Camping oder TRABANT-Lieferwagen – auf den Markt bringen.

Kofferraumprobleme gibt es beim Kombityp nicht. Fährt man mit nur zwei Personen, dann steht ein Laderaum zur Verfügung, den die Limousine niemals aufweisen kann. Ist das Fahrzeug mit vier Personen besetzt, dann entspricht die Kofferraumgrundfläche etwa der der Limousine. Verzichtet man auf freies Blickfeld nach hinten – was sich jedoch nachteilig auf die Verkehrssicherheit auswirkt – und nutzt die Heckraumhöhe voll aus, dann kommt man bei mit vier Personen besetztem Fahrzeug schnell in Gefahr, die zulässige Nutzlast zu überschreiten!

Zum Vergleich der Kofferraumanordnungen (siehe Vergleichsskizzen 13–19) muß man vorausschicken, daß eine Vorentscheidung über Größe und Anordnung des Kofferraums bereits bei Festlegung der Fahrzeugkonstruktion fällt.

Das gleiche, was zum BMW 700 LS über die nachteiligen Folgen des Heckantriebs für die Kofferraumgröße gesagt wurde, gilt ähnlich auch für NSU-PRINZ 4, STEYR-PUCH und FIAT. Bei letzterem wurde diese Konstruktion offensichtlich bewußt gewählt, weil man kurz danach die Variante des 500 D, den GIARDINIERA, herausbrachte, der eine der Wagenform entsprechende Kofferraumlösung bietet. Er besitzt bei Ausnutzung des Raumes hinter der Fondsitzbank bis zur Dachhöhe etwa das gleiche Volumen wie der TRABANT 601. Von Nachteil ist einmal die geteilte Anordnung des Kofferraums und zum anderen die Sichtbehinderung durch das zugestellte Heckfenster. Selbst wenn der GIARDINIERA die gleiche Länge hätte wie der TRABANT, könnte man das Übel einer Heckfensterverdeckung nicht völlig beseitigen, da der liegende Heckmotor immer eine gewisse Bauhöhe beansprucht, die dem Kofferraum verlorengeht.

Ausschlaggebend für die Größe des Kofferraums sind vielfach bestimmte konstruktive Lösungen. Der TRABANT zum Beispiel erreicht ein gutes Laderaumverhältnis, weil keine Seitenwandversteifung vorhanden ist

3

4

und damit der Kofferraum bis an die Kotflügelaußenwände reicht. Der durch die Neugestaltung vergrößerte Kofferraum nimmt jetzt ohne weiteres folgende Gepäckstücke auf:

1 Koffer	750 × 440 × 220 mm
2 Koffer	660 × 400 × 200 mm
1 Campingbeutel	500 × 280 mm ∅
1 normale Aktentasche	
2 Kraftstoffbehälter à 10 Liter	
oder 1 Kraftstoffbehälter à 20 Liter	

diverse Werkzeugbeutel und Zubehör entsprechend der StVZO sowie das Reserverad, das seitlich stehend angebracht ist

5

6

Nun auch in der Karosserie modern und ansprechend – TRABANT 601

7

8

Vergleicht man die einzelnen Modellformen der Reihe nach, so muß man feststellen, daß neben sehr „gewagten" Gestaltungen einfache und teilweise auch fertigungsbedingt primitive Karosserien anzutreffen sind. Mitunter wurden auch unzweckmäßige modische Stilelemente oder unnötige Körperstreckungen eingearbeitet, obwohl gerade beim Kleinwagen die wirksame Zweckmäßigkeit im Vordergrund stehen sollte.
Zu den gewagten Formen muß man die beiden Fahrzeuge von CITROËN zählen. Vom 2 CV sagt man, daß er ingeniös, aber häßlich sei, ingeniös deshalb, weil er für einen Kleinwagen bewundernswerte technische Einzelheiten aufweist, und häßlich, weil er ein ziemlich einfaches „Hauskleid" besitzt, das sich jedoch billig fertigen läßt (Abb. 2).
Der AMI 6 ist formvollendeter (Abb. 3). Er hat nicht mehr gesonderte Kotflügel, sondern eine geschlossene mit Sicken versteifte Pontonform. Kennzeichnend sind die schräg nach hinten gestellten Türsäulen sowie die schräg gestellte, ebene Heckscheibe, die einmal den Kopfraum im Fond vergrößert und zum anderen den Kofferraumzugang erweitert. Man ging bei CITROËN bewußt neue Wege, um durch die Gestaltung funktionelle Vorteile zu gewinnen.
In normaler Pontonform mit modischem Akzent durch eine Panoramascheibe ist der GLAS-ISAR 600 und 700 bereits älterer Herkunft (Abb. 4). Die gegenüber den älteren FIAT-Modellen gleicher Hubraumklasse überarbeitete 500-D-Karosserie, deren Form auch der STEYR-PUCH übernommen hat, ist in der Hauptsache das Ergebnis fertigungstechnischer Überlegungen. Eine zusätzliche geradlinig verlaufende Zierleiste soll die Seitenwand unterteilen und eine Fortsetzung der aufgesetzten Haube andeuten. Daß der FIAT besonders gedrungen aussieht, ist seiner Kurzbauweise zuzuschreiben, die im FIAT-GIARDINIERA vorteilhaft ausgenutzt wurde. Der STEYR-PUCH 700 C entspricht in seiner Form dem FIAT-GIARDINIERA (Abb. 5 und 6).
Der BMW 700 LS ist nach der Trapezlinie gestaltet und hat eine klare, ruhige Form ohne modische Ziereffekte. Durch die im Vergleich zum TRABANT gestrecktere Karosserieform wirkt er länger und erhält in stärkerem Maße sportliches Aussehen. Welche funktionellen Nachteile dafür in Kauf genommen werden mußten, wurde bereits erwähnt (Abb.7).
Der NSU-PRINZ 4 ist wieder als raumausnutzendes Ponton konzipiert, das nach der Schulterlinie gestaltet wurde. Hohe Fenster mit guter Rundumsicht geben dem Oberbau ein gelockertes Aussehen. Durch die

9

10

vielleicht etwas zu stark betonte Schulterlinie macht der Unterbau einen gedrungenen kastenförmigen Eindruck (Abb. 8).

Die Form des TRABANT 601 baut genau wie die des BMW 700 auf der Trapezlinie auf. Die auf den Ponton-Kammlinien angeordneten Zierleisten sind funktionell begründet. Sie dienen in erster Linie zur Abdeckung der Kotflügel-Anschraubstellen sowie der Türaußenhaut-Montagefugen. Die Dachform wurde nach neuesten technologischen Gesichtspunkten unter Berücksichtigung der Verwendung von Plastteilen so gestaltet, daß gleichzeitig eine bessere Rundumsicht erzielt wurde (Abb. 9 bis 12).

Insgesamt kann man zur Gestaltung des TRABANT 601 sagen, daß er bei weitgehender Verwendung von Teilen seines Vorgängers TRABANT 600 eine neue Karosserieform erhielt, mit der er den Vergleichsfahrzeugen zumindest ebenbürtig ist und sie teilweise übertrifft.

Alle hier verglichenen Kleinwagen haben luftgekühlte Motoren, teils Zweitakter und teils Viertakter. In der konstruktiven Auslegung wird bei allen Motoren angestrebt, daß sie der Forderung nach ausreichender Motorleistung, guter Beschleunigung, minimalem Kraftstoffverbrauch, weitgehender Wartungsfreiheit, hoher Lebensdauer, ausreichendem Masse-Leistungs-Verhältnis und guter Reisegeschwindigkeit Rechnung tragen.

Bei Viertaktmotoren ist jedoch eine verhältnismäßig hohe Störanfälligkeit zu verzeichnen, die auf die größere Anzahl bewegter Teile zurückzuführen ist. Vorteile erzielt der wassergekühlte Viertakter dagegen wieder in der Laufruhe.

Der beim TRABANT 601 eingesetzte Zweitaktmotor zeichnet sich durch seine Robustheit als Gebrauchsmotor mit hohem, günstig liegendem Drehmoment (5,2 kpm bei 2800 U/min) sowie seine Elastizität und Beschleunigungsfähigkeit aus. Das maximale Drehmoment des TRABANT-Motors stellt einen absoluten Spitzenwert in der Größenordnung

11

12

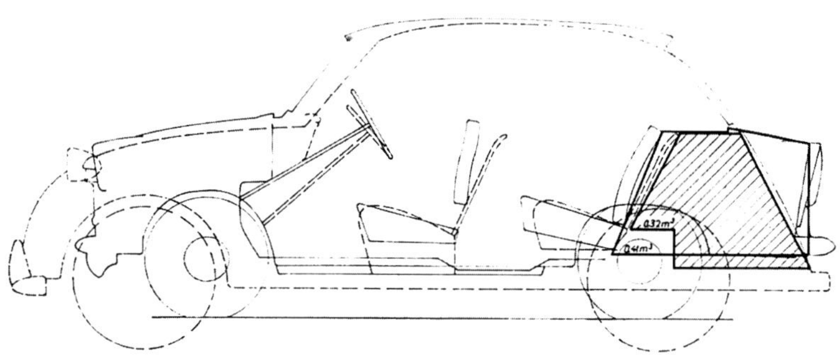

Vergleich: Trabant 601/Citroën 2CV

13

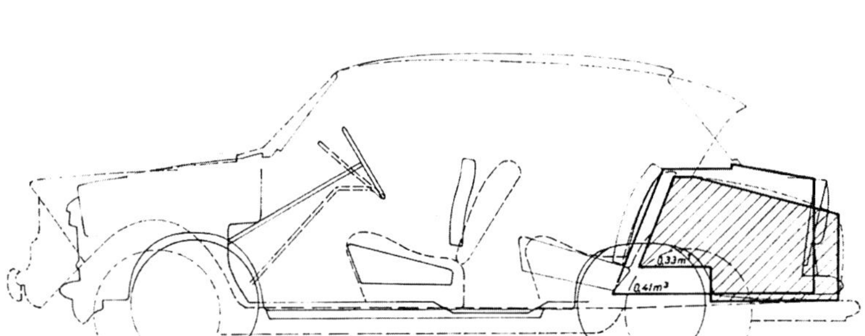

Vergleich: Trabant 601/Citroën Ami 6

14

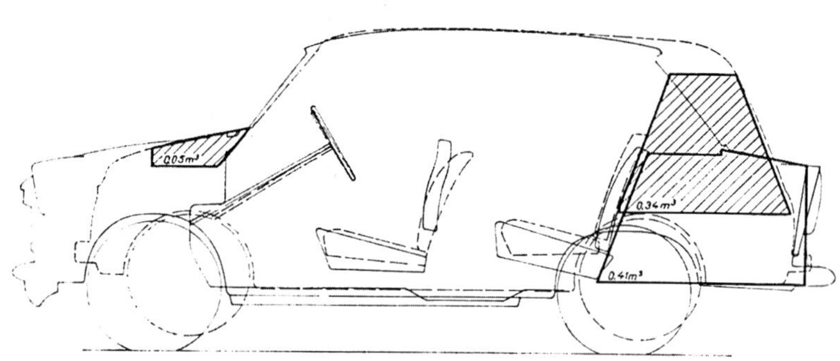

Vergleich: Trabant 601/Fiat Giardiniera und Steyr Puch 700 C

15

Diagramm

Beschleunigungszeiten von 0 auf 80 km/h bezogen auf die Masse pro Leistungseinheit
(Der Trabant 601 besitzt einen guten Mittelwert)

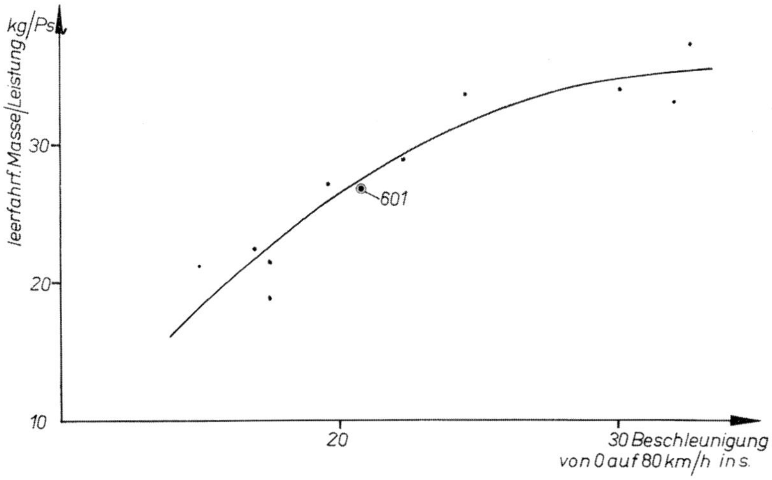

Diagramm

Die von einem Fahrzeug auf 1 m Baulänge benötigte Masse in Abhängigkeit von der Hubraumgröße (Der Trabant besitzt einen guten Mittelwert)

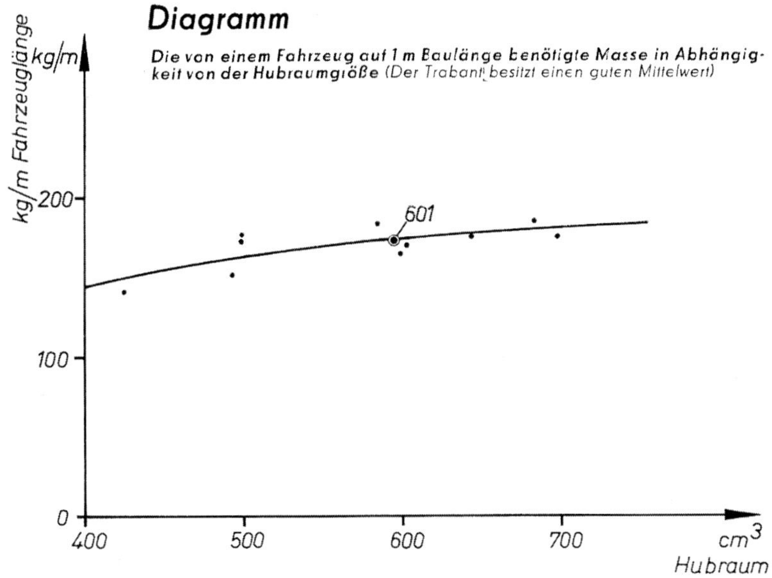

der Fahrzeuge zwischen 500 und 700 cm³ dar (siehe Hauptkenndaten). Die untersuchten Vergleichstypen haben in ihrer Getriebesynchronisierung unterschiedliche Ausführungen. So ist zum Beispiel bei einer ganzen Reihe von Fahrzeugen zu erkennen, daß sie nur vom 2. bis zum 4. Gang synchronisiert oder sogar überhaupt nicht synchronisiert sind. Beim STEYR-PUCH 500 D zum Beispiel ist nur der 2. bis 4. Gang synchronisiert, während bei FIAT-GIARDINIERA, NSU-FIAT PANORAMA und FIAT 500 D überhaupt keine Synchronisierung vorhanden ist. Der TRABANT ist demgegenüber bereits serienmäßig mit bewährtem 4-Gang-Synchrongetriebe ausgerüstet und bestimmt in dieser Beziehung den internationalen Stand in seiner Klasse. Mit dem TRABANT 601 entstand durch zweckmäßige Abstimmung zwischen Motor und Getriebeabstufung ein temperamentvolles Fahrzeug, wobei zugunsten einer hohen Dauergeschwindigkeit von 90 km/h sowie guter Beschleunigung bewußt auf eine höhere Spitzengeschwindigkeit als etwa 105 km/h verzichtet wurde.

Die Anordnung des Triebwerks ist bei den einzelnen Typen unterschiedlich. Als zweckmäßige Bauform hat sich jedoch die Anordnung im Fahrschemelsystem durchgesetzt. Beim TRABANT 601 ist der gesamte Front-Triebwerksblock im Fahrschemel zusammengefaßt und umfaßt

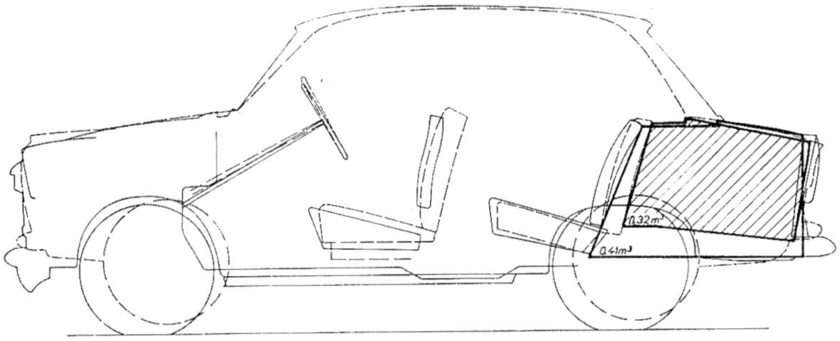

16 *Vergleich: Trabant 601/Glas-Isar 600 und 700*

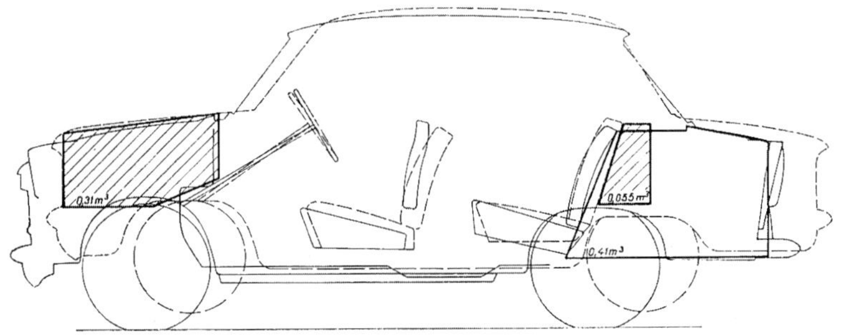

18 *Vergleich: Trabant 601/NSU Prinz 4*

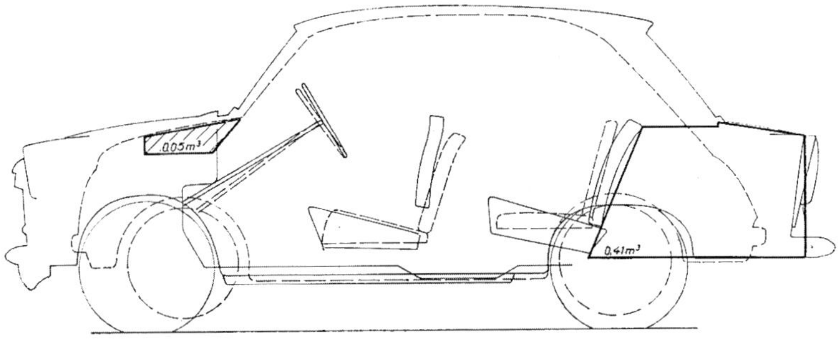

17 *Vergleich: Trabant 601/Fiat 500 D und Steyr-Puch 500 D*

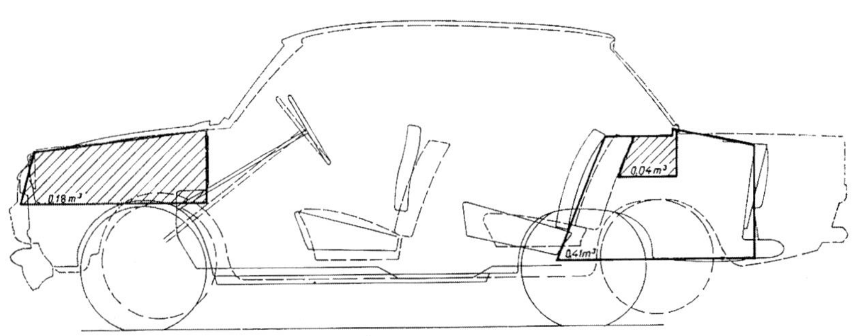

19 *Vergleich: Trabant 601/BMW 700 LS*

Motor, Kupplung, Getriebe, Gelenkwellen, Federung und Lenkung. Auf Grund unterschiedlicher Konstruktionsmerkmale der einzelnen Vergleichsfahrzeuge ist eine Einschätzung des Fahrwerks kompliziert.
So lassen sich die Einflüsse von Radstand, Spurweite, Schwerpunkthöhe, Antriebsart und Reifengröße – und damit die Beurteilung des Fahrverhaltens bzw. der Fahrstabilität des jeweiligen Fahrzeugs – im wesentlichen nur subjektiv durch Fahreindrücke beurteilen. Wie alle Frontantriebswagen besitzt aber der TRABANT 601 durch seine günstige Achslastverteilung auf jeden Fall eine bessere Straßenlage und Kurvenstabilität als die Vergleichsfahrzeuge mit Heckantrieb wie NSU, BMW und FIAT.
Aus der Tabelle ist zu erkennen, daß die Federung unterschiedlich ausgelegt wird. Sie kann als Schraubenfederung vorn wie hinten, Querblattfeder vorn und Schraubenfeder hinten und nur Querblattfeder vorn und hinten Verwendung finden. Die hier genannten Federungssysteme im Zusammenhang mit der Sitzfederung beeinflussen zum Teil den gesamten Fahrkomfort.
Beim TRABANT 601 ist durch die neue Achslastverteilung eine erhebliche Verbesserung der Federung entstanden. Ohne daß an Hinterachse und Feder eine Veränderung vorgenommen wurde, ergibt sich je nach dem Belastungszustand des Fahrzeugs eine Achslastverlagerung von 20 bis 30 kp auf die Hinterachse. Die Eigenschwingungszahlen an der Vorderachse betragen im Mittel 112 bis 105 Schwingungen pro Minute je nach Belastungszustand. Für die Hinterachse ergibt sich ein Absinken der Eigenschwingungszahl von 132 auf 116 Schwingungen je Minute (bei Belastung mit einer Person vorn) und von 102 auf 95 Schwingungen

Hauptkenndaten der Klasse 500 bis 700 cm³

Marke – Modell	**Citroën 2 CV** [1]	**Steyr-Puch 500 D** [2]	**Fiat 500 D** [3]	**Fiat 500 D Giardiniera** [4]	**NSU-Fiat Panorama** [5]
Karosserieform	Vollheck-Limousine	Vollheck-Limousine	Vollheck-Limousine	Mehrzweck-Vollheck-Limousine	Mehrzweck-Vollheck-Limousine
Karosseriebauweise	selbsttragende Stahlblechkarosserie	selbsttragende Stahlblechkarosserie	selbsttragende Stahlblechkarosserie	selbsttragende Stahlblechkarosserie	selbsttragende Stahlblechkarosserie
Türen / Sitze	4/4	2/4	2/4	2+1/4	2+1/4
Parkfläche [m²]	5,6	3,93	3,93	4,2	4,32
Kofferraumvolumen [m³]	0,32	0,05	0,05	0,39	0,39
Antriebsart	Frontantrieb	Heckantrieb	Heckantrieb	Heckantrieb	Heckantrieb
Motor	2-Zyl.-4-Takt-Boxermotor, luftgekühlt	2-Zyl.-4-Takt-Boxermotor, luftgekühlt	2-Zyl.-4-Takt-Reihenmotor, luftgekühlt	2-Zyl.-4-Takt-Reihenmotor, liegend, luftgekühlt	2-Zyl.-4-Takt-Reihenmotor, liegend, luftgekühlt
Hubraum [cm³]	425	493	499,5	499,5	499,5
Höchstleistung [PS] bei U/min	16/5000	16/4600	15/4400	15/4600	15/4600
max. Drehmoment [kpm] bei U/min	2,7/2500	3,2/2800	3,0/3000	3,6/3200	3,6/3200
Batterie V/Ah	6/50	12/28	12/32	12/32	12/32
Getriebe	4 Gänge, vollsynchronisiert	4 Gänge, 2–4 synchronisiert	4 Gänge, nicht synchronis.	4 Gänge, nicht synchronis.	4 Gänge, nicht synchronis.
Federung vorn / hinten	Schraubenfeder/ Schraubenfedern	Querblattfeder/ Schraubenfeder	Querblattfeder/ Schraubenfeder	Querblattfeder/ Schraubenfeder	Querblattfeder/ Schraubenfeder
Bereifung	125–15	125–12	4,9–12	5,0–12	125–12
Bremsen [F cm²]	vorn und hinten Trommelbremse F = 386	vorn und hinten Trommelbremse F = 452	vorn und hinten Trommelbremse F = 431	vorn und hinten Trommelbremse F = 432	vorn und hinten Trommelbremse F = 432
Radstand [mm]	2400	1840	1840	1940	1940
Gesamtlänge [mm]	3780	2970	2970	3185	3225
Gesamtbreite [mm]	1480	1322	1322	1323	1340
Gesamthöhe [mm]	1680	1330	1325	1354	1330
Bodenfreiheit [mm]	135	125	125	135	135
Wendekreis [m]	11	8,6	8,6	8,6	8,6
Masse pro Meter Fahrzeuglänge [kg/m]	140	155	172	176	
Masse leerfahrfertig [kg]	530	460	510	560	
Nutzmasse [kg]	330	300	310	315	400
leerfahrfertig Masse / Leistung [kg/PS]	33,1	28,8	34	37,2	
max. Geschwindigkeit [km/h]	93	100	95	95	97
Beschleunigung von 0 auf 80 km/h [s]	33	22,3	30	33,5	
Reiseverbrauch [l/100 km]	4,7–6,2	4,5–5,5	5,5–6,8	5,5–8,5	4–7

je Minute (im normalbelasteten Zustand). Als wesentlich ist dabei der Gewinn im niedrigen Belastungszustand zu bewerten.
International werden ferner zunehmend die Fliehkraftzündverstellung und der temperaturkompensierte Regler eingesetzt. Diese Einrichtungen verbessern vor allem das Kaltstartverhalten und erleichtern das Aufladen der Batterie bei Stadtfahrten. Versuche ergaben, daß eine leere Batterie beim TRABANT 601 nach etwa 50 km Fahrt wieder vollkommen aufgeladen war. Flachsteckverbindungen anstelle von Schraubenverbindungen erleichtern das Auswechseln von Kabeln und elektrischen Aggregaten bedeutend und gehören heute zur Ausrüstung eines dem internationalen Stand entsprechenden Fahrzeugs.
Für die Lenkung ist in der Kleinwagenklasse international die Zahnstangenlenkung vorgesehen. Sie garantiert eine sichere Richtungshaltung während der Fahrt. Mit dieser Lenkung ist auch der TRABANT 601 ausgerüstet.
Die durchgeführten Vergleiche an Hand von Meßwerten und Besonderheiten der Konstruktionen zeigen, daß bei allen behandelten Kleinwagen Abweichungen kleinerer und größerer Art zum internationalen Stand auftreten.
Insgesamt gesehen erweist sich aber, daß von den 12 vergleichbaren Fahrzeugen aus der Größenklasse von 500 bis 700 cm³ drei in etwa den Weltstand bestimmen: NSU-PRINZ 4, BMW 700 LS und TRABANT 601. Unter diesen dreien wird sich der TRABANT mit seiner neuen Karosserieform und den technischen Einzelheiten nicht nur behaupten, sondern in vielen Punkten den Weltstand mitbestimmen. Davon zeugen nicht zuletzt auch die Verkaufserfolge in vielen Ländern Europas.

Glas-Isar 600 [6]	**Trabant 601** [7]	**NSU-Prinz 4** [8]	**Citroën-Ami 6** [9]	**Steyr-Puch 700 C** [10]	**Glas-Isar 700** [11]	**BMW 700 LS** [12]
normale Ponton-Limousine	normale Ponton-Limousine	normale Ponton-Limousine	norm. Ponton-Limousine m. schräger Heckscheibe	Vollheck-Limousine	normale Ponton-Limousine	normale Ponton-Limousine
selbsttragende Stahlblechkarosserie	selbststr. Stahlgerippe m. Duroplast-Außenhaut	selbsttragende Stahlblechkarosserie	selbsttragende Stahlblechkarosserie	selbsttragende Stahlblechkarosserie	selbsttragende Stahlblechkarosserie	selbsttragende Stahlblechkarosserie
2/4	2/4	2/5	4/4	2+1/4	2/4	2/4
5,07	5,35	5,12	5,97	4,33	5,07	5,71
0,32	0,41	0,365	0,33	0,39	0,32	0,22
konventioneller Hinterradantrieb	Frontantrieb	Heckantrieb	Frontantrieb	Heckantrieb	konventioneller Hinterradantrieb	Heckantrieb
2-Zyl.-4-Takt-Boxermotor, luftgekühlt	2-Zyl.-2-Takt-Reihenmotor, quer, luftgekühlt	2-Zyl.-4-Takt-Twin, luftgekühlt	2-Zyl.-4-Takt-Boxermotor, luftgekühlt	2-Zyl.-4-Takt-Boxermotor, luftgekühlt	2-Zyl.-4-Takt-Boxermotor, luftgekühlt	2-Zyl.-4-Takt-Boxermotor, luftgekühlt
584	594,5	598	602	643	682	697
19/5000	23/3800–4000	30/5500	24,5/4750	25/4800	30/4900	32/5000
3,8/3000	5,2/2700–2800	4,5/3250	4,0/3300	4,2/3000	5/3500	5,1/3400
12/32	6/56	12/32	6/45–50	12/32	12/32	12/24
4 Gänge, vollsynchronis.	4 Gänge, vollsynchronis.	4 Gänge, vollsynchronis.	4 Gänge, vollsynchronis.	4 Gänge, vollsynchronis.	4 Gänge, vollsynchronis.	4 Gänge, vollsynchronis.
Schraubenfeder/ längsliegende Blattfeder	Querblattfeder/ Querblattfeder	Schraubenfeder/ Schraubenfeder	Schraubenfeder/ Schraubenfeder	Querblattfeder/ Schraubenfeder	Schraubenfeder/ längsliegende Blattfeder	Schraubenfeder/ Schraubenfeder
5,50-12	5,20-13	4,80-12	125-380	5,10-12	5,50-12	5,20-12
vorn und hinten Trommelbremse F = 488	vorn und hinten Trommelbremse F = 462	vorn und hinten Trommelbremse F = 377	vorn und hinten Trommelbremse F = 566	vorn und hinten Trommelbremse F = 452	vorn und hinten Trommelbremse F = 488	vorn und hinten Trommelbremse F = 588
2000	2020	2040	2400	1940	2000	2280
3455	3555	3440	3920	3185	3455	3860
1470	1504	1490	1524	1360	1470	1480
1380	1437	1360	1485	1410	1380	1360
190	155	150	150	170	190	185
9,6	10	8,8	11	8,6	9,6	9,8
185	173	164	170	176	185	176
640	615	565	665	560	640	680
360	335	435	315	340	360	370
33,7	26,7	18,8	27,1	22,4	21,3	21,2
105	100	119	113	100	110	122
24,5	20,7	17,5	19,6	17,0	17,5	15,0
5,0–7	6,0–8,5	6,4–7,8	7,5–8,0	4,0–7,0	5,5–8,0	6,2–9,0

Sport:

Von Friedensfahrten und Rallyewettbewerben

1 Le Mans – Start in Moskau. Start-Nummer 2 die Trabant-Fahrer Asmuß/Piehler

Das Debüt der ersten motorisierten Friedensfahrt

In unserem Zeitalter, in dem die Weltraumfahrt zum Mond oder zu fernen Planeten in greifbare Nähe gerückt ist, sind wir von Geschwindigkeitsangaben von mehreren Kilometern je Sekunde nicht mehr sonderlich überrascht oder beeindruckt. Auch wenn wir an Entfernungen auf unserer guten, alten Mutter Erde denken, beschwören solche Strecken wie Berlin – Moskau oder Moskau – Prag längst nicht mehr Bilder einer wochenlangen Reise in uns herauf, weil unsere Verkehrsmittel diese Entfernungen rasch und sicher überbrücken.

Für 70 Fahrerpaare aus der Sowjetunion, der Volksrepublik Polen, der Tschechoslowakischen Sozialistischen Republik, der Ungarischen Volksrepublik und der Deutschen Demokratischen Republik jedoch war die Fahrt von Moskau über Warschau und Berlin nach Prag, jene Fahrt in den Tagen vom 4. bis 9. Juni 1960, die als I. Internationale Automobilrallye in die Motorsportgeschichte dieser Länder eingehen wird, alles andere als eine Spazierfahrt. Es mag sein, daß die große Radfernfahrt für den Frieden, die alljährlich Warschau, Berlin und Prag verbindet, Pate zu dieser neuen Friedensfahrt gestanden hat, denn die Automobilsportler der sozialistischen Länder trafen sich zu dieser Rallye unter der verpflichtenden Losung „Für Frieden und Freundschaft". Dem friedlichen, fairen Wettbewerb waren jene 5000 Kilometer zwischen Moskau und Prag gewidmet, die nicht nur eine Lücke im Sportverkehr zwischen den Motorsportlern schließen, sondern auch die Freundschaftsbande fester knüpfen halfen.

Es waren harte, anstrengende Kilometer, die in vier Tagesetappen im Wettbewerbstempo zurückgelegt werden mußten. Fünftausend Kilometer – das ist, um mit den Maßstäben eines „Durchschnittsfahrers" zu rechnen, etwa die Hälfte der Strecke, die er im Jahr zurücklegt. Die Etappe Moskau–Minsk entsprach mit ihren 1430 Kilometern immerhin der viereinhalbfachen Entfernung Berlin – Erfurt. Um die 1971 Kilometer der Schlußetappe Berlin – Prag zurückzulegen, hätte man diese Strecke sogar sechsmal fahren müssen! – Und das alles ohne Ruhepause, 1971 Kilometer in ununterbrochener Fahrt! Die Etappen Minsk – Warschau und Warschau – Berlin mit ihren 440 bzw. 901 Kilometer Länge könnte man dagegen direkt als „Erholung" bezeichnen, obwohl auch sie den Fahrern und Fahrzeugen alles abverlangten. Die I. Internationale Automobilrallye „Für Frieden und Freundschaft" war kein Rennen, kein Jagen nach höchsten Geschwindigkeiten. Sie war vielmehr eine große sportliche Leistungsprüfung und ein Leistungsvergleich, da die Mehrzahl der in den beteiligten Ländern produzierten Personenkraftwagentypen am Start stand.

Auf der 5000 Kilometer langen Strecke Moskau – Warschau Berlin – Prag, in all den als Sonderprüfungen eingestreuten Geschwindigkeitstesten und Slalomfahrten erwiesen sich die sowjetischen Automobilsportler in der Wertung der Nationalmannschaften vor denen der ČSSR, der DDR, der Volksrepublik Polen und der Ungarischen Volksrepublik als die Besten. Sowjetische Fahrer setzten sich auch bei den Klubmannschaften siegreich durch.

Ein „Wartburg" aus Eisenach mit seinen Fahrern Kurt Otto und Hermann Hanf aber konnte über drei Etappen die Führung in der Gesamteinzelwertung übernehmen und wurde erst bei den letzten Prüfungen der Fahrt von dem tschechoslowakischen Fahrerpaar Bobek/Mansfeld auf „Škoda Octavia Super" ganz knapp geschlagen. Großartig trumpften auch die „Trabanten" auf, denn alle fünf in Moskau gestarteten Zwickauer Kleinwagen erreichten wohlbehalten das Endziel in der Moldaumetropole! Der Beste von ihnen, mit den Fahrern Linke und Günther, kam sogar auf Platz 24 in der Einzelwertung.

Zum Ruhme des völkerverbindenden Sports und zur Ehre ihrer Heimat kämpften bei dieser I. Internationalen Automobilrallye siebzig Fahrerpaare. Ihr Einsatz und die herzliche Anteilnahme der Bevölkerung setzten die als Losung über der Fahrt stehenden Worte in die Tat um. Im Jahr 1961 wird die zweite Zuverlässigkeitsfahrt in Warschau gestartet und über Berlin – Prag – Budapest nach Kiew führen. Sicher ist die I. Internationale Automobilrallye 1960 bei weitem noch nicht so populär wie zum Beispiel die Radfernfahrt für den Frieden Prag – Berlin – Warschau, aber es besteht kein Zweifel, daß bei intensiver Werbung der beteiligten Automobilsportverbände auch die motorisierte Friedensfahrt von Jahr zu Jahr mehr Bedeutung gewinnen wird.

Ergebnisse der I. Internationalen Automobilrallye für Frieden und Freundschaft

Nationalmannschaften: 1. Sowjetunion 75 Strafpunkte; 2. ČSSR 89; 3. DDR 92; 4. Volksrepublik Polen 182; 5. Ungarische Volksrepublik 196 Strafpunkte.

Klubmannschaften: 1. MZMA Moskau (Moskwitsch); 2. Automobilklub Riga; 3. Roter Stern Prag; 4. DDR I (Wartburg); 5. Škoda-Werke ČSSR

Plazierung der DDR-Teilnehmer in der Gesamteinzelwertung bei 70 gestarteten Fahrzeugen:

2.	Otto/Hanf	Wartburg	28,14 Strafpunkte
6.	Rüttinger/Thiel	Wartburg	29,27 Strafpunkte
17.	Mietzner/Wohlgemuth	Wartburg	34,16 Strafpunkte
24.	Linke/Günther	Trabant	37,36 Strafpunkte
26.	Jäger/Möller	Wartburg	38,63 Strafpunkte
29.	Galle/Georgi	Trabant	39,39 Strafpunkte
33.	Feldmann/Lange	Trabant	43,44 Strafpunkte
40.	Landgraf/König	Trabant	47,00 Strafpunkte
41.	Rüdiger/Wöllner	Wartburg	48,15 Strafpunkte
42.	Asmuß/Piehler	Trabant	49,26 Strafpunkte
43.	Geidel/Keßler	Wartburg	50,01 Strafpunkte
60.	Römer/Dörre	Wartburg	295,84 Strafpunkte
63.	Keßler/Neumann	Wartburg	405,10 Strafpunkte

2

3

4

2 Kurz nach dem Start im Moskauer Hippodrom die DDR-Fahrer Kurt Rüdiger/Wilhelm Wöllner und Werner Jäger/Erich Möller

3 Große Zuschauermengen umsäumten in Warschau die Slalom-Strecke. Auf der Strecke Landgraf/König auf Trabant

4 Für die Zwickauer Heinz Feldmann und Werner Lange fällt bei der letzten Sonderprüfung – einem Geschwindigkeitstest bei Melnik in der ČSSR – die schwarz und weiß karierte Zielflagge

W. Roediger

Quo vadis, Rallyesport?

Betrachtungen zu Problemen und Erscheinungen einer Sportart

Der Leser möge mir einige Vorsätze erlauben. Ich habe nicht die Absicht, den Rallyesport nur einseitig zu betrachten oder bestimmte Interessen zu vertreten, sondern möchte Probleme in ihrer Allgemeingültigkeit zumindest andeuten. Es gilt auch nicht, die eine oder andere DDR-Rallye in den Vordergrund zu rücken oder abzuwerten. Vielmehr soll versucht werden, Gedanken zur positiven Weiterentwicklung dieses wertvollen Sports zusammenzutragen.

Gegenwärtig entsteht häufig der Eindruck, als befände sich der internationale Rallyesport an einer Wegscheide. Es scheint, als müsse sich hier und jetzt herausstellen, wie die weitere Entwicklung verläuft, ob auf einem linken oder rechten Wege, ob nach unten oder oben. Um derartige Entscheidungen bemühen sich heute fast alle Veranstalter internationaler Rallyes. Dabei tauchen Probleme auf. Sind dies aber echte Krisenerscheinungen, oder handelt es sich um entwicklungsbedingte Wachstumsschwierigkeiten?

Bei oberflächlicher Betrachtung könnte zunächst der Eindruck entstehen, daß Fragen des internationalen Rallyesports doch höchstens einige ADMV-Funktionäre und die paar Dutzend Fahrer berühren, die jährlich um die Deutsche Meisterschaft im Tourenwagensport konkurrieren. Der Fragenkomplex, die Symptome und Auswirkungen beschränken sich jedoch ganz und gar nicht auf diesen kleinen Kreis. Hier überschneiden sich weitreichende Interessengebiete.

Rallyes sind automobilsportliche Wettbewerbe, die von einer größeren Anzahl Teilnehmer *mit serienmäßigen Wagen auf öffentlichen Straßen* im normalen Verkehr gefahren werden! – Diese Grundkonzeption aller Rallyes steht in weitgehendem Gegensatz zu Rennen, die als reine Geschwindigkeitswettbewerbe mit Spezialfahrzeugen auf abgesperrten Strecken ausgetragen werden. – Damit treten bereits zwei Einflußfaktoren aus dem allgemeinen Bereich hervor: einmal ist dies der Serienwagen als industriell gefertigtes und im Handel und auf dem Exportmarkt angebotenes Erzeugnis, zum anderen die öffentliche, dem gesamten Verkehr dienende, nicht für Rallyefahrer reservierte Straße. Aus diesen beiden Gebieten – technischer und verkehrspraktischer Art – heraus entstehen die am häufigsten diskutierten Probleme des Rallyesports.

Das Automobil, der Serienwagen steht heute im Mittelpunkt allgemeiner Interessen und ist als hochwertiges, in großen Stückzahlen hergestelltes Produkt ein mehr oder weniger einflußreicher ökonomischer Faktor. Die Konkurrenzfähigkeit auf dem internationalen Automobilmarkt, die Absatzerfolge und das Ansehen des betreffenden Automobiltyps hängen in hohem Maße von den technischen Eigenschaften ab, nicht zuletzt allerdings auch davon, wie die Werbung Qualitäten dieses Serienwagens herausstellen kann. Und sportliche Erfolge haben schon seit jeher einen hohen Werbewert.

Man muß sich deshalb darüber klar sein, daß das Automobil gewissermaßen vom Automobilsport lebt und daß der wesentliche Inhalt des Automobilsports aus Hinweisen für die technische Entwicklung und aus möglichst unmittelbaren Leistungsbeweisen des Gebrauchswagens besteht. So rückte erst die Wettfahrt Paris–Rouen im Jahre 1894 das schon längere Zeit vorher erfundene Automobil in das Blickfeld der Öffentlichkeit, und erst die anschließenden Geschwindigkeitswettbewerbe in den Jahren bis zur Jahrhundertwende bestätigten die Überlegenheit des Automobils über andere Fortbewegungsmittel und Antriebsarten. In der klassischen Epoche des Automobilrennsports übernahmen die Rennen die tragende Funktion als Entwicklungsfaktor und Beweismittel für den Stand der Automobiltechnik. Diese Bedeutung haben sie heute weitgehend verloren.

Heute wird kein auch nur halbwegs über die Zusammenhänge aufgeklärter Mensch den Siegerwagen eines Grand Prix in irgendeiner Weise mit dem Serienwagen gleicher Marke identifizieren. Die ursprünglich nahe Verwandtschaft zwischen Rennwagen und Gebrauchswagen hat aufgehört zu bestehen. Außerdem kommt niemand mehr in die Verlegenheit, derartige Vergleiche zu ziehen, denn kein einziges großes Werk der Automobilindustrie beteiligt sich zur Zeit am Grand-Prix-Rennsport.

1

1 Fahrzeugabnahme mit Überprüfung auf Verkehrssicherheit und Einhaltung der Vorschriften des Anhangs J. Vor der Rallye kann sich diese Überwachung der Serienmäßigkeit nur auf eine Sichtkontrolle beschränken

2 In ganz bestimmten Grenzen sind Änderungen am Wagen und Leistungssteigerungen erlaubt. Hier eine Version des Wartburg-Motors in der Kategorie Grand-Tourisme- bzw. Spezial-Serientourenwagen

3 Rallye-Utensilien: Schutzhelm (auf Sprintstrecken vorgeschrieben), Sicherheitsgurte, griffbereit untergebrachtes Bordwerkzeug, Zubehör und sorgfältig zusammengestellter Proviant für viele Fahrstunden

2

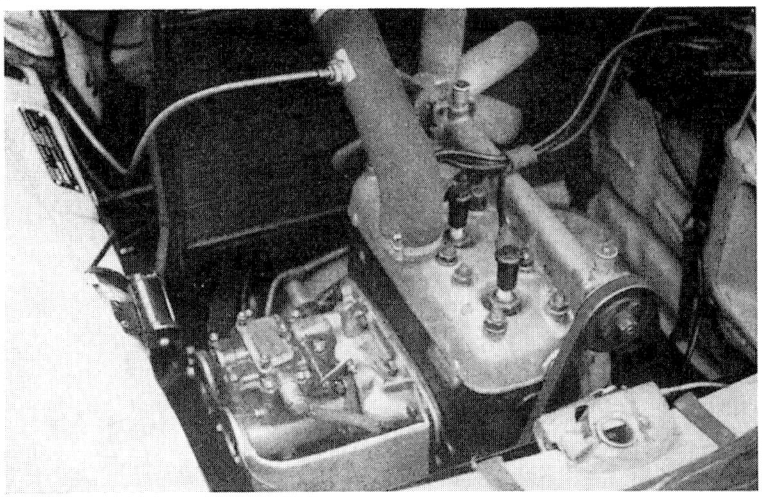

3

Die demonstrative Art des Leistungsbeweises, die Darlegung des konstruktiven und industriellen Niveaus, die Beweisführung für angewendeten technischen Fortschritt im Gebrauchsautomobil hat sich heute auf den Rallyesport verlagert!

Seit Jahrzehnten werden Rallyes gefahren, aber noch nie wurden sie so wie heute als Maßstäbe angesehen. Gegenwärtig wiegt für alle Beteiligten – vom Werk über die Fahrer bis zum potentiellen Käufer – der Gesamtsieg bei einer internationalen Rallye wenigstens ebenso schwer wie vor Jahren ein Grand-Prix-Sieg mit dem Formelrennwagen. Jede errungene Goldmedaille ist für die Marke, mit deren Wagen sie erzielt wurde, buchstäblich Gold wert. Daraus erklärt sich, daß um diese Markenerfolge bei internationalen Rallyes von den Werken zwangsläufig mit einem außerordentlich hohen Aufwand und Einsatz gestritten wird, der zunehmend dem gleichkommt, was früher für die Beteiligung am Grand-Prix-Rennsport angelegt wurde. Das beginnt schon mit der optimalen Herrichtung von Werkswagen, die zwar den Kategorievorschriften des Anhangs J zum internationalen Automobilsportgesetz entsprechen, aber kaum noch als serienmäßig zu bezeichnen sind. Für diese Werkswagen werden auserlesene Piloten engagiert, die oft Honorare erhalten, die mancher hochdotierte Rennfahrer nicht ablehnen würde. Taktische Einweisungen und technische Betreuung der Werkteams überschreiten bereits weit Umfang und Ausmaß des früher für Rennen organisierten Boxendienstes.

Diese Entwicklung – der sich die mit vergleichsweise sehr bescheidenem Aufwand eingesetzten Werksmannschaften unserer beiden Automobilwerke mit Trabant und Wartburg bei Auslandsstarts gegenübersehen – ist nach Lage der Dinge verständlich. Sie hat und bedingt jedoch auch ihre Konsequenzen. Aber davon später.

Sicher ist zunächst noch interessant, inwieweit Rallyes tatsächlich Maßstäbe für die Beurteilung von Serienwagen liefern. Ihrem Charakter nach waren diese Langstreckenwettbewerbe jahrzehntelang vorwiegend Zuverlässigkeitsprüfungen. Im Laufe der Jahre wurde die Zuverlässigkeit der Automobile so weit entwickelt, daß sie heute bei Rallyes kaum noch überfordert wird. Normalerweise jedenfalls hält heute ein Wagen das Vielfache einer Rallyedistanz durch. Zuverlässigkeit kann heute also nicht mehr allein und ausschlaggebend das Kriterium einer Rallye sein. Das Schwergewicht der Entscheidung liegt jetzt vielmehr auf den Fahrleistungen und Fahreigenschaften, die während Geschwindigkeits-Sonderprüfungen auf Spezialetappen und Sprintstrecken das Abschneiden in der Wertung maßgeblich beeinflussen.

Triebwerkleistung und Fahrwerkqualitäten sind zweifellos für die Beurteilung eines Serienwagens wichtige Eigenschaften. Rallyeerfolge bieten aber auch hier keinen genauen Maßstab für die Beurteilung des Serienprodukts. Beispielsweise verfügt jeder Rallyewagen über erheblich mehr PS als das vollkommen serienmäßige Automobil gleichen Typs. Andererseits entspricht die sportlich stramme Federung des erfolgreichen Rallyewagens keinesfalls höchsten Komfortansprüchen. Weiterhin sind die selbstverständliche Zuverlässigkeit, überdurchschnittliche Triebwerkleistungen und Fahrwerkeigenschaften – jene entscheidenden Faktoren für den Rallyeerfolg – nicht die einzigen Beurteilungskomplexe für den Gebrauchswagen. Für den Interessenten und Käufer sind Preis, Wirtschaftlichkeit, Betriebskosten, Karosserieform, Innenraumverhältnisse, Ausstattung usw. genauso maßgebend, und über alle diese Punkte können Rallyeerfolge keine Aufschlüsse geben. Hinzu kommt noch die keineswegs seltene Möglichkeit, daß ein Serienwagen, der seinen Benut-

zer in vieler Hinsicht befriedigen würde, für Rallyezwecke völlig untauglich sein kann.
Alle diese Bemerkungen sollen den Rallyesport als Beweismittel für *einige* Merkmale des Serienwagens nicht abwerten. Sie sollen lediglich andeuten, wo die Grenzen für Beurteilungen aus Rallyeerfolgen liegen. Dennoch sind Rallyes die realsten und direktesten Serienwagenleistungsbeweise, die es gegenwärtig gibt!
Die Wirksamkeit des Leistungsbeweises mit dem Serienwagen selbst wird wesentlich dadurch verstärkt, daß für diese Demonstration bei Rallyes auch „serienmäßig" Bedingungen gegeben sind: der größte Teil der Rallye läuft im normalen Verkehr und auf täglich befahrenen Straßen ab. Von dieser außerordentlich positiven Seite her gerät der Rallyesport aber mehr und mehr in Widerspruch zu den sowieso ständig problematischer werdenden Verkehrsverhältnissen. Auf überfüllten oder zumindest stark befahrenen Straßen kann oft schon ein privater Fahrplan nicht eingehalten werden – es sei denn, man riskiert genau das, was sowohl im Alltagsverkehr als auch im Automobilsport unbedingt zu vermeiden ist: den Unfall. Wenn schon im privaten, individuellen Fahrbetrieb unter vermeintlicher Zeitnot die Gefahr von Fehleinschätzungen mancher Verkehrssituationen vorliegt, so ist das Unfallrisiko während einer Rallye noch größer. In der Hitze des Gefechts – um die psychologischen Verhältnisse so zu umschreiben – wird oft die Kritikfähigkeit herabgesetzt, und an die Stelle nüchterner Beurteilung tritt das höhere Wagnis.
Dagegen ließe sich einwenden, daß bei einer Rallye die Sollzeiten von Zeitkontrolle zu Zeitkontrolle so vorgesehen werden könnten, daß jegliches Risiko ausgeschaltet ist. Abgesehen davon, daß damit der Wettbewerbscharakter der Rallye auf diesem Straßenabschnitt völlig verlorengeht, wird die Unfallgefahr dadurch nicht ausgeschaltet: Zahlreiche Rallyeteams fahren trotz langer Sollzeiten maximales Tempo, um sich für alle Fälle eine möglichst große Zeitreserve zu verschaffen, die sie bei Nichtbedarf unmittelbar vor der nächsten Zeitkontrolle wieder „abbummeln".
Nun gut, so könnte der nächste Einwand lauten, dann sei das erhöhte Risiko bei diesem Auf-Zeitreserve-Fahren des Fahrers eigene Sache. Auch diese Argumentation ist falsch, denn es ist bei einer Rallye im Unterschied zu einem Rennen eben nicht nur des Fahrers eigene Sache. Wer hier – aus welchen Gründen auch immer – unter normalen Verkehrsverhältnissen auf der Straße einen Unfall verursacht, hat in jedem Falle allgemeingültige Bedingungen und Ordnungen des Straßenverkehrs mißachtet und schlimmstenfalls schwere Schädigungen oder gar den Tod anderer Verkehrsteilnehmer auf dem Gewissen.
Die Veranstalter können sich wohl der Verantwortung für derartige Vorkommnisse bis zu einem gewissen Grade entziehen, indem sie die Einhaltung der Straßenverkehrsordnung zum unumgänglichen Bestandteil der Ausschreibung machen und auch anscheinend risikolose Sollzeiten vorschreiben. Die Probleme sind damit jedoch nicht aus der Welt geschafft. Sie bestehen weniger darin, daß normale Verkehrsstraßen im Zuge einer Rallye mit 50, 100 oder 200 Wagen mehr belegt werden, sondern daß zumindest ein Teil davon für alle Verkehrspartner

4

5

4 Start! – Noch ist nichts entschieden, aber es hängt von der Charakteristik der Rallye ab, wo und für wen Entscheidungen fallen werden

5 Die Rallye rollt über 500, 1000, 2000 oder mehr Kilometer auf normalen Straßen. Überholvorgänge, Gegenverkehr, Radfahrer, Ortsdurchfahrten, alles gehört dazu und auch das: Einhaltung der StVO!

6 Bei jeder Rallye sind Sonderprüfungen eingelegt. Auf abgesperrten Spezialstrecken, meist kurvenreichen Bergstraßen, sind Bestzeiten zu fahren

7 Wenige Augenblicke nach spektakulärem Überschlag aus einer sandigen Kurve auf einer Spezialstrecke der Internationalen Rallye Wartburg. Wagen, Totalschaden, Fahrer und Copilot unverletzt – aus ist der Traum vom Rallyeerfolg

6

7

auf dieser Straße erhöhte Unfallgefahr bedeutet. Diese vielleicht abschreckend erscheinende Vorstellung ist leider eine unübersehbare Realität.
Seit Jahrzehnten werden Rallyes gefahren. Dabei entstanden jedoch noch nie Verkehrsprobleme in derartigem Umfang, wie das jetzt der Fall ist. In verschiedenen westeuropäischen Ländern, die noch mehr unter komplizierten Verkehrsverhältnissen zu leiden haben, sind Verbote und Einschränkungen für Rallyeveranstaltungen auf öffentlichen Straßen erlassen, und es werden bestimmte Auflagen hinsichtlich Streckenführung, Ausdehnung und Teilnehmerzahl erteilt. Und seit einiger Zeit hat sich ein Austragungsstil entwickelt, der nun überwiegend auch bei Rallyes in der DDR angewendet wird: Die Rallye führt über eine längere Strecke von Sonderprüfung zu Sonderprüfung, und dort, auf jeweils abgesperrten Straßen, fällt die Entscheidung als Summe mehrerer Geschwindigkeitswettbewerbe. Daraus erwachsen weitere Probleme von der sportlichen Seite her.
Früher waren Rallyes Langstrecken-Zuverlässigkeitsfahrten mit Gebrauchswagen. Dabei kam es für die Teilnehmer im Grunde genommen darauf an, mit ihren Automobilen zu einer bestimmten Zeit am Zielort einzutreffen (Rallye ist ein Wortstamm aus dem Französischen; se rallier = sich anschließen, treffen).
Diese klassische Form ist unmodern geworden.

- Aus der typischen Langstrecken-Zuverlässigkeitsfahrt veränderte sich die Rallye – bedingt durch Erfordernisse des Verkehrs, aber auch, weil Zuverlässigkeit heute als Wertungsmaßstab nicht mehr zur Differenzierung ausreicht – zu einer Folge von Geschwindigkeitsprüfungen. Die Entscheidung fällt heute auf Spezialstrecken, die nur einen Bruchteil der gesamten Rallyedistanz ausmachen.
- Während Rallyes früher mehr ein gesellschaftliches Ereignis im bürgerlichen Sinne bedeuteten, das gebührend gefeierte Zusammentreffen einer großen Anzahl meist privater Autofahrer, sind Rallyes heute Demonstrationsveranstaltungen der Automobilindustrie und damit Schauplatz der Auseinandersetzung von Werksmannschaften.
- Die Verlagerung der Entscheidung auf Geschwindigkeits-Sonderprüfungen und die außerordentliche Bedeutung jedes Rallyeerfolges für die konkurrierenden Automobilwerke führte von der Beteiligung mit weitgehend normalen, handelsüblichen Automobilen zum Einsatz von werkseitig schärfstens präparierten Wagen.

Schon diese drei Punkte zeigen, daß bei einer großen internationalen Rallye gegenwärtiger Art private Teilnehmer, auch wenn diesem oder jenem genügend finanzielle Mittel zur Verfügung stehen, gegen perfekt vorbereitete Werkteams nur mit geringen Erfolgsaussichten konkurrieren können.
Demnach ist festzustellen: Auf der einen Seite haben Rallyes heute den wertvollen Charakter des technischen Prüffelds und direkten Leistungsbeweises für die serienwagenproduzierende Automobilindustrie erlangt – also eine Bedeutung, die früher den Rennen zugesprochen wurde –, andererseits entfernen sich die Rallyes durch diese Entwicklung immer mehr von dem für weite Teilnehmerkreise interessanten, populären Serienwagensport.
Das sind in Umrissen die wesentlichsten Widersprüche.
Sie führten unter anderem dazu, daß sich heute zwei Arten von Rallyes herausgebildet haben. Beide Formen werden bei internationalen Rallyes in der DDR angewendet, beide enthalten Für und Wider, und – um das gleich vorauszuschicken – keine von beiden ist wegen der praktizierten Charakteristik in Bausch und Bogen zu verwerfen.
Die *Internationale Rallye Wartburg* ist das kennzeichnende Beispiel für die „schnelle" Rallye, wie sie jetzt international, vor allem in Westeuropa, am häufigsten gefahren wird. Im Prinzip besteht sie aus mehreren Geschwindigkeitsprüfungen auf Klassenbestzeit, die durch eine Langstreckenfahrt mit verhältnismäßig gut einzuhaltenden Sollzeiten miteinander verbunden sind. Die Wahl einer solchen Form ist für die Internationale Rallye Wartburg durchaus naheliegend. Mit der Rallye Wartburg sind die Interessen unserer beiden Automobilwerke in Eisen-

ach und Zwickau eng verknüpft. So ist es durchaus erklärlich, daß hier Formen und Maßstäbe zur Geltung gebracht werden, die die Leistungen der Werksmannschaften und ihrer Wagen – selbstverständlich auch die ausländischer Teams – in den Vordergrund rücken. Dies geschieht auf den Spezialstrecken. Bei diesen Geschwindigkeitsprüfungen und nicht auf der langsamen Langstrecke fällt also die Entscheidung bei der „schnellen" Rallye Wartburg. Private Teilnehmer haben hier kaum Chancen auf einen Klassensieg oder gar den Gesamtsieg. Dennoch zählt die Rallye Wartburg zu den beliebtesten Rallyes. Intern gibt es für die Privatfahrer eine inoffizielle Sonderwertung, die außerdem ganz offiziell in der Wertung dieser Rallye zur Deutschen Meisterschaft zum Ausdruck kommt. (Zur Wertung in der Deutschen Tourenwagen-Meisterschaft werden die Ergebnisse von Werksmannschaften nicht berücksichtigt.)

Die *Pneumant Rallye International*, die zweite internationale DDR-Rallye und ebenfalls Lauf zur Deutschen Tourenwagen-Meisterschaft, weist dagegen die Konzeption einer Langstreckenrallye auf. Der Schwerpunkt der Entscheidung liegt hier weniger auf Geschwindigkeitssonderprüfungen, sondern auf der Fahrt von Zeitkontrolle zu Zeitkontrolle, also eben während der Langstreckenfahrt. Diese Form wurde vom Veranstalter der Pneumant Rallye International bewußt herausgearbeitet. Es wurde dabei die Auffassung vertreten, die Rallye solle nicht überwiegend die Angelegenheit des Wagens und seiner PS-Leistung sein, sondern hier sollten vorrangig die Qualitäten und umfassenden Leistungen von Fahrer und Copilot entscheiden.

Diese Konzeption bedingt, daß von den Teilnehmern bei sehr knapp bemessenen Sollzeiten verhältnismäßig hohe Durchschnittsgeschwindigkeiten für die Fahrt von Zeitkontrolle zu Zeitkontrolle verlangt werden. Diese Durchschnitte, so beweist der Pneumant-Veranstalter, sind unter Einhaltung der StVO zu schaffen, aber auch nur dann, wenn keinerlei Zwischenfälle eintreten. Schon ein noch so kleiner Zeitverlust, verursacht vielleicht durch eine Fehlorientierung des Copiloten oder eine Störung am Wagen, bringt unweigerlich Strafpunkte auf der Langstrecke, die sich nie, auch nicht durch noch so überlegene Bestzeiten bei den Sonderprüfungen, ausgleichen lassen. Ohne Geschwindigkeitssonderprüfungen kommt selbstverständlich auch die Pneumant Rallye nicht aus. Dabei wurde jedoch Wert darauf gelegt, möglichst kein Teilnehmerpaar von der Wagenseite her zu benachteiligen. So war beispielsweise eine schwere, kurvenreiche Spezialstrecke im Mittelgebirge nicht bergauf, wie sonst üblich, sondern bergab zu fahren. Eine Auswertung der Pneumant-Ergebnisse zeigt die Stichhaltigkeit der Argumente für die Pneumant-Konzeption: Ohne Berücksichtigung der Langstreckenfahrtstrafpunkte würden in der Gesamtwertung Fahrer leistungsschwächerer Wagen weiter hinten rangieren.

Über die Pneumant-Charakteristik gab es im vergangenen Jahr Diskussionen. Gegen die Pneumant-Form wurde in erster Linie wegen der verlangten hohen Durchschnittsgeschwindigkeiten, wegen der kurzen Sollzeiten während der Langstreckenfahrt unter normalen Verkehrsverhältnissen gesprochen. Dazu sei aber nur der Hinweis wiederholt, daß auch gelinder erscheinende Sollzeiten auf der Langstrecke überhöhte Geschwindigkeiten einzelner Teilnehmer und damit die Unfallgefahr nicht ausschließen. Demnach ist auch eine sogenannte schnelle Rallye mit anscheinend harmlosen Langstreckensollzeiten innerhalb des üblichen Straßenverkehrs nicht ohne Allgemeinrisiko. Dieses Risiko läßt

8

9

sich so lange nicht ausschalten, wie überhaupt eine Rallye über normale, unabgesperrte Verkehrsstraßen führt.

Dieses Problem kann und muß deshalb einzig und allein vom Rallyefahrer selbst bewältigt werden. Dazu gehört – geboren aus der Erkenntnis, daß Ankommen die Voraussetzung für einen Erfolg ist – das ständige Bemühen um absolute Verkehrsdisziplin und unter allen Umständen höchstes Verantwortungsbewußtsein bei jedem konkurrierenden Rallyefahrer.

Bei jeder Rallye besteht aber auch Veranlassung, die für den übrigen Verkehr zwar abgesperrten, jedoch intern besonders unfallintensiven Spezialstrecken etwas zu entschärfen. Das soll nicht durch Verlagerung auf weniger schwere Strecken geschehen, aber die rechtzeitige vorherige Bekanntgabe dieser Spezialstrecken – wie das im letzten Jahr schon bei beiden internationalen DDR-Rallyes praktiziert wurde – ist zu begrüßen. Die völlige Geheimhaltung von Spezialstrecken ist sowieso zweifelhaft, und die Möglichkeit, die betreffende Strecke vorher abzufahren oder

10

11

12

8 Dann kommt die Nacht. Noch mehr hängt jetzt vom Fahrer 2 ab. Orientieren, rechtzeitiges Einweisen vor Abzweigungen, Kontrolle der Fahrzeiten und Durchschnittsgeschwindigkeiten gehören zu den entscheidenden Aufgaben des Copiloten

9 Bei einer großen internationalen Rallye wird vom Anfang bis zum Ziel und speziell auf entscheidenden Sprintstrecken höchster Einsatz von Fahrer, Copiloten und Wagen verlangt

10 Sogenannter Le-Mans-Start zu einer als Rundstreckenrennen ausgetragenen Rallye-Sonderprüfung auf dem Sachsenring

11 Kampf ausländischer Equipen um Sekundenbruchteile in der Queckenbergkurve – leider ohne die von Rennen gewohnte große Zuschauerkulisse, denn Serienwagenwettbewerbe sind für das Publikum meist nicht allzu attraktiv

12 Kurt Otto, Mitglied der Eisenacher Sportgruppe

auch zu trainieren, setzt die Unfallgefahr aus Unkenntnis der Streckenführung oder Fahrbahnbeschaffenheit herab.
Allerdings ergibt sich aus derartigem Streckentraining ein weiteres Plus für wohlvorbereitete Werksmannschaften und die Privatfahrer, deren Zeit und Mittel derartige Trainingsfahrten erlauben. Aber größte Anforderungen sowie höchste persönliche und materielle Einsätze sind nach Lage der Dinge sowieso nicht mehr vermeidbar.
Damit wird der Kern der ganzen Sache offensichtlich.
Die großen internationalen Rallyes haben sich zum ausgesprochenen Hochleistungssport mit allen seinen Folgerungen, Bedingungen und Härteerscheinungen entwickelt!
Diese Entwicklung läßt sich einfach nicht stoppen oder gar zurückdrehen, ohne dem Rallyesport jene Werte zu nehmen, die er – nicht zuletzt gerade wegen seiner Zuspitzung und Härte – als der gegenwärtig realste Leistungsbeweis der Automobilindustrie, als wesentlicher Beitrag zur Weiterentwicklung des gebrauchstüchtigen Serienwagens und als Gradmesser wirklicher Meisterschaft in dieser sportlichen Disziplin inzwischen erlangt hat.
Bei der gesamten Rallyesportproblematik geht es deshalb auch weniger um die praktizierten Formen. Jede der zwei zur Zeit angewendeten Konzeptionen hat ihre Berechtigung. Dabei sind Angleichungen zwischen Werkteams und Privatfahrern denkbar, von der technischen Seite her beispielsweise durch weitere Verminderung der Serientourenwagenkategorien und ganz eng abgegrenzte Vorschriften hinsichtlich der erlaubten Änderungen am Wagen. Derartige empfehlenswerte Neufassungen des international verbindlichen Reglements sind jedoch nur innerhalb der FIA zu klären.
Auf nationaler Ebene innerhalb der DDR wären vom ADMV und den Veranstaltern Mittel und Wege zu suchen, um dem Rallye-Hochleistungssport, der für die technische Weiterentwicklung des Serienwagens und als echte Meisterschaftsdisziplin durchaus seine Berechtigung hat, eine zweite Wettbewerbsform an die Seite zu stellen, die eine Rallye im ursprünglichen Sinne darstellt und damit für breitere Massen wieder an Interesse gewinnt. Zur Spitze gehört in jedem Falle eine breite Grundlage, und von dieser Grundlage könnten wertvolle erzieherische Impulse zur Bewältigung des modernen Straßenverkehrs ausgehen.
Hier bietet sich noch ein großes Aufgabengebiet und ein reiches Betätigungsfeld im Rallyesport auf Bezirks- und Clubebene an. Zur Teilnahme sollten nicht nur ADMV-Mitglieder angeregt werden. Derartige Rallyes dürfen keine Hochleistungsrallyes im verniedlichten Maßstab sein, aber auch keine simplen „Kaffeefahrten". Sie sollen der umfassenden Qualifizierung jedes Autofahrers dienen. Dazu müssen sie nicht nur ein Prüfstein für seine technischen Kenntnisse und fahrerischen Fähigkeiten sein, sondern vor allem auf die Anforderungen vorbereiten, die der gegenwärtige und erst recht der zukünftige Verkehr an jeden stellt.
Der Rallyesport ist also keineswegs am Ende. Er kann in eine bestimmte Richtung gelenkt werden, in der mehrere fruchtbare Ebenen liegen. Die derzeitigen Probleme des Rallyesports sind Entwicklungsfragen und verlangen das Suchen nach weiteren und neuen Wegen und Lösungen.

Dipl.-Ing. Horst Ihling

Jubiläum im Zeichen der Werbung

20 Jahre Rallye-Sportabteilung des VEB Automobilwerk Eisenach

1

2

Das Automobilwerk Eisenach – als eines der ältesten Automobilwerke überhaupt – kann in seiner nunmehr fast 80jährigen Geschichte nicht nur auf eine stolze Tradition im Fahrzeugbau, sondern auch auf eine ausgezeichnete Sportbilanz zurückblicken. Bereits um die Jahrhundertwende errangen Wartburg-Motorwagen bei internationalen Automobilwettbewerben zahlreiche Gold-, Silber- und Bronzemedaillen. Man beteiligte sich werkseitig sowohl an Tourenwagenwettbewerben als auch an ausgesprochenen Automobilrennen. Damals sprach man noch davon, daß der Rennwagen von heute der Gebrauchswagen von morgen sei. Bereits der erste 4-PS-Wartburg-Motorwagen von 1898 war die Grundlage für den zwei Jahre später eingesetzten Rennwagen. Man löste das Problem der Leistungssteigerung ebenso einfach wie genial, in dem man im Rennwagen als Triebwerk nicht einen, sondern zwei der damals luftgekühlten Zweizylindermotoren gekoppelt hintereinander einbaute und so die doppelte Leistung des Serienfahrzeuges erreichte.

Nach den ersten Anfängen ging die technische Entwicklung auf allen Gebieten des Fahrzeugbaus sehr schnell weiter, so daß bereits 1902 ein Eisenacher Rennwagen in Standardbauweise mit neuentwickeltem Vierzylinder-Reihenmotor von 22 PS Leistung ein internationales Automobilrennen bei Frankfurt gewinnen konnte.

Ab 1903 erschienen die Automobile aus der Wartburg-Stadt unter den Markennamen „Dixi", und das Werk demonstrierte seine technische Leistungsfähigkeit sowohl beim reinen Renneinsatz als auch mit den „Dixi"-Gebrauchsfahrzeugen bei den aufkommenden großen Tourenwagenprüfungen und Zuverlässigkeitsfahrten vor und nach dem ersten Weltkrieg.

In die klassischen Rennen vor allem der dreißiger Jahre mit Formelrennwagen um die großen Preise hat das Eisenacher Werk nie eingegriffen. In dieser Phase konzentrierte man sich in Eisenach auf die Sportwagenentwicklung, wo der aus den Zweiliter-Sechszylindermodellen entwickelte Typ 328 zu den erfolgreichsten europäischen Sportwagen der Vorkriegsjahre zählte. Nach dem zweiten Weltkrieg war der 328-Sportmotor mit einer Grundleistung von 80 PS die Triebwerkbasis für ein Großteil der Formel-II-Rennwagen in Europa und trug wesentlich zur Wiederbelebung des Automobilsports bei. So erreichten beispielsweise die von Bristol–England „getunten" Eisenacher Konstruktionen Leistungs-Spitzenwerte von 155 PS. Das als selbständige Sportabteilung dem Werk angeschlossene AWE-Rennkollektiv setzte Anfang der fünfziger Jahre nicht nur die Formel-II-Rennwagen, sondern vor allem auch die 1,5-l-Rennsportwagen ein, sowohl triebwerks- als auch fahrwerksmäßig völlige Neuentwicklungen. Der 135 PS leistende AWE-1,5-l-Rennwagen zählte Mitte der fünfziger Jahre in seiner Klasse zu den schnellsten Rennsportwagen

1 Wartburg-Rennwagen der Jahrhundertwende. Heute würden wir den ersten Eisenacher Rennwagen nach modernstem Stand der Renntechnik als Mittelmotor-Fahrzeug bezeichnen. Dieser Wagen erreichte mit zwei hintereinandergeschalteten luftgekühlten Zweizylindermotoren mit insgesamt 8 PS bereits eine Höchstgeschwindigkeit von rd. 60 km/h.
2 „Dixi"-Rennwagen des Jahres 1910 auf der Basis des Serienfahrzeuges Dixi R 8. Mit diesen schlecht gefederten Fahrzeugen hoher Schwerpunktlage wurden damals bereits Höchstgeschwindigkeiten von rd. 120 km/h erreicht.
3 Reinrassiger Seriensportwagen Typ 328. Der Sechszylindermotor dieses Fahrzeuges – das heute im Eisenacher Automobilmuseum steht – mit Spezial-V-Zylinderkopf leistete 80 PS und verlieh diesem zeitlos schönen Sportwagen eine „Spitze" von 155 km/h.

3

der Welt und wurde auf allen bekannten internationalen Rennstrecken als starke Konkurrenz angesehen.
Ab 1954 wurde dem AWE-Rennkollektiv eine kleine Rallye-Gruppe angegliedert, und am 21. März 1954 starteten erstmals drei werkseigene Serienfahrzeuge vom Typ F 9 zur Leistungsprüfungsfahrt „100 Kilometer durch die Dresdener Heide". Sie leiteten damit eine neue Ära im Automobilsport des Werkes unterhalb der Wartburg ein.
1956 wurde die Beteiligung am Automobilrennsport eingetellt. Einer der Hauptgründe war die fehlende Basis des Rennsports in der Serienproduktion. Von den Fließbändern im Werk rollten die aus der F 9 entwickelten frontgetriebenen Wartburg 311 mit Dreizylinder-Zweitaktmotor und in der Rennsportabteilung konzentrierten sich erheblich Konstruktions- und Entwicklungskapazitäten auf Kopfgesteuerte-Sechszylinder-Viertaktmotoren und Fahrwerke mit Standardantrieb.
Hier konnte man zwar an Hand der internationalen Erfolge das hohe Niveau in Konstruktion und Fertigung von Hochleistungs-Rennfahrzeugen demonstrieren, nicht aber das gesamte Leistungspotential der 8500 Werktätigen des Eisenacher Betriebes bei der modernen Fertigung serienmäßiger Automobile mit hoher Funktionstüchtigkeit im täglichen Einsatz. So etwas war nur möglich bei der Sportbeteiligung von Serienfahrzeugen an den großen internationalen Rallyeveranstaltungen. Dieser 1954 eingeschlagene Weg wurde 1956 mit der Bildung einer eigenständigen Rallye-Sportabteilung konsequent fortgesetzt und damit die enge Wechselwirkung von Serienprodukt und Sportfahrzeug gewährleistet. So starteten in den 20 Jahren des Bestehens der Eisenacher Rallye-Sportabteilung die Piloten mit ihren Wettbewerbsfahrzeugen unter Berücksichtigung sowohl technischer als auch politisch-kommerzieller Belange bei den großen internationalen Rallye-Veranstaltungen in Europa vom Polarkreis bis zur Cote d'Azur und Adria und von Moskau bis zur Atlantikküste. Zur gleichzeitigen Erprobung der gerade laufenden Serie werden jeweils Anfang der neuen Sportsaison vier Fahrzeuge direkt von der Produktion übernommen. Zwei davon starten entsprechend den Festlegungen des Anhanges J des internationalen Sportgesetzes der FIA in der Gruppe I Serientourenwagen und zwei bei den Spezialtourenwagen (Gruppe II).
Bei den Serientourenwagen (vgl. S. 110 ff.) bestehen die einzigen erlaubten Arbeiten in der normalen Wartung oder dem Austausch von Teilen, die durch Verschleiß oder Beschädigung unbrauchbar geworden sind. Zusätzliches Zubehör ist ohne Einschränkung erlaubt – wenn es keinerlei Einfluß auf das Fahrverhalten des Wagens ausübt. Deshalb beschränkt sich auch im wesentlichen die Zusatzausstattung der Gruppe-I-Wartburg auf die Lichtanlage mit Halogen-Hauptscheinwerfern, Halogen-Nebelscheinwerfern und -Weitstrahlern, sowie auf die zusätzlichen Instrumente des Copiloten für Navigationsaufgaben, wie Speedpiloten, Tripmaster und Spezial-Chronographen. Eine Bordsprechanlage zur Verständigung der Fahrer untereinander ist außerdem vorhanden.
Wesentlich erweitert sind die Veränderungsmöglichkeiten bei den Spezialtourenwagen, zu den die Fahrzeuge zählen, die Änderungen und Ergänzungen über die Grenzen der Serientourenwagen hinaus aufweisen. Dazu gehören die verbesserten Wartburg 353. Diese Wagen genießen genau die gleichen Freiheiten, wie sie für die Gruppe II erlaubt sind.
Außer den für Wagen der Gruppe I zugelassenen Veränderungen und Ergänzungen sind wesentliche Arbeiten und Verfeinerungen an nahezu allen Bauteilen des Motors, dem Heiz- und Schmiersystem, der Kraftübertragung, dem Fahrwerk, der elektrischen Anlage oder Karosserie gestattet. Darüber hinaus ist noch eine wahlweise Ausrüstung gegenüber der Serienproduktion erlaubt, die vom Hersteller auf ausdrücklichen Wunsch der Kunden geliefert wird. Zusätzlich gibt es auch noch sogenannte wahlweise Sonderausstattungen, die mit einer Jahresproduktion von mindestens 100 Stück zur Ausstattung von ebensoviel Fahrzeugen gefertigt werden können.

Auf Grund dieser Festlegungen weist der Gruppe-II-Wartburg 353 gegenüber dem der Gruppe I eine ganze Reihe wesentlicher technischer Veränderungen und Verbesserungen auf:

- Motorleistung etwa 90 PS,
- Fünfganggetriebe,
- Spurverbreiterung vorn und hinten,
- verbreiterte Kotflügel vorn und hinten,
- Sturzveränderungen vorn und hinten (negativ),
- verstärktes Kühlsystem,
- erleichterte und veränderte Karosserie,
- Schalensitze vorn,
- Drehstromlichtmaschine,
- Scheibenbremsen vorn,
- Alfer-Bremstrommeln hinten,
- 60-l-Kraftstoffbehälter.

Diese technischen Veränderungen am Fahrzeug müssen homologiert werden. Unter „Homologation" versteht man die Feststellung der Fédération Internationale de L'Automobile (FIA), daß ein Wagenmodell in ausreichender Serie hergestellt und entsprechend den vorliegenden Bestimmungen in eine der Gruppen eingestuft wurde. Den Antrag auf Homologation stellt der Hersteller über den jeweiligen nationalen Automobilclub. Dann wird ein Testblatt (Homologationsblatt) für das betreffende Fahrzeug ausgestellt, auf dem alle Einzelheiten für eine einwandfreie technische Identifizierung angegeben sind. Dieses Homologationsblatt muß auf Verlangen bei der technischen Abnahme des Fahrzeugs bei den jeweiligen Veranstaltungen vorgelegt werden.

Auf dieser technischen Basis – die zwar im Laufe der Jahre gewissen Veränderungen unterworfen war – konnte in den letzten beiden Jahrzehnten der VEB Automobilwerk Eisenach den Rallyeeinsatz in die Serienwagenentwicklung integrieren. Zum ersten Male wurde dies ganz offensichtlich bei Premiere der „Rallye Wartburg" am 2. und 3. Dezember 1955. Zu dieser Veranstaltung im Thüringer Mittelgebirgsraum starteten im Rahmen abschließender Versuchserprobung sechs Wagen des Baumusters 311 aus der Nullserie dieses neuentwickelten Fahrzeugs zum ersten automobilsportlichen Härtetest. Da die bis dato gebaute Stückzahl noch keine Homologierung zuließ, mußten diese Fahrzeuge in der damaligen Kategorie Grand-Tourisme unter verschärften Bedingungen starten. Das Ergebnis dieser Bewährungsprobe noch vor dem Wartburg-Serienanlauf gestaltete sich zu einer überzeugenden Demonstration für das neue Baumuster: Alle sechs gestarteten Wagen am Ziel, sechs Goldmedaillen, Klassensieg und Sieg in der Mannschafts-Gesamtwertung.

Dieser Sechswagenstart war allerdings nicht die Regel. Der Werkseinsatz pendelte sich auf maximal vier Wagen je Veranstaltung und durchschnittlich 10 bis 12 Rallyes jährlich ein. Seitdem besteht zwischen dem Rallyesporteinsatz und der Serienproduktion des Wartburg enie untrennbare Verbundenheit, die sich positiv auf die internationale Anerkennung und Konkurrenzfähigkeit des Fahrzeugs und auf die Einprägung des Markenbegriffs „Wartburg" auswirkte. Diese Feststellungen treffen ganz besonders auf die derzeitige

4

5

4 1,5-l-Rennsportwagen des AWE-Rennkollektives, der in seiner Klasse zu den schnellsten und gefürchtetsten Rennsportwagen der Welt zählte. Heute im Verein mit anderen Veteranen im Eisenacher Automobilmuseum.

5 „Vergaserfabrik" des 1,5-l-Rennsportwagens mit Spezial-Zylinderkopf und zwei obenliegenden Nockenwellen und Magnetzündung. Dieses moderne Sechszylindertriebwerk leistete 135 PS und verlieh dem Fahrzeug eine Spitzengeschwindigkeit von rd. 230 km/h.

6 Halogenlampenbatterie des Wartburg 353, entwickelt vom VEB Kombinat Fahrzeugelektrik Ruhla: H 4 – Hauptscheinwerfer – Halogenweitstrahler und Halogennebelscheinwerfer.

7 Auch so etwas gibt es! Ein wenig Rallye-Romantik während dem Streckentraining und anschließender Einsatzbesprechung.

8 Service-Tourist in Erwartung der Wettbewerbsfahrzeuge in den Bergen Österreichs. Zum Genießen der Landschaft bleiben auch den Fahrern der Begleitfahrzeuge manchmal nur Minuten.

7

8

Pkw-Generation, den Typ Wartburg 353, zu, mit dem auch sofort nach Produktionsanlauf im Sommer 1966 der Wettbewerbseinsatz begann. Hier weist die Bilanz trotz laufend verstärkter internationaler Konkurrenz – da immer mehr Automobilfirmen werksseitig die Werbewirksamkeit der großen publikumsträchtigen Rallyes nutzen – nicht nur ausgezeichnete Rallye-Erfolge aus, sondern vor allem auch die Vermittlung wertvoller technischer Erfahrungen im unerbittlichen Sporteinsatz. So wurden beispielsweise beim Wartburg 353 in der Gruppe II wesentliche Bauelemente der Leistungssteigerung des 50-PS-Motors im Rallyebetrieb unter härtesten Bedingungen getestet, verbessert und weiterentwickelt. Das galt vor allem für die verbesserte Kurbelwelle mit vollen Hubscheiben, die ja gerade beim Zweitaktmotor das wichtigste Bauteil darstellt und am sorgfältigsten und genauesten konstruiert und gefertigt werden muß. So konnte durch die jahrelang gesammelte Rallyeerfahrungen die Überleitung dieses 50-PS-Motors in die Serienfertigung relativ kurzfristig und nahtlos erfolgen, so daß dieses Triebwerk auf Anhieb sowohl leistungsmäßig als auch bezüglich Standzeit und Kraftstoffverbrauch ein voller Erfolg für das Eisenacher Werk wurde.
Ähnlich liegen die Verhältnisse bei der Entwicklung der Scheibenbremsen, deren wesentliche Bauteile schon lange in den Gruppe-II-Fahrzeugen erprobt wurden.
Ebenfalls recht demonstrativ offenbaren sich die Schrittmacherdienste des Rallyesportes bei der Entwicklung der technischen Ausrüstung und des Fahrzeugzubehörs, wo der größte Teil der Neuentwicklungen erst im Sporteinsatz erprobt wurde. Das beginnt bei Halogenzusatz- und Hauptscheinwerfern, Drehstromlichtmaschinen oder Drehzahlmessern und endet bei Schalensitzen und Sicherheitsgurten.
Neben den reichen technischen Erfahrungen, die bei diesen schweren Veranstaltungen gesammelt wurden und zum größten Teil beim Serienfahrzeug berücksichtigt werden konnten, zählen vor allem auch die reinen Sporterfolge. Hier konnten von der relativ kleinen Eisenacher Werksequipe in ihrer zwanzigjährigen Geschichte 288 Gold-, 132 Silber- und 101 Bronzemedaillen bei schweren internationalen Veranstaltungen herausgefahren werden, wobei ein kontinuierlicher Erfolgsanstieg seit der Sportbeteiligung mit dem Wartburg 353 zu verzeichnen ist. Daraus läßt sich aber auf keinen Fall ableiten, daß Konkurrenz und Wettbewerbsbedingungen im internationalen Rallyesport günstiger geworden wären. Im Gegenteil traten auf breitester Front derartige Verschärfungen auf, daß teilweise die Grenze zum Extremen bereits überschritten wurde. So enthielt die letzte über etwa 3200 km laufende britische RAC-Rallye allein 72 Sonderprüfungen ausschließlich auf Wald-, Morast- und Schotterstrecken. Ähnlich liegen die Verhältnisse bei den Veranstaltungen in Finnland, die nur auf unbefestigten Straßen durch die Wälder führen. Hier kommt noch hinzu, daß durch den Streckencharakter – die Fahrbahn schmiegt sich weitgehend den Unebenheiten des Bodens an – die Rallyewagen durch die hohen Geschwindigkeiten bei solchen „Sprunghügeln" voll ausgehoben werden, um dann nach 15 bis 25 m „freiem Flug" hart aufzusetzen. Hier unterliegen besonders die Teile des Fahrwerks härtesten Beanspruchungen. Zu ausgesprochenen Zerreißprüfungen haben sich in den letzten Jahren die Veranstaltungen in Jugoslawien, Bulgarien, der ČSSR und Polen entwickelt, bei denen die Ausfallquoten in der Regel 70 bis 80 % betragen. Extremfall war die „Rajd Polski" 1973, bei der der Wartburg 353 den zweiten Platz im Gesamtklassement belegte und wo von den 67 zu diesem Rallye-Weltmeisterschaftslauf gestarteten bestens präparierten Fahrzeugen nur drei das Ziel erreichten. Gegenüber diesem Resultat nimmt sich die bisher härteste „Internationale Rallye Wartburg", die 1973 durch die Berge Thüringens und des Harzes lief, noch recht gut aus; obwohl von den 122 Startern nur 20 ins Ziel kamen – also 84 % auf der Strecke blieben.
Unter diesen Gesichtspunkten betrachtet, spricht die tabellarische Zusammenfassung der letzten vier Jahre über den Wartburg-Rallye-Einsatz für sich (Tab.).
Die angeführten Unfälle ereigneten sich größtenteils auf Sprintprüfungen, die heute fast ausschließlich im Grenzbereich mit vollem Risiko gefahren werden. Hier haben die Fahrer des Automobilwerkes Eisenach mit letztem Einsatz in den vergangenen Jahren noch Siege und gute Plazierungen aus dem Feuer gerissen.
Ihre Leistungen auf allen Rallyepisten Europas fanden auch entsprechende internationale Anerkennung und Würdigung. Trotzdem sind Fahrer und Copiloten der Sportequipe keine Stars geworden und nach wie vor fest verwurzelt im Kollektiv des sozialistischen Werkes, aus dem sie hervorgegangen sind und das sie im Aus-

9 Zusatzinstrumente an der Armaturentafel eines „Rallye 353", links der „Speedpilot", der besonders für die Einhaltung und Überwachung der vorgegebenen Durchschnittsgeschwindigkeiten verwendet wird. In der Mitte ein Präzisionschronograph und rechts der „Twinmaster", mit dem sehr exakt die Abstände zwischen den Kreuzungen, Abzweigungen und sonstigen Orientierungspunkten erfaßt werden können.

10 Einer der ersten in Eisenach entwickelten Formel-II-Rennwagen der Nachkriegszeit auf Basis des Typ 328, der Ende der vierziger und Anfang der fünfziger Jahre bei unseren nationalen Rennen eingesetzt wurde.

9

10

Wartburg-Rallye-Einsatz

Sportjahr	1970	1971	1972	1973	Gesamt
Gefahrene Rallyes	11	12	11	12	46
Fahrzeugeinsätze Gesamt	35	44	38	41	158
Ausfälle					
Gesamt	8	13	15	12	48
Prozent	22,8	29,5	39,5	29,2	30,4
Technische Schäden	3	7	10	7	27
Unfall	4	3	4	3	14
Zeitüberschreitung	1	3	1	2	7
Einzelwertung					
1. Plätze	2	2	1	1	6
Klassenwertung (Gruppe I und II)					
1. Plätze	6	15	9	15	45
2. Plätze	6	7	7	8	28
3. Plätze	6	5	2	3	16
Mannschaftswertung					
1. Plätze	2	6	3	7	18
2. Plätze	10	6	5	1	22
3. Plätze	—	3	—	4	7
Medaillen					
Gold	14	19	16	24	73
Silber	8	6	6	4	24
Bronze	6	5	—	1	12

land würdig vertreten. Sie sind nicht nur ausgezeichnete Fahrer, sondern gleichzeitig hervorragende Fachleute und Techniker, die ihre Wettbewerbswagen selbst vorbereiten und sich deshalb auch unterwegs immer selbst helfen können – auch noch, wenn beispielsweise hochbezahlte Starpiloten anderer Firmen längst aufgegeben haben, weil sie eben nur „fahren" können. Diese Tatsache löst immer wieder Überraschungen aus, ebenso wie die der personellen Besetzung der Eisenacher Sportabteilung im Gegensatz zu dem immensen Aufwand mancher Rallye-Teams westeuropäischer Unternehmen. Mit einem Personalbestand von 13 Mann ist die Sportabteilung des Automobilwerks Eisenach eine der effektivsten Sportabteilungen überhaupt: Acht Fahrer und Copiloten der vier Wettbewerbsfahrzeuge, zwei „Service-Männer", ein Werkstattbrigadier, ein technischer Leiter und der „Chef" des Ganzen. Das ist alles! Für dieses kleine Kollektiv sind dann 10 bis 12 Veranstaltungen jährlich arbeitsmäßig gerade noch zu verkraften, angefangen vom eigenhändigen Herrichten der Fahrzeuge vor und in der Saison, über Training und Streckenaufzeichnung bis zur Service-Organisation über mehrere Tage und Nächte während der Rallyes und den präzisen Auswertungen danach.
Trotz des mehrfach eingetretenen „Generationswechsels" gewährleisteten immer ausgezeichnete Fahrerkader, zusammengesetzt aus erfahrenen Piloten und jugendlichen Draufgängern, eine optimale Lösung der vielfältigen Fahr- und Navigationsaufgaben. Voraussetzung dafür war eine relativ langfristige Nachwuchsplanung. Bei der Zusammenstellung der einzelnen Teams wurden jedoch weitgehend persönliche Wünsche und Fähigkeiten berücksichtigt, die für das Zusammenwirken und den Erfolg einer jeden Fahrzeugbesatzung nach wie vor von ausschlaggebender Bedeutung sind.
So haben in den 20 Jahren des Bestehens der Eisenacher Sportabteilung eine ganze Reihe hervorragender Fahrerpaare ein Stück Geschichte des Rallyesports des Werkes und der DDR mitgeschrieben: In den fünfziger und sechziger Jahren Kurt Otto/Hermann Hanf, Günter Rüttinger/

Paul Thiel, die 1964 als Meister des Sports ausgezeichnet wurden, oder Kurt Rüdiger/Willi Wöllner. Unmittelbar mit dem Erfolg des Wartburg 353 verbunden sind Fahrer wie Peter Hommel/Günter Bork oder Egon Culmbacher mit Wolfgang Strehlow, an dessen Stelle dann später Werner Ernst als Copilot trat. In Anerkennung ihrer hervorragenden Leistungen wurden Peter Hommel/Günter Bork 1973 mit der Verdienstmedaille der VVB Automobilbau in Silber ausgezeichnet.

Wo sind diese erfolgreichen Rallye-Aktiven geblieben?

Im Gegensatz zu den engagierten Starfahrern anderer Automobilsportabteilungen, denen jede Bindung zur Produktion fehlt, haben alle aus dem Werk hervorgegangenen Fahrer nach aktiver Rallyelaufbahn wieder ihren „normalen" Arbeitsplatz im Betrieb eingenommen. Als Einzige von 1954 sind heute noch Hermann Hanf und Kurt Rüdiger voll „im Rennen". Hermann Hanf (53) ist seit 1955 fast 20 Jahre Leiter der Sportabteilung und 10 Jahre in Doppelfunktion gleichzeitig „Co" und Chef. „Oldtimer" Kurt Rüdiger (57) fährt heute einen der beiden Service-Tourist und vermittelt seine reiche Erfahrung an den Nachwuchs. Von den einstigen Spitzenfahrern arbeitet Kurt Otto (44) als Brigadier im Versuchsmusterbau, Günter Rüttinger (46) ist in den Kundendienst umgewechselt und Regionalvertreter des Werkes in den Bezirken Halle und Leipzig, während Peter Hommel (35) als Meister den Fahrversuch leitet.

Abschließend kann gesagt werden, daß es sehr schwer sein wird, die ausgezeichnete Sportbilanz auch in den nächsten Jahren fortzusetzen, da die Anforderungen weiter progressiv steigen und durch die unerbittliche Härte der großen internationalen Rallyes Siege und gute Plazierungen immer teurer erkauft werden müssen. Für den Wartburg 353 wird es immer schwerer, sich gegenüber der ständig wachsenden Konkurrenz durchzusetzen. Immer mehr gehen Automobilfirmen dazu über, spezielle Rallye-Fahrzeuge in entsprechenden Stückzahlen herzustellen, die eine Homologation dieser Wagen

11 Culmbacher/Ernst in voller Aktion während der „Rallye Monte Carlo 1973".

12 Nachtsprintprüfung von Hommel/Bork während der RAC-Rallye 1973 in den Wäldern Mittelenglands.

13 Culmbacher/Ernst von der Eisenacher Werksequipe rollen von der Startrampe der „Internationallen Rallye Wartburg". Diese Veranstaltung vor den Toren des Automobilwerkes Eisenach zwängt die Wartburg-Piloten immer in eine gewisse Favoritenrolle.

11

12

13

nach den Sportgesetzen ermöglichen. Hier tauchen schon Varianten auf, die mit den Serienfahrzeugen kaum noch die Außenkonturen gemeinsam haben. Trotz des Einsatzes dieser „strategischen Mittel" erweist sich aber immer wieder, daß unter den extremen Bedingungen der heutigen Veranstaltungen die Konkurrenz auch sehr oft die Waffen strecken muß. Deshalb kann die Rallyesport-Abteilung des Automobilwerkes Eisenach im Vertrauen auf die Qualitäten des Wartburg 353 und vor allem auf die der Fahrerteams – zusammengesetzt aus erfahrenen Routiniers und überaus ehrgeizigen Nachwuchspiloten, die zuversichtlich auf die eigene Kraft und Stärke bauen – an die Lösung der Aufgaben der nächsten Jahre herangehen, wobei die Auffassungen des Werkes zum Rallyesport nach wie vor so sind, wie sie von AWE-Betriebsdirektor Wilhelm Helbach schon vor Jahren formuliert wurden: „Im unerbittlichen Wettbewerb werden unsere Rallye-Fahrzeuge Belastungen und Prüfungen bis an Grenzwerte ausgesetzt, die in routinemäßiger Versuchserprobung kaum simuliert werden können und im Straßenverkehr nie auftreten. Daher wird das Fabrikat, welches sich unter diesen extremen Bedingungen bewährt und durchsetzt, auch für unsere Kunden im täglichen Fahrbetrieb sicher und zuverlässig sein."

Wolfgang Roediger

Aktivposten

Bilanz nach 25 Jahren Automobilsport in der DDR

1 Frieder Rädlein, einst ein sehr erfolgreicher DDR-Clubfahrer in der Formel 3, in voller Aktion mit dem Melkus-Rennwagen der letzten Entwicklungsstufe

Da liegt ein dünnes Heft mit jetzt vergilbten Blättern, ein erster Beleg, eine Urkunde vom Beginn überhaupt: das Programm vom 1. Dessauer Motorrad- und Autorennen am 4. September 1949. An jenem Tag weilte Wilhelm Pieck, der wenig später Präsident des ersten deutschen Arbeiter-und-Bauern-Staates wurde, an der Strecke und wünschte den Aktiven sowie den Arbeitern, Technikern und Ingenieuren viel Erfolg auf dem neuen Weg zur Entwicklung des Motorsports auf breiter Basis.

14 Tage danach fand zum ersten Male nach dem zweiten Weltkrieg wieder ein Rennen auf dem Sachsenring statt, erstmals standen auf diesem prominenten Motorradrennkurs auch Wagen am Start. Das war der Auftakt.

Die Gründung der Deutschen Demokratischen Republik und die Schaffung der Grundlagen des Sozialismus in der DDR bildeten Ausgangspunkt und Grundlage auch für Anfang, Fortschritte, Aufgaben und Erfolge unseres Automobilsports.

Überblickt man das bisherige Geschehen als Ganzes, so erscheinen in solchem Gesamtbild drei Hauptstränge, die zeitlich nacheinander einsetzten, sich verzahnten und heute ausgeprägte Wesenszüge des DDR-Automobilsports bezeichnen:

1. In der Anfangsphase standen zunächst Rennen allein im Blickfeld und brachten starke Publikumsresonanz.
2. Anschließend aktivierte die DDR-Automobilindustrie die Wettbewerbsbeteiligung zur Demonstration von Entwicklung und Qualität neuer Serienwagen.
3. Bei anwachsender Automobilproduktion rückte neben den Klubfahrer-Leistungssport besonders in jüngster Zeit die Breitenwirkung in den Vordergrund.

Auf diese charakteristischen Entwicklungskomplexe richtet sich die folgende chronologische Betrachtung.

Also sei nochmal zurückgeblättert zu dem Ereignis, das den eigentlichen Start bedeutet für den DDR-Automobilsport. Das war das Sachsenringrennen 1949. Freilich fällt es heute schwer, Erinnerungen zu wecken oder überhaupt Vorstellungen hervorzurufen, unter welchen Verhältnissen erste Schritte erfolgten. Aber es war eine echte und glanzvolle Premiere, die damals mitten im sächsischen Industriegebiet auf dem Sachsenring „über die

2

3

4

5

2 Paul Greifzu mit seinem Rennwagen 1950 eingangs der Jugendkurve auf der Halle-Saale-Schleife

3 Eine Szene am Queckenberg während der Automobilsportpremiere 1949 auf dem Sachsenring

4 Der 130 PS leistende 1,5-l-AWE-Rennmotor mit zwei obenliegenden Nockenwellen, Doppelzündung und drei Doppelvergasern

5 Zu hervorragenden Erfolgen gelangte auch bald Heinz Melkus. Dieses Foto zeigt ihn 1957 in seinem Einzylindermotor-Rennwagen der damaligen Formel 3.

6 Schon aus strömungsgünstiger Form resultierten die hohen Spitzengeschwindigkeiten der AWE-Rennsportwagen.

Bühne ging". Die Anregung kam von der einstmaligen Motor-Sport-Kommission, auf deren Antrag hin, so sei aus einer Zeitungsvorschau zitiert, „die sowjetische Besatzungsmacht dem Deutschen Sportausschuß im Juni 1949 die Genehmigung zur Abhaltung von Motorsportveranstaltungen in ihrer Zone erteilte". Veranstalter war der Kulturbund zur demokratischen Erneuerung Deutschlands. Weit über 200 000 Zuschauer umsäumten an diesem sonnigen heißen Tag den Kurs mit seiner notdürftig ausgebesserten Straßendecke. Viele sahen zum ersten Mal ein Automobilrennen. Die Begeisterung war riesengroß.

Das Programm hatte zum Finale des Renntages zwei Rennen über jeweils sechs Runden angekündigt, einmal für Kleinstrennwagen bis 750 cm^3 sowie Rennwagen bis 2000 cm^3 und dann für Sportwagen bis 1100, 1500 und 2000 cm^3. In den kleinen Klassen gingen teils nur zwei oder drei Fahrer an den Start, stärker war das Aufgebot bei den 2-l-Wagen. Attraktionen waren die vom Eisenacher Werk, damals noch Zweigbetrieb der SAG Awtowelo, gemeldeten S-1- und Intertyp-Modelle und der BMW von Paul Greifzu, Suhl. Dieses Wagenaufgebot basierte durchweg noch auf dem Eisenacher Typ 328, und die Kleinstrennwagen bestanden alle aus Eigenbauten mit Antrieb durch zweizylindrige BMW-Motorradmotoren.

1950 übernahm die damalige Sektion Motorrennsport die Gesamtorganisation, die Aktiven und Funktionäre sammelten sich in den Betriebssportgemeinschaften. Ein Jahr später errang Paul Greifzu auf seinem neuen Rennwagen, ausgerüstet mit dem 328er V-Kopf-Sportmotor, den aufsehenerregenden Sieg im internationalen Avusrennen. Mehr und mehr Rennen auf dem Gebiet der DDR wurden veranstaltet und zogen große Publikumsscharen in ihren Bann. Auf der Autobahn-Rekordstrecke bei Dessau wurde gefahren und auf dem Sachsenring, am Sternberg bei Oberhof und am Kyffhäuser, dann auf dem Rostocker Osthafenkurs, das Leipziger Stadtparkrennen war entstanden, die Halle-Saale-Schleife, Bernau und die Autobahnspinne Dresden—Hellerau, und schon zeigten sich 1951 damalige Formel-3-Rennwagen erstmals auch auf dem Schleizer Dreieck.

6

7

8

9

7 Dann wurden auch schon die ersten Fahrer „privat" mit ihren Wagen bei Rallyes aktiv.

8 Ein Bilddokument von 1957: Erster Sporteinsatz, hier noch inoffiziell und ohne Wertung, innerhalb der Nullserienerprobung des P 50

9 Ein erstes Serienwagenrennen wurde 1958 auf dem Schleizer Dreieck gestartet.

10 Wartburg-Aggregate gaben die Triebwerkbasis ab für diese erste DDR-Rennwagenentwicklung in der Formel Junior (1961).

11 Formel-3-Entwicklung nach dem Stand von 1971, die drei Vergaser des Motors haben einen Einlauftopf mit vorgeschriebenem Ansaugöffnungsdurchmesser.

12 Repräsentative Rallyebeteiligung stand fortwährend in Verbindung mit der Trabant-Weiterentwicklung.

Es war ganz gewiß ein erregender Abschnitt unseres Automobilsports.
Aber neben solche gefühlsmäßigen Eindrücke gehört — zumal aus heutiger Sicht — noch eine andere Feststellung: Zwar waren bei den Rennen vorerst noch große Zahlen aufgeschlossener Zuschauer zu verzeichnen (beim Sachsenringrennen 1950 wurden einer Statistik zufolge „mehr als 400 000" geschätzt); das Geschehen selbst konnten jedoch nur wenige Aktive bestreiten.
Zwangsläufig, schon vom Aufwand her, mußte sich die Aktivität der damaligen Privatfahrer auf die unterste Etage in der Rennwagenkategorie beschränken, auf die damalige Formel 3 mit einem Hubraumlimit von 500 cm^3. Gebaut wurde hier mit stets imponierendem Elan, viel Improvisation und handwerklichem Geschick. Oft aber, wie sich bald in den Rennen herausstellte, gab es dafür nicht mal eine Ankunft am Ziel, die Technik machte nicht mit und fiel aus. Mit topfit hergerichteten Wagen anvancierte Willy Lehmann, Bitterfeld, sehr schnell zum wohl erfolgreichsten Fahrer in der Formel 3, bereits die DDR-Meisterschaft 1952 verzeichnet ihn als Titelträger. Um zu einer speziellen DDR-Konstruktion in der Formel 3 zu gelangen, startete das WTB Berlin ein interessantes Experiment. Es handelte sich dabei um einen Rennwagen mit einem Parallelzweizylinder-Hecktriebwerk, der jedoch kaum über Trainingsrunden hinausgelangte.
Geradezu kennzeichnend für den DDR-Automobilsport in den fünfziger Jahren waren Entwicklungen bei den Rennwagen bis 2000 cm^3 sowie in der 1500-cm^3-Sportwagenklasse.
Das technische Rüstzeug für diese Rennfahrzeuge, wie übrigens auch für in Westdeutschland entstandene 2-l-Wagen, gaben anfangs wiederum Motor und Fahrgestellelemente des Eisenacher Typs 328 ab. Bei den 1500-cm^3-Motoren wurde unter Anwendung einer anderen Kurbelwelle der Hub auf 73 mm verkürzt. Der größte internationale Erfolg während dieser Zeit war 1952 der Sieg auf der Avus in neuer Rekordzeit.
Nach der Rennsaison 1952 erhielt diese Rennfahrzeugentwicklung verstärkten Auftrieb durch die Eingliederung des Rennkollektivs in das Automobilwerk Eisenach, das im Juni jenen Jahres von der Sowjetunion an die DDR übergeben worden war. Im Eisenacher Rennkollektiv wurde nun der Bau neuer 1,5-l-Rennsportwagen forciert. 1954 bereits konnten diese Wagen antreten. Die Ventilsteuerung der Sechszylindermotoren erfolgte nun durch zwei obenliegende Nockenwellen im V-förmigen Leichtmetall-Zylinderkopf. Schon Ende 1954 wurden Leistungen von 130 PS bei 7000 U/min gemessen. Die Kraftübertragung übernahm ein Vierganggetriebe, für den Sperrdifferential-Antrieb der Hinterachse standen wahlweise, je nach Rennstrecke, fünf verschiedene Übersetzungen bereit. Gänzlich neu war das Fahrwerk mit DeDion-Hinterachse und Federung durch längsliegende Torsionsstäbe. Mit ihren Vollstromform-Karosserien erreichten die Wagen Geschwindigkeiten um 235 km/h. Sie gehörten zu den schnellsten Rennsportwagen der 1,5-l-Klasse und galten bei internationalen Rennen auf der Avus, Solitude, dem Nürburgring, in Montlhéry und Monza als Favoriten.
Aber vom Frühjahr 1957 an erschienen diese AWE-Rennsportwagen nicht mehr auf den Pisten. Das Eisenacher Automobilwerk begründete den Verzicht auf weitere Rennbeteiligung. Weniger entscheidend war, daß internationale Trends eine abermalige Neuentwicklung von erfolgversprechenden Rennsportwagen erfordert hätten und daß überhaupt damals der Rückzug namhafter Automobilwerke vom Rennsport einsetzte. Ausschlaggebend war vielmehr die Überlegung, daß der Einsatz solcher Rennfahr-

10

11

12

zeuge lediglich das hohe Konstruktionsniveau dargestellt hätte, nicht jedoch den Qualitätsstand in der industriellen Produktion des Werkes. Denn der Rennsportwagen besaß keine Identität mehr mit dem Industrieerzeugnis, damals dem Wartburg 311, der sich seit 1956 in der Eisenacher Serienfertigung befand und zur Rallye Wartburg 1955 schon seinen automobilsportlichen Einstand erfolgreich absolviert hatte. Von da an sollte also der Leistungsstand direkt am Serienprodukt aufgezeigt werden.
So ganz neu freilich war in der DDR der automobilsportliche Einsatz von Serienwagen auch nicht. Der erste Wettbewerb dieser Art hatte schon 1951 stattgefunden, damals organisiert vom Eisenacher Werk mit Unterstützung durch die sowjetische Direktion und ausgelöst durch eine Initiative von Werkleiter Zimmermann. Deklariert war diese Fahrt „250 Kilometer um die Wartburg", ausgetragen mit Wagen vom Typ EMW 340-2 über zehn Runden auf dem abgesperrten Kurs Eisenach – Wilhelmsthal – Markstuhl – Eisenach, als Kraftstoffverbrauchsprüfung. Dann wurde am 21. März 1954 die Fahrt „100 Kilometer durch die Dresdener Heide" für Serienfahrzeuge veranstaltet. Noch im gleichen Jahr entstand eine Rallyegruppe im VEB Automobilwerk Eisenach, die mit dem IFA F 9 startete, und vom Zwickauer Automobilwerk wurde der Rallyeeinsatz mit dem P 70 begonnen. Dennoch ergab das Jahr 1957 in mehrfacher Hinsicht maßgebliche Zäsuren im DDR-Automobilsport:

– Da hatte der VEB Automobilwerk Eisenach in realistischer Beurteilung der Sachlage den Verzicht auf weitere Rennbeteiligung mit serienfremden Fahrzeugen erklärt. Dieser Schritt wurde in der Öffentlichkeit zwar verschiedentlich als „unpopulär" betrachtet, stellt sich aber unverzüglich als genau das Gegenteil davon heraus infolge des nunmehr verstärkt unternommenen Einsatzes mit dem Eisenacher Produktionstyp Wartburg 311.
– Das Beispiel, wie Automobilsport unmittelbar in die Entwicklung neuer Großserienwagen integriert zu werden vermag, lieferte 1957 der VEB Sachsenring Automobilwerke Zwickau durch Einbeziehung des Rallyetests in die Erprobung des späteren Trabant.
– Im gleichen Jahr erfolgte die Gründung des Allgemeinen Deutschen Motorsport-Verbandes (ADMV) als einheitliche Organisation der Motorsportler in der DDR, angeschlossen dem im April 1957 gegründeten Deutschen Turn- und Sportbund (DTSB).
– Ebenfalls noch 1957 wurde die Aufnahme des ADMV in die Fédération Internationale de l'Automobile (FIA) vollzogen.

Durch die Entwicklung in Gesellschaft, Industrie und Sport wurden somit die Weichen neu gestellt, und in der Gründungsurkunde des ADMV hieß es dazu: „Der Allgemeine Deutsche Motorsport-Verband sieht seine Aufgabe darin, bei der Gewinnung der gesamten Bevölkerung, vor allem der Jugend, für Körperkultur und Sport und bei der allseitigen Bildung und Erziehung gesunder, willensstarker und lebensfroher Menschen einen maßgeblichen Beitrag zum Aufbau unserer sozialistischen Gesellschaftsordnung zu leisten. Er wirkt in enger Zusammenarbeit mit der volkseigenen Kraftfahrzeugindustrie und mit den staatlichen Organen für den technischen Fortschritt und für die wirtschaftliche Stärkung unserer Deutschen Demokratischen Republik."
Damit begann ein ganz neuer Abschnitt im DDR-Automobilsport, eine erste Phase der Ausweitung auf ineinandergreifenden Gebieten.
Schon rein organisatorisch wurde das Wachstum ab 1957 begründet. Hatte die bisherige Sektion Motorrennsport automobilistisch nur den Rennsport zum Inhalt, und dies mit einer eng begrenzten Zahl von Aktiven, so stand nun der ADMV vor einem weitaus größeren Arbeitsgebiet. Mitglied des neuen Verbandes mit seinen entstehenden Motorsport-Klubs in der Republik konnte fortan jeder Kraftfahrzeugbesitzer und jeder am Motorsport Interessierte werden. In engster Verbindung damit wurde ein erheblich größeres Veranstaltungsprogramm entwickelt. Automobilsport beschränkte sich nun nicht allein auf Wagenrennen mit verhältnismäßig wenig Rennfahrern, sondern erfaßte eine wachsende Zahl von aktiv werdenden Anhängern und erstreckte sich auf Rennen und Rallyes, Touristik-Wettbewerbe und Turniere.
Die soeben vorgenommene Aufzählung bedeutet keine Wertskala. Gerade die

zuweilen als „einfach" eingeschätzten Veranstaltungen, also touristische Ausfahrten, die Rallyes für jedermann, Turniere (wo z. B. letzthin beim „Das Volk"-Pressefestturnier im Bezirk Erfurt insgesamt rd. 1500 Teilnehmer zu verzeichnen waren), die Trabant-Treffen in Zwickau mit ihren automobilsportlichen Aufgaben oder die mit dem VEH Automot Heidenau veranstalteten Skoda-Treffen, diese Veranstaltungen nun ergaben vielfach erste Schritte zu aktiver Teilnahme und ADMV-Mitgliederzuwachs. Und so erst entstand eine Klubfahrer-Basis, die den guten Stand im Automobil-Leistungssport, bei Rallyes und Rennen, repräsentierte.

Zum anderen stützten sich Wachstum, Erfolge, Ansehen und internationale Anerkennung maßgeblich auf die Entwicklung in der DDR-Automobilindustrie einschließlich deren Zulieferindustrien. Dies bedarf unstreitig besonderer Betonung; denn von der Produktion wurden die Voraussetzungen für die automobilsportliche Entwicklung sowie deren technische Substanz geschaffen. Es bestehen hier, damals wie heute und wie in der Perspektive, ganz konkrete Zusammenhänge und Wechselbeziehungen zu den Konstruktionen und den Fertigungsmengen unserer in Eisenach und Zwickau produzierten Serienwagen. 1957 befand sich der P 50, das erste Trabant-Modell mit 18 PS Motorleistung, in der Vorstufe seiner Serienproduktion. Der automobilsportliche Einsatz wurde als Test von Konstruktionselementen und deren Funktionstüchtigkeit zum Bestandteil groß angelegter Fahrversuche gemacht. Die Beteiligung der Equipe des VEB Sachsenring Automobilwerke Zwickau an internationalen Rallyes ist seitdem untrennbar verknüpft mit der Trabant-Modellprofilierung, mit der ersten Leistungssteigerung auf 20 PS, dann mit dem Einsatz des synchronisierten Getriebes, des 600-cm^3-Motors mit 23 PS Leistung, mit zahlreichen Detailverbesserungen, der Entwicklung zum Trabant 601 und der Leistungssteigerung auf 26 PS. Daneben wurde in den internationalen Rallyes die absolute Konkurrenzfähigkeit des Zwickauer Automobiltyps bewiesen, seine Gebrauchstüchtigkeit, sein Leistungsvermögen, die Fahreigenschaften und die Zuverlässigkeit. Dafür wirkten viele Erfolge überzeugend, am herausragendsten war der Klassensieg von Asmus/Piehler auf Trabant 601 bei der Rallye Monte Carlo 1970.

Über den werksseitigen Rallyeeinsatz hinaus trat und tritt aber noch ein anderes wesentliches Moment in Erscheinung. Der VEB Sachsenring Automobilwerke Zwickau hat die größten Anteile an der DDR-Automobilisierung — für viele Menschen werden über den Gebrauchswagen auch automobilsportliche Aktivitäten erschlossen, sei es bei einer Jedermann-Veranstaltung oder mit Zielsetzungen auf der Leistungssportebene.

Gleiches gilt für die Produktion und die Erzeugnisse des VEB Automobilwerk Eisenach. Wenn 1955 bereits Nullserienwagen Wartburg 311 erfolgreich bei ihrem ersten Rallyeeinsatz abschnitten und 1966 der neue Wartburg 353 sofort nach Serienanlauf ebenfalls seine ersten Bewährungsproben in Rallyes hervorragend bestand, so bezeichnet dies, wie effektiv das Eisenacher Werk Automobilsport als Faktor in die Wartburg-Typenentwicklung integrierte. Zu diesem Komplex stellte Betriebsdirektor Hellbach fest, daß „von der Leitung des Betriebes großes Interesse besteht, bei diesen harten Zerreißprüfungen unsere Erzeugnisse zu erproben. Im unerbittlichen Leistungssport werden die Rallye-Fahrzeuge Belastungen und Prüfungen bis an Grenzwerte für Mensch und Material ausgesetzt, die im normalen Versuchsbetrieb und Straßenverkehr nie auftreten, und das Fabrikat, welches sich unter diesen extremen Bedingungen bewährt und durchsetzt, wird auch für die Kunden im täglichen Fahrbetrieb sicher und zuverlässig sein." Markante Merkmale in der gesamten Wart-

13

14

13 Aktivität im Turniersport gipfelte ebenfalls bereits im Wettbewerb um DDR-Meistertitel.
14 Bezeichnend und typisch: Der auf der Leipziger Herbstmesse 1969 vorgestellte Wartburg-Motor 353/1 beruht mit auf Rallye-„Erfahrungen" des Werkes.
15 Fahrer aus der Sowjetunion brachten Neuentwicklungen, wie hier den neu motorisierten Moskwitsch 412, erstmalig auch bei Rallyes in der DDR zum Einsatz.

burg-Entwicklung, um nur den Übergang anfangs der sechziger Jahre zum 1000-cm^3-Motor oder die Entwicklung zum Motor 353/1 mit 50 PS Leistung zu nennen oder den Einsatz von Scheibenbremsen, kommen maßgeblich mit auf das Konto der Werksbeteiligung am Rallyesport. Und was die Erfolge dabei hinsichtlich Wartburg-Qualitätsnachweis betrifft, so sei auf nüchterne Daten verwiesen. Mit jeweils drei oder vier eingesetzten Werkswagen wurden bei 22 internationalen Rallyes 1971 und 1972 allein drei Gesamtsiege, 23 Klassensiege und neun Gesamtsiege in den Mannschaftswertungen erzielt. Eine solche Bilanz, die in ähnlichen Proportionen auch für den Trabant-Sporteinsatz zutrifft, wirkt noch eindrucksvoller, wenn man sie vor dem

15

Hintergrund der äußerst zugespitzten Situation im internationalen Rallyesport betrachtet, der für die prominentesten Automobilwerke die bedeutungsvolle Rolle einstiger Grand-Prix-Rennen übernahm. Dies ist ein vorläufiges Resümee.

Mit der Gründung des ADMV und ständig ansteigender Pkw-Produktion entstand die Plattform zu verstärkter Klubfahreraktivität. Dabei fanden erfolgreiche Entwicklungen im Leistungssport statt, besonders auf dem Rallyesektor. Bezeichnend dafür war die verhältnismäßig große Zahl von alljährlich etwa 150 bis 200 Fahrern und Copiloten, die sich um die DDR-Meisterschaft im Tourenwagensport in den einzelnen Hubraumklassen und Gruppen der Serien- und Spezialtourenwagen bewarben. Ausgetragen wurde der jeweilige Titelwettbewerb in den acht bis zehn Wertungsläufen einschließlich international ausgeschriebener Veranstaltungen in der DDR, so der Internationalen Sachsenring-Rallye und der Internationalen Rallye Wartburg sowie der Rallye DDR/Internationale Pneumant-Rallye, die bis 1972 als Lauf zur Europa-Rallyemeisterschaft rangierte. Erstrangige Bedeutung erlangte im Rallyesport der Wettbewerb um den Pokal der sozialistischen Länder, den 1972 die DDR-Equipe als Siegermannschaft gerade unter Beteiligung der zu hohem Leistungsstand gelangten Klubfahrer errang.

Gleichermaßen erhielt der Automobilrennsport als ausschließlicher Aktionsbereich von Klubfahrern neuen Zuwachs. Wertungsläufe für die jährlich ausgetragenen DDR-Meisterschaften waren Bernau, Bautzen, das Lückendorfer Bergrennen, Schleiz, Frohburg und Dresden. Seit Mitte der sechziger Jahre erfolgte von der Rennbesetzung her sowie durch Ausbau der Strecke eine beständige Entwicklung des Schleizer Dreiecks zum profiliertesten DDR-Kurs für internationale Wagenrennen.

Aber auch der Automobilrennsport erhielt wesentliche Impulse und materielles Rüstzeug von der Produktion im weitesten Sinne und speziell von der Serienwagenentwicklung innerhalb der DDR-Automobilindustrie. Diese vorangestellte Tatsache schmälert keineswegs die hervorragenden technischen und fahrerischen Leistungen der Klubfahrer auf dem nach wie vor wohl zuschauerattraktivsten Automobilsportsektor.

Hier lieferte das Wartburg-Triebwerk zunächst die Grundlage für völlig neue Rennwagenkonzeptionen. In erster Linie ergriff dazu Meister des Sports Heinz Melkus in Dresden die Initiative. Unter seiner Regie entstanden in Gemeinschaftsarbeit mit weiteren Klubfahrern Rennwagen der international neu geschaffenen Formel Junior, die bereits die Verwendung von Serienwagenaggregaten vorschrieb, und anschließend von Formel-3-Rennwagen. Parallel dazu schuf eine sozialistische Entwicklungsgemeinschaft die SEG-Rennwagen der Formel 3. Der Antrieb dieser Melkus- und SEG-Rennwagen erfolgte durch das als Mittelmotor angeordnete Wartburg-Triebwerk, dem intensive „Hochfrisur" zu 90 und 95 PS verhalf. Dieser Leistungspegel sank später ab, als das Formel-3-Reglement auch bei Verwendung mehrerer Vergaser nur einen gemeinsamen maximalen Ansaugquerschnitt vorschrieb. Welche beachtlichen renntechnischen Fortschritte realisiert wurden, erweist sich vergleichsweise daran, daß diese 1000-cm^3-Rennwagen mit ihren mechanisch unkomplizierten Zweitaktmotoren in den Fahrleistungen den seinerzeitigen AWE-Rennsportwagen kaum nachstanden. Im Wettbewerb gegen Formel-3-Konkurrenz aus Westeuropa, die z. B. 1971 in Schleiz bereits mit 1600er Vierzylinder-Doppelnockenwellen-Motoren aus renommierten Renntuning-Werkstätten startete, machte sich jedoch der Leistungsrückstand an PS so stark bemerkbar, daß die fahrerische Qualifikation unserer Klubfahrer keinen Ausgleich schaffen konnte.

Ab 1973 kam eine vereinbarte Begrenzung auf 1300 cm^3 Hubraum und etwa 65 PS Leistung zum Tragen, um in Anpassung an Konzeptionen in Partnerländern, so der Formel Skoda in der ČSSR, mit solchen Rennwagen C 9 gemeinsam internationale Wettbewerbe zu fahren. Der Automobilrennsport in der DDR wurde während der letzten Jahre angereichert durch die Rennsportwagen RS 1000 (vgl. „Motor-Jahr 71").

RS-1000-Rennen erwiesen sich bereits mehrfach als sehr publikumswirksam. Erstmals gab es 1972 bei Rennen dieser Sportwagen Gruppe B 5 einen DDR-Titelwettbewerb; den Pokal des Präsidiums des ADMV errang Frieder Rädlein vom

MC Lockwitzgrund Dresden. Daneben debütierten aber auch, nach einem Probegalopp 1970 auf dem Schleizer Dreieck, die Tourenwagen im Rennsport. Für 1972 wurden Rennen ausgeschrieben in den Hubraumklassen bis 850 und bis 1300 cm^3 von Tourenwagen Gruppe A 2, das heißt, von Serienwagen mit speziellen technischen Veränderungen im Rahmen der Anhang-J-Vorschriften des FIA-Sportgesetzes. Daher wurden von verschiedenen Klubfahrern nicht nur erstaunliche Leistungssteigerungen praktiziert, sondern auch diverse Fahrwerksveränderungen für den Renneinsatz vorgenommen. Bemerkenswert ist u. a., daß der Gothaer H. Aßmann in „Eigenbau"-Entwicklungsarbeit den Trabant-Motor mit Schlitzsteuerung auf Leistungen um 55 PS brachte. Bei den Tourenwagen wurde 1972 ebenfalls zum ersten Mal der Wettbewerb um den Pokal des Präsidiums des ADMV ausgetragen. Dabei siegte in der 850-cm^3-Klasse Frieder Kramer vom MC Zwickau, und Pokalgewinner in der Klasse bis 1300 cm^3 wurde Klaus-Peter Krause vom MC Gotha auf Wartburg 353. In den einzelnen Kategorien und Klassen wurden 1972 auf dem Schleizer Dreieck von DDR-Klubfahrern folgende Geschwindigkeitsdurchschnitte (in km/h) erzielt:

	Gesamtdistanz	**Schnellste Runde**
Rennwagen C 9	132,40	134,72
Rennsportwagen B 5	120,16	123,30
Tourenwagen A 2		
bis 1300 cm^3	115,89	117,15
bis 850 cm^3	108,14	109,88

Sicher sind diese Daten als Anhaltspunkte und Richtwerte von Interesse.
Somit wären zugleich erreichte Spitzenpositionen – wie sie gleichermaßen zutreffend ebenso im Rallyesport feststellbar sind – auf dem Gebiet des von Klubfahrern betriebenen Leistungssports markiert.
Der Leistungssport ergibt jedoch auf die Dauer nicht allein das A und O.
1972/73 wurde im DDR-Automobilsport abermals eine neue Etappe angetreten, die als Einleitung zu echter Breitenentwicklung und zunehmender Aktivität innerhalb der gesamten Motorisierung definiert werden kann.
Diesem Schritt lagen wiederum realistische Erkenntnisse und Einsichten zugrunde. Hinweise auf die sich abzeich-

16

17

18

16 Bei den Spezialtourenwagen bis 1000 cm^3 amtierten 1973 Hellmann/Schlenstedt vom MC Eisenach als DDR-Meister.
17 Werkteams auf Trabant 601 im Wettbewerb
18 Start der „Trabant-Klasse" zum Tourenwagenrennen
19 Rennen mit den in Dresden gebauten Rennsportwagen RS 1000 wurden rasch zu Publikumsattraktionen.
20 Und dies nun ist ein bezeichnendes Panorama aus der jüngsten Zeit: Am vorbildlich ausgebauten Kurs des Schleizer Dreiecks verfolgen zahlreiche Zuschauer mit großem Interesse Rennen von Tourenwagen aus der Serienproduktion.

Fotos: Autor

nende Sachlage, besonders auf die fördernswerten Wechselbeziehungen zwischen Automobilsport und allgemeiner Motorisierung, hatte es bereits mehrfach gegeben. So wurde gerade im Hinblick auf die erlangte Spitze im Leistungssport beispielsweise die Frage aufgeworfen: „Fährt gewissermaßen eine Elite der Massenmotorisierung auf und davon?". Die Problematik sowie die entstandenen Diskrepanzen werden vielleicht deutlich mittels eines Beispiels an konkreten Zahlen und Fakten, die durchaus miteinander in Verbindung zu bringen sind: 1973 gelangte der millionste Trabant zur Auslieferung – der Mitgliederbestand des ADMV stagnierte jedoch seit Jahren.
Es kam und kommt deshalb darauf an, durch verstärkte Massenwirksamkeit des sportliche Effektivität zu messen sein. Wie die jüngste Orientierung aussieht, umriß der Präsident des ADMV der DDR, Dr. Egbert von Frankenberg, mit der Präzisierung am „Modell" des MC Halle. Dieser Klub, der einst die Rennen auf der Halle-Saale-Schleife durchführte, hat sich heute mit rund 1000 Mitgliedern zu einem nicht zu übersehenden Faktor im gesellschaftlichen Leben der Bezirksstadt Halle entwickelt und gibt seinen Mitgliedern durch zahlreiche Interessengemeinschaften jetzt das, was das gegenwärtige Profil des ADMV ausmacht. Dazu erklärte Dr. Egbert von Frankenberg: „Unser Bestreben muß sein, überall unsere gesellschaftliche wie breitensportliche Basis zu vergrößern. Wo das der Fall ist, kommen die Interessenten hin, dort finden sie Aufklärung und Hilfe in Fragen der Verkehrssicherheit und Verkehrserziehung, der Kraftfahrzeugtechnik und des Sports. Selbstverständlich vergessen wir die Leistungssportarten nicht. Wir pflegen sie auch international, aber wir haben gelernt, daß sie nur gedeihen können, wenn eine große Mitgliederzahl dahintersteht und auch selbst daran beteiligt ist. Voraussetzung bleibt überall: Verstärkte Wirksamkeit in der Breite auf der Grundlage einer sozialistischen Zusammenarbeit mit dem DTSB, Parteien, Massenorganisationen und gesellschaftlichen Institutionen."
Das heißt Grünes Licht für weitere und noch umfassendere Aktivität des DDR-Automobilsports.

19

20

ADMV die aufgetretenen Disproportionen zu beseitigen. Damit zugleich – in Auswirkung eines „von unten her" durchgängigen Wettkampfsystems – erhält der DDR-Automobilsport neue Akzente; denn neben sportliche Höhepunkte und technische Entwicklungsleistungen tritt nunmehr die breitere menschliche Qualifizierung als Beitrag zu erhöhter Sicherheit im Straßenverkehr in Erscheinung. Auch und erst recht daran wird künftig automobil-

21

21 Sehr spannungsvolle Rennen gab es im Wettbewerb um den Pokal der sozialistischen Länder bei der Kategorie C 9 zwischen Bewerbern auf leistungsreduzierten DDR-Rennwagen sowie Fahrern mit Wagen der Markenformel Škoda.

Mit dem Auto unterwegs

Walter Grosspietsch

Mit dem Trabant im Land der Mitternachtssonne

Erlebnisse einer 17000-km-Fahrt durch Skandinavien

Der Sommer näherte sich bereits dem Höhepunkt, als es endlich Gewißheit wurde, daß unsere nicht alltägliche Fahrt nach den nördlichen Ländern Europas stattfinden sollte.

Immer wieder sahen wir unser Ausrüstungsverzeichnis durch, strichen darin und stellten es wieder neu auf. Es wurde aber nicht weniger. Obwohl nur das Allernotwendigste für den persönlichen Gebrauch und für den Wagen berücksichtigt wurde, kamen am Ende doch zahlreiche Koffer, Taschen und anderes mehr zusammen. Das alles sollte unser „Trabant" bis ans Eismeer und wieder zurück tragen? Doch irgend jemand erzählte einmal, der „Trabant" sei innen größer als außen. Diese durchaus unwissenschaftliche These bestätigte sich bei uns in der Praxis. So bot er schon allein mit seinem Kofferraum jeder größeren Limousine Konkurrenz. Ohne irgendein Stück feststampfen zu müssen, verschwanden darin außer dem Reserverad noch ein zusätzlicher Reifen, Werkzeug und einige Ersatzteile, je ein gefüllter 20-Liter-Benzinkanister und 4-Liter-Ölkanister, die gesamte Campingausrüstung mit Zelt, Schlafsäcken und Gummimatratzen, ein Eimer, eine Aktentasche und ein Karton mit Fotomaterial. Danach blieb sogar noch genügend Platz, um später ein Renntiergeweih im Kofferraum unterzubringen.

Nachdem dies alles verstaut war, konnten wir beruhigt die restlichen Koffer und Taschen auf den hinteren Sitzplätzen unterbringen.

Die Reise begann. Unsere Sorge, daß die Federn eine derartige Belastung übelnehmen könnten, erwies sich bereits nach den ersten hundert Kilometern Fahrstrecke über Kopfsteinpflaster als überflüssig.

Getragen von den starken Seilen eines Rostocker Hafenkranes schwebte der „Trabant" durch die Lüfte. Behutsam dirigierten ihn ein paar Arbeiter an mächtigen Schiffshebebäumen vorbei in eine schmale Lücke.

„Mit dem wollt ihr bis ans Eismeer? Habt ihr wenigstens noch einen zweiten als Ersatz?" spotteten einige Umstehende.

„Den Ersatzwagen haben wir im Kofferraum verstaut." Recht überzeugend klang unsere Antwort nicht, denn die Gedanken schweiften zu den spärlichen Teilen, die wir in unserem „Trabant" verstaut hatten. Viel war das nicht, dafür besaßen wir um so reichlicheres Werkzeug.

Erhaben über die Seekrankheit und frohgelaunt nach überstandener Schiffsreise betraten wir nach dreitägiger Seeschaukelei das erste Mal finnischen Boden. Die bunte Lichterkette der „Weißen Stadt am Meer" nahm uns auf, umrahmt von den unzähligen winzigen Schäreninseln vor den Toren Helsinkis. Gespannt auf die kommenden Ereignisse rollten wir in den lebhaft pulsierenden Verkehr der uns fremden Stadt ein. Doch nicht lange währte die Ruhe. Bereits vor der ersten Kreuzung standen wir etwas ratlos. Verkehrszeichen entdeckten wir nicht, von rechts kamen Autos, von links kamen Autos, wer hatte nun eigentlich die Vorfahrt? Nach drei weiteren Kreuzungen wußten wir, daß hier ungeachtet der irgendwo niedergeschriebenen Verkehrsvorschriften meistens der Schnellere Vorfahrt hatte. Die Folge war, daß in der nächsten Zeit recht oft der „Trabant" die Vorfahrt für sich beanspruchte. Nur einmal mußte mit scharfem Bremsen und genauer Millimeterarbeit darauf verzichtet werden.

Die eigentliche Reise nach dem Norden begann wenige Tage später.

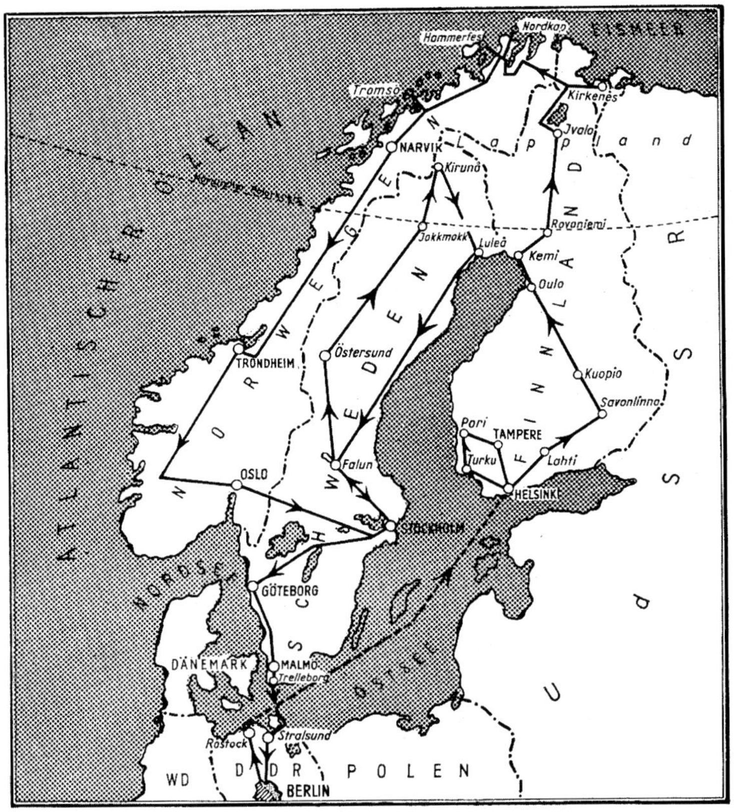

Als die letzten Häuserfassaden Helsinkis im Rückspiegel verschwanden, wußten wir nicht, wo in der kommenden Nacht unsere Schlafstätte sein würde. Der vollgepackte „Trabant" war zu unserer Ersatzheimat geworden.

Neuangelegte Verkehrswege gestatteten vorerst ein zügiges Fahren. In Abständen luden helle Imbißhallen zu einer Rast ein, in denen man sich schnell mit der gewünschten Speise und mit ausschließlich alkoholfreien Getränken selbst bedienen konnte. Doch nach reichlich hundert Kilometern hörte die Bequemlichkeit auf. Schmale Schlaglochwege lösten die Straßen ab und blieben auf der weiteren Fahrt die Fahrbahn für unseren „Trabant". Anfangs mißfiel uns der lose Straßenbelag sehr, denn der unaufhörliche Geröllhagel gegen den Wagenboden machte uns etwas ängstlich, aber schließlich gewöhnten wir uns daran. Jeden Abend wurde das Unterteil des Wagens kritisch begutachtet, ohne daß jedoch etwas Besonderes festzustellen war.

Nur wenn uns manchmal besonders Eilige überholten und kleine Steinchen emporschleuderten, die auf unseren „Trabant" niederprasselten, bangten wir vor allem um die Windschutzscheibe. Sie trotzte aber allen Anschlägen. Das linke Scheinwerferglas dagegen sah bald aus wie ein Spinnennetz. Umgekehrt schimpften natürlich auch andere Fahrer über unseren Geröllsegen, der infolge fehlender Gummilaschen an den Hinterrädern nicht unbeträchtlich war.

Die finnischen Straßenbauer sind jedoch eifrig bemüht, die Straßenverhältnisse zu verbessern. Wir lernten mehrmals am Tage ihre Renovierungsmethoden kennen. Die Straßenoberfläche wird von einem großen Tankwagen gründlich aufgeweicht und anschließend eingeebnet. Dabei wird der aufgeweichte Boden an die Ränder geschoben. Solange man der alleinige Straßenbenutzer ist und in den Spuren fahren kann, stört das wenig. Bei Gegenverkehr bleibt aber nur ein Ausweichen in den seitlichen, knöcheltiefen Schlammbrei übrig. Nach einem solchen Ausweichmanöver war dann kaum noch etwas von den ursprünglichen Farben des „Trabant" zu erkennen, ganz abgesehen davon, daß die Windschutzscheibe ohnehin ständig verschmutzt war.

Das zum Aufweichen der Straße verwendete Wasser ist mit Chemikalien vermischt, die später der Straßenoberfläche zu einem festen Halt verhelfen sollen.

Je weiter wir uns auf den je nach Witterungslage mit Staubwolken eingehüllten oder mit Schlammseen bedeckten Straßen nordwärts bewegten, desto öfter sahen wir an den Tankstellen staunende Gesichter. Immer wieder, wenn wir unseren „kacks-takti" verlangten, besah sich der Tankwart kritisch den Motor und schüttelte dann ungläubig den Kopf. Wie sollte der kleine Motor bei dem vollgeladenen Wagen eine so weite Reise überstehen? Fast ein wenig mitleidig wischte man uns abschließend die Scheiben blank, ehe wir dankend weiterrollten.

Viel Zeit ließen wir dem „Trabant" in Mittelfinnland nicht, denn der hohe Norden, Lappland mit seinen urwüchsigen Wildmarken, lockte. Täglich registrierten wir erwartungsvoll, wie der Nadelwald allmählich spärlicher wurde und an seine Stelle die hellen Birkenstämme traten. Im gleichen Maß nahmen die Entfernungen zwischen den Ansiedlungen zu, nur der lose Geröllbelag der Straßen blieb unverändert.

Die Hauptstadt Lapplands, Rovaniemi, ist gleichsam das Tor zum Norden. Moderne Betonbauten zieren die Straßenzüge. Doch verschiedene Lücken mahnen noch an die Vergangenheit, denn während der letzten Kriegsmonate wurde die Stadt von den Faschisten in sinnloser Wut zerstört. Kein Haus blieb stehen. In mühseliger Arbeit haben sich nun die Bewohner eine neue Stadt aufgebaut.

Von Rovaniemi ging es zunächst auf der dort beginnenden Eismeerstraße über den Polarkreis hinweg weiter nordwärts. Eigentlich ist die Straße ein breiter Sandweg, auf dem sich der gesamte Personen- und Güterverkehr Lapplands abspielt. Über hundert Kilometer fuhren wir manchmal, ohne an einem Haus vorbeizukommen. Monoton holperte der „Trabant" über das endlose Waschbrettpflaster. Die Beanspruchung des Fahrzeuges und besonders der Federung nahm mit jedem Kilometer zu.

Nach Passieren des Polarkreises begannen wir unentwegt nach allen Seiten zu starren, um zwischen Sümpfen und verkrüppelten Birkenwäldern Rentiere zu suchen. Unsere Hoffnungen sollten nicht enttäuscht werden, denn nach etwa 100 km sahen wir die ersten Rentiere, auf die wir dann mit unseren Kameras Jagd machten. Später störten sie uns jedoch, wenn sie auf der Fahrbahn gemächlich vor uns hertrotteten und sich nicht im geringsten um Autos kümmerten.

Im Marktflecken Inari zeigt ein schmaler Richtungsweiser an, daß nach Mennejärvi 38 km zu fahren sind. Auf der Karte war der Weg nicht verzeichnet, doch schien der Sandweg einigermaßen befahrbar. Weite Sumpfsteppengebiete und verschlungenes Gestrüpp umsäumten den Weg. An Stelle des anfänglich vorhandenen Weges wies uns nach einigen Kilometern nur noch eine tiefe Sandspur die Richtung. Obwohl nur geringe Höhenunterschiede zu bewältigen waren, kamen wir ins Schwitzen. Immer wieder wühlten sich die Vorderräder des „Trabant" in lockeren Sand ein. Mehrmals mußten

1

wir vor einigen Auffahrten Anlauf nehmen, ehe in eleganten Schlenkerbewegungen die Höhe bezwungen werden konnte. Schließlich nutzte auch das nichts mehr, der Wagen blieb stehen. Das war aber noch lange kein Grund zum Aufgeben, denn der „Trabant" hatte ja einen fünften Gang, den Rückwärtsgang. Wir fuhren zurück und wendeten auf dem schmalen Weg, in den das Fahrzeug gerade mit dem Radstand quer paßte. Rückwärts schafften wir es dann. Nahe unserem Ziel bestand der Weg nur noch aus großen Torfschollen, die schließlich auch Meter für Meter überwunden wurden.

Bei diesen Wegverhältnissen reichte uns die zurückgelegte Fahrstrecke, deshalb bauten wir auf dem Grundstück eines Lappen unser Zelt auf. Mit kritischen Augen betrachteten die Gastgeber unseren „Trabant" und beklopften die Karosserie. Als wir sie jedoch zu einer Probefahrt einluden, war der Bann bald gebrochen, anerkennend nickten sie über das Fahrerlebnis. Zum Dank schenkten sie uns zwei Rentiergeweihe.

Später auf dem Zeltplatz in Inari erzählten uns Fahrer größerer PKW, daß sie nicht gewagt hätten, den Weg zu befahren. Unser kleiner „Trabant" aber hatte die Strecke ohne fremde Hilfe bewältigt. Entfernungen spielen in Lappland keine Rolle. Dörfer mit nur wenigen hundert Einwohnern und einem Wirtschaftsgebiet so groß wie Mecklenburg sind keine Seltenheit. Solche Entfernungen veranlaßten uns einmal im nördlichsten Gebiet Finnisch-Lapplands, nahe der Siedlung Utsjoki, als uns die Situation keine andere Wahl ließ, zu einer Fahrt unter Bedingungen, an die die geistigen Väter des „Trabant" wohl selbst in kühnsten Phantasien niemals gedacht haben. Knapp hundert Kilometer saßen wir zu viert (gemeinsam mit zwei Dorfbewohnern Utsjokis) auf den vorderen Sitzen! Von Bequemlichkeit war dabei allerdings keine Rede mehr, denn wir saßen dicht zusammengedrängt, der vierte sogar auf den Beinen der beiden Mitfahrer. Der „Trabant" jedoch beförderte mühelos seine Last über das Waschbrettpflaster. Eventuelle Schwierigkeiten wegen einer derartigen Überladung fürchteten wir nicht, denn die Federung ist stabil, und Verkehrspolizei gibt es dort nicht.

2

1 Meter für Meter bewältigte der „Trabant" diese großen Torfschollen in Finnisch-Lappland und brachte uns sicher ans gewünschte Ziel

2 In dem tiefen Sand wühlten sich die Vorderräder sofort ein. Nur mit Hilfe des mitgeführten Spatens und unter die Antriebsräder gelegter Decken konnten wir uns wieder daraus befreien. (Auf der Porsanger-Halbinsel am Eismeer)

3 Auf der Überfahrt nach Helsinki begleiteten uns nagelneue „Wartburg". In Finnland sind Fahrzeuge aus der DDR zahlreich anzutreffen, sie werden gern gekauft

4 Der natürliche Reichtum Finnlands hat einen vielseitigen Verwendungszweck gefunden, wie hier z. B. die Lokomotive mit Holzfeuerung in Rovaniemi zeigt

Die Grenze nach Norwegen lag schon lange hinter uns, und immer noch fehlte jede Spur einer Zollstation. Als wir mehrere Stunden gefahren waren, gaben wir es auf, noch auf eine derartige Stelle zu warten. Am nächsten Tag (250 km hinter dem Grenzübergang) suchten wir dann in Kirkenes den Zoll auf, um unsere Fahrzeugversicherung zu bezahlen.

Das Eismeer machte seinem Namen durchaus Ehre. Wenn auch das Eis fehlte, dafür war es Eiswasser. So mußten wir allmählich daran denken, anstatt der Frischluftzuführung die Heizung im Wagen anzustellen. Die einzige Fernverkehrsstraße, welche von Kirkenes durch das ganze Land bis nach Oslo führt, besitzt in den Regionen Lapplands den Namen nur wegen ihrer Länge zu Recht. Ansonsten fühlte man sich wie auf einem einspurigen Feldweg, der sich über unzählige Berge und in schwindelerregenden Serpentinen an hohen Felsen und tiefen Abgründen entlang und durch die weite Einöde der Tundra schlängelt.

Auf der halben Strecke zwischen Kirkenes und Nordkap erwischte uns die erste (und letzte!) Panne. Zunächst bemerkten wir nur ein bisher ungewohntes Schlittern, das wir dem losen Straßenbelag zuschrieben. Da es jedoch auch auf festerem Untergrund nicht nachließ, entschlossen wir uns anzuhalten. Die Ursache war schnell gefunden: im rechten hinteren Reifen steckte ein Nagel. Dank der schlauchlosen Bereifung war der Schaden ohne Montage innerhalb weniger Minuten behoben, und die Fahrt konnte ohne größeren Aufenthalt fortgesetzt werden.

An den folgenden Tagen war uns der Neptun des Eismeeres gar nicht gut gesinnt. Während der viereinhalbstündigen Überfahrt zur Nordkapinsel peitschte er die Meereswogen derart auf, daß uns das Bullauge in der Schiffswand im steten Wechsel den Eindruck einer Luftreise und einer Unterwasserfahrt vermittelte.

Vom kleinen Hafen Honningsväg sind es noch 36 km Fahrstrecke bis zur nördlichsten Spitze Europas. Kurz nach Mitternacht legte die Fähre an. Nach dem Ausladen fuhren wir sofort weiter, wobei uns gleich nach Verlassen des Hafens dichter Nebel einhüllte. Vorsichtig tasteten wir uns auf der schmalen Fahrspur vorwärts. Was links und rechts davon war, sahen wir nicht. Vielleicht war es auch gut so, denn der Weg stieg ständig an, laut Karte mußte er dabei mehrmals an Fjordufern entlang führen. Nach der halben Distanz stoppte uns plötzlich ein rotes Licht. Aus dem Dunst kamen zwei Gestalten auf uns zu: Verkehrskontrolle! Zulassung, Versicherungspapiere und Scheinwerfer kontrollierte man. Es war die einzige Kontrolle während unserer langen Reise.

Wenig später war der Weg zu Ende. Ein steinernes Monument besagte, daß wir den nördlichsten Punkt erreicht hatten. Wir mußten es glauben, denn sehen konnten wir nichts, weil dichte Nebelschwaden jede Sicht nahmen.

Irgendwo hatten wir erfahren, daß in den Bergen am Porsanger-Fjord noch Nomaden-Lappen in ihren Zelten wohnen. Das lockte. Doch Wege gab es nicht. So bahnten wir uns über Stock und Stein selbst eine Spur durchs Gelände. Oftmals mußte mit dem „Trabant" im Zickzack gefahren werden, denn gewaltige Felsbrocken versperrten den Weg. Vorsichtig achteten wir darauf, daß wir nicht etwa auf einen solchen Stein aufsetzten.

Plötzlich stand der „Trabant" vor einem Wildwasser. Weiter wollten wir unbedingt. Mit klopfendem Herzen gab ich Vollgas und ließ dabei die Kupplung etwas schleifen. Anstandslos holperte der Wagen über unsichtbare Steine durch das dreißig Zentimeter tiefe Wasser. Kurz darauf zwang uns ein zweiter Wasserlauf, das gleiche Manöver noch einmal auszuführen. Dann wieder wechselten steile Böschungen, die im Rückwärtsgang bewältigt wurden, mit tiefen Löchern. Eine weitere Wasserdurchfahrt war zu meistern. Sie war für den kleinen „Trabant" aber doch etwas zu tief, so daß der Motor anstatt des gewohnten Kraftstoff-Luft-Gemisches Wasser schluckte und aussetzte. Im losen Geröll sackte der schwerbeladene Wagen noch weiter ein. Beim Öffnen der Tür schoß eine Wasserflut ins Wageninnere. Schnell öffneten wir die zweite Tür, damit der Durchfluß geregelt war, und stapften mit hochgekrempelten Hosenbeinen ans Ufer. Das Wasser reichte uns bis an die Knie. Ohne fremde Hilfe war hier

3

4

5 *Einsames Gehöft an der Straße nach Utsjoki; manchmal waren bis zu 100 km zu fahren, ehe wir erneut ein einsames Haus sahen*

6 *Im Morgennebel über die tosenden Stromschnellen des Lilla Luleälv bei Jokkmokk (Schwedisch-Lappland)*

nichts mehr zu machen. Nahezu drei Stunden mußte der „Trabant" im kühlen Bad stehen, ehe ihn vereinte Kräfte – aus der weiten Umgebung herangeholt – daraus befreiten. So durchnäßt blieb er noch zehn Stunden bis zum kommenden Morgen stehen. Nachdem der Vergaser entwässert und die Zündkerzen ausgewechselt waren, starteten wir, und – der Motor lief! Aus dem Auspuff schossen zwar noch einige Wasserfontänen, aber weder der Unterbrecher noch die Lichtmaschine hatten bei ihrer Bekanntschaft mit dem feuchten Element irgendwelchen Schaden genommen. Übrigens wurde der Unterbrecher während der Fahrt nicht ein einziges Mal gereinigt oder nachgestellt, er arbeitete einwandfrei vom ersten bis zum letzten Tag.

Je weiter wir auf den norwegischen Straßen in Richtung Oslo fuhren, desto höher wurden die Berge. Zügig kletterte unser kleines Fahrzeug auf die Anhöhen, nur in zwei extremen Fällen mußten wir den ersten Gang benutzen. Alle anderen Steigungen schaffte der „Trabant" mühelos im zweiten Gang. Dank der guten Luftkühlung brauchten wir keine Rast wegen Überhitzung des Motors einzulegen, überholten aber oftmals stärkere PKW, die mit kochendem Kühlwasser am Straßenrand standen.

Unser „Trabant" war durchaus nicht das einzige Fahrzeug dieser Marke auf den Gebirgsstraßen Norwegens, denn er wird dort ebenso wie in Finnland gern gekauft. Selbstverständlich grüßten wir Fahrer uns immer kollegial mit Handzeichen. Nur einmal kamen wir nicht dazu. Ausgerechnet beim eleganten Durchfahren eines übermäßig gekrümmten Weges trafen wir uns. In letzter Sekunde konnte eine unkollegiale Berührung vermieden werden.

Endlos wand sich die Straße an den Fjorden entlang nach Süden. Der lang anhaltende Regen dämpfte ein wenig die Abenteuerlust. Im Reiseführer ist der Fettisfoss als einer der höchsten Wasserfälle Norwegens verzeichnet und mit einem Sternchen – das heißt Sehenswürdigkeit – versehen. Um nach dort zu gelangen, mußten wir einen tausend Meter hohen Paß überqueren. Das war nun schon nichts Ungewohntes mehr, und der aus tiefen Furchen bestehende Weg konnte uns auch weiter nicht erschüttern. Plötzlich stoppte uns eine Sperrschild. Die restliche Abfahrt nach dem tief unten liegenden Städtchen Farnes war einbahnig. Die auf dem Schild angeführten Uhrzeiten besagten, daß die Strecke in jeder Fahrtrichtung nur während bestimmter Zeiten benutzt werden durfte.

Nachdem die Zeit für uns heran war, rollte der „Trabant" im ersten Gang mit ausgeschaltetem Freilauf den Berg hinab. Wir waren auf dieses Stück doch etwas gespannt, denn einen Tag später sollte es die gleiche Strecke zurücklegen. Fünfzehn Minuten wurden uns laut Schild amtlicherseits für die Auffahrt zugebilligt. Diese Zeit zu überschreiten war nicht ratsam, da dann bereits der Gegenverkehr von oben rollte und ein Ausweichen auf dem schmalen Weg unmöglich war. Während dieser Vorgabezeit mußte auf einer etwa 2,5 km langen Strecke ein Höhenunterschied von 480 m überwunden werden (entspricht einer durchschnittlichen Steigung von 8° oder 19%), und das bei lockerem Sandbelag, der bei dieser Steigung besonders in den Haarnadelkurven das Fahren erschwerte. Unser vollgeladener „Trabant" bewältigte diese inoffizielle Berggeschwindigkeitsprüfung ausgezeichnet; in knapp acht Minuten erreichten wir das obere Sperrschild, ohne den ersten bzw. teilweise den zweiten Gang auszufahren.

Eine angenehme Abwechslung boten uns in Südschweden die auto-

7

7 Unmittelbar am Verkehrskreisel in Stockholm, einer großzügigen Verkehrsanlage zur kreuzungsfreien Entflechtung des Verkehrs, steht seit einigen Jahren eine neue Brücke. Sie wurde vom VEB Lauchhammer errichtet und dient einer schnelleren Verbindung zwischen Alt- und Neustadt (auf dem Bild links)

bahnähnlichen Straßen. Nach all den vielen schwierigen Wegen konnte der Wagen wieder einmal richtig rollen. Die Tachonadel pendelte meist zwischen 80 und 90 km/h. An das Linksfahren, zu dem wir beim Grenzübergang nach Schweden durch große Hinweisschilder aufgefordert wurden, hatten wir uns schneller als gedacht gewöhnt. Es war zwar erst etwas seltsam, wenn man im Kreisverkehr nun links anstatt rechts herum fahren mußte, aber bald machte es Spaß.

Lange sollte die flotte Fahrerei jedoch nicht anhalten, denn weiter nordwärts kamen bald wieder unsere bisher gewohnten „normalen" Straßen, mit ihrem losen, zerfurchten Geröllbelag. Als wir einen alten Bauern in Jämtland nach dem Weg fragten, da die kleinen Nebenwege auf unserer Karte gar nicht verzeichnet waren, meinte er kopfschüttelnd: „Weg nicht gut!" und machte mit dem Arm einen weiten Bogen. Wir sollten lieber auf der Hauptstraße fahren. Darauf mußten wir aber wieder den Kopf schütteln. Er versuchte es noch einmal, indem er uns knietiefe Löcher andeutete, dann gab er es aber auf und erklärte uns, so gut es ging, den Weg, den wir fahren wollten. Später merkten wir, daß er doch recht gehabt hatte, denn die Strecke ähnelte mehr einem zerfahrenen Holzabfuhrweg als einer Nebenstraße, aber der „Trabant" meisterte alle Schwierigkeiten.

Zum zweiten Mal näherten wir uns dem Polarkreis in nördlicher Richtung. Diesmal war es allerdings bereits empfindlich kalt, so daß auf den Wasserpfützen auch tagsüber das Eis nicht mehr verschwand. Nachts sank das Quecksilber bis zu −10 °C, und jeden Morgen war der „Trabant" mit einer glitzernden Reifschicht überzogen. Die Unempfindlichkeit des luftgekühlten Motors zeigte sich

8 Die Fernverkehrsstraße nach Oslo (südlich von Narvik) schlängelt sich abwechselnd an tiefen Fjorden und an gewaltigen Bergzinnen vorüber

8

9

10

9 Befahrbare Straßen gibt es auf der Porsanger-Halbinsel am Eismeer kaum, so blieb uns einige Male nur die Wahl, durchs Wasser zu fahren. Allerdings waren die Wildwasser beachtlich tief, so daß wir auf der Abflußseite die Tür offenlassen mußten, um den Abfluß aus dem Innenraum zu gewährleisten.

10 Das weiße Gold Skandinaviens hat man teilweise bereits gebändigt und in weite Rohrleitungen zum Antrieb großer Turbinen gezwängt, dennoch bieten viele Wasserfälle noch ungeahnte Kraftreserven. Unser Bild zeigt einen der größten Wasserfälle Schwedens, den Tännforsen in Jämtland

aber auch hier, denn er sprang genauso leicht wie nach einer warmen Sommernacht an. Und nach entsprechendem Warmlaufen des Motors erwärmte die Heizung schnell und ausgiebig den vorderen Innenraum, so daß sie meistens wieder etwas zurückgestellt werden mußte.

Nach der zweiten Nordfahrt bis zur Eisenerzstadt Kiruna kehrten wir nun endgültig um in Richtung Heimat. Auf der gut gepflegten Küstenstraße am Bottnischen Meerbusen ließen wir den „Trabant" wieder auf Volltouren laufen, um nach Möglichkeit von den einsetzenden Schneefällen nicht allzuviel mitzubekommen. Nur in Stockholm gönnten wir uns eine mehrtägige Rast.

Von den Schönheiten der Stadt bekamen wir zunächst nicht viel zu sehen, denn eingekeilt zwischen mehrere Fahrzeugschlangen ließen wir uns mittrudeln über Kreuzungen, vorbei an düsteren Alt- und modernen Neubauten. Im Verkehrskreisel, einer großzügigen Anlage zur kreuzungsfreien Entflechtung des Straßenverkehrs, versuchten wir vergebens auszubrechen. Wir mußten uns vom Keller bis in den dritten Stock hinaufquirlen lassen. Dabei lernten wir ein weiteres Mal den „Trabant" schätzen, denn sein geringer Platzbedarf und die Wendigkeit waren unbestreitbare Vorteile in dem dichten Straßenverkehr von Stockholm.

Schließlich rollten wir mit dem „Trabant" der Westküste Schwedens zu, vorbei an Göteborg und Malmö nach Trelleborg. Dort erwartete uns das stattliche Fährschiff „Saßnitz" zur Überfahrt in die Heimat.

Die von uns mit dem „Trabant" insgesamt zurückgelegte Wegstrecke betrug 17 511 km, davon 2 656 km auf guten Straßen, 5 530 km auf mittelmäßigen Schlaglochstraßen, 9201 km auf losen Geröll-, Sand- und Waschbrettwegen und 124 km in unwegsamem Gelände. Etwa 14 700 km dieser Strecke mußte der Wagen über die zulässige Höchlast beladen zurücklegen. Fünfmal mußte er über 1 000 m hoch klettern, während Höhenunterschiede bis etwa 600 m mehr als dreißigmal zu überwinden waren.

Während der gesamten Fahrt verbrauchte der Wagen insgesamt 1 334 Liter Zweitaktgemisch, was einem Durchschnittsverbrauch von 7,6 Liter/100 km entspricht. Während der Reise waren nur an einem Reifen ein Nagel herauszuziehen und durch einen Gummipropfen zu ersetzen, vier Zündkerzen zu wechseln und eine Blinklichtbirne auszutauschen.

Das größte Lob gebührt dem Motor, der bei den größten Belastungen ohne besondere Wartung unermüdlich arbeitete, und der Federung, die den schwer beladenen Wagen sicher über Tausende von Schlaglöchern (bis zu 30 cm tief), über zerfurchte Wege und Waschbrettpflaster trug.

Dr. Horst Aehnelt / Dr. Margita Grossmann / Dr. Sigrid Scharf

3 von 4 nehmen das Auto

Reisen in Freundesländer – eine Übersicht

«Wir könnten mal wieder nach Polen oder in die ČSSR fahren!» – So oder ähnlich kann der Beginn einer Reiseidee ausgesehen haben, die seit der Einführung des paß- und visafreien Reiseverkehrs zwischen der DDR und der Volksrepublik Polen sowie der ČSSR im Jahre 1972 durch mehr als 60 Mill. Reisen (alle Zahlenangaben entstammen dem Statistischen Jahrbuch der DDR oder speziellen Fremdenverkehrsstatistiken der untersuchten Länder) verwirklicht wurde. Bedenkt man unsere gutnachbarlichen Beziehungen, dann sind diese Zahlen kein Anlaß zur Verwunderung. Mit diesem Umfang an Reisen stehen die VR Polen und die ČSSR zur Zeit an der Spitze derjenigen Länder, die von DDR-Bürgern als Reiseziel gewählt werden. 1975 wurden 49,2% der Ausreisen von DDR-Bürgern in die europäischen sozialistischen Staaten nach Polen und 41,7% in die ČSSR durchgeführt.

In diesen Zahlen sind alle Reisen enthalten, unabhängig davon, aus welchem Grund sie stattfanden oder wie lange sie dauerten. Sie schließen beispielsweise Dienstreisen und Urlaubsreisen genauso ein wie Besuchsreisen, sogenannte «Einkaufsfahrten» und Ausflüge – einen Tag bis mehrere Wochen dauernd, mit und ohne Reisebüro, zu jeder Jahreszeit.

Wenngleich die VR Polen und die ČSSR auch den größten Anteil an den Ausreisen der DDR-Bürger in die europäischen RGW-Länder stellen, so ist auch die Zahl der Reisen in andere RGW-Länder nicht unbeträchtlich (Tab. 1).

Abbildung 2 macht deutlich, welchen ungeheuren Einfluß die Einführung des paß- und visafreien Reiseverkehrs zwischen der DDR und der VR Polen sowie der ČSSR im Jahre 1972 auf die Zahl der Ausreisen ausgeübt hat. Es war ein sprunghaftes Ansteigen der Ausreisezahlen in beide Länder von 1,4 Mill. Reisen 1971 auf 12,3 Mill. Reisen 1972 zu verzeichnen. Das enorme Wachstum der Zahl der Reisen seit 1972 vor allem in die VR Polen und in die ČSSR ergibt sich vorwiegend aus einem schlagartigen Aufblühen der Kurzreisen mit Erholungs- und Bildungscharakter: der Tagesausflüge, der Wochenendausflüge, der Mehrtagereisen von Einzelpersonen, aber auch von Kollektiven. Allein nach Polen beliefen sich 1973 die Tagesreisen auf 4,3 Mill., wobei in dieser Zahl etwa 2,2 Mill. Fußgänger mit enthalten sind. 1973 waren somit etwa 82% aller Einreisen von DDR-Bürgern in die VR Polen Tagesreisen. Insofern stellt die VR Polen mit diesem hohen Anteil an Kurzreisen einen typischen Vertreter für den Fremdenverkehr zweier aneinander grenzender Staaten mit gutnachbarlichen Beziehungen dar, welcher sich auf der Basis der gesellschaftlichen Verbundenheit herausgebildet und gefestigt hat. In der ČSSR ist dieser Anteil der Kurzreisen zwar ebenfalls hoch, aber nicht so dominierend wie bei der VR Polen. Die Ursachen hierfür sind im Vergleich zur VR Polen vor allem in einer geringeren Grenzlänge zwischen der ČSSR und der DDR, einer geringeren Anzahl von Grenzübergangsstellen, dem Nichtvorhandensein von Grenzstädten wie Görlitz und Frankfurt (Oder) und damit einer geringeren Ausdehnung der Quellgebiete in der DDR zu sehen. Die Kurzreisenden kommen insbesondere aus den südöstlichen Bezirken der DDR und suchen neben Prag in erster Linie die Gebiete entlang der Grenze auf, z. B. das Riesengebirge, den Raum Děčin und Ustí, Teplice sowie das Bäderdreieck. Darüber hinaus kommt hinzu, daß gerade solche Gebiete wie die Hohe Tatra, die Niedere Tatra, die Mala Fatra, Böhmen und Mähren beliebte Urlaubsgebiete von DDR-Bürgern sind. Die Anteile an Urlaubsreisen drücken die Anteile der Kurzreisen herab. In der ČSSR haben wir deshalb – ähnlich wie in Ungarn – eine starke Vermengung von Kurzreisen, Dienstreisen, Urlaubsreisen, aber auch

Tabelle 1: Entwicklung der Ausreisen von DDR-Bürgern in die europäischen RGW-Staaten (ohne Transit, in 1 000 Reisen)

Zielland	1965		1970		1975	
	Anzahl der Reisen	%	Anzahl der Reisen	%	Anzahl der Reisen	%
UdSSR	97,5	7,9	220,9	12,7	309,6	2,8
VRP	330,6	26,9	539,0	30,8	5 343,1	49,2
ČSSR	589,9	48,1	576,3	33,1	4 527,2	41,7
UVR	97,6	8,0	236,2	13,6	430,7	4,0
SRR	26,7	2,2	45,3	2,6	56,0	0,5
VRB	85,2	6,9	125,1	7,2	198,0	1,8
Insgesamt	1 227,5	100,0	1 742,8	100,0	10 864,6	100,0

Transitreisen. Im Gegensatz zu den «neuen» Formen im Reisegeschehen, als welche man die Tagesreisen nach der VR Polen und der ČSSR bezeichnen könnte, verkörpern die Urlaubsreisen, die Kurreisen und die langfristigen Dienstreisen gewissermaßen die traditionellen Formen des Reisens. Wenngleich diese Formen auch jährliche Schwankungen aufweisen aufgrund der Beeinflussung z. B. durch Naturereignisse oder andere objektiv bedingte Faktoren, entwickeln sie sich in der Tendenz seit vielen Jahren doch kontinuierlich aufwärts. Während der Umfang und die Richtung des Stromes der Dienstreisen aus Partnerschaftsbeziehungen im Rahmen der sozialistischen ökonomischen Integration bestimmt werden, die Kurreisen nicht unwesentlich von vorhandenen Heilfaktoren, wie Klima, Quellen, Heilerden und dergleichen, gelenkt werden, richtet sich das Ziel der Urlaubsreise und ihr Termin hauptsächlich danach, was der einzelne für seine Erholung für zweckmäßig hält und was der Geldbeutel zuläßt.

Typische Zielländer für DDR-Bürger sind in dieser Hinsicht die UdSSR, die Ungarische Volksrepublik, die VR Bulgarien und die SR Rumänien. Sie bieten für die Erholung sehr vielfältige und günstige Voraussetzungen (hohe Luft- und Wassertemperaturen, geringe Niederschlagsmengen im Sommerhalbjahr, hohe Sonnenscheindauer, abwechslungsreiche Gebirgs- und Seelandschaften). Das könnte zwar sowohl lang- als auch kurzfristigen Tourismus hervorrufen. Aufgrund der großen Entfernung zwischen der DDR und den genannten Ländern überwiegen aber in der UdSSR, der Ungarischen Volksrepublik, der SR Rumänien und v. a. in der VR Bulgarien beim Tourismus der DDR-Bürger die langfristigen Urlaubsreisen.

Im folgenden wird die Benutzung der Verkehrsmittel bei Reisen in die europäischen RGW-Länder untersucht, wobei der Frage nach der Benutzung von Kfz besonderes Augenmerk geschenkt wird. Die Nachbarschaftslage der DDR zur Volksrepublik Polen erfordert vor allem in den Grenzgebieten nicht unbedingt eine Inanspruchnahme von Verkehrsmitteln bei jedem Grenzübertritt, wie die bereits genannten Fußgängerzahlen beweisen. Dennoch ist

1 Parkplatz in Děčin n. L. (ČSSR)

im speziellen Fall der Reisen von der DDR in die VR Polen der Umfang an Reisewünschen so groß, daß auch ungeachtet der Fußgängerzahlen noch sehr hohe Anforderungen an das Verkehrswesen herangetragen werden. Das gilt sowohl für die Verkehrsleistungen als auch für das Straßennetz und die damit verbundenen Serviceeinrichtungen in dem Fall, da der Tourist sein Kraftfahrzeug selbst führt. Beim Grenzübertritt selbst wurde die in Tabelle 2 dargestellte Inanspruchnahme der verschiedenen Verkehrsmittel registriert. Obwohl die VR Polen von der DDR aus prinzipiell zu Lande, zu Wasser und auf dem Luftwege zu erreichen ist und auch die Direktverbindungen der öffentlichen Verkehrsmittel in beachtlichem Umfang vorhanden sind (z. B. 12 Eisenbahnverbindungen, die ein- oder mehrmals täglich befahren werden; intensiver ganzjähriger Flugverkehr Berlin–Warschau und im Sommer zusätzlich nach Gdańsk und Krakow; mehrmaliger wöchentlicher Busverkehr auf 9, im Sommer sogar 12 Linien), verzichtet die Masse der Reisenden auf deren Benutzung und wendet sich statt dessen dem Kraftfahrzeug und den damit verbundenen Annehmlichkeiten zu.

Die Vorliebe der in die Volksrepublik Polen reisenden DDR-Bürger für das Kraftfahrzeug drückt sich auch in folgendem aus: Bereits vor der Einführung des paß- und visafreien Reiseverkehrs entwickelte sich

Tabelle 2: Inanspruchnahme der Verkehrsmittel bei Einreisen aus der DDR in die Volksrepublik Polen (absolut in 1 000 und in %)

Jahr	Verkehrswirksame Einreisen	Davon mit Eisenbahn		Flugzeug		Schiff		Kraftfahrzeug	
		Reisen	Anteil	Reisen	Anteil	Reisen	Anteil	Reisen	Anteil
1970	539,0	255,0	47,3	15,0	2,8	16,0	3,0	253,0	46,9
1971	537,0	243,1	45,3	17,2	3,2	15,9	3,0	260,8	48,5
1972	3 825,8	344,5	9,1	22,3	0,6	49,4	1,3	3 409,6	89,6
1973	3 058,4	367,0	12,0	24,5	0,8	42,8	1,4	2 624,1	85,8
1974	3 117,7	364,8	11,7	31,2	1,0	46,8	1,5	2 675,0	85,8

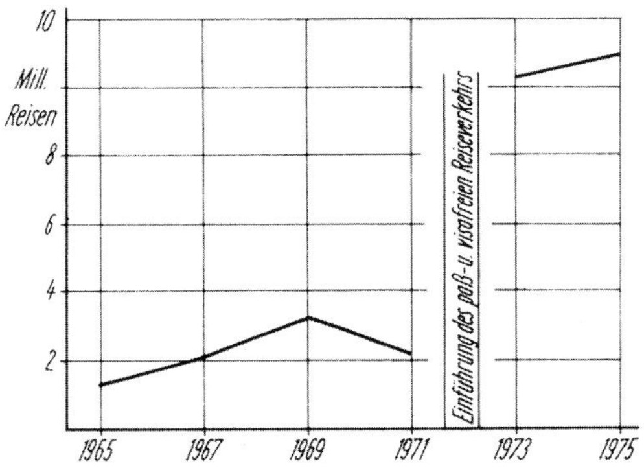

2 Reisen der DDR-Bürger in die europäischen RGW-Länder

der Kraftfahrzeuganteil der in Polen einreisenden DDR-Bürger ebenso wie der Flugzeuganteil zu Lasten von Eisenbahn und Schiff. Im Gegensatz dazu nahm im gleichen Zeitraum bei Einreisen in die VR Polen aus allen anderen Ländern der Anteil der Straßenverkehrsmittel ab. Seit 1972 ist der Kraftfahrzeuganteil der DDR-Bürger mit mehr als 85% überragend. Neben der Eignung für Kurzreisen erweist sich auch in der VR Polen das Kraftfahrzeug als besonders vorteilhaft bei Urlaubs- und speziell bei Campingreisen. Da sie überwiegend in den Norden an die polnische Ostseeküste mit ihren noch relativ gering bevölkerten Stränden sowie an die Pommersche und Masurische Seenplatte führen, ist es gerade in diesen Gebieten von Nutzen, weil das Verkehrswegenetz in seiner Dichte und damit auch in seiner Frequentierung durch öffentliche Verkehrsmittel von Südwest nach Nordost abnimmt, also weitmaschiger wird. Aber auch für das Kennenlernen verschiedener Gebirgsgegenden im Süden der Volksrepublik Polen erfreut sich das Kraftfahrzeug großer Beliebtheit.

Stimulierend gerade für das Aufsuchen der Gebirge im Südosten der Volksrepublik Polen durch DDR-Bürger wirkt sich auch die paß- und visafreie Benutzungsmöglichkeit bestimmter Grenzübergänge an der polnisch-tschechoslowakischen Grenze aus. Ein Großteil der Motortouristen fährt allerdings nicht so weit. Er sucht die grenznahen Gebiete um Szczecin, Slubice, Zgorcelec sowie das Riesen- und Isergebirge auf. Aber auch Wrocław und Krakow stehen als Ziel bei den Reisenden hoch in der Gunst.

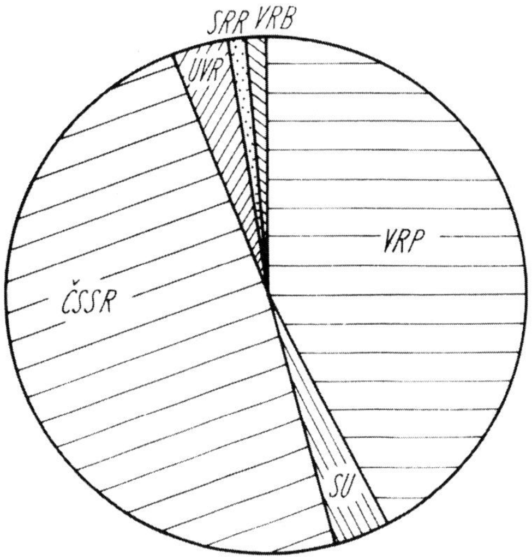

3 Zielländer der DDR-Bürger im ausströmenden Fremdenverkehr 1976

Betrachtet man, woher die Reisenden kommen und wohin sie fahren, so sind als hauptsächliche Quellgebiete die Grenzstädte, die südöstlichen Bezirke der DDR sowie der Berliner Raum zu nennen. Wegen der günstigen geographischen Lage zu den Quell- und Zielgebieten sind

4 Blick in die historische, rekonstruierte Piwna-Straße von Gdańsk (Renaissance; VR Polen)

die Grenzübergänge Frankfurt (Oder) und Görlitz entsprechend stark frequentiert. Förderlich wirkt sich auch deren Lage zum Autobahn- und Europastraßennetz aus. 1972 führten 59% aller Reisen mit dem Kraftfahrzeug allein über diese beiden Grenzübergänge. In Spitzenzeiten, wie in den zeitigen Vormittags- und späten Nachmittagsstunden, am Wochenende, im Spätfrühling und Frühherbst, kann es deshalb auch passieren, daß an der Grenze Wartezeiten auftreten. Trotz allem «Für» und «Wider», das Kraftfahrzeug scheint auch in Zukunft bei Reisen von DDR-Bürgern nach Polen seinen Vorrang zu behaupten. Daß auch Polen mit einer solchen Entwicklungstendenz rechnet, zeigt sich beispielsweise auch daran, daß der Motortourismus in den Planvorhaben zur Erweiterung und Qualitätsverbesserung des Straßennetzes, zum Autobahnbau, zur Verdichtung des Servicenetzes, aber auch beim Neubau und der Rekonstruktion von Beherbergungseinrichtungen, Gaststätten, Raststätten und niveauvollen Parkplätzen entlang der Haupttrassen des Straßenverkehrs berücksichtigt wird.

Ähnliche Tendenzen der Verkehrsmittelbenutzung lassen sich auch in der ČSSR erkennen. Deshalb soll nicht näher auf sie eingegangen werden. Sie unterscheiden sich zur VR Polen lediglich darin, daß der Eisenbahnanteil und der Flugzeuganteil etwas höher liegen und dafür der Kfz-Anteil bei Reisen in die ČSSR um etwa 10% niedriger ist als bei Reisen nach Polen.

Alle Reisenden, die auf dem Landweg in die UdSSR, die Ungarische VR, die SR Rumänien und die VR Bulgarien fahren, müssen ein Land oder mehrere Länder im Transit durchqueren. Die Ungarische VR fällt unter diesen Transitländern durch ihre vergleichsweise hohen Transitreisen auf. Sie ist deshalb im Rahmen der betrachteten Länder der typische Vertreter für Transitverkehr, der durch die besondere geographische Lage dieses Staates (es bieten sich sehr gute Bedingungen für den Transitverkehr in südlich gelegene Reiseländer) stark begünstigt wird. Der Transit durch dieses Land ist aber nicht der ausschließliche oder wesentlichste Beweggrund für Einreisen von DDR-Bürgern. Obwohl Ungarn über kein Hochgebirge und keinen Meeresstrand – vorrangige Anziehungs-

5 Blick über den Platz vor dem Außenministerium der ČSSR zur Loretta-Kirche in Prag (ČSSR)

punkte für die Wahl des Urlaubszieles – verfügt, hat dieses Land eine Vielzahl von Attraktivitäten zu bieten, die eine Urlaubsreise wert sind. Außer dem wassersportlich vielseitig nutzbaren Balaton und der Bäderstadt Budapest können die Folklore, die ungarische Küche, der Wein, die Heilquellen und die über 1 000jährige Geschichte des Landes als besondere Ursachen für die ständige Erhöhung der Zahl der Reisen von DDR-Bürgern angesehen werden. Während 1965 erst rd. 130 000 DDR-Bürger in die Ungarische Volksrepublik einreisten, waren es 1975 einschließlich Transit mehr als 750 000. Zielorte dieser Reisen waren Budapest, und zwar sowohl für kurz- als auch für langfristige Aufenthalte, sowie der Balaton, der ideale Möglichkeiten für den Bade-, Wasser- sowie Angelsport bietet. Rund 76 bis

6 Kosmos-Pavillon auf der Allunions-Ausstellung in Moskau (UdSSR)

7 Rekonstruierter Langer Markt mit Rathaus in Gdańsk (VR Polen)

80% der Ankünfte von DDR-Bürgern in Hotels und anderen Beherbergungseinrichtungen der Ungarischen Volksrepublik wurden allein in diesen beiden Zentren registriert. Auffällig ist weiterhin, daß die Mehrzahl dieser Reisen individuell organisiert wurde und ihr Anteil von Jahr zu Jahr gewachsen ist. War 1965 jede 5. Reise von DDR-Bürgern in die UVR vom Reisebüro der DDR organisiert, so war es 1975 nur noch jede 16. Reise (Tab. 3).
Wenngleich das starke Wachstum der individuell organisierten Reisen durch zunehmend günstigere Aus- bzw. Einreisebedingungen sowie die Möglichkeit einer freizügigeren Gestaltung des Aufenthaltes gefördert wurde, übte auch die zunehmende individuelle Motorisierung eine nicht unbedeutende Wirkung in dieser Hinsicht aus. Der Anteil des Kraftfahrzeuges an der Verkehrsmittelbenutzung hat sich in den vergangenen Jahren derart erhöht, daß gegenwärtig jede 3. Einreise von DDR-Bürgern in die Ungarische Volksrepublik mit einem Kraftfahrzeug erfolgt. Die Benutzung des Kraftfahrzeuges für Urlaubsreisen in die Ungarische Volksrepublik bzw. im Rahmen des Transits nach der SR Rumänien und der VR Bulgarien wurde dabei in starkem Maße durch den großzügigen Ausbau und die Modernisierung der vorhandenen Straßen gefördert. Gerade in den vergangenen 10 Jahren bildeten der Ausbau von Schnellverkehrsstraßen mit internationaler Bedeutung und von Anschlußstraßen für Gemeinden, die noch keinen Anschluß an das staatliche Straßennetz hatten, Schwerpunkte verkehrspolitischer Konzeptionen im Straßenwesen der Ungarischen Volksrepublik. Fast alle Hauptverkehrsstraßen ziehen sich – wie übrigens die wichtigsten Eisenbahnstrecken auch – strahlenförmig von Budapest aus durch das Land. Der Balaton ist von Budapest aus über eine Autobahn erreichbar. Serviceleistungen für den Kraftfahrzeugverkehr bestehen in einem engmaschigen Netz von Tankstellen und Kraftfahrzeug-Reparaturwerkstätten. Von den insgesamt 59 Grenzübergangsstellen ermöglichen 30 den Übergang auf der Straße. Die für den DDR-Reiseverkehr in Frage kommenden Übergänge passierten 1975 rund 140000 Kraftfahrzeuge (98,7% davon waren Pkw).

8 Blick vom Gellértberg zum Burgviertel in Budapest (Ungarische VR)

9 Blick über Donau und Elisabeth-Brücke zur Pester Seite in Budapest (Ungarische VR)

Tabelle 3: Reisen einschließlich Transitreisen[1] von DDR-Bürgern in die Ungarische Volksrepublik

Jahr	Anzahl der Einreisen in die UVR aus der DDR (in 1000)	Davon institutionell organisierte Einreisen (in 1000)	%
1965	131,2	27,1	20,7
1970	308,3	28,8	9,3
1975	784,8	50,1	6,4

1 Bei Transitreisen werden Hin- und Rückreisen getrennt gezählt

10 Im Schloß Peles bei Sinaia (Karpaten; SR Rumänien)

11 Felsenküste in Südbulgarien (im Hintergrund das Strandsha-Gebirge; VR Bulgarien)

Obwohl bei Urlaubsreisen von DDR-Bürgern in die Ungarische Volksrepublik die Benutzung des Kraftfahrzeuges zugenommen hat, dominiert trotz eines anteilmäßigen Rückganges mit einem nur geringen Vorsprung gegenüber den anderen Verkehrsmitteln die Eisenbahn mit gegenwärtig 38%. Eine relativ geringe Anteilserhöhung bei der Verkehrsmittelbenutzung erfuhr in den vergangenen Jahren das Flugzeug. 29% aller Reisen von DDR-Bürgern in die Ungarische Volksrepublik werden gegenwärtig per Flugzeug unternommen. Sie werden über den internationalen Flughafen Budapest-Ferihegy als Grenzübergang abgewickelt.

Der infolge der zentralen geographischen Lage der Ungarischen Volksrepublik für dieses Land auffallend starke Transitverkehr – er lag in den vergangenen Jahren zwischen 40% und 50% – ist nicht in gleichem Maße auch für die Einreisen aus der DDR erkennbar. Eine der wesentlichsten Ursachen dürfte darin liegen, daß DDR-Bürger vorwiegend mit dem Flugzeug in die VR Bulgarien und in die SR Rumänien reisen. Der Anteil der Transitreisen aus der DDR mit 26,9% der Einreisen aus der DDR im Jahre 1971 ist dabei seit 1965 (25,6%) annähernd konstant geblieben. Die Mehrzahl dieser Transitreisenden benutzt infolge der großen Entfernung des Reisezieles und der damit bei Fahrten mit dem Kraftfahrzeug verbundenen Strapazen die Eisenbahn. Für Camping-Reisen in die VR Bulgarien oder die SR Rumänien wird jedoch zunehmend auf die Benutzung des Kraftfahrzeuges zurückgegriffen und die Reise durch die Ungarische Volksrepublik mit einem Abstecher in die Metropole dieses Landes verbunden.

Auch die Reisen unserer Bürger in die Balkanländer Rumänien und vor allem Bulgarien haben in den letzten Jahren bedeutend zugenommen. Hauptsächlich ist es hier die Schwarzmeerküste mit ihren vielen bekannten Badeorten, die jährlich von weit mehr als 100000 DDR-Touristen für Urlaubsaufenthalte aufgesucht wird. Ebenso sind die Mittel- und Hochgebirge dieser beiden befreundeten Staaten mit ihrer reizvollen Natur und gut ausgebauter touristischer Basis stark besuchte Reiseziele unserer Sommer- und Winterurlauber; sie sind dabei nicht nur als Endreiseziele, sondern gleichermaßen für Zwischenaufenthalte attraktiv.

Den größeren Zuspruch hat dabei von jeher die VR Bulgarien, wenngleich vielfach eine Reise dorthin mit einem längeren Transitaufenthalt in der SR Rumänien verbunden wird. Seitdem im Jahre 1954 vom damaligen «Deutschen Reisebüro» unserer Republik die ersten touristischen Gruppenreisen in befreundete volksdemokratische Länder organisiert und später auch die Möglichkeiten für individuell organisierte Reisen geschaffen wurden, wächst der Reisestrom in die beiden nordöstlichen Balkanländer von Jahr zu Jahr (Tab. 4). Für derartig große Entfernungen, wie sie zwischen der DDR und den Schwarzmeerländern bestehen, ist an und für sich das Flugzeug am geeignetsten. Zum einen liegen jedoch touristischen Entscheidungen über die Verkehrsmittelwahl nicht nur Erwägungen über den finanziellen und zeitlichen Aufwand zugrunde, sondern ebenso spielt das Interesse an den Transitländern, die auf dem Landweg zu durchreisen sind, dabei oftmals eine bedeutende Rolle; zum anderen war das Leistungsvermögen des Luftverkehrs bisher so begrenzt, daß es nicht immer und in jeder Hinsicht für die Bedarfsdeckung ausreichte. Die bisherige absolute Erhöhung der Anzahl von Rumänien- und Bulgarien-Reisen hatte deshalb nicht nur einen entsprechend umfangreicheren Verkehrsbedarf im allgemeinen zur Folge, sondern gleichzeitig ging auch eine Wandlung hinsichtlich der Anteile der benutzten Verkehrsmittel vor sich. Hierbei hat

Tabelle 4: Reisen von DDR-Bürgern in die SR Rumänien und die VR Bulgarien (in 1 000)

Jahr	Reisen nach			
	Rumänien		Bulgarien	
	davon		davon	
	gesamt	Reisebüro-Tourismus	gesamt	Reisebüro-Tourismus
1965	26,7	14,0	85,2	46,1
1970	45,3	8,5	125,1	81,7
1975	56,0	22,0	198,0	82,6

sich zugunsten des Kraftfahrzeuges eine so große Veränderung ergeben, wie sie noch vor wenigen Jahren nicht zu vermuten war, und es ist hauptsächlich der individuelle Pkw, der hier das Bild bestimmt. Die Ursachen dafür bestehen außer in der nicht immer möglichen und auch nicht immer gewollten Flugzeugbenutzung auch darin, daß sich in der DDR der Grad der individuellen Motorisierung wesentlich erhöht hat. Da das private Kraftfahrzeug aber nicht nur ein Mittel zur Ortsveränderung schlechthin ist, sondern darüber hinaus vielfältige Möglichkeiten zur Freizeitgestaltung eröffnet, wird es meistens auch für die Urlaubsreise anderen Verkehrsmitteln vorgezogen. Dazu kommt noch, daß Campingreisen bei uns viele Anhänger gefunden haben. Wegen des umfangreichen Gepäcks sind sie weitgehend an die Benutzung eines Kraftfahrzeuges gebunden, und der Pkw erweist sich dafür immer als besonders geeignet.

Schließlich bestehen auch in den Reiseländern während der einzelnen Jahre meistens etwas unterschiedliche Bedingungen für den Fremdenverkehr, und zwar nicht nur für Fahrten mit dem eigenen Kraftfahrzeug, sondern überhaupt für den Urlaubsaufenthalt bzw. die Durchreise. Bei alledem haben die Reisen mit der Eisenbahn und dem ohnehin nur zu einem sehr kleinen Teil benutzten Schiff in den letzten Jahren nur noch einen geringen Anteil behalten (Tab. 5).

Bulgarien hat in allen Fremdenverkehrsgebieten ein gut ausgebautes Straßennetz.

Betrachtet man nicht nur wie bisher die einzelnen Länder, sondern die Ausreisen von DDR-Bürgern in alle europäischen RGW-Länder, so ergibt sich die in den Abbildungen 13 und 15 dargestellte Struktur der Verkehrsmittelbenutzung. Diese Anteile wurden für 1973 ermittelt, haben sich aber bis zur Gegenwart nur unwesentlich verändert.

Von allen in die Sowjetunion, die VR Polen, die ČSSR, die Ungarische Volksrepublik, die SR Rumänien und die VR Bulgarien ausreisenden DDR-Bürgern benutzten 19% die Eisenbahn, 6% das Flugzeug, 74% das Kraftfahrzeug und 1% das Schiff. Das Kraftfahrzeug spielt also eine dominierende Rolle. Dabei wird der Pkw im Vergleich zum Omnibus und zum Motorrad bzw. Moped besonders bevorzugt. Zwar nimmt der Anteil des Kraftfahrzeuges – gemessen an der Benutzung von Flugzeug, Eisenbahn und Schiff – mit der zunehmenden räumlichen Entfernung des Ziellandes und der besonders besuchten Fremdenverkehrsgebiete von der DDR ab, so daß er in Ländern wie der Ungarischen Volksrepublik, der SR Rumänien und der VR Bulgarien nur noch zwischen 20 und 30% liegt (in der UdSSR aufgrund der extremen Entfernung der Zielgebiete sogar nur bei 2%), dafür übersteigt aber das hohe Aufkommen an Reisen mit dem Kraftfahrzeug in die beiden Nachbarstaaten VR Polen und ČSSR seit der Einführung des paß- und visafreien Reiseverkehrs 1972 das bisher Dagewesene.

97% aller Ausreisen mit dem Kraftfahrzeug führten in die VR Polen oder in die ČSSR. Auch bei den Ausreisen mit der Eisenbahn ist die ČSSR mit mehr als 55% das hauptsächliche Zielland, gefolgt von der VR Polen mit 27% und der Ungarischen Volksrepublik mit 10%. Dagegen rangiert bei Ausreisen mit dem Flugzeug die UdSSR ganz vorn. Zwischen ihrem Anteil von 41% und den nächstgrößeren Anteilen von Ungarn mit 24%, der ČSSR mit 15% und Bulgarien mit 9% liegen erhebliche Differenzen.

Erstaunlich hoch ist mit 1% der Anteil Bulgariens an den Ausreisen mit dem Kraftfahrzeug, wenn man zum Vergleich den Anteil Rumäniens heranzieht, der nur 0,1% beträgt. Die beispielsweise in der Tabelle 5 enthaltenen Werte für Bulgarien verdeutlichen aber auch, daß die aus finanziellen und Kapazitätsgründen bevor-

12 An der Vichren-Hütte im Pirin-Gebirge (VR Bulgarien)

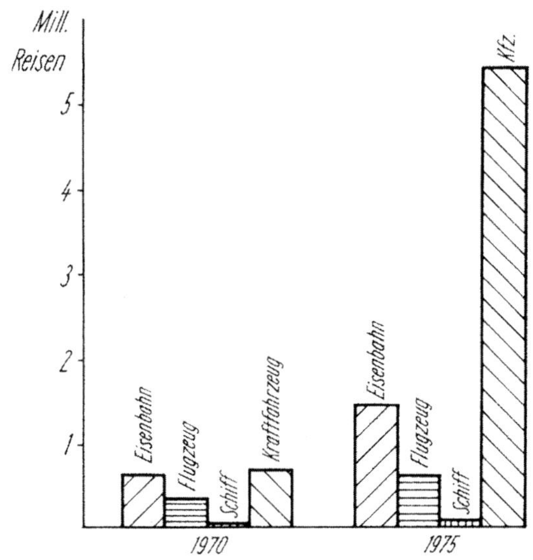

13 Von ausreisenden DDR-Bürgern beim Grenzübertritt benutzte Verkehrsmittel

zugte Beherbergungsart (wie Camping) und die gewünschte Beweglichkeit im Zielland für den Pkw sprechen, selbst wenn dadurch eine lange Fahrtdauer bis ins Zielland und manchmal nicht unerhebliche Strapazen vom Reisenden in Kauf genommen werden müssen.

Neben der räumlichen Entfernung wirkt sich besonders bei den Reisen in die VR Polen und die ČSSR das Motiv der Reise sehr stark auf die Wahl des Kraftfahrzeuges aus: Bei Ausflügen und Mehrtage-Kurzreisen können bei ausgeprägtem Erholungs- und Bildungscharakter seine Vorzüge voll zur Wirkung kommen.

Begünstigt durch die gesellschaftliche Entwicklung, wird sich mit dem zunehmenden Motorisierungsgrad der DDR-Bevölkerung die Position des Kraftfahrzeuges im Fremdenverkehr mit den europäischen RGW-Ländern auch in Zukunft weiter festigen. Damit werden auch die Probleme von sich aus nicht weniger werden, die mit der Kraftfahrzeugbenutzung im Fremdenverkehr verbunden sind. Ihrer bewußten Lösung sollte deshalb in der Zukunft unser aller Augenmerk gelten.

Fotos: Aehnelt (4, 7, 10)
Großmann (6, 11, 12, 14)
Scharf

14 Im Moskauer Kreml (UdSSR)

Tabelle 5: Inanspruchnahme der Verkehrsmittel bei Reisen von DDR-Bürgern in die VR Bulgarien (in 1 000 und %)

Jahr	Reisen gesamt	Davon mit							
		Eisenbahn		Flugzeug		Schiff[1]		Kraftfahrzeug	
		Reisen	Anteil	Reisen	Anteil	Reisen	Anteil	Reisen	Anteil
1969	135,2	12,0	8,9	102,7	76,0	0,5	0,3	20,0	14,8
1973	164,1	17,5	10,7	100,5	61,2	3,0	1,8	43,1	26,3
1975	198,0	21,6	10,9	115,6	58,4	4,4	2,2	56,4	28,5

1 Hauptsächlich über Binnenwasserwege (einschließlich Fährverkehr) sowie Schiffseinreisen über die Sowjetunion

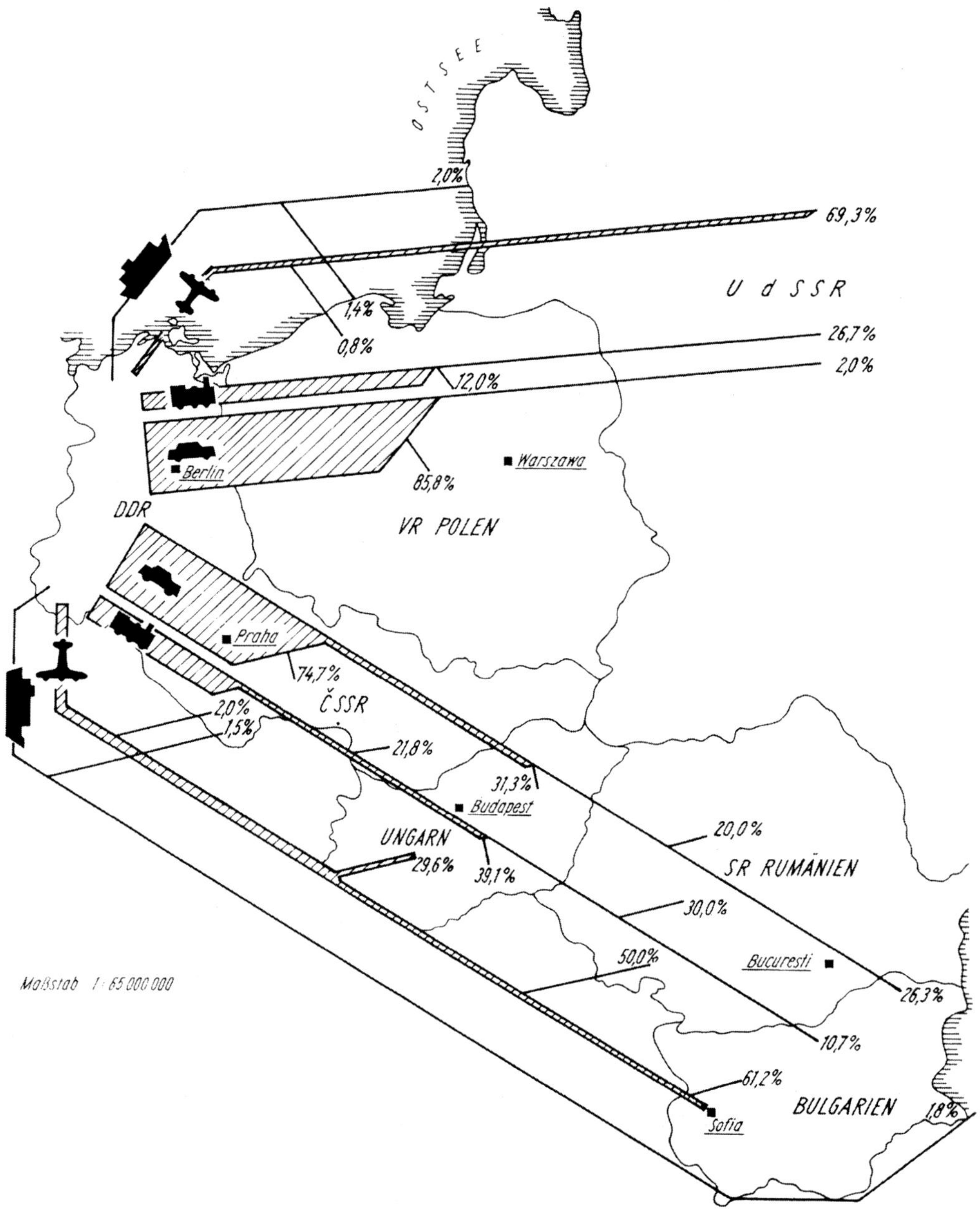

15 Reiseströme aus der DDR in die europäischen RGW-Länder nach benutzten Verkehrsmitteln (die Prozentzahlen beziehen sich auf die Gesamteinreisen in das jeweilige Land)

Campingfreuden

mit Wohnwagen

Wenn aus einer Reisefreundschaft zwischen einem jungen Mann und einem jungen Mädchen eine feste Verbindung entsteht und eine Ehe geschlossen wird und sich später die Familie vielleicht vergrößert hat, dann reicht ein Motorrad nicht mehr aus, dann muß nach Möglichkeit ein Wagen her. Und wenn ein altes Fahrten-Ehepaar dem Zelten nicht mehr den rechten Geschmack abgewinnen kann, dann freut man sich über einen Wohnwagen. Auto und Wohnanhänger kosten aber eine Menge Geld. Es muß von vornherein gesagt werden, daß sich ein Wohnanhänger für den, der tatsächlich nur 14 Tage im Jahr unterwegs sein kann oder will, kaum lohnt. Ganz anders sieht es aus, wenn man durch die Eigenart der Tätigkeit längeren Urlaub machen und dazu die 26 Wochenende und sonstigen Feiertage nicht nur im Sommer, sondern auch im Herbst, Winter und Frühling stets gut ausnutzen kann. Auch wer beruflich viel reisen muß (Artisten, Bauingenieure, Journalisten, Geologen, Kartographen u. a.), ist mit einem Wohnanhänger gut dran. Da der einzige „Nachteil" beim Wohnwagenprojekt die Kostenfrage ist, kann getrost gesagt werden, daß das Reisen mit einem geräumigen Wohnanhänger und dem entsprechend zugstarken Automobil die komfortabelste Art des Motorwanderns darstellt.

Betrachten wir einmal die Vorteile. Der Wohnanhänger bietet erstens die Möglichkeit, ausreichend Gepäck für den persönlichen Bedarf der Campingmannschaft mitzunehmen und gut zu verstauen. Zweitens hat man all das, was man sonst in Beuteln und Koffern stufenweise verpackt hat, im Wohnwagen immer zur Hand: die Kleidung im Kleiderschrank, die Nahrungsmittel im Kühlbehälter, die Küchenutensilien eingebaut und festgezurrt. Daß man vom Wetter und von der Bodenbeschaffenheit des Abstellplatzes in weitgehendem Maße unabhängig ist, ist der dritte große Vorteil des Wohnanhängers. Überall findet sich ein Platz zum Aufstellen des Anhängers. Der Wohnwagen ist hinsichtlich wind- und wettergeschützter Abstellplätze nicht so empfindlich wie das Zelt; der Anhänger läßt sich auch schnell und leicht rangieren, will man diesen jeweils in der Sonne oder im Schatten haben. Der vierte Vorteil ergibt sich aus dem dritten: wenn es die Reisestrecke verlangt, kann man bis zum letzten Augenblick fahren (also auch bis in die Nacht hinein), weil man überall Abstellmöglichkeiten findet. Man ist auch mal für einige Zeit vom Wasser zum Kochen und Waschen unabhängig, weil man dies in einem Behälter mitführen kann (ein Wasserstandkontrollgerät ist dabei eine sehr nützliche Sache). Die Vorbereitungen zum Übernachten sind schnell erledigt, auch das Abreisen vom jeweiligen Ruheplatz erfolgt ohne Verzögerung. Fünftens kann man den Wohnwagen durch die festeingebaute Innenausstattung und die Bodenfreiheit leicht sauberhalten. Die Hantierungen für den amtierenden Koch sind bequemer, Bügelmöglichkeiten und andere Erleichterungen sind vorhanden. Sechstens schließlich ist bei ausgesprochenem Schlechtwetter der Aufenthalt in einem Wohnwagen für die meisten Menschen angenehmer als ein Aufenthalt im Zelt (viele Menschen haben auch eine unüberwindliche Abneigung gegen das Auf-dem-Boden-Schlafen!). Durch Regen aufgeweichter Boden kann den Wohnwagenfahrer nicht erschrecken, auch nicht eine kleine Bachüberschwemmung.

Diese naheliegenden Vorteile dürften ein wesentlicher Grund dafür sein, daß der Campingbetrieb mit Wohnwagen in Zukunft ständig zunehmen wird. Natürlich ist bei der Anschaffung eines Wohnwagens noch einiges zu überlegen. Bezüglich der Größe eines Wohnanhängers ist es wie mit einem Auto, einem Haus oder einer Fernsehtruhe: man muß einen Kompromiß schließen zwischen Wunsch, Bedarf und finanziellen Mitteln. In die richtigen Bahnen gelenkt wird aber die Überlegung zur Größenbestimmung des Wohnwagens durch die gesetzliche Bestimmung der höchstzulässigen Masse (früher Gewicht). Die Straßenverkehrs-Zulassungs-Ordnung

1

2

1 Ein Standard-Zeltanhänger mit Schlaf- und Wohnraum

2 So klein ist der „Klappfix" aus Olbernhau im zusammengeklappten Zustand. Zur Platzersparnis kann er in der Garage auch hochkant gestellt werden

(StVZO § 48) sieht vor, daß der Wohnanhänger an einem Personenkraftwagen im Höchstfalle 50 Prozent der Zugwagen-Leermasse zuzüglich 75 kg betragen darf. Hat z. B. der Personenkraftwagen eine Masse von 1000 kg, dann darf der Anhänger eine Masse von 500 kg plus 75 kg = 575 kg haben. Es versteht sich am Rande, daß

3

auch die Bestimmungen der StVZO hinsichtlich Kennzeichen, Beleuchtung, Rückstrahler usw. beim Wohnanhänger eingehalten werden müssen. Wegen der Masse braucht niemand in Sorge zu sein, denn die Wohnwagenindustrie baut so viele Kategorien von Anhängern jeglicher Ausstattung – so zum Beispiel auch die leichteren Hänger mit zusammenklappbarer Wohnzelteinrichtung –, daß auch für die Automobile der kleinen und mittleren Klassen genügend Auswahl besteht. Die folgende Vorstellung einiger bekannter Wohnanhänger der DDR-Produktion soll diese Feststellung bestätigen.
Für leichte Zugwagen gibt es den vom VEB Fahrzeugwerk Olbernhau (Sachsen) gefertigten Zeltanhänger „Klappfix" (Abb. 2). Der Deckel des Anhänger-Kastenaufbaus dient im aufgeklappten Zustand zugleich als Zeltboden. Vier Personen haben gut Platz, da das Zelt des Anhängers eine Schlaf- und Wohnraumfläche von $2 \times 3{,}5$ m überspannt. Die Masse dieses Zeltanhängers beträgt 355 kg, Gesamtlänge (mit Zuggabel) 270 cm, Aufbaulänge 200 cm, Anhängerbreite 170 cm, Zeltfirsthöhe 220 cm, Bereifung 5,00 – 16′ und Preis des kompletten Anhängers etwa 2650 DM. Der „Klappfix" kann auch mit einem Vorzelt ausgerüstet werden. Die einfachere Ausführung aus Olbernhau, der „Campifix" mit „Trabant"-Bereifung, hat eine Masse von nur 210 kg und kostet etwa 2300 DM. Im geschlossenen Zustand kann auf dem Deckel dieses Anhängers u. U. auch ein leichtes Boot verstaut werden.
Der VEB Alibau und Metallveredelung Wismar bietet den Camping-Anhängertyp A 05.012 (Abb. 3 und 4) an. Dieser zusammenklappbare Anhänger hat eine Masse von 370 kg und besitzt Liegeplätze für vier erwachsene Personen, wobei die Liegelänge volle zwei Meter beträgt. Zwei dieser Plätze gewinnt man dadurch, daß zwischen den Sitzplätzen eine Brücke eingehängt wird, die anderen beiden befinden sich auf dem Anhängerboden. Beide Schlafstellen werden durch Luftmatratzen ausgepolstert. Falls noch eine weitere Schlafstelle für ein Kind benötigt wird, so kann auch diese noch durch abklappbare Rahmen geschaffen werden. Durch einen aufklappbaren Tisch, einen Vorratsschrank, eine Kocheinrichtung, einen verkleideten Kocher und einen Wasserbehälter mit Geschirrabwäsche wird die Tageseinrichtung hergestellt. Den Aufbau des Anhängers, d. h. das Aufrichten der eingeklappten Wände, das Spannen des Daches und der Seitenwände sowie der Stirnverkleidungen, können zwei Personen in etwa fünf Minuten erledigen. Da die Dachhaut mit den Seitenwänden zugleich hochgestellt wird, befindet man sich bei Regenwetter sofort nach den ersten Handgriffen im Trockenen. Im Geschützten läßt sich dann der Aufbau vollenden. Der feste Kastenbau und die doppelten Leichtmetallfensterwände geben in Verbindung mit den Stirnwänden einen hervorragenden Schutz gegen Nässe, Wind und Kälte. Das Dach und die Stirnwände sind aus Kabriolett-Verdeckstoff hergestellt. Das Öffnen und Schließen der Stirnwände geschieht durch kräftig gehaltene Reißverschlüsse. Die Teile des Anhängers, die im zusammengeklappten Zustand sichtbar bleiben, bestehen aus Hartfaserplatten und sind mit einer Außenhaut aus Kunstleder bezogen. Die wichtigsten Daten: Länge über alles: 303 cm; Breite über alles: 206,5 cm; Höhe über alles: 241 cm; Bereifung 5,00 – 16′; Drehstabfederung; Preis 4750 DM.

4

3 Der AMW-Anhänger in fahrfertigem Zustand

4 Hier entfaltet der Wismarer Campingwagen seine ganze Pracht. Groß und bequem für wenig Geld

5 Einer der stromlinienförmigen Mittelklasse-Wohnanhänger mit gutem Komfort, die in der Preislage von 5000 bis 7000 DM von verschiedenen Betrieben angeboten werden

In Sangerhausen am Harz wird von der Produktionsgenossenschaft des Stellmacherhandwerks ein Wohnwagenanhänger aus Sperrholz hergestellt, dessen Innenmaße von 330 × 159 cm für Länge und Breite die Geräumigkeit des Wagens andeuten. Die Gesamtlänge (mit Zuggabel) beträgt 427 cm, die Gesamthöhe 219 cm. Seiten und Dach sind doppelwandig. Zwei große Seitenfenster sind mit Kurbeln versehen, außerdem sind kleine Fenster an Vorder- und Hinterseite vorhanden. Eine auseinanderziehbare Schlafcouch ist für drei Personen bemessen. Die Ausstattung umfaßt einen Garderobeschrank, einen Küchenschrank, eingebaute Waschschüssel und Spiegel. Auf dem Mittelschrank kann der Kocher abgestellt werden. Der Wohnwagen enthält außerdem eine 6-V-Batterie-Beleuchtung.

Sehr komfortable Wohnwagen baut die Karosseriefirma R. Nagetusch in Dresden (Abb. 6). Besonderes Merkmal dieser Anhänger ist die Leichtmetallbeplankung der Karosserie. Die marmorierte Aluminiumaußenhaut sieht sehr gut aus und ist außergewöhnlich witterungsunempfindlich. Eine Spezialisolierung sorgt für den günstigen Temperaturausgleich. Auf Grund seines besonders stabilen und wetterfesten Aufbaus braucht der Nagetusch-Wohnwagen keine Garage, man kann ihn das ganze Jahr im Freien stehenlassen.

Der Dresdener Wohnwagen wird in drei Versionen fabriziert. Die mittlere Größe (Modell II), bestimmt für „Wartburg“, „Skoda“, „Moskwitsch“ und ähnliche Wagen der Mittelklasse, hat eine Aufbaulänge von 300 cm (Gesamtlänge mit Zuggabel 380 cm), eine Masse von 450 kg, eine Stehhöhe von 183 cm, eine Außenbreite von 175 cm und eine Gesamthöhe von 230 cm. Der Mittelgang ist durch eine Kuppel erhöht. In diesem Campinganhänger, der in sehr reichhaltiger Weise mit Schaumgummipolstern, eingebauter Propangasanlage und Eis-, Kleider- und Wäscheschrank ausgestattet ist, haben zwei Erwachsene und zwei Kinder bequem Platz. Eine Reihe kleiner Raffinessen (z. B. der ausgesparte Wetterschutz-Eintritt, die Fensterabdichtung und verstellbare Spiegel) zeugen von der sorgfältigen Durchbildung aller Details. Kleinere Wohnwagen gibt es auch mit einer Aufbaulänge von 260 cm und 380 kg Masse für „P 70“, größere Modelle mit einer Aufbaulänge von 400 cm und 650 kg Masse für „Sachsenring“, „Wolga“ und „Tatra“. Preise: Modell I ca. 8700 DM; Modell II ca. 9300 DM; Modell III ca. 13500 DM.

Wie diese kleine Parade zeigt, gibt es für jede Familiengröße, für jeden Zugwagen, für jeden Geschmack und für jeden Geldbeutel den richtigen Wohnanhänger. Da Wohnwagen nicht nur in Großserien hergestellt werden, kann man in speziellen Fällen auch bereits bei der Bestellung bestimmte Wünsche bezüglich Konstruktion, Größe und Ausstattung äußern.

Das wichtigste am Wohnwagen ist die richtige Be- und Entlüftung. Wenn man überlegt, daß in einem normalen Schlafzimmer ein Luftraum von etwa 40 bis 50 m³ vorhanden ist, während in einem Wohnanhänger je Schläfer selten mehr als 2,5 bis 3 m³ Luft zur Verfügung stehen, dann erkennt man, daß das Frischluftbedürfnis der Wohnwageninsassen sehr groß und die Frischluftzufuhr das A und O des gesunden Schlafens im Campingwohnwagen ist. Auch für den ganzen Anhänger mit allem Inventar ist die ausreichende Belüftung und die dadurch bewirkte Austrocknung unbedingt notwendig. Jeder Mensch gibt nachts einen halben bis einen Liter Feuchtigkeit durch Lungen- und Hautatmung an die ihn umgebende Luft ab. Multipliziert man diese Menge mit der Zahl der Mitfahrer, so wird einem klar, daß es bei dem geringen „Kubikinhalt“ eines Wohnwagens ohne entsprechende Be- und Entlüftung ständig von der Decke tropfen würde und daß das Bettzeug ewig klamm wäre.

In den ersten Nächten wird man auch in einem schlecht gelüfteten, primitiven Wohnanhänger gut schlafen, denn die Strapazen der Fahrt und die Sonneneinwirkung der ausgiebig genutzten Tage machen sich bemerkbar. Im weiteren Verlauf des Urlaubs wird der Schlaf aber immer schlechter, wenn nicht eine kräftige Ventilation für den notwendigen Luftumsatz im Wohnwagen sorgt. Bullaugenfensterchen allein genügen zur richtigen Be- und Entlüftung eines Wohnwagens nicht, es müssen schon genügend große Fenster und andere Lufteintrittsöffnungen (möglichst am Boden) und ebenso große Luftaustrittsöffnungen (möglichst am Dach) vorhanden sein.

Zur Pflege eines Wohnwagens gehört also nicht nur das tägliche Lüften der Schlafutensilien (Polster, Kissen, Decken, Bodenteppich, Kleidung usw.), sondern auch der Anhänger selbst muß austrocknen können, wenn die Ventilation nicht auf hohem Niveau steht. Die „erzeugte“ Feuchtigkeit dringt in einem 10-m³-Wohnwagen nun nicht nur in alle Textilien ein, sondern schlägt auch an allen Wänden sowie an der Decke und am Boden nieder. Tropfwasser bildet

5

sich auch hinter Sitzlehnen, hinter Schränken, hinter Schubladen und anderen zugedeckten Winkeln. Beim Trockenwischen dürfen also auch diese Stellen nicht vergessen werden. Außentemperaturen von 30 und mehr Grad Celsius im Schatten heizen den Anhänger ganz ordentlich auf und übernehmen kostenlos das Austrocknen. An kühlen und feuchten Tagen ist eine Heizung nicht nur für die Insassen angenehm, sondern auch für den Wohnanhänger selbst dienlich. Im Verhältnis zu der von den Bewohnern eines Camping-

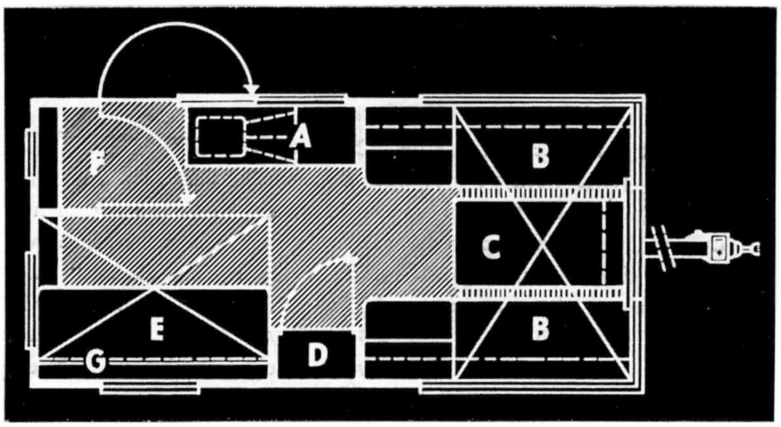

6

6 Gute Raumaufteilung eines Wohnwagens: A = Küche, B = Sitzbänke (nachts Doppelbett oder zwei Einzelbetten), C = Tisch, D = Kleiderschrank mit Doppeltür für Trennwand, E = Sitzbank (nachts Doppelbett), F = Wasch- und Toilettenraum

7 An der oberen finanziellen und leistungsmäßigen Grenze stehen die Ganzmetallwohnwagen der Dresdener Firma R. Nagetusch, die nicht nur äußerlich, sondern auch im Innern Luxusstücke mit hohem Gebrauchswert sind

7

anhängers entwickelten Feuchtigkeit ist der Niederschlag durch Koch- und Waschdunst gering, aber auch er sollte nicht unterschätzt werden. Schmutzwasser vom Waschen und Geschirrspülen darf nicht unter den Wohnwagen geschüttet werden, das weicht den Boden auf und schafft im Schatten eine feuchte Atmosphäre, die für den Wagenboden nicht gut ist. Außerdem riecht es abscheulich und ist eine Brutstätte für allerlei Ungeziefer. Auch Speisereste, selbst in allerkleinsten Mengen, nicht achtlos unter den Wagen werfen, weil auch geringe Abfälle sofort Fliegen anziehen!

Ein Wohnwagenbeitrag kann nicht abgeschlossen werden, ohne kurz die Fahrtechnik mit Anhängern zu behandeln. Im Flachland und auf ebenen Autobahnen macht sich die Anhängerlast am Personenkraftwagen nur wenig bemerkbar, in der Beschleunigung und am Berg spürt man aber die zusätzlichen 600 bis 700 kg. Um im Mittelgebirge flott voranzukommen, muß man schon etwas im Getriebe quirlen und die Gänge ausfahren.

Wenn bei einigem Wind ein Wohnwagengespann z. B. im vierten Gang gerade 80 km/h schafft, dann ist es besser, diese Geschwindigkeit mit Gasreserve im dritten Gang zu fahren. Aber nicht nur beim Bergauffahren, auch beim Bergabfahren muß die Anhängelast gemeistert werden. Bei längeren Abfahrten werden die Bremsen schnell heiß, was ihre Wirksamkeit beeinträchtigt. Spürt man das „Fading“ am Gaspedal, dann muß man anhalten und die Bremsen abkühlen lassen. Den Motor soll man bei Abfahrten stets mit zum Bremsen heranziehen. Auch auf Flachlandstrecken braucht man beim Abstoppen mit dem Wohnwagengespann einen wesentlich längeren Bremsweg als mit dem Solofahrzeug bei gleicher Geschwindigkeit. Daran muß man vor allem denken, wenn man nach längerer Fahrt von der Autobahn herunterkommt und auf stark belebten Straßen dahinrollt.

Wer mit zusätzlicher Fahrsicherheit auf Tour gehen möchte, dem sei noch ein kleiner Hinweis gegeben und gleichzeitig der dazugehörige Trick verraten. Es geht dabei um die Deichsellast des Wohnanhängers. Das ist die Last, die mit Muskelkraft gehoben werden muß, wenn durch Lösen der Anhängerkupplung der Wohnwagen vom Zugwagen „abgeschirrt“ werden soll. 50 kg ist da schon recht viel, und 75 kg wohl die äußerste Grenze. Möglichst wenig Deichsellast also? Zum Abschirren ja, zum Fahren aber sind beispielsweise 150 kg weitaus besser und sicherer als 100 kg oder noch weniger. Je größer nämlich die Deichsellast ist, desto weniger wird das Zugwagen-Wohnanhängergespann Neigung zum Pendeln haben, weil die Zugwagenhinterachse ja mehr belastet wird. Besonders günstig wirkt sich dies auch beim Bremsen aus. Erfahrungsgemäß vergrößert sich jede Last, und im vorliegenden Falle verhindert sie weitgehend das seitliche Ausbrechen des ziehenden Fahrzeuges. Zusammengefaßt bedeutet das: beim Fahren viel Deichsellast, beim Abschirren und Rangieren möglichst wenig davon. Wie man das macht? Nun, beim Fahren werden alle transportablen, schweren Wohnwagenutensilien recht weit vorn untergebracht und vor dem Abkuppeln wieder nach hinten oder auch hinaus ins Freie geschafft. Da die Hinterachse des Zugwagens durch den Wohnanhänger und besonders die Deichsellast stärker als normal belastet wird, muß der Zugwagen mit einem höheren Luftdruck als normal gefahren werden. Allgemein kann man sagen, daß die Anhängerbelastung etwa 0,5 bis 1,0 at zusätzlichen Überdruck in den Reifen verlangt. Die Wohnanhängerachse ist nicht so empfindlich auf Luftdruck, trotzdem sind auch hier einige Zehntel mehr besser als einige Zehntel zu wenig. Reisen heißt auch sicher fahren.

Ein wenig Überlegung bei der Auswahl und Anschaffung, ein wenig Liebe und Sorgfalt bei der Unterhaltung und Pflege und ein wenig Aufmerksamkeit beim Fahren – dann bringt jeder Wohnwagen reine Campingfreude über viele Jahre und viele tausend Kilometer Strecke bei Regen und Sonnenschein. *K. H. Edler*

Ing. Kurt Jahnke

Minol – und der Kundendienst

In unserer Deutschen Demokratischen Republik ist der volkseigene Betrieb MINOL der alleinige Handelsbetrieb, der die sortiments- und qualitätsgerechte Versorgung der Volkswirtschaft mit Kraft- und Schmierstoffen als eine seiner vornehmsten Aufgaben wahrzunehmen hat. Durch ständige Verbesserung der Handelstätigkeit, durch Erweiterung des Tankstellennetzes und Verbesserung des Kundendienstes hat der Betrieb eine reibungslose Versorgung der Bedarfsträger zu gewährleisten sowie die Rentabilität insbesondere durch Senkung der Kosten zu erhöhen.

Seine Verkaufseinrichtungen in Stadt und Land sind die Tankstellen. Wir können es uns kaum noch vorstellen, daß es ein großer technischer Fortschritt war, als 1924 die erste Benzinzapfstelle in Deutschland aufgestellt wurde. Welche Sicherheit war damit eingetreten gegenüber der zuvor üblichen Betankung von Fahrzeugen aus Kannen und Fässern.

Wir erleben täglich im Straßenverkehr, wie sich die Anzahl von Motorrädern, Personen- und Lastkraftwagen steigert. Sie alle wollen versorgt werden, verbrauchen Kraftstoffe, Öle und Fette. Aber die vorhandenen Tankstellen – bis auf die Neubauten – entsprechen nicht mehr den Bedürfnissen. Sie sind in der größten Zahl Überbleibsel der kapitalistischen Wirtschaft.

Durch die fortschreitende Motorisierung in den kapitalistischen Staaten und durch den Konkurrenzkampf der Benzin- und Ölgesellschaften konzentrierten sich die Tankstellen der verschiedenen Gesellschaften an einigen Zentren. Ein organisches Netz ist nicht vorhanden.

Erst in unserem Staat der Arbeiter und Bauern wurde die Basis für eine planmäßige Entwicklung geschaffen. Entsprechend der Konzentration des Kraftverkehrs entsteht – abgestimmt mit dem Straßen- und Städtebau – ein neues Tankstellennetz.

Zur Freude aller an der Motorisierung Interessierten, vom „Kapitän der Landstraße" bis zum jüngsten Besitzer eines Kleinstmotorrades, eröffnet der VEB MINOL im Verlauf des Siebenjahrplans 388 neue Tankstellen. Die Mittel hierfür sind bereitgestellt.

Unter der Losung **„Über die Standardisierung zur Verwirklichung des Rekonstruktionsprogramms"** wurde im Februar 1960 im MINOL-Haus am Alexanderplatz in Berlin eine Ausstellung mit Modellen und Zeichnungen von Typentankstellen eröffnet. Diese Tankstellen fügen sich in Stadt und Land geschmackvoll in die Umgebung ein, sie sind architektonisch formschön und nach modernen Gesichtspunkten ausgeführt.

Die Standardisierungsaufgaben sowie die Typisierung von Tankstellenobjekten basieren auf den Perspektivplänen des VEB MINOL und stehen in engem Zusammenhang mit den Entwicklungsaufgaben des Kraftverkehrs.

Durch die systematische Vereinheitlichung und Standardisierung ist der Arbeitsaufwand an den einzelnen Projekten bedeutend verkleinert. Diese systematische Erarbeitung von Typenreihen für Tankstellen, die gleichzeitige Standardisierung von Bauteilen bis zu Aggregaten und Baueinheiten werden zu einem hohen Entwicklungsstand der Tankstellen führen. Sie sind in ihrer Architektur, Baukörperform und Technologie so weit ausgereift, daß sie als Standard-Bestlösungen für eine gewisse Zeit gelten werden. Sowohl die Projektierung dieser 388 Tankstellen als auch die Bauausführungen wären ohne Typisierung und Standardisierung in ihrer Mehrzahl nichts als Phantasieobjekte geblieben.

Wie sehen nun die neuen Objekte aus? Die Großtankstelle, nach der Tankstellen-Typenreihe aufgebaut, ist verkehrstechnisch gut gelöst, ist geschmackvoll und modern in der Flächenaufgliederung und seinen Baukörpern. Ein „U" in der Fahrbahnform und -führung ist entscheidend für das Tanken der Kraftfahrzeuge, die getrennt nach Vergaserkraftstoff und Dieselkraftstoff stattfindet.

Vor dem Tankhausgebäude der Tankstelle, das in seiner Frontseite zur Straße das „MINOL-Gesicht" mit Stahlkonstruktion, großen

Typ II

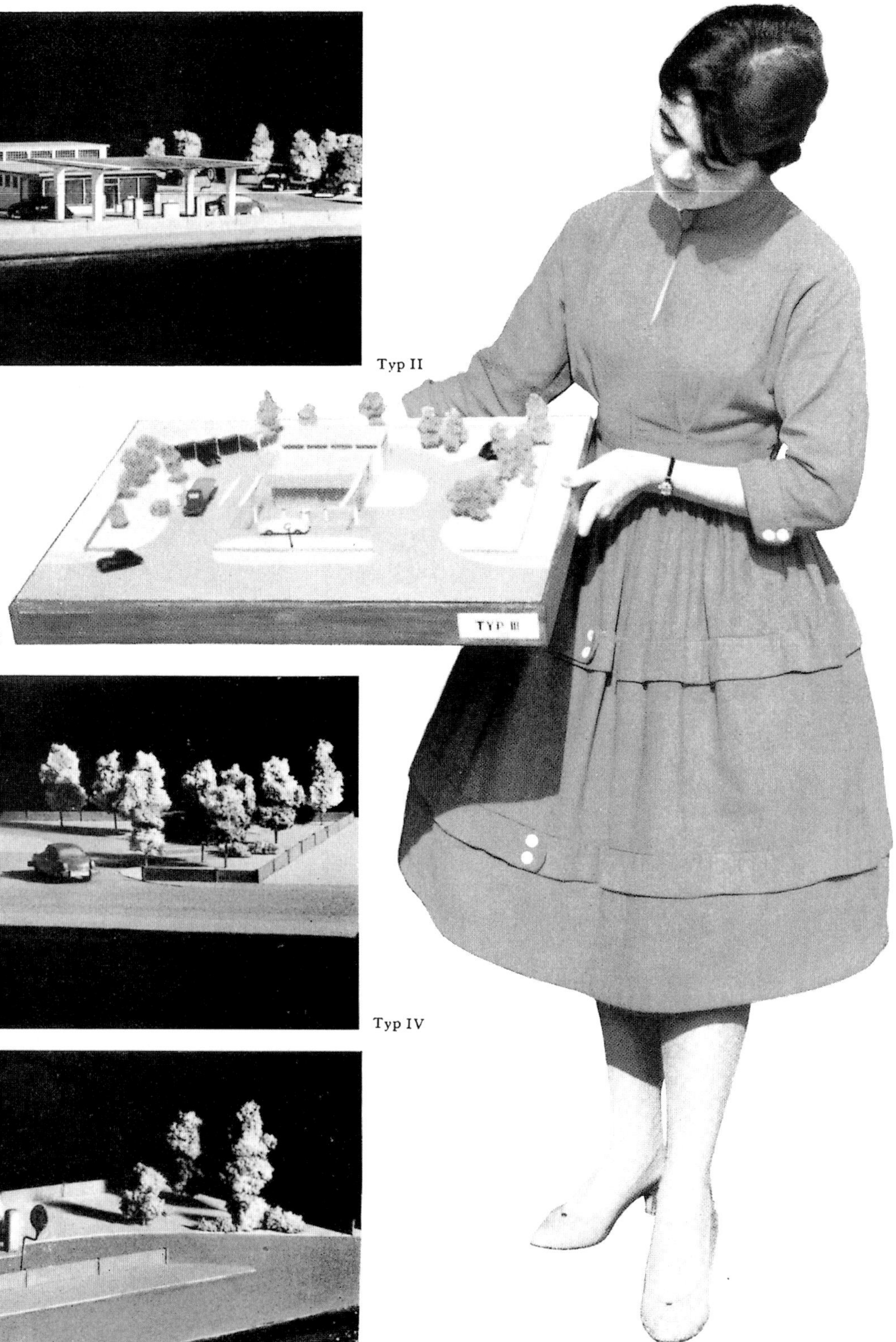

Typ III

Typ IV

Typ V

Glasflächen und eloxierter Fenstereinfassung zeigt, werden Fahrzeuge für Vergaserkraftstoff an vier vollautomatischen Zapfsäulen in 4 Fahrbahnen betankt.

Mit der modernen Aufmachung der Zapfsäulen ist für den Kraftfahrer leicht erkennbar, an welche Zapfsäule er heranzufahren hat, um den gewünschten Kraftstoff zu erhalten. Die Zapfsäulen geben sowohl klares Benzin wie auch Gemisch im gewünschten Verhältnis 1:25 und 1:$33^{1}/_{3}$ ab.

Für die Ölabgabe befinden sich auf den Inseln zwischen den Zapfsäulen keine Ölkabinette mehr, sie wurden in diesen modernen Tankstellen durch Ölbars verdrängt. Ohne jede manuelle Arbeit und unbeeinflußt durch kalte Witterung wird hier Öl in einer technisch modernen Form abgegeben. Keine Ölflasche oder kein Ölmaß nimmt mehr den Weg über den Kotflügel zum Motor, sondern der Motor wird über eine Schlauchtrommel direkt gefüllt.

Die Lastkraftwagen umfahren in der vorerwähnten Hufeisenform den Gebäudekomplex und werden seitlich an zwei Zapfsäulen d. h. in zwei Fahrbahnen betankt.

Auf diese Weise verläuft der Betrieb an der Großtankstelle ruhig und störungsfrei. Sowohl die einfahrenden Fahrzeuge als auch die ausfahrenden stören sich nicht. Durch die Umfahrt können die Lastkraftwagen ohne Stau an die Diesel-Zapfsäule mit grünstreifigem Anstrich heranfahren.

Während das Tanken an vollautomatischen Zapfsäulen auch für Dieselkraftstoffe z.Z. mit 40 l/min stattfindet, werden hier bedeutend kürzere Betankungszeiten auftreten, wenn mit Jahresbeginn 1962 Hochleistungszapfsäulen für Dieselkraftstoffe aufgestellt werden. Hierdurch wird eine Leistung von 200 l/min erreicht, so daß die Betankung mit Dieselkraftstoff nur noch ein Minutenvorgang sein wird. Für die Versorgung mit Öl ist wie auf den VK-Zapfinseln die Ölbar vorhanden. An den Ausgängen der VK- wie der DK-Inseln und an den guten Parkmöglichkeiten innerhalb des Objektes stehen Luft-Wasser-Säulen für den Kundendienst, die die Luftprüfung oder Wassernachfüllung ermöglichen.

Querstehend zum Tankwartgebäude, also symbolisch ein „T“ darstellend, hat innerhalb des „Umfahrt-U“ die Wagenpflegehalle Platz gefunden. Aus Glasbausteinen bestehend, hat diese Halle zwei Pflegeanlagen für Kraftfahrzeuge. In dem dreigeteilten Raum werden die Arbeitsgänge der Pflege und Wartung mit modernen technischen Einrichtungen durchgeführt.

Der erste Arbeitsgang ist die Grundwäsche. Das hochgehobene Fahrzeug erhält mit 10 at Wasserüberdruck die Unterwäsche. Je nach Wunsch des Kunden kann sich dieser Unterwäsche das Sprühen des Fahrgestells anschließen. Um das Sprühmaterial auf einen sauberen, trockenen Untergrund aufzubringen, folgt als zweite Arbeitsstufe nach der Grundwäsche die Drucklufttrocknung. Anschließend wird das Fahrgestell gesprüht. Das wieder herabgelassene Fahrzeug erhält nun seine Oberwäsche. Nach einer Wasserreinigung mit normalem Wasserdruck folgt die stark schaumbildende, lackschonende Shampoon-Wäsche mit der anschließenden gründlichen Klarwasserspülung.

In den Wintermonaten werden die Arbeitsstufen der Wäsche mit 30 °C warmem Wasser durchgeführt. Das Fahrzeug kann – soweit fertiggestellt – den ersten Raum verlassen und kommt in den Mittelraum. Dieser Gemeinschaftsraum für beide Pflegedurchgänge ist warmluftbeheizt, wodurch der Trocknungsvorgang beschleunigt wird. Das Fahrzeug selbst wird mit Schwamm und Leder getrocknet. Nach Ausbürsten der Innenpolster und Teppiche wird im Innern des Fahrzeugs der Staub gesaugt. Je nach Wunsch des Kunden wird auch hier die Lackoberfläche mit speziellen Pflegemitteln behandelt. Das letzte Drittel der Wagenpflegehalle ist ganz unterkellert. Dieser Kellerraum ist gefliest, und in ihm befinden sich alle technischen Einrichtungen für die schmiertechnische Pflege des Fahrzeuges. Dem Fahrzeug wird hier eine gewissenhaftePflege durch fachkundiges Personal zuteil. Eine mechanische Altölanlage sowie Voraussetzungen für die Motorspülung und Ölbars sind vorhanden. Hochdruckabschmierung und alles weitere für die Pflege und Wartung Notwendige kann dem Fahrzeug hier geboten werden.

So sah eine der ersten Benzinzapfstellen aus, die in Deutschland errichtet wurden.

Bei maximal einstündigem Durchgang eines Fahrzeuges wechseln also die Arbeitsgänge alle 20 Minuten, so daß in einer Stunde 6 Fahrzeuge gewaschen, gepflegt und schmiertechnisch versorgt die Halle verlassen können.
Die zu pflegenden Fahrzeuge können in Einschnitten in den Grünflächen abgestellt werden, die dem Kunden ein leichtes Anfahren ermöglichen. Für die gepflegten Fahrzeuge befinden sich an der Ausfahrtseite der Halle überdachte Boxen, die das Fahrzeug vor Witterungseinflüssen schützen.
Dem Auto- oder Motorradfahrer, der die Tankstelle zur Pflege und Wartung seines Fahrzeuges aufsucht, ist in dem schönen Kundenraum Gelegenheit gegeben, auf sein Fahrzeug zu warten. Dieser sehr moderne Kassen- und Kundenkombinationsraum, wie das durch Glaswand abgetrennte Zimmer des Objektleiters, besitzt eine Einbauschrankfläche über die ganze Breite des Gebäudes. In dieser farbfreudigen, mit Melacard belegten Wandfläche sind Facheinbauten für die Ausstellung von Ölen, Fetten und allen Pflegemitteln vorhanden. Der bequeme Aufenthalt hilft dem Wartenden, bei Tageszeitungen und Fachzeitschriften die Zeit zu überbrücken.
Dieser Tankstellen-Typ hat durch die Kapazität von 190000 l Kraftstoffe eine Größe, die den VEB MINOL in die Lage versetzt, die Füllung der Tankstelle durch Tankkraftwagen und in der verkehrsarmen Zeit nach einem Dispatchersystem mit rationellem Einsatz der Tankkraftwagen durchzuführen. Die Tankkraftwagen stehen während der Zeit des Ablassens ihrer Ladungen außerhalb der Fahrbahnen und beeinflussen in keiner Hinsicht den fließenden Kundenverkehr. Es werden auf diesen Objekten keine Fässer für die Öle vorhanden sein.
Zur Füllung der Öltanks werden die Motorenöle gleichermaßen durch Tankkraftwagen angefahren. Die vorher bezeichneten Ölbars werden aus den Ölbehältern druckluftbetrieben gespeist. Hier ist im besonderen an die Winterzeit gedacht, wo für die Abgabe der Öle keine Schwierigkeiten durch Kälte mehr eintreten können, da der Druckfluß der Öle in den Ölbars heizbar ist.
Die Größe eines Objektes dieses Typs mit 77 m Straßenfront und einer Tiefe von 47 m ist eine Fläche, die keineswegs übermäßig groß ist, sondern entsprechend dem Verkehrsfluß der Kundenfahrzeuge und der Größe der notwendigen Baukörper den kleinsten Flächenbedarf darstellt.
21 Großtankstellen werden bis 1965 errichtet.
Außer dieser Großtankstelle wird es auch einen Großtyp für Tankstellen geben. Dieses Objekt wird jeweils individuell projektiert. Dabei wird die Grundkonzeption der Typentankstellen mit der grundsätzlichen U-Form beibehalten; lediglich die Größe und Anzahl der einzelnen Details, wie Baukörper, Fahrbahnen, Zapfsäulen, Pflegedurchgänge usw. ändern sich. Die Objekte dieser Größenordnung werden in Berlin und Leipzig an besonders wichtigen Punkten entstehen.
Mit der Größe von 56 m Straßenfront und 37 m Grundstückstiefe stellt sich als nächstes ein kleineres Tankstellenobjekt vor. Das Tankhausgebäude dieses Typs hat, wie alle anderen Typen, das gleiche Gesicht. An der Frontseite sind für die Personenkraftwagen

MINOL-Tankstelle Typ II-III, Innenraum

und die VK tankenden Fahrzeuge zwei Fahrbahnen mit einer Mittelinsel vorhanden. Neben zwei vollautomatischen Zapfsäulen für die Abgabe von klarem Benzin und Benzingemisch ist eine Ölbar vorhanden, die die gleichen technischen Vorteile und Feinheiten besitzt, wie sie bereits geschildert wurden. Der Größenordnung nach entspricht dieser Tankstellentyp sowohl in der Kapazität der Ausrüstungen als auch in der Kraftfahrzeugpflege den Anforderungen, die an Tankstellen in Kreisstädten bzw. Bezirks- und Großstädten – dort jedoch nur als Ergänzung zu den übrigen Tankstellenobjekten – gestellt werden.
Diese Tankstelle wird in der Öffentlichkeit am häufigsten anzutreffen sein. 111 dieser Objekte wird der VEB MINOL, im Republikmaßstab gesehen, bis 1965 eröffnen.
Mit dem Ausscheren aus dem Straßenverkehr werden für jeden Fahrer eines Kraftfahrzeuges durch den Aufenthalt auf einem solchen Objekt einige Minuten Entspannung eintreten.
Die Lastkraftwagen – auch hier von Personenkraftwagen getrennt – haben durch die Anfahrtstrecke zur Dieselbetankung immer die Gewißheit, daß sie mit ihren Triebwagen oder Anhängern nicht noch ein Stück auf der Straße, dem Gehweg oder dem Radfahrweg stehen werden. Die Diesel-Kraftwagen werden an einer Säule in einer Fahrbahn betankt.
Die technischen Einrichtungen – wie erwähnt – bei der VK-Betankung und auch hier bei der DK-Betankung sind die gleichen, nur ist die Anzahl gegenüber dem vorbeschriebenen Typ verringert. Die Fahrzeugpflegehalle ist eine Einraumhalle, in der sich jeweils nur ein Fahrzeug zur Pflege befinden kann. Mit den gleichen technischen Einrichtungen wie bei der großen Pflegehalle werden diese

hier vorbildlich gewartet und gepflegt. Gegenüber der 3-Raum-Teilung stehen sie auf einer Hebebühne, so daß die Arbeiten am Fahrgestell des Fahrzeuges in der Folge der Arbeitsstufen und für die Innen- und Oberpflege – wie vom Kunden gewünscht – stattfinden können. Der Durchgang eines Fahrzeuges dauert hier maximal, entsprechend der Wartungs- und Pflegearbeiten, 50 Minuten. Außerhalb der U-Umfahrt auf dem Grundstück sind ebenfalls Abstellmöglichkeiten für die zu pflegenden Fahrzeuge und für die bereits fertigen mit Überdachung vorhanden.

Für den Autofahrer steht auch auf diesem Objekt die Pflegegrube zur Selbstbedienung mit den vorgenannten technischen Einrichtungen zur Verfügung. Es ist anzunehmen, daß sich diese Pflegegrube sehr starken Zuspruchs erfreuen wird.

Varianten gestatten es, eine zweite oder dritte „Selbstbedienungs-Pflegegrube", entsprechend der Nachfrage, parallel zur ersten einzurichten.

Der Aufenthalt an dieser Tankstelle mit ihrer Kraftstoffkapazität von 90000 Litern und ihrer Ölkapazität von 15000 Litern wird in ihrer 3-Schichten-Dienstzeit jedem Autofahrer alles bieten, was er nur von einer modernen Tankstelle erwarten kann.

In größeren Gemeinden bzw. in Stadtteilen der Kreis- und Bezirksstädte werden Tankstellen des folgenden Typs gebaut:

Mit einer Kraftstoffkapazität von 60000 Litern wird dieses Objekt immer bedeutend bessere und größere Betankungsmöglichkeiten bieten, und im besonderen ist auch hier der fahrtechnische Ablauf auf das günstigste ausgelegt.

An einer Zapfinsel in zwei Fahrbahnen werden die Fahrzeuge für Vergaserkraftstoff an zwei vollautomatischen Zapfsäulen bedient. Die Lastkraftwagen umfahren auch hier in der U-Form das Tankstellengebäude, um seitlich wie bei den anderen Typen an der Insel für Dieselkraftstoffe mit einer vollautomatischen Zapfsäule betankt zu werden. Eine Erklärung der Betankungstechnik erübrigt sich, da sie auch an diesem Objekt in gleicher moderner Form vorhanden ist; es ist lediglich kleiner durch die geringere Anzahl der Aggregate. Die Frontseite des Tankstellengebäudes zur Straße weist das gleiche Bild der vorgenannten Typen auf. Auch hier ist der Innenraum als Tankstellenkassen- und Kundenraum eingerichtet.

Neben den sozialen und sanitären Räumen für das Personal sind bei allen Typen Heizungs- und Warenlagerräume für die Tankstelle vorhanden. Bei 50 m Straßenfront beträgt die Tiefe 30 m.

Diese Tankstelle ist nur für das Tanken und nicht für Pflegearbeiten eingerichtet. Jedoch besitzt sie die bei den anderen Typen beschriebene Pflegegrube für die Selbstbedienung.

Eine Erweiterung in der Anzahl der Pflegegruben ist auf Grund des sich ergebenden Verkehrs möglich.

Mit 86 Objekten dieser Größe wird das aufgebaute Tankstellennetz des VEB MINOL bis 1965 ergänzt.

Als kleinster Typ ist eine Tankstelle entwickelt worden, die man als ausgesprochene Landtankstelle bezeichnen kann. Ihre Ausführung ist in zwei Varianten möglich, und zwar mit und ohne Kiosk. Der Kiosk ist eine Stahlkonstruktion in moderner Ausführung und mit festen Inneneinbauten. Seine frontale Form ist die gleiche der vorgenannten Typentankstellen. Die Kapazität beträgt 20000 Liter für zwei Kraftstoffqualitäten. Die Abgabe geschieht gleichermaßen an modernen vollautomatischen Zapfsäulen.

Bei einer Größe von 40 m Straßenfront und 14 m Tiefe ist ein gutes Befahren der Tankstellenanlage gegeben. Tankstellen dieses Typs werden in einer Anzahl von 169 Stück bis 1965 errichtet werden.

In allen Tankstellentypen sind die sanitären und sozialen Einrichtungen für die Beschäftigten in großzügiger Form vorhanden. Durch das bei allen neugebauten Tankstellen in unserer Republik weithin erkennbare gelbleuchtende „T" im roten Ring und durch die sehr gute Ausleuchtung des gesamten Tankstellenobjektes ist der Kraftfahrer schnell orientiert, wo sich eine Tankstelle befindet. Wie am Tage, so wird auch in den Abend- und Nachtstunden bei diesen neuen Tankstellentypen dem Kraftfahrzeug alles geboten.

Abschließend sei noch ein Bauteil erwähnt, von dem bei allen Typen bisher noch nicht die Rede war. Es sind dies die Überdachungen, die zu den hier erläuterten Tankstellentypen gehören.

Überdachungen in alter Form, aus Ortbeton oder Stahlbau, entsprechen nicht mehr unseren heutigen Vorstellungen. Die Aufwendungen für die Betonüberdachungen sind sehr hoch und geben dabei einer Tankstelle nicht einmal ein ansprechendes Gesicht. Zu den Typentankstellen des VEB MINOL sind Überdachungen in einer neuen Form entwickelt worden. Das Dachmaterial ist lichtdurchlässig; sämtliche Überdachungsteile, begonnen von den tragenden Stützen bis zur Dachauflage, sind Fertigteile und werden am Ort der Tankstellen nur montiert. Sie fügen sich in ihrer modernen Gestaltung gut in das Gesamtbild des Objektes ein und werden einen willkommenen Schutz gegen Witterungseinflüsse bieten.

So können Kraftfahrzeuge an den neuen Großtankstellen gepflegt werden

W. Riedel

Meister von morgen

Ein Unterrichtstag im Autorreparaturwerk Pankow

Unruhig pendelt die Tachometernadel über dem roten Strich mit der 50. Seit zwei Stunden sind Fahrer Paul und sein Beifahrer „Ede" mit ihrem H 3 A unterwegs, um Berliner Verkaufsstellen im Morgengrauen mit Milch zu beliefern. Die erste Tour ist gleich geschafft, die Frühstückspause winkt. Plötzlich gesellt sich zum monotonen harten Schlag des Dieselmotors ein zischendes Pfeifen. Paul sieht seinen Kollegen enttäuscht an: „Die Zylinderkopfdichtung ist durch. Da werden wir wohl am besten erst mal 'nen Abstecher in die Blankenburger machen."
In der Blankenburger Straße in Berlin-Niederschönhausen im Werk II des Autoreparaturwerkes Pankow ist ihrem Diesel rasche Hilfe sicher. Eine Viertelstunde später hält der Lkw am Werktor. Während Paul im Pförtnerhäuschen verschwindet, wird eine Gruppe Jungen – vierzehnjährige Bengel vielleicht – auf den pfeifenden Diesel aufmerksam. „Na, wo fehlt's denn, Meesta?" „Ede" winkt ab: „Det versteht ihr ja sowieso nich!" Das hätte nicht kommen dürfen. „Passen Se uff, wenn wir Ihren Kahn reparieren!" „Ede" grinst breit. Woher soll er auch wissen, daß hier richtige Leute vom Fach vor ihm stehen?
Die Jungen gehören zu den Berliner Schülern, die einmal in der Woche das Tor des volkseigenen Autoreparaturwerkes passieren. Zwölf- bis vierzehnjährige Jungen und Mädchen, aufgeweckt, keß und manchmal auch noch zu dummen Streichen aufgelegt, lächeln der Pförtnerin im modernen Glashäuschen als einer guten Bekannten freundlich zu.
Auch heute, an einem Dienstag, kommen die Kinder in kleinen Gruppen die grobpflastrige Blankenburger Straße herauf, um sich am Werkeingang zu sammeln. Es ist noch früh am Tag, zehn Minuten vor acht Uhr. Als alles versammelt ist, betritt die Klasse das Betriebsgelände. Im Vorbeigehen streifen die Blicke der Jungen sehnsüchtig die auf dem Platz vor ihrem Unterrichtsgebäude abgestellten Fahrzeuge der Belegschaftsangehörigen. Fachmännisch werden die Mopeds und Motorräder von einigen unter die Lupe genommen. „Wat ist denn det hier?" deutet ein Blondschopf auf den Metallhebel am Lenker eines „Troll"-Rollers. „Mann – det weeßte nich? Det is doch der Lufthebel!" entrüstet sich sein Gegenüber, ganz offensichtlich ein Experte in diesem Kreis. „Tolle Mühle, was? Macht bestimmt 'n ordentlichen ‚Schnitt'!" – Zustimmendes Kopfnicken allerseits und ein Stoßseufzer, der die geheimen Wünsche preisgibt: „Den würde ich mir kaufen ..."
Heftig gestikulierend und sich im Ton versierter Fachleute unterhaltend, lenken die Berliner Rangen ihre Schritte weiter zu einem neuen Gebäudekomplex. Oben im ersten Stockwerk beginnen heute die Schüler einer zehnklassigen allgemeinbildenden Oberschule Berlins ihren Unterrichtstag – den Unterrichtstag in der Produktion. Die Jungen und Mädchen sind sehr zufrieden, ist doch ihr Ausbildungsbetrieb, das Autoreparaturwerk Pankow, genau das Richtige für Vierzehnjährige. Das Werk II hier in Niederschönhausen ist Vertragswerkstatt für die Lastkraftwagen aus Zittau und Werdau. In schwungvollen Leuchtbuchstaben prangen die Firmenzeichen „ROBUR" und „SACHSENRING" am Eingang zum Betriebsgelände. Welcher Schüler, vor allem aber welcher Junge interessiert sich nicht für Kraftfahrzeuge!
Eine Tafel am Treppenaufgang des Neubaus gibt Auskunft: „Polytechnischer Unterricht – Kollege Friedl." Achtlos gehen die Schüler an dem Schild vorüber. Für sie ist Kollege Friedl längst ein Begriff. Jeder der 13 Klassen, die hier allwöchentlich einmal heraufkommen, ist er Lehrer, Freund, Fachmann. 417 Schüler aus neun Berliner Oberschulen sitzen vor ihm auf der Schulbank und lernen am Arbeitsplatz seiner Kollegen – in der E-Werkstatt, im Achsen- und Motorenbau, bei der Einspritzpumpenreparatur. Noch vor wenigen Monaten griff ihr Lehrer im Monteuranzug selbst zu Flaschenzug und Schraubenschlüssel im Getriebebau. Man kennt ihn als guten Brigadier. Kein anderer könnte den Jugendlichen ein besserer Lehrmeister sein.
Pünktlich um 8 Uhr betritt er mit dem Klassenlehrer den hellen Unterrichtsraum. Heute erhält die Klasse zunächst eine Einführung in die sozialistische Produktion in Industrie und Landwirtschaft. Lehrer und Brigadier nutzen die Stunde gut, um Erfahrungen und Erkenntnisse der Schüler, die sie während der bisherigen Unterrichtstage im Betrieb an der Seite der Schlosser, Elektriker, Monteure und Kraftfahrer selbst sammeln konnten, miteinander auszutauschen und zu verallgemeinern. Sicher ist

es keine leichte Sache für einen „pädagogischen Brigadier", vierzehnjährigen jungen Menschen die Zusammenhänge zwischen den Schweißperlen der Kollegen am Arbeitsplatz und dem reich gedeckten Mittagstisch in der elterlichen Wohnung zu erklären. Doch diese Aufgabe wird mit viel Einfühlungsvermögen gemeistert.
Arbeitsproduktivität, TAN – fremde Vokabeln für Vierzehnjährige? In diesem Raum nicht! Mit pädagogischem Geschick geführt, tragen die Jungen und Mädchen dieser 8. Klasse der II. Oberschule zusammen, warum die höhere Arbeitsproduktivität in unserem Leben so in den Mittelpunkt gerückt ist.
„Was zählt ihr zum Lebensstandard?" – Die Antworten lassen nicht auf sich warten. „Ein Fahrrad, Autos, schöne Wohnungen, erholsamen Urlaub ..." – Lebensstandard, besseres Arbeiten in den Betrieben, Plan Neue Technik – das sind Themen, die auch in einer Versammlung der „Großen", der Kollegen von Drehbank und Lenkrad unten in den Hallen, im Werkhof, in der Verwaltung, aufgeworfen und behandelt werden. Das sind Fragen, die das Leben an die Jungen und Mädchen stellen wird, wenn sie die Schule verlassen haben und irgendwo in der Praxis selbst mit Hand anlegen.
Christel, Klaus, Ingeborg erfahren von den Arbeitsnormen in ihrem Betrieb und hören auch, wie bei der amerikanischen Ford-Company „Normenarbeit" aussieht.
Nicht zuletzt kommt die Mathematik bei diesem vielseitigen Unterricht zu ihrem Recht. „Wie würdet ihr die Normerfüllung eines Kfz-Schlossers errechnen, wenn euch drei Größen bekannt sind?" Roland übernimmt es, die Gleichung mit einer Unbekannten an der Tafel zu lösen. Schnell wird noch eine Hausaufgabe notiert, und dann verschwinden die Schüler in den sauberen, gekachelten Umkleideräumen.
Im Handumdrehen haben die Jungen ihre blaue Kombination übergestreift, die der Betrieb ihnen zur Verfügung stellt. Weniger flink sind die Mädchen, die auch in diesem Overall nicht adrett genug aussehen können. Auch ihnen macht es Spaß, so ganz in „echter" Schlosserkleidung am Arbeitsplatz zu erscheinen. Eine Viertelstunde später sind die Umkleideräume leer. Jeweils zwei oder drei Schüler verbringen nun die nächste Stunde an einem bestimmten Platz irgendeiner Abteilung des Betriebes. Mit freundschaftlichem Handschlag begrüßen sie ihre Betreuer, die ihnen gern mit Rat und Tat zur Seite stehen, obwohl ihre Zeit kostbar ist, weil sie selbst im Leistungslohn arbeiten und mit den Minuten geizen. Detlef

1

1 Wolfgang Froelich und Dieter Herzberg aus einer 8. Klasse beobachten die durch Wechsel- bzw. Gleichspannung hervorgerufenen Kurven auf dem Bildschirm des Oszillographen im Elektrokabinett. Kollege Bartz erklärt ihnen geduldig die Zusammenhänge.

2 In der E-Werkstatt sind Jungen der 8. Klasse – hier Klaus Noll und Alfred Iwainsky – dabei, einen Anlasser zu demontieren, um ihn zu reinigen.

2

und Angelika, Wolfgang und Roswitha – Jungen wie Mädchen sind deshalb Feuer und Flamme, wenn sie lernend Arbeiten verrichten dürfen, die den Kollegen helfen, schneller voranzukommen. Nicht immer freilich läßt sich das einrichten, denn Qualitätsarbeit ist die Visitenkarte der Pankower Werkstatt, und – wer wollte das übelnehmen – schließlich könnte es doch einmal passieren, daß sich durch die Unbedachtheit eines Schülers ein Fehler in ein überholtes Aggregat einschleicht, den der Kraftfahrer erst im Fahrbetrieb verärgert feststellen würde.

An der lichten Fensterfront der weiträumigen Halle, in der an einem guten Dutzend Lastkraftwagen gleichzeitig gearbeitet wird, ist die Aufarbeitungsabteilung untergebracht. Hier gehen zwei Schüler der 8. Klasse mit der Eisensäge um, als hätten sie seit Jahr und Tag nichts anderes in den Händen gehabt. Der Meister kann ihnen mit ruhigem Gewissen produktive Arbeiten anvertrauen, und die beiden sind stolz darauf. Den Umgang mit Feile, Säge, Bohrer, Blechschere, Körner und Meißel haben sie bereits im polytechnischen Unterricht der siebenten Klasse gelernt. Heute ist so etwas die selbstverständlichste Sache der Welt für sie. Biegen, Richten, Nieten, Gewindeschneiden – die Vierzehnjährigen könnten einem Erwachsenen zeigen, wie man es fachgerecht macht.

In der ersten Etage der großen Reparaturhalle sind Sieglinde und Petra inzwischen dabei, den Kollektor eines Lkw-Anlassers zu reinigen. Eine Papptafel auf der Werkbank erinnert sie an ihren Lernauftrag:

„Aufgabe des Starters, Arbeitsweise des Ankers, Kollektor säubern.

Auftrag: 1. Laß dir vom Betreuer die Feldwicklung zeigen!

2. Warum muß der Glimmer ausgesägt werden?

Kollege Zorngau ist freundlich und hilfsbereit darauf bedacht, daß nicht nur jeder Handgriff sitzt, sondern alle Schüler, die zu ihm heraufkommen, vor allem das Warum und Wozu, die Zusammenhänge und Bedeutung ihrer Arbeiten erkennen. Flink und geschickt hantieren die beiden mit Schmirgelpapier und Schraubenzieher. Sorgfältig klemmen sie den dicken Anlasserbrocken im Schraubstock fest. Schließlich stülpen sie sich Gummihandschuhe über und gehen daran, das Anlassergehäuse mit Pinsel und Waschbenzin zu reinigen. Der Ausbilder ist zufrieden: „Die Mädchen machen ihre Sache nicht schlecht."

Wir sind neugierig: „Was wollt ihr einmal werden?" Achselzucken und verlegene Gesichter. Wahrscheinlich werden die beiden in ihrem späteren Leben niemals wieder mit einem benzingetränkten Pinsel Teile eines Kraftfahrzeugs säubern. Aber sie wissen, wie man es macht, und sie kennen die vielseitige, oft auch schwere Arbeit der Menschen hier in diesem großen Reparaturbetrieb. Diese Kenntnis birgt Werte fürs ganze Leben auch dieser beiden Mädchen.

Mit erwartungsvollem Lächeln reichen sie ihrem Betreuer schließlich den „Zensurenzettel" hin, das persönliche Konto gewissermaßen! Forschende Blicke: Was wird er geben? Sie waren fleißig, und wer will es ihnen verdenken, wenn sie dafür eine möglichst gute Note erhoffen...

* * *

Elektrotechnik, das ist doch nichts für Mädchen!

Meinen Sie wirklich? Fragen Sie den jungen dunkelhaarigen Leiter des Elektrokabinetts! Er kann jeden, der das behaupten wollte, eines Besseren belehren. Die Schülerinnen – und selbstverständlich auch ihre Mitschüler – würden so manchem Sonntagsfahrer noch etwas vormachen, ließe man es auf ein Wetteifern ankommen. Aufbau und Funktion der elektrischen Anlagen am Kraftfahrzeug sind diesen Schülern, die zu den Stammgästen des Elektrokabinetts im Autoreparaturwerk Pankow zählen, längst kein Buch mit sieben Siegeln mehr. Bereits im Grundlehrgang „Elektrotechnik" der 8. Klasse stehen auf dem Programm: Weichlöten, Isolierstoffarten, Installationsarbeiten, Messen und Prüfen, Arbeiten an elektrischen Geräten und Maschinen. Voller Stolz zeigt der Lehrmeister

3

im Elektrokabinett Prüfungsarbeiten seiner Schüler. Ob ein Kfz-Elektrikerlehrling nach dem ersten oder gar zweiten Lehrjahr die Fragen wesentlich präziser beantworten könnte als die Jungen und Mädchen dieser 8. Klasse?

Die Prüfungsfragen der Abschlußarbeit im polytechnischen Unterricht fällen ein Urteil über das Niveau dieser Ausbildung.

Was sind Kleinspannungen?
Was ist bei Messungen zu beachten?
Nenne Metalle, die weichgelötet werden!
Nenne Löttemperaturen!
Wie ist ein Kabel aufgebaut?

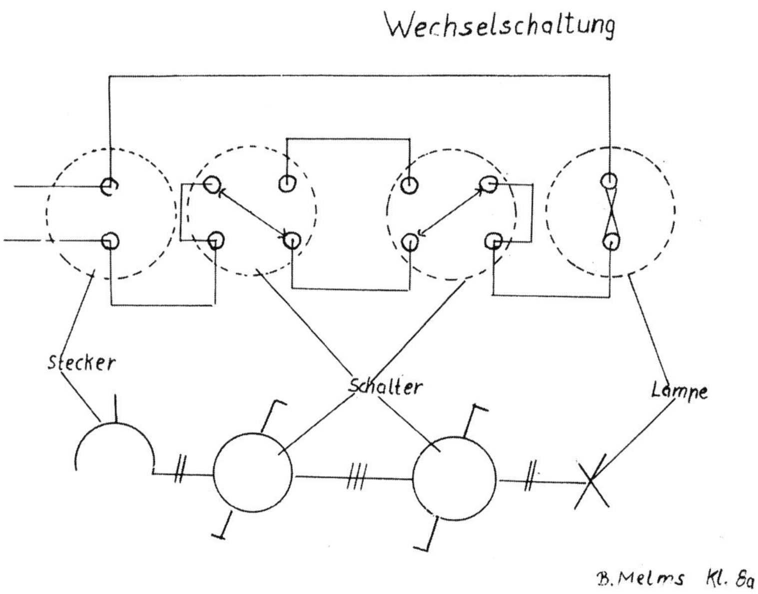

Nenne Isolierstoffe und ihre Eigenschaften!
Was sind Spannungsquellen?
Was verstehst du unter einer Lichtmaschine, einem Starter und einem Akku?
Zeichne eine Prinzipschaltung für den Stromlauf!

Sagen Sie selbst: Wüßten Sie eine Antwort auf diese Fragen, die den Schülern gestellt werden? Hätten Sie Lust, mit den Prüflingen in Wettbewerb zu treten?

Dabei haben die Schüler, die diese Arbeit schrieben, im Physikunterricht noch nichts über Elektrotechnik gehört! Wir sahen Arbeiten der Kfz-Elektrikerlehrlinge des I. und II. Lehrjahres – sie sind von denen der besten Schüler kaum zu unterscheiden.

Aber nicht nur dieser Fragenkomplex, auch das Elektrokabinett kann sich sehen lassen. Innerhalb weniger Tage baute es der Leiter des Elektrokabinetts mit einem Helfer auf. Hier stehen Werkbänke für jeden Schüler mit 12-V-Stromanschluß, ein Oszillograph, Volt- und Amperemeter, Schalttafeln, Demonstrationsmodelle, Schautafeln. „Das meiste besorgten wir uns aus ‚inneren Reserven'. Vieles stand irgendwo im Betrieb oder in der Schule ungenutzt herum, zum Beispiel der Spannungs- und Isolationsprüfer hier. Man muß eben zusehen, mit wenig finanziellem Aufwand viel zu schaffen", kommentiert Lehrmeister Bartz.

Er wird übrigens in Kürze an der Betriebsakademie seine Meisterprüfung ablegen. Bei ihm sind die Schüler also in besten Händen. Unter seiner Regie lernen sie, einen Magnetschalter zu reparieren. Der Aufbau eines Isolators, die Charakteristik der wärme- und feuchtigkeitsbeständigen Isolierstoffe, die Eigenschaften der Spannungsquellen im Kraftfahrzeug – Akku und Lichtmaschine –, die Funktion von Regler und Anlasser – das alles zählt nun für seine Schützlinge zu einem Gebiet, auf dem sie sich nicht so schnell etwas vormachen lassen.

„Ich möchte die westdeutsche Schule sehen, der auch nur ein annähernd gleiches polytechnisches Kabinett zur Verfügung steht wie unseren Kindern hier", meint unser Gesprächspartner, und in der Tat: Eine so großzügige Unterstützung des polytechnischen Unterrichts, ja einen solchen Unterricht überhaupt wird man in Westdeutschland vergeblich suchen.

Während sich die Schüler, die ihre theoretische Ausbildung für heute hinter sich haben, in der Abteilung Motorenbau, bei der Getriebemontage oder aber in der E-Werkstatt neue Fertigkeiten erwerben, den Arbeitern vieles von den Händen absehen, rückt die nächste Klasse in den Unterrichtsraum. Auf dem Tisch an der Stirnseite des Zimmers ist ein Getriebemodell des 90-PS-Motors EM 4 aufgestellt, der im bekannten Werdauer Lastkraftwagen H 3 A, also dem Wagen von Paul und „Ede", eingebaut ist.

Wieder sitzen Jungen und Mädchen einer 8. Klasse an den Tischen vor Ausbilder und Klassenlehrer: Kraftfahrzeugkunde. Das 8. Schuljahr arbeitet nach dem Lehrplan sechs Unterrichtstage lang am Kraftfahrzeug selbst, an Fahrwerken und Aufbauten und an Verbrennungsmotoren. Heute unterhält sich die Klasse über das Getriebe, dessen Aufbau und Funktion. Kennen Sie die Geschichte des Getriebes in Ihrem „Trabant" oder „Wartburg"? Die Schüler lernen sie kennen.

Sie hören von den ersten Untersetzungen mit Flachriemen, Keilriemen und Ketten. Ja, man brauchte bereits um die Jahrhundertwende im Kraftfahrzeug ein Getriebe, obwohl beim ersten, 1896 in Paris veranstalteten Autorennen die Spitzengeschwindigkeiten der seltsamen Renner bei

3 *Unter Anleitung des Brigadiers Barkschat lernt Frank Binder (links) in der Aufarbeitungsabteilung das Autogenschweißen.*

4 *Selbstverständlich müssen die Schüler auch lernen, mit dem Flaschenzug umzugehen. Christel Schünke zeigt in der Abteilung Achsbau, daß das für sie bereits „kleine Fische" sind.*

4

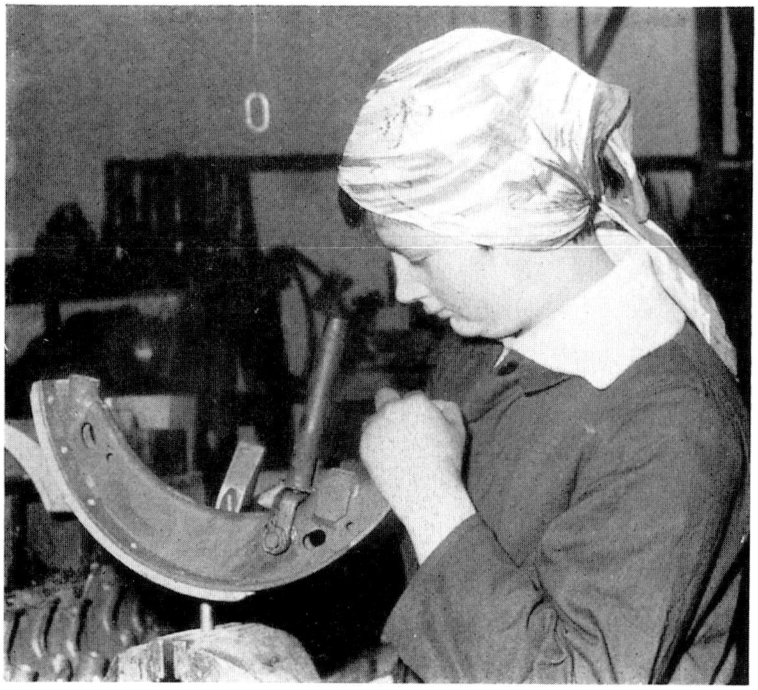

5

12 km/h lagen! Aufmerksam lauschen Jungen wie Mädchen. Ihre Hefte füllen sich mit Notizen. Das ist die richtige Atmosphäre für alle, die es nicht erwarten können, bis sie selbst endlich ein Moped besteigen dürfen. Vom Schalten haben sie schon jetzt „Ahnung“. Neues Wissen kommt in dieser Stunde hinzu – daß Traktoren, zum Beispiel der ihnen bekannte RS 09, und andere Nutzfahrzeuge acht Gänge und mehr besitzen und daß das Getriebe des sowjetischen Panzers T 54 allein 624 kg wiegt.

Und die Synchronisation? Was ist ein synchronisiertes Getriebe? „Habt ihr schon einmal einen Fahrschüler beobachtet, der mit einem älteren Wagen fuhr?“ – „Ja, ich – da kracht es oft beim Schalten!“ – „Richtig! Und warum? Weil die Zahnräder, die ineinandergreifen sollen, sich nur dann geräuschlos ineinanderschieben, wenn sie auf annähernd gleiche Umdrehungszahl gebracht worden sind. Ein Getriebe, das ohne Zutun des Fahrers dafür sorgt, nennt man ein Synchrongetriebe. Es hat eine Gleichlaufeinrichtung.“

Am Schnittmodell eines Getriebes, das die Schüler bereits im Getriebebau kennengelernt haben, wird das Gesagte demonstriert. „Wer gut fährt, schaltet viel und nutzt so immer die volle Leistung des Motors aus, ohne ihn sonderlich zu strapazieren.“ Daß sich die Kraftfahrer und Facharbeiter in den Werkstätten immer weiterqualifizieren müssen, leuchtet der Klasse ein, als ein besonders versierter Schüler das automatische Getriebe in die Debatte wirft.

Mit einer kurzen Niederschrift über das Fahrgetriebe in die Tagebücher der Schüler endet auch diese Unterrichtsstunde. In ihren blauen Kombinationen gehen sie nach einer kurzen Pause zu ihren Betreuern an die verschiedenen Arbeitsplätze im Betrieb, um dort neue Handfertigkeiten zu erwerben.

So gewinnen Tag für Tag Schüler und Schülerinnen Berliner Oberschulen im volkseigenen Autoreparaturwerk Pankow eine Vorstellung von den Produktionsprozessen. An der Seite der Schlosser, Elektriker, der Meister und Brigadiere werden sie zu einer gesunden Einstellung zur Arbeit erzogen. Und sicher erwacht in so manchem von ihnen die Liebe zum Kraftfahrzeug, der Wunsch, den Vorbildern im Autoreparaturwerk in der Blankenburger Straße nachzueifern. Für alle aber bringt der polytechnische Unterricht die Gewißheit, daß sie nach ihrer Schulzeit ihre berufliche Laufbahn mit einem soliden Grundwissen beginnen können. Mit den Schülern, die täglich ins ARW Pankow kommen, wachsen unsere jungen Facharbeiter heran – die „Meister von morgen“.

6

5 Wie in allen Abteilungen des Betriebes, so stehen auch hier beim Nachnieten der Bremsbeläge die Mädchen den Jungen nicht nach. Ingeborg Lindner ist selbst vom Fotografen nicht aus der Ruhe zu bringen.

6 Schluß für heute! Wieder liegt ein Unterrichtstag im ARW Pankow hinter ihnen . . .

Neues aus dem Kraftfahrzeugbau des sozialistischen Lagers

WOLFGANG ROEDIGER

Kennen Sie OCTAVIA?

Hoffentlich sind Sie nach dieser Überschrift nicht enttäuscht: Octavia ist kein Mädchen, sondern ein höchst ehrenwertes Auto. Ganz genau gesagt, der „Škoda Octavia Super".
Natürlich ist längst bekannt, warum die Škoda-Erzeuger in Mlada Boleslav in der ČSSR ihr neuestes Automobil „Octavia" nannten. „Octavia" ist der achte Automobiltyp einer Škoda-Entwicklungsreihe, die bis 1936 zum „Popular" zurückreicht. – Automobile der Marke „Škoda" gibt es übrigens seit 1925. – Da steckt also schon ziemlich viel Geschichte dahinter.

Triebwerk und Fahrgestell

Wir Menschen haben meist Grundsätze. Und dann sind wir grundsätzlich dafür oder dagegen. Auch bei Autos. Beim „Škoda" sind einige dagegen, weil er keinen Zweitaktmotor und keinen Frontantrieb hat. Aus denselben Gründen sind wieder andere Automobilisten dafür.
Der „Škoda" ist ein Wagen für Männer, die öfters gern an ihrem Lieblingsspielzeug herumbasteln. Sei es, um das Einstellen der Ventile bis auf jeden Zehntelmillimeter auszukosten, oder sei es, um den Kult gewissenhaften Ölwechsels zu pflegen. „Octavia" gibt einem dazu oft Gelegenheit. Beispielsweise verlangt er alle 2000 km nach der vorgeschriebenen Inspektion sowie einem Wechsel von 3 Liter Öl und prophylaktischem Säubern des Ölfilters. Allerdings fließen beim Ölwechsel nach 2000 km unten keine drei Liter wieder heraus, die man oben einfüllte.
Allenfalls sind es kaum zwei Liter; und wenn man den „Octavia" stramm hernimmt, braucht er fast noch einen weiteren.
Auch mit der Fahrgestellschmierung ist „Octavia" recht anspruchsvoll. Alle 500 km! Er quietscht dann noch lange nicht, aber es steht in der Betriebsanleitung. Das Verfahren mit der Fettpresse ist zeitraubender, aber dann zuverlässiger als Zentralschmierung. Selbstverständlich besorgt das Fahrgestellschmieren auch die Kundendienstwerkstatt, dann kostet das rund 2 DM.

Weil „Octavia" jedoch ein netter Zeitvertreib für ventilspielende und ölwechselnde Männer ist, hat er einen Viertaktmotor mit 1221 cm³ Hubraum und 45 PS bei 4200 U/min. Nach diesen 45 PS hieß der vorhergehende „Škoda" 445. Das waren aber 45 PS nach SAE-Norm, was nur 43 PS nach DIN-Normen entspricht. Beim Fahren erscheint der „Super-Octavia", als schlüge in ihm ein noch stärkeres Herz. Man merkt, daß es weniger auf die genannte PS-Zahl ankommt, sondern auf das, was der Motor tatsächlich in einem weiten Drehzahlbereich leistet. Wenn man vielleicht bei 3000 U/min noch immer 40 PS verfügbar hat, so ist einem das dienlicher als ein hochdrehender 50-PS-Motor, der bei denselben 3000 U/min bereits auf 35 PS abfällt. Gemeint ist also die Elastizität oder das Drehmoment.
Sein maximales Drehmoment von 8,6 kpm liegt bei 2500 U/min. Zusammen mit der Getriebeabstufung heißt das praktisch, daß man im sehr lang übersetzten vierten Gang bei etwa 60 km/h schon die größte Durchzugskraft an den Hinterrädern hat. Damit kann man ruckelfrei sogar bis herunter auf 25 km/h im Feierabendverkehr durch die Stadt kutschieren, auf der Landstraße temperamentvoll, schnell und somit sicher überholen. Bei 100 km/h auf der Autobahn läuft der Motor erst die 4200 U/min seiner maximalen PS-Leistung. Man könnte infolge der kräftigen Leistungsreserve noch schneller fahren, aber das ist gesetzwidrig. Mit so einem Motor und so einem 4. Gang ist demnach schaltfaulen Fahrern gedient. Dafür geriet der dritte in der Übersetzung etwas zu kurz, er müßte bis 100 km/h gehen, aber er reicht nur bis höchstens 80. Aber das kommt einem auf kurvenreichen Bergstraßen zustatten. Mit dem dritten und weiter mit dem zweiten läßt sich also ein überaus erregendes, sportliches Fahren vollführen. Den einzigen unsynchronisierten Gang, den ersten, braucht man kaum zum Anfahren.
Als es vor einiger Zeit den Kraftstoff Gelb (78 Oktan) noch nicht und Rot nicht überall gab, klingelte „Octavia" zart bei Brüskierung mit dem Gaspedal. Er tut das auch jetzt dann, wenn man es sehr eilig hat, den Schalthebel vom dritten in den vierten Gang durchreißt und dabei das Gas stehenläßt. Die Synchronisierung funktio-

niert dabei tadellos, jedoch zeigt der vom Unterdruck im Ansaugrohr gesteuerte Zündversteller seine Grenzen. Freilich könnte man die Zündung überhaupt etwas mehr in Richtung „Spät" einstellen, aber man büßt doch ungern an Beschleunigung ein.
Den Motor kühlt Wasser, welches ein Thermostat konstant auf 80 °C hält. Es gelang noch nie, „Octavia" zum Kochen zu bringen, höchstens nach arger „Drescherei" am steilen Berg und bei anschließendem Halt mit abgestelltem Motor – was man sonst selbstverständlich unterläßt. Er neigt viel eher, erst recht im Winter, zu Untertemperaturen und hat dagegen eine noch unausgeklügelte Kühlerjalousie aus Leinwand.
Nach konservativer Autoanatomie hat „Octavia" den Motor vorn. Dort sitzt er in einer Gabel, deren beide Zinken in ein škodatypisches Rückgrat einmünden: Mitteltragrohr, in dem sich die Antriebswelle zur Hinterachse dreht. Der Hinterachsenantrieb ist fest angeflanscht. Gelenkwelle, Teller- und Kegelrad, Ausgleichgetriebe, also das ganze gewichtige Zeug im Gehäuse des Hinterachsantriebs gehören demnach zu den gefederten Massen, sie schwingen nicht mit. Das Schwingen beginnt erst bei den beiden Pendalachshälften, die durch je ein Gabelstück am Achsantriebsgehäuse geführt werden und so lang wie möglich zentral um den Gehäusemittelpunkt pendeln. Gefedert wird die Hinterachse durch eine sehr kräftige, obenliegende Querblattfeder, die sich nach gewisser Zeit etwas setzt, wodurch das gesamte Heck tiefer zu liegen kommt.
Im Gegensatz zur Hinterachse hat die Vorderachse keine Querblattfeder mehr wie der „440" oder „445", sondern als bemerkenswerteste Octavia-Verbesserung eine Schraubenfederung, die nicht mehr so hart, aber auch nicht butterweich ist. Eben wegen dieser gewissen Weichheit bekam die Aufhängung der unabhängig voneinander schwingenden Vorderräder einen Querstabilisator, der sehr wirksam eine Querneigung des Wagens in rasch gefahrenen Kurven verhindert.

Das Äußere und wie es drinnen aussieht

„Octavias" Stahlblechkleidung wurde nicht in Italien entworfen, sondern in Mlada Boleslav in der ČSSR. Trotzdem sieht sie etwas italienisch aus: Mittelding zwischen Stromlinie und Ponton. Gegenüber der Karosserie des 440/445 ist lediglich die Partie am Kühlergrill verändert, das Gesicht gefälliger geworden.
Mit den Bremsleuchten in den beiden Heckflossen gab es anfangs Ärger. Sie brannten dauernd. Das lag erstens an dieser elektrischen Leitung, die nicht über das Zündschloß abgesichert ist, und zweitens vor allem an einer versteckten Madenschraube zur Einstellung des Federdrucks im zugänglichen Öldruckschalter.
„Octavia" hat nur zwei Türen. Zwei Türen klappern höchstens halb soviel wie vier. Bei dem „Octavia" klappern sie überhaupt nicht. Die niedrige Dachkante stößt zwar den Hut vom Kopf, aber drinnen dürfen

1

1 Da unten wartet „Octavia" (ein wenig von oben herab gesehen): vorn mit stieläugigen, chromverzierten Scheinwerfern, aber sonst formal gut gelungen

2 Dieser Motor ist ein Gedicht und auch so massiv, wie er aussieht

2

alle, auch große Menschen, die Hüte wieder aufsetzen – soviel Kopffreiheit ist innen vorhanden. Die Gäste auf der rückwärtigen Sitzbank haben seitlich Kleiderhaken, Aschenbecher und Armlehnen.

Die einzelnen Rückenlehnen der Vordersitze lassen sich nach Wunsch einstellen. Allerdings nicht während der Fahrt, sondern haltenderweise mit Schraubenschlüsseln und stützenden Kontermuttern. Man macht das ein für allemal und am richtigsten bei der eigenen Sitzlehne.

Die Polsterfedern sitzen sich nach langer Fahrt durch. So ergibt sich für den Dauersitzer am Lenkrad ein seinen Körperformen angepaßter Sitz, der guten Kontakt mit dem Wagen herbeiführt. In den Rücken kommt ein individuelles Schaumgummikissen.

Die elegante Ausstattung mit Kunstleder wird, sofern es hellgrau ist, leicht schmutzig, läßt sich jedoch ebenso leicht säubern.

Zieht man an einem Hebel im linken Türpfosten, so entriegelt hinten der Kofferraumdeckel mit dumpfen Knall. Darunter ist es sehr geräumig. Das Reserverad hängt etwas ungewöhnlich und schräg in einem Gerüst, weshalb fast sämtliche Koffer auszuräumen sind, wenn unterwegs doch mal ein Reifen platt wird. Deshalb kann man das Reserverad auch nur so auf den Kofferraumboden legen und hat damit noch Platz für ein sehr breites Campingbett und mehr. Rechts seitlich steht der Kraftstofftank für 30 Liter.

An den Türfensterleisten ist eine kleine Aufwölbung zum Türzuziehen gedacht. Sind die Seitenfenster heruntergekurbelt, so funktioniert diese Wölbung tadellos, da die Innenluft beim Zuschlagen ohne weiteres nach außen entweichen kann und man nicht die Wölbung, sondern die ganze Türleiste zum Zuziehen benutzt. Sonst muß der Türriegel oder die Fensterkurbel hinzugenommen werden.

Und nun sitzt man hinter einem schönen Lenkrad und einem ziemlich gut ausgestatteten, übersichtlichen und durchaus ästhetischen Armaturenbrett.

Unten an den Füßen wölbt sich der Getriebetunnel riesig in den Innenraum. Gleich darüber hängt die Heizung mit Standgebläse, das mit seinen bindfadenumwickelten schwarzen Gummischläuchen von der Frischluftzuführung und zur Scheibenentfrostung sehr angenehm heizt. Im Winter sitzt man im „Octavia" sogar ohne Mantel gemütlich warm.

In den Škoda-Werken gibt es anscheinend keine Pessimisten, sondern nur Optimisten. Man vermutet das nach „Octavias" innerer Sicherheit. Alle Armaturenbrettkanten sind hart und ungepolstert, die rechte Kniescheibe wird vom Starterchoke aufs Korn genommen und die linke vom Handbremshebel – kurz: Es darf einem einfach nichts Böses widerfahren! Immerhin sitzt man innen von einem sehr stabilen Aufbau umgeben.

3

und somit durch Gegenlenken leicht zu korrigieren. In solchen Fällen ist man jedoch sicher zumindest nicht langsamer als andere Wagen auch.

Zu Kurvenfahren gehört noch die Lenkung, und die ist willig und trotz ihrer Leichtgängigkeit sehr direkt.

Und nicht nur den kurvigen Berg hinunter braucht man die Bremsen. Irgendwie kommen einem diese ähnlich vor wie die Lenkung: willig und absolut spursicher wirksam; aber dennoch fühlt man nicht unmittelbar im Bremsfuß, wie der Wagen bremst. Das ist die einzige Kritik, die es daran gibt, denn die Bremsen verhalten sich wirklich gut. Sie lassen freilich bei langer Dauerbeanspruchung etwas nach und rupfeln dann ein wenig sie werden aber nie müde!

Ebenso sportlich wie der ganze Wagen ist die Federung. Sie schluckt wohl kleinere Fahrbahnstöße, verhärtet sich jedoch dann zunehmend. Das dient der Straßenlage, nicht jedoch dem Komfort.

Daß man „Octavia" häufiger zur Tankstelle fahren muß, liegt ausschließlich an dem 30-Liter-Kraftstoffbehälterchen. Eine Tankfüllung reicht selbst bei forciertester Fahrweise 300 km, selten für weniger, meist für viel mehr. Damit bewegt sich „Octavia" nach der alten Faustregel: Kraftstoffverbrauch = Wagenmasse (Wagengewicht) mit einem Komma zwei Stellen von hinten.

Wie sich „Octavia" bewegt

Vom gewohnten Klang unserer zahlreichen zweitaktenden Automobile sich deutlich unterscheidend, röhrt er volltönend aus dem Auspuff, und zwar unüberhörbar, laut, kernig sehr sportlich.

Hohes Tempo hält der Motor wacker durch, scheint in keiner Weise überfordert, läßt kaum nach, wenn auf der Autobahn eine Steigung kommt. Das heißt, das starke Auspuffgeräusch hört man drinnen nicht, auch kein arges Windpfeifen, wohl aber deutlich den prasselnden Ventiltrieb ab etwa 115 km/h. Über 100 km/h zeigt sich „Octavia" plötzlich äußerst empfindlich gegen Seitenwind. Er macht nicht gerade dementsprechende Sprünge, man hat aber dennoch vollauf am Lenkrad zu tun und muß höllisch aufpassen.

Einige meinen vom Hörensagen, „Octavia" sei in dieser Beziehung heimtückisch und breche hinten seitwärts böswillig aus. Vielleicht sind es Frontantriebsfanatiker, die solche Dinge behaupten. Aber es stimmt nicht.

Noch etwas zur Schalterei. Der „Octavia" verlangt starke Muskeln, erstens im rechten Arm gegen den ungewohnten und ziemlich starken Federdruck in der Schaltebene des dritten und vierten Ganges, zweitens in der linken Wade für die Kupplung. Auch die einzelnen Gänge lassen sich nicht eben leicht eindrücken oder -ziehen.

Es sei nochmals betont, Kurven und Berge zusammen sind „Octavias" größte Stärke! ist ausgesprochen
Tendenz zum Übersteuern Das äußert darin, daß in
gefahrenen seitlich Aber bitte,
wegs bösartig, sondern mit fühlbarer harmloser Vorankündigung

4

„Octavia“ hat vollgetankt eine Masse von 907 kg. Rechnet man rund 85 kg für den Fahrer dazu, macht das – sagen wir – rund 1000 kg. Zwei Kommastellen weg sind 10,00 Liter/100 km. Bei sehr flotter Landstraßenfahrt fließen 9,3 Liter durch den Fallstromvergaser, und mit nur 8,7 Litern kommt man im allgemeinen noch immer überaus zügig vorwärts.
Auf die Kraftstoffanzeige ist sehr genauer Verlaß. Wenn der Zeiger links anschlägt, können Sie trotzdem noch fast 20 km fahren. Das reicht oft, aber nicht immer. Und im Winter ist das Schloß im Tankdeckel tunlichst mit Glysantin zu beträufeln.
Ach so: Winter! „Octavia“ hat einen Viertaktmotor mit festklebendem Öl im Kurbelgehäuse und daneben eine „Puppenstubenbatterie“ von 12 Volt, aber nur 33 Ah. Im Sommer macht sich das nicht bemerkbar. Aber im Winter darf man nicht mit den 12 Volt rechnen, sondern damit, daß sich die 33 Ah rasch verbrauchen und dann den Motor nicht mehr durchdrehen.
In der Nacht sehen entgegenkommende Autos sämtlich aus, als wären sie vierlichtrige Fernlastzüge, und vier Scheinwerfer sehen aus wie acht (selbstverständlich ohne jeglichen Alkoholgenuß). Es liegt an Innenreflexen der Windschutzscheibe.
Doch das sind Kleinigkeiten, an die man sich schnell gewöhnt. Ob Sie gleichfalls mit „Octavia“ glücklich würden? Man weiß es nicht. Wer einen sportlichen Wagen liebt, der ist jedenfalls mit „Octavia Super“ aus dem befreundeten Nachbarland bestens versorgt.
Ganz kurz:

Charakteristik von „Octavia Super“

Vierzylinder-Viertakt-Reihenmotor; im 2. bis 4. synchronisiertes Vierganggetriebe; Hinterachsantrieb; zweitürige, viersitzige Ganzstahlkarosserie auf Mitteltragrohr mit Querträgern aufgesetzt; hinten querblattgefederte Pendelachse; vorn Einzelradaufhängung mit Schraubenfedern; Querstabilisator; Teleskopstoßdämpfer; Bereifung 5,50–15; Schraubenlenkung, dreiteilige Spurstange; hydraulische Fußbremse.

Hubraum:	1221 cm³
Leistung:	45 SAE-PS (43 DIN) bei 4200 U/min
Drehmoment:	8,6 kpm bei 2500 U/min
Durchschnittsverbrauch:	etwa 9 Liter/100 km
Geschwindigkeiten:	30–45–80–133 km/h
Abmessungen:	4065 × 1600 × 1430 mm
Zul. Belastung:	etwa 350 kg (bis 1270 kg Gesamtmasse)
Preis:	14900 DM
Jahressteuer:	234 DM (DDR)
Kfz.-Haftpflicht:	136 DM jährlich (DDR)

5

6
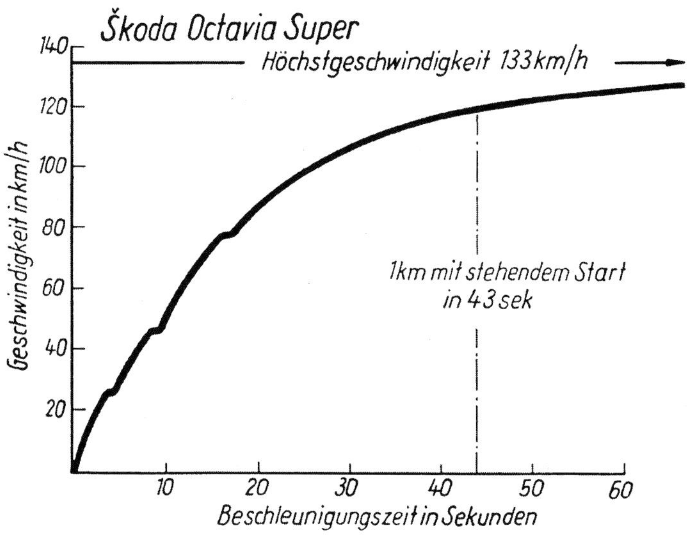

3 Schönes – dennoch kantiges, ungepolstertes – Armaturenbrett, darunter die solide Heizung und ein großer, emaillierter Getriebetunnel, welcher verhindert, daß man auch zu dritt auf der ziemlich breiten vorderen Sitzbank fahren kann

4 Zum Einsteigen auf die Rücksitze klappen die Lehnen der Vordersitze so schräg um. Hier läßt sich auch erkennen, wo diese Lehnen in der Neigung verstellbar sind: mit der Sechskantschraube vorn unten am Gelenk und dem Anschlagknuppel auf dem Tunnel des Mitteltragrohres

5 Ein großer, beinahe raffiniert eingerichteter Kofferraum, in dem übrigens ein sehr reichhaltiger Werkzeugsatz enthalten ist

6 Beschleunigungsdiagramm

M. Kunze

Skoda 1000 MB

Ein neues Automobil aus einem neuen Werk

Die Automobilproduktion von Mlada Boleslav feiert zwar in diesem Jahr bereits ihren 60. Geburtstag – 1905 verließ der erste wirkliche Personenwagen die Fabrikräume der damaligen Firma Laurin & Klement –, erlebt aber nichtsdestoweniger augenscheinlich einen neuen Frühling. Der Skoda Octavia ist von einem interessanten Nachfolgetyp, dem Skoda 1000 MB, abgelöst worden, zu dessen Fertigung in den vergangenen fünf Jahren mit einem Kostenaufwand von 1,5 Mrd. Kčs ein völlig neues Werk erbaut wurde, das nach seiner modernen Bearbeitungstechnik zu den führenden Automobilfabriken Europas zu rechnen ist.

Würde nicht im Hintergrund der hohe Schornstein des betriebseigenen Heizkraftwerks den langen Gebäudekomplex abschließen, so könnte man hinter den in leuchtend blauen und gelben Farbtönen gestrichenen Fassaden eher ein amerikanisches „Shopping centre“ vermuten. Auf einer Bodenfläche von insgesamt 800 000 m² ist ein in Aussehen wie Ausrüstung gleichermaßen modernes Werk entstanden. Über 40 neue Einetagenbauten mußten errichtet werden, um die eigentlichen Fertigungseinrichtungen sowie die Hilfsbetriebe für Energieversorgung, Lagerhaltung, Betriebsmittelfertigung, Verwaltung und Sozialeinrichtungen unterzubringen.

Wir beginnen unseren Rundgang in der *Gesenkschmiede*. Der erste Eindruck ist in zweifacher Hinsicht überraschend: Man staunt über die Ruhe und über die unerwartet reine und kühle Luft, die einem ausgezeichnet funktionierenden Absaug- und Entlüftungssystem zu verdanken ist. Die 10 000 m² große Halle ermöglichte die Aufstellung selbst der größten Schmiedewerke. Der gesamte Wärmebehandlungszyklus ist genau wie das Vorwärmen und der Schmiedevorgang selbst weitgehend automatisiert und von einem zentralen Regelpult aus steuerbar. Zwischen den einzelnen Fertigungsstufen werden die Teile immer wieder von Meß- und Kontrolleinrichtungen auf Maßhaltigkeit, Materialfehler, Härte usw. überprüft.

Schon hier fällt dem Besucher ein charakteristisches Merkmal der neuen Fabrik auf: An den aufgestellten Maschinen findet man Fabrikmarken aus verschiedenen Ländern Europas. Insgesamt 10 Länder beteiligten sich an der Belieferung der Fabrik mit modernen Spezialmaschinen. Besonders Firmen aus England, Frankreich, Italien und Westdeutschland, deren Erzeugnisse sich schon in anderen Automobilwerken bewährt haben, wurden mit der Lieferung von Spezialeinrichtungen, Transportanlagen und anderen Aggregaten beauftragt.

Einen großen Komplex nimmt die *Leichtmetallgießerei* ein. Sie dürfte hinsichtlich ihres Niveaus, ihres Umfangs der technologischen Einrichtungen zu den modernsten Europas gehören. Hier werden mehr als 50 Einzelteile des neuen Wagens im Druckgußverfahren aus Aluminiumlegierung hergestellt. Als erstes Werk in Europa erzeugt Skoda auch das Getriebegehäuse und den Motorblock als Aluminium-Druckgußstücke. In den aus Österreich gelieferten Induktionstrommelöfen wird die Aluminiumlegierung auf etwa 800° erwärmt. Die Gußstücke entstehen dann in vollautomatisch beschickten Preßgießmaschinen, die zum Teil aus der ČSSR und zum Teil aus Italien stammen. Die Gußmaschine für die Motorblockerzeugung arbeitet dabei mit einem Schließdruck von 1800 t. Der Skoda-Motorblock aus Leichtmetalldruckguß ist nur 10,5 kg schwer, das entspricht nur etwa einem Viertel eines aus Grauguß hergestellten.

Aus dieser Halle gelangt man in die *Grau- und Tempergießerei*. Hier werden die restlichen Gußteile für den Wagen hergestellt, und es herrscht dieselbe fast vollkommene Automatisation des gesamten Produktionszyklus wie in den anderen Betriebsteilen. Die aus Belgien gelieferten elektrischen Induktionsschmelzöfen ermöglichen die Verarbeitung allen

in den anderen Abteilungen anfallenden Schrotts. In den drei voll- bzw. halbautomatischen Formstraßen sind vorwiegend englische Maschinen installiert. Der gesamte Arbeitsablauf vom Einformen bis zum Herausfallen des Gußstücks auf das Transportband zur Putzerei wird von Fotozellen gesteuert.

Die folgende Halle für die *mechanische Bearbeitung* mit einer Grundfläche von 66000 m² beherbergt 18 automatische Fließstraßen mit mehr als 2000 Einzweckmaschinen, darunter 200 große Einzweckautomaten. Zwischen den einzelnen Fertigungsstufen sind Meßeinrichtungen angeordnet, mit denen die Teile meist sogar direkt während der Bearbeitung kontrolliert werden. Kurbelwellen, Pleuelstangen, Schwungrad, Kupplungsscheiben und Lüfter werden auf halbautomatischen Maschinen einzeln ausgewuchtet.

An den Decken der Halle über den vielen aufgestellten Maschinen ziehen sich die Hängeförderer hin. Ihre Länge beträgt allein hier schon drei Kilometer. Das gesamte Transportsystem dieser Art jedoch ist 24 km lang. Die Taktzeiten dieser teilweise automatisch von Lochbändern gesteuerten Fördereinrichtungen können der Ermüdung der Arbeiter angepaßt werden, so daß sie gegen Ende der Schicht langsamer laufen.

Die 12 Verbundstraßen der 20000 m² großen *Karosseriepresserei* sind mit riesigen modernen Karosseriepressen ausgestattet. Auf einer der vollautomatischen Fließstraßen werden zum Beispiel stündlich bis zu 500 Türblechteile gefertigt.

Zum *Karosseriebau*-Komplex gehören die Schweißanlagen, die Lackiererei, die Tapeziererei, die Endmontage und die Expedition mit einer Gesamtflächenausdehnung von 75000 m². Zum Zusammenbau einer Karosserie sind fast 8000 Schweißpunkte erforderlich, wozu Mehrpunktschweißmaschinen und spezielle Hängeschweißzangen eingesetzt werden. Am weitesten automatisiert ist die Fertigung des Karosserieskeletts. Da die exponierten Karosserieteile, wie Kotflügel, gesondert angeschraubt sind, können sie bei eventuellen Beschädigungen leicht ausgewechselt werden.

Nach Auftragen des Unterbodenschutzanstrichs im Tauchverfahren gelangt die Karosserie in die Lackiererei. Auch hier geschieht der Durchlauf automatisch über ein System von Zweibahnhänge- bzw. -flurförderern. Für die Grund- und Fertiglackierung werden die Farbstoffe den Spritzkabinen durch ein Zentralrohrsystem aus der Farbenvorbereitungsabteilung zugeführt. Dadurch können in beliebiger Folge 10 verschiedene Farbtöne gespritzt werden. Zweifarbenausführungen können auf der Lacktaktstraße allerdings nicht gefertigt werden.

1

2

1 Die Schmiedepressen in der Gesenkschmiede arbeiten mit Mehrfachgesenken. Transportiert werden die Schmiedestücke an Zahnkettenförderern oder auf Rollenbahnen.

2 Kleinteile werden aus den im Vordergrund sichtbaren Stangenteilen an Schmiedemaschinen geformt.

3 Induktionstrommelöfen verflüssigen die Leichtmetall-Legierung, mit der die Preßgießmaschinen für die Motorblockerzeugung beschickt werden.

4 Einer der ersten Arbeitsgänge in der Karosseriefertigung: Hier wird die Bodengruppe mit weiteren Skeletteilen, der Stirnwand und der Motorraumtrennwand, zusammengestellt.

Nachdem die Karosserie mit den Scheiben, der Elektrik und der Innenausstattung komplettiert ist, wird sie an einem Hängeförderer so weiter transportiert, daß der Motor und die einzelnen Fahrgestellteile, die in den bereits zum Einbau günstigst möglichen Lagen herantransportiert werden, von unten eingesetzt werden können. Auch die Felgen komplett mit Reifen werden aus dem Karosserielager durch eine englische Hängekettenbahn zugeführt, deren Lochbandsteuerung es außerdem ermöglicht, daß die Zufuhr der Kraftwagenbestandteile in der gewünschten Ausführung für die Karosserie und die Tapezierung gesichert ist.
Nunmehr ist der Skoda 1000 MB fertig und verläßt die Halle, um sich zunächst auf der Einlaufstation einer Rollbandprüfung zu unterziehen, wobei auch die Vorspur, die Scheinwerfer und das Bremssystem eingestellt werden. Unabhängig von der Erprobung auf dem Rollenprüfstand wird jeder zehnte ausgelieferte Wagen zusätzlich noch einem Straßentest unterzogen.

Schauen wir uns nun das fertige Erzeugnis, den Skoda 1000 MB, etwas näher an.
Die viertürige Limousine besteht aus einem selbsttragenden Karosserieskelett, an das die Blechteile der Außenhaut angeschraubt sind. Die Achsen und der Hecktriebsatz werden von diesem Skelett getragen und versteifen es gleichzeitig. Der wassergekühlte Viertakt-Vierzylinder-*Reihenmotor* mit einem Hubraum von 988 cm^3 ist hinter der Hinterachse angeordnet. Der Quadrathuber arbeitet mit einer Verdichtung von 8,3, gibt bei 4650 U/min eine Leistung von 45 SAE-PS ab und verfügt über ein maximales Drehmoment von 7 kpm bei 3000 U/min. Im Aluminium-Motorblock ist die Kurbelwelle dreifach gelagert. Die Leichtmetallkolben laufen in den traditionellen nassen Zylinderlaufbüchsen und tragen vier Kolbenringe.
Die im Motorblock seitlich angeordnete Nockenwelle betätigt über Stößel, Stoßstangen und Kipphebel die hängenden Ventile. Als Nocken-

3

4

5

Einscheibentrocken*kupplung* bilden zusammen eine Montagegruppe. Die rotierenden Teile werden dynamisch ausgewuchtet, wodurch ein bemerkenswert ruhiger Motorlauf im gesamten Drehzahlbereich erzielt wird. Das vollsynchronisierte Viergang*getriebe* ist mit dem Achsantrieb in einem gemeinsamen Gehäuse untergebracht, das gleichzeitig die Kupplung abdeckt. Der vom Getriebeöl – 2,5 *l* – aufgenommene Stahlabrieb von den Zahnrädern wird von der magnetischen Ölablaßschraube festgehalten. Die Verbindung vom Wechselgetriebe zum Mittelschalthebel stellt eine im Mitteltunnel gelagerte Schaltstange her.
Die Halb*achsen* der hinteren Pendelachse liegen in Schutzrohren und werden an Längslenkern geführt, die an der Karosserie über einem Gummiblock befestigt sind. Die Vorderachse besteht aus den Querlenkern (mit gesondertem Achsträger), der Federung, dem Querstabilisator und der Lenkung. Die Trapezlenker sind mit dem Achsträger durch Lager mit Gummibüchsen verbunden.
Die *Federung* besteht vorn wie hinten aus Schraubenfedern, in denen hydraulische Teleskopstoßdämpfer stehen. Durch großzügige Anwendung von Gummielementen wird die Übertragung von Schwingungen vom Fahrgestell auf die Karosserie weitgehend unterbunden und ein niedriger Geräuschpegel im Fahrgastraum erzielt.

6

7

wellenantrieb dient eine Duplex-Rollenkette zwischen Kurbel- und Nockenwelle. Im Deckel des Nockenwellentriebs befindet sich gleichzeitig der Antrieb für den Zündverteiler und die Ölpumpe, die die Ölmenge von 3,5 *l* mit 3 bis 3,5 at Überdruck in Umlauf hält. Die Zwangsumlaufkühlung des Motors wird durch einen Thermostat geregelt. Den neunflügeligen Lüfter wie auch die Wasserpumpe treibt die Kurbelwelle über einen Keilriemen an.
Eine Automatik im Fallstromvergaser regelt das Kraftstoff-Luft-Gemisch auch für den Start, wobei über eine Bimetallfeder die Anreicherung des Gemischs in Abhängigkeit von der Motortemperatur gesteuert wird. Die von der Nockenwelle angetriebene Membranpumpe für die Kraftstoffförderung kann über einen Hebel auch von Hand betätigt werden. Die angesaugte Luft wird in einem Papierfilter gereinigt, dessen Gehäuse im Zusammenwirken mit der Filtereinlage auch für die Ansauggeräuschdämpfung sorgt. Die Batteriezündanlage arbeitet mit PAL-Zündkerzen und -Zündverteiler; letzterer ist mit einem automatischen Fliehkraft- und Unterdruckversteller für den Zündzeitpunkt ausgestattet.
Der Motor und die im Schwungrad angeordnete hydraulisch betätigte

8

9

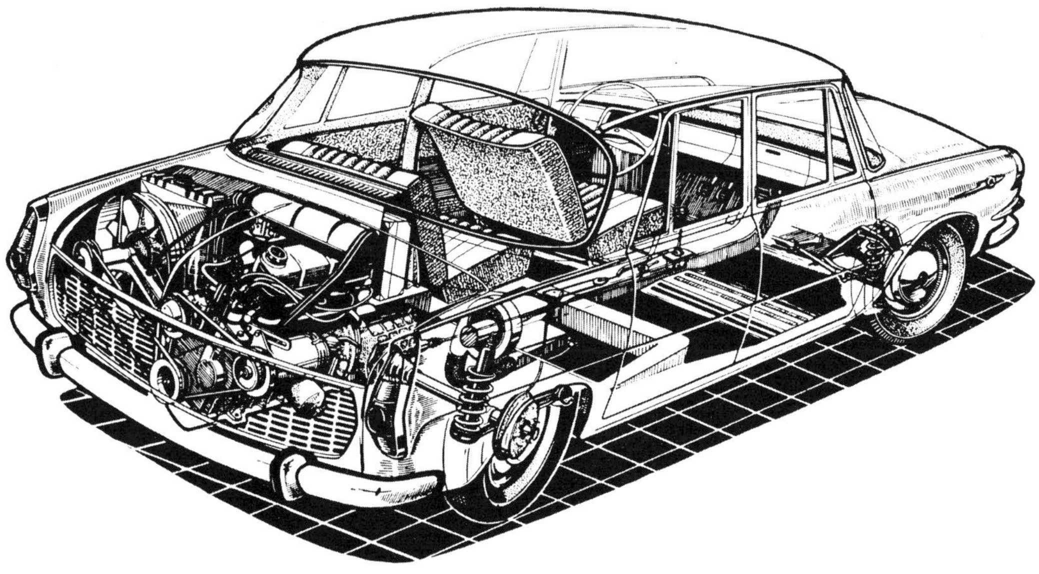

10

11

5 Zusammengespannt und punktgeschweißt werden die drei Teile des Gerippes dann von pneumatischen Hängeschweißzangen.

6 So sieht das fertige Karosserieskelett aus. Alle Außenhautblechteile werden nur angeschraubt, um leichter auswechselbar zu sein.

7 Auf der Endmontage-Fließstraße erhalten die Karosserien ihre Scheiben und Chromteile und werden mit der Elektrik und der Innenausstattung komplettiert.

8 Moderne Technik auch bei der Montage des Motorgetriebeblocks: Die Spezialschraubvorrichtung zieht sämtliche Schrauben der Kupplung gleichzeitig an.

9 An Hängeförderern gelangen die Karosserien an die Montageplätze, wo der Motorgetriebeblock mit einer Hubeinrichtung von unten eingesetzt wird.

10 Röntgenbild des Skoda 1000 MB.

11 Die vorderen Liegesitze und die geteilte Polsterung der Fondsitzbank ermöglichen 5 Varianten der Sitzanordnung.

12 Der Vierzylinder-Reihenmotor ist um 30° geneigt eingebaut, um Bauhöhe zu sparen. Rechts ist die voll geöffnete Klappe für die Heizluft zu erkennen. Vom Auspuffkrümmer führen die zwei Kabel der Startvergaserautomatik zum Vergaser.

13 Blick auf die Vorderradaufhängung. Rechts vorn liegt der Kraftstoffbehälter.

14 Unter dem Frontkofferraum sind Reserverad und Werkzeug untergebracht.

12

13

14

Die Spurstangen der Schrauben*lenkung* bilden zusammen mit dem auf dem Achsträger befestigten Lenkgetriebe und den Rädern eine komplette Montagegruppe zum Einbau in die Karosserie. Abgefederte Führungsschalen für sämtliche Kugelzapfen und Gelenke verhindern die Übertragung von Radschwingungen in die Lenkung und beheben automatisch das durch Verschleiß entstehende Lenkungsspiel. Das Lenkschloß ist mit der Zündung so gekoppelt, daß einmal die Zündung bei gesperrtem Lenkschloß unterbunden ist und zum anderen das Lenkschloß erst betätigt werden kann, wenn die Zündung ausgeschaltet ist.

In üblicher Weise wirkt die hydraulisch betätigte Fuß*bremse* auf alle vier und die mechanische Seilzughandbremse nur auf die hinteren Räder. Gegenüber den Trommelbremsen des Octavia wurde die Gesamtfläche des Bremsbelags um 100 cm^2 auf nunmehr 770 cm^2 vergrößert (Bremstrommeldurchmesser 230 mm, Bremsbackenbreite 40 mm).

Bei den Scheiben*rädern* ist die Felge an die Radscheibe angeschweißt, wodurch sowohl normale als auch schlauchlose Reifen aufgezogen werden können. Die Breitprofilreifen weisen die neuen Abmessungen 155-14 auf.

Ein Nachteil der Heckmotor-Bauweise ist immer der relativ kleine verbleibende Kofferraum im Wagenvorderteil. Beim Skoda 1000 MB ist dort außerdem noch für Reserverad und Werkzeug ein gesonderter Raum angeordnet. Direkt darunter befindet sich der 32 *l* fassende Kraftstoffbehälter, dessen Füll- und Entlüftungsleitung außerhalb des Fahrgastraumes liegt. Der Einfüllstutzen verbirgt sich hinter dem Zierelement auf dem rechten vorderen Kotflügel. Sein Verschluß kann genau wie der Kofferraumdeckel und die Motorhaube nur vom Wageninnern aus geöffnet werden.

Die vorn angeschlagenen *Türen* zeigen vorn wie hinten zweiteilige Fenster, wobei auch die Ausstellfenster vorn und hinten einen Kurbelmechanismus aufweisen. Liegesitze vorn und eine durchgehende Sitzbank mit geteilter Polsterung und Rückenlehne hinten ermöglichen eine vielseitige Ausnutzung des Innenraumes. Hinter den Fondsitzlehnen liegt noch ein kleiner Gepäckraum.

Der gesamte Innenraum des Skoda 1000 MB ist mit Kunstleder ausgekleidet. Die Instrumententafel hat keine scharfen und harten Kanten und ist mit einer Art Blendhutze versehen, um Lichtreflexe an der Windschutzscheibe zu vermeiden. Außer den üblichen Kontrollgeräten enthält sie einen Aschenbecher und einen verschließbaren Handschuhkasten sowie den Druckknopf für die Scheibenwaschanlage. Die sonstigen Kippschalter für elektrische Aggregate sind in der Lenkwellenverkleidung angeordnet. Abblendschalter und Lichthupe, Signalhorn und Fahrtrichtungsanzeiger werden mit zwei Hebeln betätigt, die mit den Fingern bedient werden können, ohne daß man die Hände vom Lenkrad nehmen muß.

Erwärmt wird der Innenraum durch einen unter den Fondsitzen angeordneten Wärmetauscher, der vom Motorkühlwasser durchflossen wird. Die an ihm aufgeheizte Frischluft strömt durch den Mitteltunnel nach vorn in den Wagenraum, kann aber auch auf die Frontscheibe geleitet werden. Durch zwei Hebel auf dem Mitteltunnel lassen sich die Warmwasserzufuhr in den Heizkörper und die Frischluftzufuhr zur Heizanlage vom Fahrersitz aus stufenlos regeln.

Die Spannung im Bordnetz beträgt 12 V. Eine 300-W-Lichtmaschine speist die Verbraucher und eine Batterie mit einer Kapazität von 35 Ah. Die Beleuchtungseinrichtung ist durch Scheinwerfer mit asymmetrischem Abblendlicht, kombinierte Blink-, Schluß- und Bremsleuchten und Parkleuchten an den Seiten (während der Fahrt als zusätzliche Blinkleuchten eingesetzt) charakterisiert. Die hintere Kennzeichenleuchte erhellt gleichzeitig den Motorraum. In die Schlußleuchte kann nachträglich ein Rückfahrscheinwerfer eingebaut werden. Der Innenraum wird von zwei Leuchten in den Türsäulen erhellt, die gleichzeitig die Kleiderhaken bilden. Scheibenwischer mit automatischer Endausstellung vervollständigen die elektrische Ausrüstung.

Zur Zeit werden täglich etwa 400 Wagen hergestellt, und man hat sich vorgenommen, eine Jahresproduktion von 120000 bis 150000 Stück zu erreichen.

Zweifellos wird der neue Wagen sich sehr bald einen weiten Käuferkreis in vielen europäischen und auch überseeischen Ländern erwerben.

Unsere tschechoslowakischen Freunde haben der Welt gezeigt, wie man mit kühner Initiative und unter Ausnutzung aller technologischen Möglichkeiten ein Automobilwerk aufbauen kann, das seinen Konkurrenten in den großen automobilbauenden Ländern nicht nur ebenbürtig sein dürfte, sondern diese in gewisser Hinsicht sogar noch übertrumpfen kann.

15

16

17

15 Der Benzineinfüllstutzen ist hinter dem Zierelement am rechten vorderen Kotflügel angeordnet.

16 Hinter der Rücksitzlehne lassen sich noch kleinere Gepäckstücke unterbringen. Unter der Bodenmatte werden zwei Metallabdeckungen sichtbar, unter denen sich einmal die Batterie und zum anderen das Wechselgetriebe (im Vordergrund links) befinden.

17 Die Instrumententafel zeigt oben wie unten weich gerundete gepolsterte Kanten. Sämtliche Kontrollinstrumente sind im Blickfeld des Fahrers konzentriert. Links daneben ragt der Druckknopf für die Scheibenwaschanlage hervor. Je zwei Kippschalter für elektrische Aggregate liegen links und rechts auf der Lenksäulenverkleidung. Mit dem Zündschlüssel werden auch das Lenkschloß und das Türschloß betätigt.

Tradition und Fortschritt

Neuentwicklung Tatra 613

1 Die Seitenansicht verdeutlicht die Proportionen des Tatra 613, die von der flachen, keilförmigen Fronthaube geprägt werden.

1

Kaum eines der chromblitzenden Diplomatenfahrzeuge aus aller Welt wirkt durch seine Form so unverwechselbar wie der seit Jahren produzierte Tatra 603. Im diplomatischen Dienst der sozialistischen Staaten ist der Tatra also zugleich ein Botschafter seiner Erbauer, Gesandter des Automobilbaus aus der ČSSR. Und dieser Automobilbau gehört zu den ältesten der ganzen Welt. Schon vor der Jahrhundertwende wurden hier Pkw und Lkw gebaut, als andernorts überhaupt noch nicht an Automobile zu denken war. Über die älteste Tradition im ČSSR-Automobilbau verfügt zweifellos Tatra, dessen Werksgründung heute bereits 125 Jahre zurückliegt. 1897 wurde in Nesselsdorf (Kopřivnice), einem damals kleinen ostmährischen Ort nahe dem heutigen Industriezentrum Ostrava, der erste Pkw gebaut. Nur wenige Jahre also, nachdem die ersten Pkw überhaupt von Daimler, Maybach und Benz gebaut worden waren (1886). Die Lkw-Fertigung begann in der damaligen Fabrik für Pferdekutschen Nesselsdorf auch schon im 19. Jahrhundert (1898).

„Lorbeeren" hat sich Tatra aber nicht allein durch die langen Produktionsjahre erworben. Bedeutende Verdienste liegen auf technischem Gebiet. Mit dem Namen des Nesselsdorfer Ingenieurs Hans Ledwinka sind eine Reihe von technischen Lösungen verbunden, die hier erstmalig verwirklicht wurden, dann um die ganze Welt gingen und heute zum konstruktiven

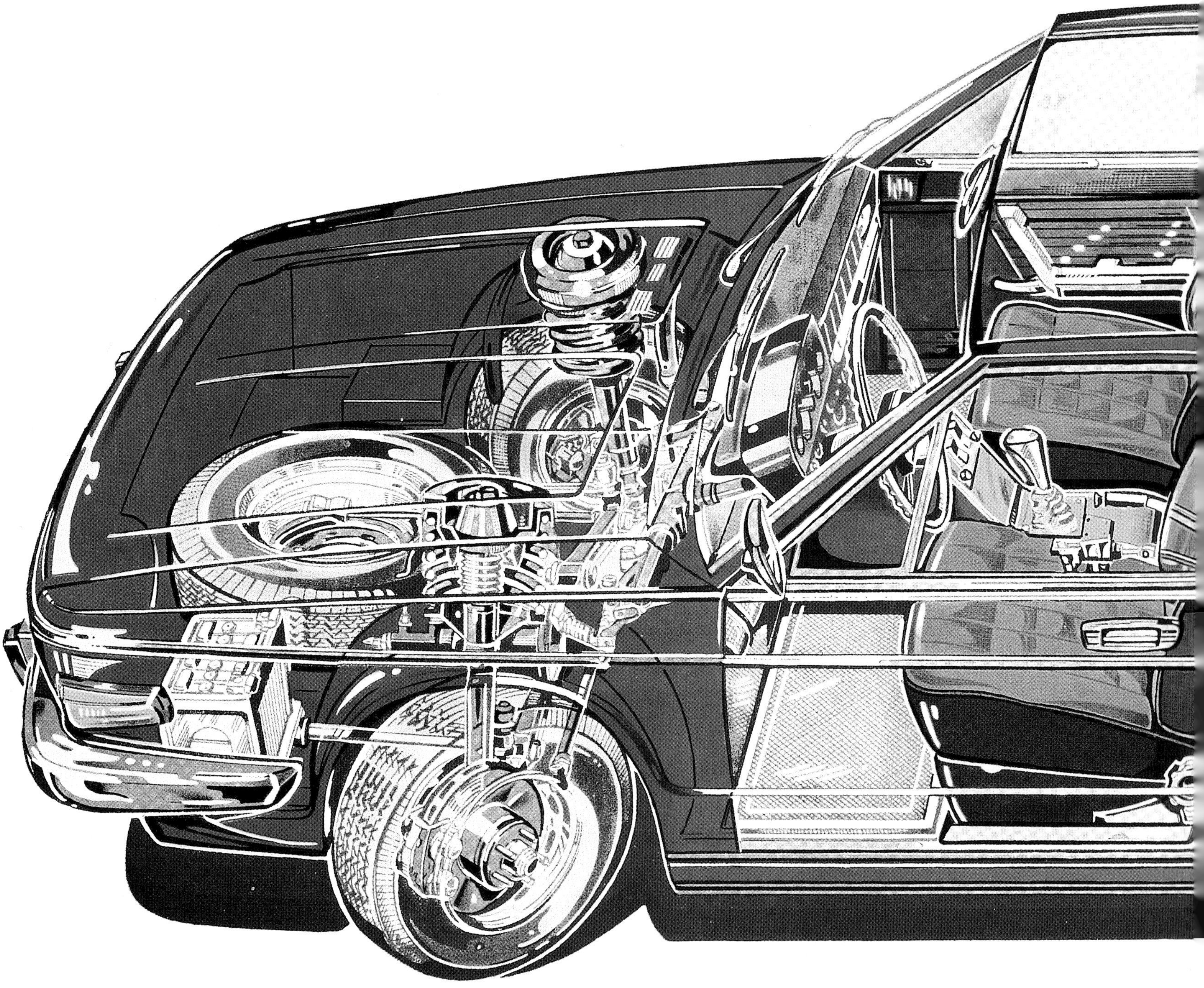

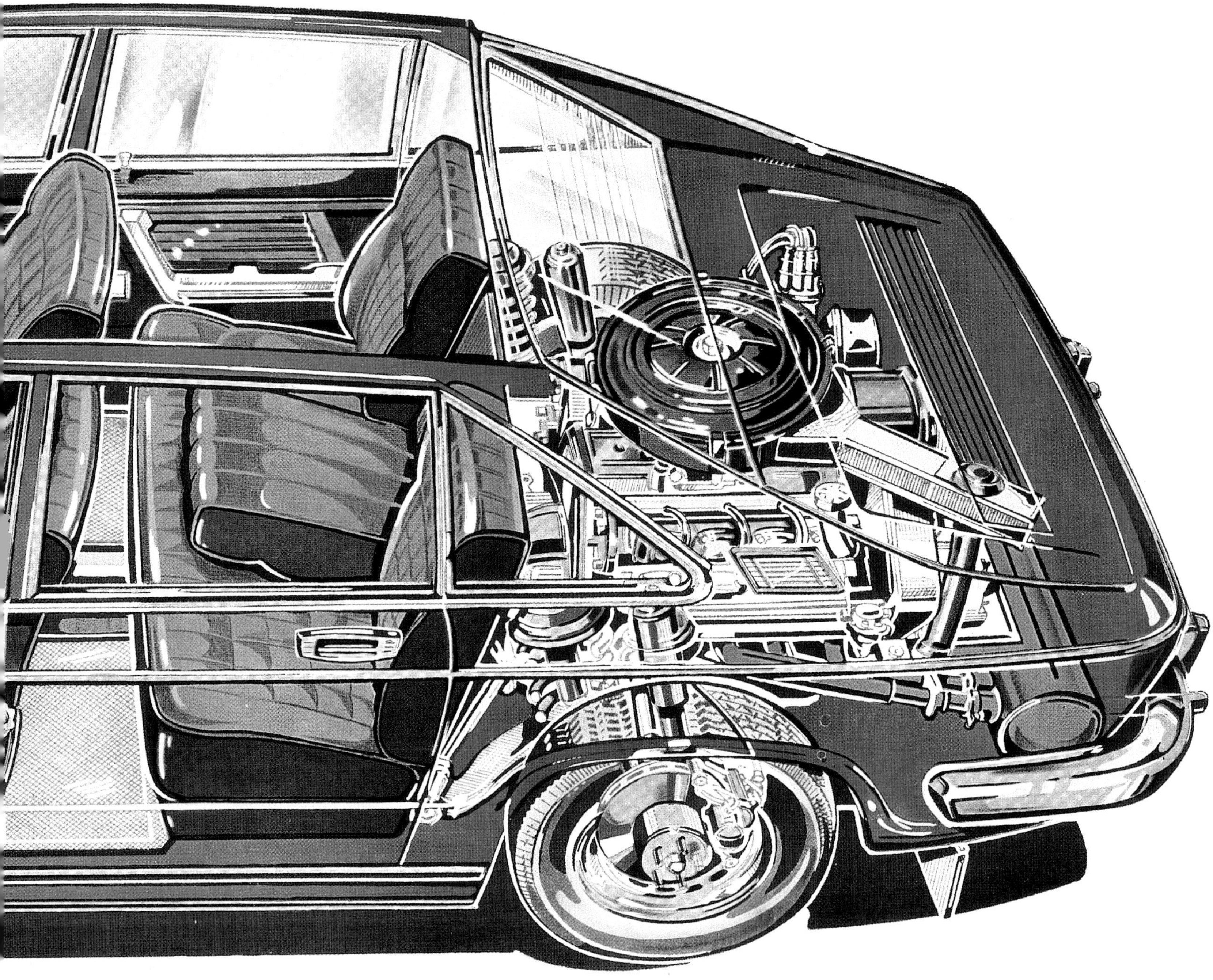

Standard im Automobilbau gehören. Zu den Pioniertaten auf kraftfahrzeugtechnischem Gebiet gehört unter anderem die Anwendung der sogenannten ohc-Ventilsteuerung. Das sind V-förmig von oben in den Brennraum ragende Ventile, die von einer darüber – im Zylinderkopf – liegenden Nockenwelle angetrieben werden. Diese Steuerungsart setzt sich gerade erst in den letzten Jahren auch bei Großserienmotoren durch. Im DDR-Fahrzeugangebot ist der Shiguli beispielsweise mit einer solchen Ventilsteuerung ausgerüstet. Kardanwellenantrieb und Planetenradgetriebe gehen auch auf die in Kopřivnice entstandenen Konstruktionsideen zurück. Dieses oft revolutionierende konstruktive Gedankengut wurde sowohl an Pkw als auch bei Nutzfahrzeugen angewendet. Immerhin gehörten Lkw schon sehr frühzeitig zum Fertigungsprogramm, und heute sind sie bei Tatra zu einem produktionsbestimmenden Faktor geworden. Vieles der schon in den zwanziger Jahren entstandenen Konzeption ist noch heute für die Tatra-Kraftfahrzeuge gültig, so das verwindungssteife Fahrgestell mit Zentralrohr, die Einzelradaufhängung und die als Pendelachsen ausgeführten Antriebsachsen. Dazu gehört auch die sowohl für Otto- als auch für Dieselmotoren von Tatra typische Luftkühlung. Selbst die Absicht, den Gesetzen der Aerodynamik in der Karosseriegestaltung Ausdruck zu geben, geht auf den im Jahre 1934 konstruierten Pkw mit Hecktriebsatz Tatra 77 zurück, der später als Tatraplan produziert wurde (weitere historische Einzelheiten vgl. den Beitrag „Automobilbau jenseits der Berge", Motor-Jahr 72, S. 138 ff).

Neue Form und modernisiertes Konzept

Nun, nachdem die technische Konzeption und auch die Karosseriegestalt einige Jahrzehnte bestehen, fällt ein Neuanfang besonders schwer. Einerseits fordern Zeitgeschmack und technischer Fortschritt neue Lösungen, andererseits zwingen Tradition und erfolgreiche Entwicklung zur Kontinuität und zum Anknüpfen an die bewährten Lösungen.

Der Ruf, den der Typ 603 dem Tatra-Pkw erworben hat, stellt an jeden Nachfolger besonders hohe Anforderungen. So ist es kein Wunder, daß die neue Form in der ČSSR recht heiß diskutiert wird. Mit der Formgestaltung wurde Vignale beauftragt, eines der bekanntesten italienischen Karosseriebau-Unternehmen. Von Vignale stammt nicht nur der Entwurf. Neben den Karossierwerkzeugen sollen auch die

2

ersten Karosserien selbst von der italienischen Karosseriebaufirma bezogen werden.
Die Bauweise des bisherigen Tatra-Pkw wurde zwar im Prinzip beibehalten. Das Konzept erlebte jedoch eine durchgehende Modernisierung im Detail. So blieb es beim Hecktriebsatz mit luftgekühltem V8-Motor, einer im Großlimousinenbau seltenen Bauform, die sich auch in der Karosseriegestaltung ausdrückt.
Vignale entwarf eine weit weniger stromlinienförmige Gestalt. Er orientierte sich vielmehr an ebenflächigen Formen, flachen Konturen und betont großzügiger Verglasung – den Stilelementen gegenwärtig aktueller Gestaltungsauffassungen. Avantgardistisch neu wie etwa der Citroën DS und formgestalterisch beispiellos wie sein Vorgänger ist dieser Tatra 613 also nicht.

3

Der Reiz dieser neuen, selbsttragenden Karosserie geht von der flachen Bughaube, der niedrigen Gürtellinie, den großen Glasflächen der Front- und Seitenscheiben und nicht zuletzt von der Formgebung des Hecks aus. Mit einer zwischen dem traditionellen Stufenheck und der Fließheck-Ausführung liegenden Gestaltung wird eine gewisse Betonung des Fahrzeughecks als dem in diesem Fall auch mechanisch bedeutendsten Fahrzeugteil beabsichtigt. Breite Seitenholme bilden eine durchgehende Linienführung zum Heckabschluß. Das Rückfenster steht steiler, als diese Linie verläuft, und liegt praktisch innerhalb der von den Seitenholmen gebildeten Kontur. Eine geneigtere Rückscheibe würde bei Sonneneinstrahlung den „Treibhauseffekt" vergrößern. Ob die eingezogene Heckscheibe auch weniger schnell von außen verschmutzt, muß sich erweisen. Diese Heckform dürfte die Sichtverhältnisse nach hinten zwar etwas einengen, gestattet demgegenüber aber eine weit vorn angeschlagene Motorhaube, die auch nötig ist, um an den weiter vorn als bisher eingebauten Motor heranzukommen.
Die Bugpartie von Hecktriebsatz-Pkw bleibt häufig ein Stiefkind der Gestalter. Oft bedarf es aufgesetzter Zierelemente, um von kahlen Flächen abzulenken. Solche formgestalterischen Schwierigkeiten

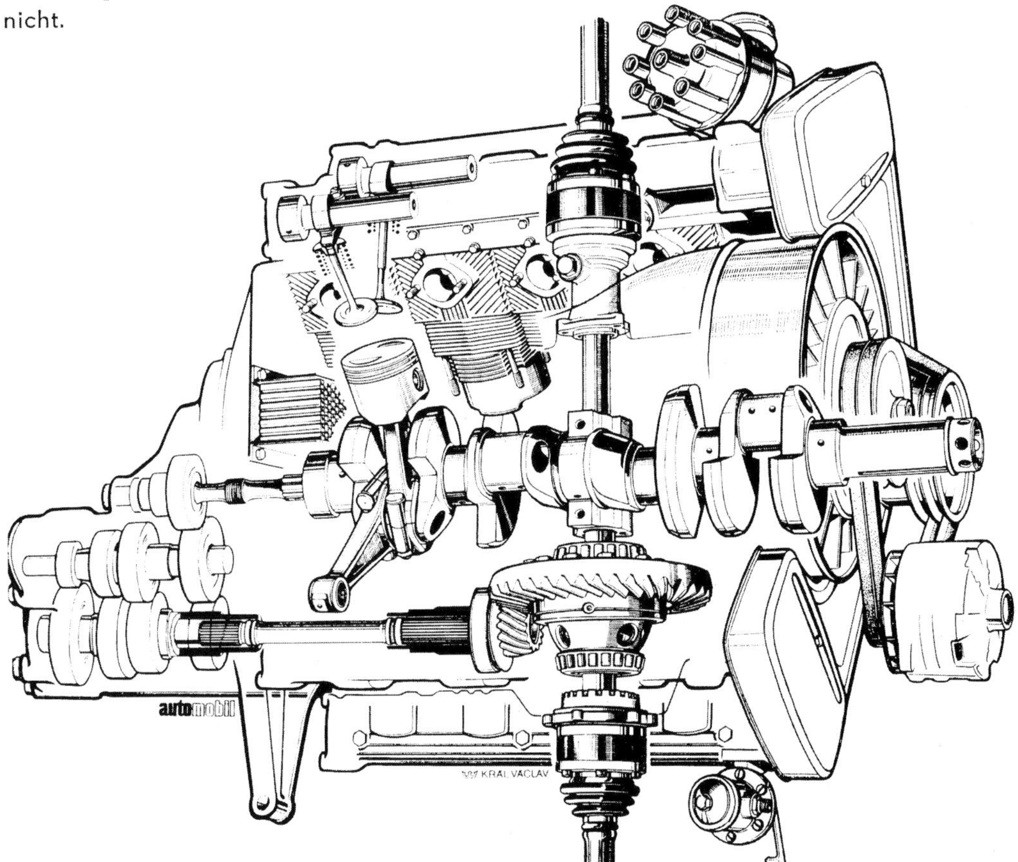

4

2 Frontansicht der Großraumlimousine Tatra 613. Beibehalten wurden die charakteristischen Dualscheinwerfer im Fahrzeugbug.
3 Interessant gestaltete Heckpartie, mit der die Antriebskonzeption des Reisewagens aus der ČSSR betont wird. Sie lautet nach wie vor: Hecktriebsatz!

4 Röntgendarstellung des Triebwerks für den Tatra 613. Radantrieb und Ausgleichsgetriebe liegen unterhalb der Kurbelwelle und laufen im Schmiermittelvorrat der Ölwanne des Motors.

sind zwar auch am Tatra 613 erkennbar. Hochgesetzte Stoßstange, flacher Bug und die Doppelscheinwerfer lenken jedoch von diesem Manko ab.
Mit seinen gewölbten Seitenscheiben, der langen Fronthaube und der mehr auf das Heck gerichteten Gesamtgestaltung wirkt der Tatra 613 sportlich und beinahe grazil. Tatsächlich soll es neben der Limousinen-Karosserie auch einen Entwurf für ein formschönes Tatra-Coupé mit versenkbaren Seitenscheiben (einschließlich Mittelpfosten) geben. Sicherlich ein sehr reizvolles Objekt neben der durchaus wiederum repräsentativen Limousine.
Die moderne Formgestaltung findet bei der Innenausstattung ihre Fortsetzung. Groß angelegte und blendgeschützte Rundinstrumente – zu denen selbstverständlich ein Drehzahlmesser gehört –, dicke Polsterauflagen und Lufteintrittsrosetten bestimmen die Instrumententafel. Das Zweispeichenlenkrad trägt ebenfalls einen Prallschutz. Kurzer Mittelschalthebel, Mittelkonsole und körpergerecht ausgeformte Sitze (vorn Einzelsitze) lassen neben gediegener Verarbeitung auch durchaus sportliche Ambitionen der Schöpfer erkennen.
Für die Belüftung des Innenraums befinden sich von der Widschutzscheibe – in einer Zone hohen Drucks während der Fahrt – die Eintrittsöffnungen für Frischluft. Trapezförmig angeordnete Auslaßöffnungen in den hinteren Seitenholmen – hier herrscht während der Fahrt Unterdruck – sorgen für die Entlüftung und beschleunigen den Luftwechsel.

Fahrwerk mit Neuheiten

Langhubige Schraubenfedern sorgen an allen vier Rädern des Tatra 613 für den nötigen Federungskomfort. Die vorderen Federn bilden mit den Teleskopstoßdämpfern eine Baueinheit, sogenannte Federbeine. Im Zentrum der Hinterradschraubenfedern wurden Zusatz-Gummifedern angeordnet, die zu einem Abknicken der Federkennlinie führen und bei hoher Radlast in Aktion treten. Die Teleskopstoßdämpfer stehen deshalb neben den und nicht innerhalb der Federn.

Technische Daten des Tatra T 613 (Werksangaben)

Motor	
Bauart	Achtzylinder-V-Motor mit Gebläsekühlung
Hub	77 mm
Bohrung	85 mm
Hubraum	3495 cm³
Verdichtung	9,2
max. Drehmoment	27 Nm (≈27 kpm) bei 2500 bis 3000 U/min
Höchstleistung	127 kW (≈173 PS) bei 5200 U/min
Höchstdrehzahl	5600 U/min
Vergaser	2 × Jikov 32/34 DDSR
Zylinderwinkel	90°
Kraftübertragung	
Kupplung	Einscheiben-Trockenkupplung mit hydraulischer Betätigung
Getriebe	vollsynchronisiertes Vierganggetriebe mit einem Rückwärtsgang, Mittelschalthebel
Radantrieb	Doppelgelenkwellen
Fahrwerk	
Felgen	6 J – 14
Reifen	215/70 HR 14
Bremsscheiben-Dmr.	42,9 mm
Abmessungen, Massen usw.	
größte Länge	5025 mm
größte Breite	1810 mm
größte Höhe	1450 mm
Radstand	2980 mm
Spur (vorn und hinten)	1520 mm
Wendekreisdmr.	12,5 m
Leermasse	1670 kg
Zuladung	470 kg
Tankinhalt	72 l
Elektrik	12 V (Batterie im Wagenbug)
Fahrleistungen	
Beschleunigungszeit 0···100 km/h	12,7 s
technisch zulässige Dauergeschwindigkeit	165 km/h
Höchstgeschwindigkeit	195 km/h

Die Vorderräder werden von den schon erwähnten Federbeinen geführt, die nach dem McPherson-Prinzip konstruiert sind. Das Federbein stützt sich an einem oberen Ende dreh- und schwenkbar gegen die Karosserie ab. Lange Querlenker erlauben eine mit der Federbewegung leicht schwenkende Bewegung des Rades. Schub- und Zugkräfte nimmt in der Vorderradaufhängung ein in der Nähe jeden Rades angeordneter Zugstab auf, der elastisch (Gummielemente) mit dem Aufbau verbunden ist.
Die Hinterräder werden von Schräglenkern geführt, deren Drehachse nur rd. 20° schräg zur Fahrzeugquerachse verläuft, so daß man beinahe von Längslenkern sprechen kann.
Ein Querstabilisator arbeitet zwischen den Vorderrädern. Damit und durch die konstruktive Auslegung der primären Fahrwerkselemente sowie durch das Verlegen der Antriebseinheit weiter in Achsnähe soll ein weitgehend neutrales Eigenlenkverhalten erreicht worden sein. Das Fahrverhalten des bisherigen Tatra 603 ist bekanntlich durch ein ausgeprägtes „Übersteuern“ gekennzeichnet, eine Eigenlenktendenz, bei der das Fahrzeug während der Kurvenfahrt mit dem Heck nach außen drängt.
Die Lenkung ist als Zahnstangenlenkung ausgelegt und arbeitet mit hydraulischer Schwingungsdämpfung. Die Lenksäule ist mit Hilfe verformbarer Elemente so ausgelegt, daß sie sich im Falle eines Zusammenstoßes teleskopartig zusammenschieben läßt.
Scheibenbremsen sind an allen vier Rädern angeordnet. Das Bremssystem ist in zwei Kreise aufgeteilt. Ein groß bemessener Servomotor leistet mit Hilfe von Unterdruck wirksame Bremskraftunterstützung. Die mechanische Handbremse wirkt auf die Hinterräder.
Anfangs waren für den Tatra 613 Radialreifen der Abmessung 185 HR 14 vorgesehen. Inzwischen werden aber noch breitere Reifen der sogenannten Serie 70 verwendet (Höhe/Breite = 70 : 100). Sie tragen die Bezeichnung 215/70 HR 14 und werden vom ČSSR-Reifenwerk Barum mit dem Dessin OR 6 hergestellt.
In eingehenden Prüfstanduntersuchungen

und auch praktischen Fahrerprobungen haben die Tatra-Techniker die Fahreigenschaften des Modells T 613 getestet und auch mit renommierten Fahrzeugen ausländischer Hersteller verglichen ⟨2⟩. Dabei wurde beispielsweise bei Kurvenfahrttest die bedeutende Überlegenheit gegenüber dem bisherigen Modell, nur geringfügig schlechtere Ergebnisse gegenüber einem so sportlichen Fahrzeug wie dem BMW-Glas 3000, immerhin aber eindeutig bessere Ergebnisse als mit einem Mercedes-Benz 300 SEL nachgewiesen.

Kraft aus acht Zylindern

Obwohl Bauform, Zylinderzahl und Kühlungsart des Motors sowie auch die prinzipielle Anordnung des Fahrzeugantriebs im Fahrzeugheck für den 613 vom 603 übernommen wurden, hat sich am Triebwerk Wesentliches geändert.

Bisher war der Motor hinter Achs- und Wechselgetriebe angeordnet und trug zu einem besonders weit hinten liegenden Fahrzeugschwerpunkt bei.

Beim Modell 613 rückt der Motor um einen entscheidenden Betrag nach vorn. Er liegt nicht mehr hinter der Hinterachse, sondern direkt über ihr. Erreicht wurde das dadurch, daß der Achsantrieb mit im Motorgehäuse untergebracht wurde und praktisch unter der Kurbelwelle verläuft. Das Wechselgetriebe liegt in Fahrtrichtung vorn und überträgt die Antriebskraft über eine Einscheiben-Trockenkupplung und vier mechanische Vorwärtsgänge sowie einen Rückwärtsgang auf den schräg unter der Kurbelwelle liegenden Radantrieb, also eine „Etage tiefer". Doppelgelenkwellen übertragen die Antriebsmomente auf die Hinterräder.

Bedeutenden Entwicklungsaufwand läßt auch der großvolumige Achtzylinder-V-Motor erkennen. Gemäß der guten Tradition im Motorenbau und den gewachsenen Anforderungen an einen modernen Ottomotor haben die Tatra-Techniker keinen konstruktiven Aufwand gescheut, neueste Erkenntnisse an diesem vielgliedrigen Aggregat wirksam werden zu lassen. Schon bisher, beim Tatra 603, ließen die Pkw-Motoren einen hohen Entwicklungsstand erkennen. Neben der hohen Leistungsentfaltung (105 PS aus 2500 cm³) zeigt sich das unter anderem an den Verbrauchswerten. Wenn bei einer gleichbleibenden Geschwindigkeit von rd. 140 km/h ein Verbrauchswert von nicht mehr als 13,5 l/100 km gemessen werden konnte ⟨5⟩, so spielen neben den motorischen Voraussetzungen auch die aerodynamischen Eigenschaften der Karosserie eine Rolle. Der Verbrauch von 9,5 l/100 km bei einer Geschwindigkeit von 100 km/h (unbeschleunigt) weist jedoch die sparsame Motoreinstellung nach. Bei 80 km/h verbrauchte der schwere Wagen mit seinem Achtzylindermotor nicht mehr als 8,5 l/100 km!

Der neue V-8-Motor des Tatra 613 hat einen um rd. 1000 cm³ größeren Hubraum. Dabei brauchten die Zylindereinheiten nur um rd. 110 cm³ zu wachsen. Mit dem Verhältnis Hub/Bohrung = 77 mm/85 mm blieb dieser Motor ein Kurzhuber mit guten Voraussetzungen für hohe Drehzahlen bei normalem Verschleiß. Mit einem Hubraumzuwachs von rd. 25 % wird ein Leistungsgewinn von rd. 65 % erreicht (173 PS statt 105 PS). Das bedeutet, daß auch eine wesentliche Füllungsverbesserung erreicht worden sein muß.

Eine der konstruktiven Maßnahmen hierfür ist die Ventilsteuerung. Beim neuen Tatra-Motor werden alle Aus- und Einlaßventile von je einer Nockenwelle betätigt, so daß jede Zylinderreihe über zwei Nockenwellen verfügt. Diese vier in den Zylinderköpfen angeordneten Nockenwellen werden von der Kurbelwelle über Zahnriemen angetrieben, jener modernen Kraftübertragungsart, die sich zugleich als kostengünstig und wartungsarm als auch geräuschdämpfend erweist. Die V-förmig im Zylinderkopf angeordneten Ventile erlauben eine günstige Brennraumform – Voraussetzung für klingelfreie, verlustarme und für die Abgaszusammensetzung günstige Verbrennung.

Für beide Zylinderreihen ist je ein Zweistufen-Vergaser angeordnet. Ein großvolumiges Luftfilter mit Papierfiltereinsatz sorgt neben der Ansaugluftreinigung für eine wirksame Ansauggeräuschdämpfung. Ein leistungsfähiges Axialgebläse sorgt für die notwendige Kühlung. An dieser Luftkühlung ist allerdings auch „Flüssigkeitskühlung" insofern beteiligt, als zwischen den Zylinderreihen im V-Winkel ein groß bemessener Ölkühler vorhanden ist, der zum gesunden Wärmehaushalt des Motors ebenfalls wesentlich beiträgt.

Der neue Motor und der ganze Tatra 613 dürfen als Nachweis für die auch heute lebendigen Automobilbau-Fähigkeiten der Tatra-Fachleute gelten.

RGW-Kredit für Tatra

Diese Tatsache findet ihren Ausdruck im Vertrauen, das die Volkswirtschaften der sozialistischen Länder in das Können der Werktätigen des Werkes in Kopřivnice und der anderen zu Tatra gehörenden Betriebsteile gesetzt haben. Mit einem RGW-Kredit wird die Lkw-Produktion hier von gegenwärtig 7500 Fahrzeugen auf 15 000 im Jahr ausgebaut! Ein Beispiel lebendiger sozialistischer ökonomischer Integration, denn die produzierten, leistungsfähigen Nutzfahrzeuge werden vor allem auf den Baustellen aller RGW-Staaten beim weiteren Aufbau wertvolle Hilfe leisten. Die ersten Prototypen der für diese Produktion entwickelten Lkw wurden bereits der Öffentlichkeit vorgestellt.

Das für Konstruktion und Fertigung durchaus nicht nachteilige, sondern sich oft gegenseitig befruchtende Nebeneinander von Pkw- und Lkw-Produktion gehört bei Tatra seit jeher zur Werkstradition. Bleibt zu hoffen, daß es gelingt, neben den großen Aufgaben auf dem Nutzfahrzeugsektor auch die gewiß nicht kleinen Probleme des Serienanlaufs mit dem Pkw-Modell T 613 zu meistern. Eine Stückzahl von 1500 bis 3000 Fahrzeugen im Jahr ist gewiß ökonomisch recht problematisch. Der repräsentative neue Tatra-Pkw verfügt jedoch bestimmt über eine solche Ausstrahlung, daß sie an Preisen und Kosten kaum meßbar sein wird.

Dipl.-Ing. Knut Böttcher

[1] Stiborek, B.: Tatra 613. Automobil (Praha) 1973, Heft 9, S. 10 bis 19
[2] Zsusebna, N. P.: Tatra 613. Automobil (Praha) 1973, Heft 9, S. 24–25
[3] –: 120jähriges Jubiläum bei Tatra. Kraftfahrzeugtechnik (1970) Heft 7, S. 196 und 197
[4] –: Tatra 613. Kraftfahrzeugtechnik (1973) Heft 10, S. 305 und 306
[5] Apitz, W.: Test Tatra T 2 – 603. Kraftfahrzeugtechnik (1964) Heft 2, S. 24 und 25

Ing. Tomasz Sobiecki, Warschau

Der Kraftfahrzeugbau in der Volksrepublik POLEN

1 RYS-Moped vom Werk ZM-Zakrzow

2 ZAK-Moped vom Werk ZM-Zakrzow

Wer verstehen will, was Volkspolen auf dem Gebiete des Kraftfahrzeugbaues und des Kraftverkehrs schon geleistet hat und noch leisten wird, muß wissen, daß vor dem zweiten Weltkrieg nur 54000 Kraftfahrzeuge aller Art auf den Straßen Polens verkehrten. Die sehr niedrige Fahrzeugdichte war auf das geringe Interesse des damaligen Regimes und auf den dadurch verursachten Straßenzustand zurückzuführen. Bis in die 30er Jahre hinein gab es keine Kraftfahrzeugindustrie. Erst wenige Jahre vor dem zweiten Weltkrieg wurde in Ursus bei Warschau ein Kraftfahrzeugbetrieb (P.Z.Inz.) errichtet, in dem der Lizenzbau von Fiat-Personenkraftwagen sowie Fiat- und Saurer-Lastkraftwagen anlief.

Die Motorradindustrie allerdings konnte schon eigene Modelle, wie das PZ Inz. Sokol 600 cm³ mit seitengesteuertem Einzylindermotor (16 PS), das 125-cm³-Zweitaktmotorrad SHL oder die 125er Moj, vorstellen.

Nach Beseitigung der alten Gesellschaftsordnung ging man daran, die Disproportionen in der Wirtschaft im Interesse der polnischen Werktätigen systematisch zu beseitigen. Heute ist Volkspolen ein Industrieagrarland mit einer sich schnell entwickelnden Fahrzeugindustrie.

Im Jahre 1947 war die Produktion von zwei Vorkriegsmodellen – 125 cm³ SHL und Sokol 600 – wieder angelaufen. 1948 wurden zu Ehren des Vereinigungskongresses der polnischen Arbeiterparteien die ersten Lastkraftwagen vom Typ STAR 20 der Öffentlichkeit vorgeführt. Diese damals völlig neue Konstruktion blieb in stark verbesserter Form bis zum heutigen Tag in der Produktion und hat sich dank ihrer robusten Bauweise auch in vielen Ländern Europas, Asiens, Afrikas und Südamerikas bestens bewährt.

Im Nordteil Warschaus, auf dem rechten Weichselufer, liegt das größte Werk des polnischen Fahrzeugbaues, die PKW-Fabrik FSO Zeran, die in den Jahren 1949 bis 1951 nach dem Vorbild der GAS-Fabrik in Gorki (UdSSR) erbaut wurde.

In diesem Werk begann die Lizenzproduktion des GAS M 20 „Pobeda", und schon im Jahre 1951 liefen die ersten Wagen vom Fließband. Die polnische Version erhielt den Namen „Warszawa" M 20. Wenngleich die noch heute in Zeran produzierten M-20-Wagen äußerlich dem Pobeda-Vorbild fast gleich sind, so weisen sie doch zahlreiche Änderungen auf. Es seien hier nur die Teleskopstoßdämpfer und 15-Zoll-Räder erwähnt.

Da der Warszawa-Wagen auf einem sehr steifen Plattformrahmen aufgebaut ist, konnte auch eine Pick-up-Version in Produktion genommen werden. Dieser Wagen kann 500 kg Ladegut transportieren und fand auch im Ausland Interesse.

Im FSO-Zeran-Werk wird auch der Syrena-Personenkraftwagen hergestellt. „Syrena" hat einen Kastenrohrrahmen, auf dem die zweitürige Stahlblechkarosserie ruht. Der wassergekühlte Zweizylinder-Zweitaktmotor treibt die Vorderräder über ein Viergang-getriebe und offene Halbachsen an. Die genaueren technischen Daten können der Tafel entnommen werden.

Da die Vorderradaufhängung und starre Hinterachse des Warszawa-Wagens sehr robust und kaum störanfällig sind, konnten diese Elemente auch für die Konstruktion der beiden Kleintransporter – NYSA und ZUK – benutzt werden. NYSA ist ein geschlossener Transporter, ZUK ein Pritschenwagen mit Planverdeck. NYSA wird auch als Kleinbus für 10 Personen einschließlich Fahrer hergestellt.

Das Werk FSC Lublin, in dem jetzt ausschließlich ZUK hergestellt wird, montierte früher die GAS-51-Lastwagen von 1,5 t unter dem

Namen „Lublin", deren Produktion aber inzwischen ausgelaufen ist. Auf die Fahrgestellelemente des STAR-Lastwagens setzen die Zaklady Budowy Wagonow in Sanok ihre selbsttragende Onmibuskarosserie für 45 Sitzplätze auf. Es gibt auch eine Busausführung für Stadtverkehr mit 60 Sitz- und Stehplätzen.
In Jelcz entsteht ein weiterer Omnibustyp in enger Zusammenarbeit zwischen der Volksrepublik Polen und der ČSSR. Die Škoda-Werke liefern das Fahrgestell des Typs 760 RTO, Polen fertigt dafür für den polnischen Bedarf die Karosserie.
Aus den Grundtypen STAR-25- und STAR-60-Sattelschlepper wurden auch verschiedene Sondertypen wie Kühlwagen, Möbelwagen, Seitenkipper, Feuerwehrwagen, Sprengwagen, Tankwagen u. a. entwickelt.
Der größte polnische Lastwagen ZUBR – „Auerochse" – transportiert bis zu 8 t Ladegut und kann ferner einen Anhänger mit 10 t Zuladung schleppen. Der 6-Zylinder-Reihendieselmotor ist um 60° gegen die Senkrechte geneigt. Das beeinflußt die Platzverhältnisse im Fahrerhaus sehr günstig. Ein Dreiseitenkipper und ein Omnibus, aufgebaut auf dem Fahrgestell des ZUBR, werden zur Zeit erprobt.
Das größte polnische Motorradwerk heißt Warszawa Fabryka Motocykli. Zwei Fahrzeuge werden produziert: ein Motorrad und der Motorroller OSA – „Wespe" –. Obwohl das Motorrad Typ MO 6 nicht mehr als modern gilt, ist es das populärste Fahrzeug auf polnischen Straßen, denn es ist von allen Motorrädern das billigste.
Der Motorroller OSA hat einen 150-cm³-Zweitaktmotor, der mit dem Zylinder nach vorn liegend im Rahmen eingebaut ist. Natürlich haben Zylinder und Zylinderkopf Längsverrippung. OSA hat bei der Teilnahme an schweren Geländefahrten schon internationale Anerkennung gefunden. Hier seien nur eine Gold- und zwei Silbermedaillen auf der Internationalen Sechstagefahrt 1960 in Bad Aussee erwähnt, auf einer Fahrt, die manchem Motorrad zum Verhängnis wurde. Nach diesem Erfolg – drei Roller am Start, drei im Ziel – schrieb die westdeutsche Zeitschrift „Das Motorrad", OSA sei kein Motorroller, sie sei ein karossiertes Motorrad. Trotzdem ist die Maschine, wie „Maicoletta" und „Velocette Viceroy", ein Motorroller mit großem Fahrkomfort und sehr guten Fahreigenschaften. Wenn OSA durch Verwendung einer Kunststoffkarosserie noch etwas leichter wird und dazu noch den neuen 175-cm³-Motor erhält, wird dieser Roller noch mehr von sich reden machen. Derselbe Motor wie im Roller OSA, aber mit einem normal verrippten Zylinder und Zylinderkopf, wird in das Motorrad SHL 150 eingebaut, das ein modernes Vollschwingenfahrgestell hat. Die Vorderradschwinge ist

3

4

5

6

mit zwei Federbeinen abgestützt und in wartungsfreien Gummibuchsen gelagert. Ein Lenkungsdämpfer ist nicht vorgesehen. Wie mit Ausnahme der oben erwähnten billigen WFM MO 6 alle polnischen Motorräder und Mopeds ist auch SHL 150 mit Vollnabenbremsen aus Leichtmetall ausgerüstet.
Seit Mitte 1961 wird nicht mehr der 150-cm³-, sondern ein 175-cm³-Zweitaktmotor, ebenfalls vom WFM entwickelt, in das SHL-Motorrad eingebaut. Interessant ist, daß das SHL-Werk das 175-cm³-Modell wahlweise mit Teleskopgabel oder Vorderradschwinge ausrüstet, wobei die Schwinge billiger zu produzieren ist. Andererseits sind die Fahreigenschaften der Teleskopgabelausführung, besonders in den Kurven, doch um einiges besser.
Die dritte Fabrik für Zweitaktmotorräder heißt W.S.K. Swidnik. Hier wird ein modernes 125-cm³-Motorrad hergestellt. Der aus dem WFM-Zweitakter entwickelte Motor wurde durch Einbau eines anderen Zylinders auf 6-PS-Leistung gebracht und hat einen sehr niedrigen Kraftstoffverbrauch. Ein Teil der Maschinen wurde auch mit dem 150-cm³-Motor des SHL 150 ausgerüstet. Es werden zur Zeit Versuche mit einem neuen Fahrgestell unternommen, das zwar ebenfalls Telegabel und Hinterradschwinge hat, sich aber durch einen Einrohrrahmen und eine Zentralfeder unter der Sitzbank von der bisherigen Serienausführung unterscheidet.
Die JUNAK, der einzige Viertakter, der aus 350 cm³ Hubraum 17 PS bringt, wird in Szczecin hergestellt. Das Werk verkauft das Motorrad in Soloausführung und auch mit einem Seitenwagen eigener Konstruktion. Die JUNAK hat eine ausgezeichnete Straßenlage, die aber durch eine etwas harte Federung erkauft wird. Es werden auch Motocross- und Trialmodelle angefertigt.
Das originellste Erzeugnis im polnischen Motorradprogramm ist der Dreiradkleinstlaster B 20, der aus einer normalen Solomaschine und einer Pritsche mit zwei Rädern entstanden ist. Die Pritsche hat einen Stahlprofilrahmen, in dem das Differential mit Halbachsen aufgehängt ist. Von der Solomaschine muß das Hinterrad samt Kotflügel, Schwinge und Federbeinen entfernt werden, dann können die beiden Rahmen zusammengeschraubt werden. Die Hinterräder werden über zwei Ketten angetrieben, eine Zwischenachse dient als Kettenspanner. Selbstverständlich kann man nach Abschrauben der Pritsche wieder eine Solomaschine zusammenbauen. Die Zuladungskapazität des Kleinsttransporters beträgt 300 kg.
Die vereinigten Fahrradwerke in Bydgoszcz, die Fahrräder sogar nach den USA exportieren, nahmen unlängst auch die Produktion von Mopeds auf. Die polnischen Mopeds kamen zuerst im Jahre 1958 aus ZM Zakrzow bei Wroclaw. Zu dem ersten Modell, dem weit-

7

8

9

3 WFM 125 cm³ MO 6, das billigste Motorrad Polens

4 Versuchsmotorrad WSK-Sarenka (Kleines Reh) mit zentral abgefederter Hinterradschwinge; hier mit dem 150-cm³-Motor

5 SHL 175 vom KZWM Kielce. Auch mit Vorderradschwinge erhältlich

6 Geländesportausführung des SHL 175. Nur mit Telegabel gefertigt

7 Hier kann man die Vorderschwinge der SHL-150/175-Modelle genauer sehen

8 Die Motorhaube des OSA hebt man einfach mit zwei Händen hoch, und schon liegt der Motor frei

9 JUNAK 350 – Geländesportausführung mit 21 PS

10

gehend verkleideten RYS – „Luchs" –, kam 1960 auch eine unverkleidete, vereinfachte Version ZAK – „Schulknabe" – hinzu. Die Hinterräder beider Modelle sind in Schwingen gelagert, die mit Zentralfedern abgestützt sind. Vorn weisen RYS und ZAK Teleskopgabeln auf. Das Moped KOMAR – „Mücke" – ist eine einfache Konstruktion. Das Hinterrad ist nicht gefedert, das Vorderrad ist durch eine Schubschwinge geführt. Auf dem Zentralrohrrahmen sitzt ein gewöhnlicher Fahrradsattel.
Alle drei polnischen Mopeds haben 50-cm³-Zweitaktmotoren. RYS und KOMAR beziehen ihre Motoren aus W.S.K. Wroclaw – Psie Pole, während ZAK sein Antriebsaggregat aus ZM Deba erhält. Übrigens bereitet ZM Deba auch eine Mokickausführung dieses Motors mit Kickstarter vor. Die Produktion des älteren Motors in Wroclaw wurde Mitte 1961 aufgegeben, so daß jetzt alle drei Mopeds den 2-PS-Motor haben.
Nach diesem Produktionsüberblick ergibt sich jetzt die Frage nach den Entwicklungsperspektiven. Wenn auch für die nächsten Jahre keine völlig neuen Modelle an die Öffentlichkeit kommen werden, so darf man doch viele wichtige Änderungen erwarten.
Der größere Personenwagen „Warszawa" hat schon einen neuen obengesteuerten Motor mit 70 statt bisher 50 PS erhalten. Die Spitzengeschwindigkeit wurde von 105 auf 135 km/h erhöht. Dem Motor wurde ein vollsynchronisiertes Vierganggetriebe angepaßt. Der kleinere Wagen „Syrena", der mit einem Zweizylinder-Zweitaktmotor ausgerüstet ist, wird einen Dreizylindermotor mit 850 cm³ Hubraum erhalten. Das Vierganggetriebe wird durch ein Vollsynchrongetriebe ersetzt. Für die Hinterradaufhängung wird eine Schwebeachse benutzt, wie sie die früheren DKW-Wagen hatten. Die Achsbewegungen sind nur mit einem Kolben gedämpft.
Der „Syrena" als Frontantriebswagen wird einen großen Kofferraum haben und auch in Kleinbusausführung gebaut werden. Es wird auch möglich sein, den Benzintank vom Motorraum in Unterflurausführung in den Kofferraum zu verlegen.

Der Syrena-Kleinbus wird voraussichtlich vordere Karosserieteile aus Polyester-Glasfiber erhalten. Zur Zeit wird der Kunststoffanwendung in der polnischen Industrie allgemein reges Interesse entgegengebracht. So wurde in Zeran ein zweisitziges Sportcoupé entwickelt, dessen Karosserie gänzlich aus Polyester-Glasfiber gefertigt ist. Vom „Syrena" wurde der Rahmen mit der neuen Hinterradaufhängung übernommen. Der Zweizylinder-Viertakt-Boxermotor mit Luftkühlung entstand durch Kombination zweier Zylinder und Zylinderköpfe von der JUNAK mit einem neuen Kurbelgehäuse und Kurbeltrieb. Wie in allen Syrena-Wagen ist der Motor auch im Sportcoupé vor der angetriebenen Vorderachse angeordnet.
Auf dem Lastwagensektor streben die Konstrukteure nach größerer Zuladungskapazität. So wird die Zuladungskapazität des Warszawa-Pick-up von 500 auf 700 kg erhöht, die des ZUK-Pritschentransporters von 900 auf 1500 kg. Eine Version mit 1800 kg befindet sich in Entwicklung. STAR 25, der jetzt für 4 t zugelassen ist, wird in einigen Jahren 5 t tragen können. Schon 1962 erhält dieser Lastwagen einen neuen Dieselmotor, der den jetzigen Benzinmotor ersetzen wird.
Der NYSA-Kleinbus wird in Spezialausführung für die Tropen erscheinen. Gegenwärtig ist man dabei, die Rahmenbauweise dieses Wagens durch eine selbsttragende Karosserie zu ersetzen.
Im Motorradbau wird der 175-cm³-Klasse größeres Interesse gewidmet. Neben SHL wird voraussichtlich auch WFM eine 175-cm³-Maschine auf den Markt bringen. Nachdem man einen Vertrag mit Indien abgeschlossen hat, der die Einrichtung einer Fabrik für die Montage und später die Produktion von OSA-Rollern vorsieht, wird bald auch eine Tropenversion dieses gelungenen Rollers mit 175-cm³-Motor und Gebläsekühlung erscheinen.
Die guten Erfahrungen, die SHL mit dem Vollschwingenfahrgestell sammeln konnte, geben dem WFM-Werk Anlaß, auch bei der JUNAK mit einer Vorderradschwinge zu experimentieren. Die endgültige Lösung ist noch nicht gefunden. Möglicherweise wird auch ein neuer Zweizylinder-Viertaktmotor mit 350 cm³ Hubraum entwickelt.

11

TYP	MOTOR									Kupplung	Vergaser	Zündung
	Zyl.	Ventil-anord-nung	Bohrung × Hub (mm)	Hub-raum (cm³)	PS bei U/min	Max. Dreh-moment mkp bei U/min	Ver-dich-tung	Küh-lung	Schmierung			
KOMAR Moped	1 ste-hend	Zweitakt	38 × 44	49,8	1,5–5000	0,26–3500	6,5	Luft	Mischgs.-Schmierung	2-Scheiben-Kupplung im Ölbad	12 mm Ø mit Zentr.-Schwimmer	Schwunglicht-magnet-zünder
ZAK Moped	1 ste-hend	Zweitakt	38 × 44	49,8	2–5000	0,3–3500	6,5	Luft	Mischgs.-Schmierung	2-Scheiben-Kupplung im Ölbad	12 mm Ø mit Zentr.-Schwimmer	Schwunglicht-magnet-zünder
RYS Moped	1 ste-hend	Zweitakt	38 × 44	49,8	1,5–5000	0,26–3500	6,5	Luft	Mischgs.-Schmierung	2-Scheiben-Kupplung im Ölbad	12 mm Ø mit Zentr.-Schwimmer	Schwunglicht-magnet-zünder
WFM-M 06	1 ste-hend	Zweitakt	52 × 58	123	4,5–4900	0,8–3500	6,85	Luft	Mischgs.-Schmierung	3-Scheiben-Kupplung im Ölbad	20 mm Ø	Schwunglicht-magnet-zünder
WSK-M 06 Z	1 ste-hend	Zweitakt	52 × 58	123	6–4800	1,1–3500	6,9	Luft	Mischgs.-Schmierung	3-Scheiben-Kupplung im Ölbad	20 mm Ø	Schwunglicht-magnet-zünder
WSK-M 06 Z 150	1 ste-hend	Zweitakt	57 × 58	148	6,5–4800	1,1–3500	6,5	Luft	Mischgs.-Schmierung	3-Scheiben-Kupplung im Ölbad	20 mm Ø	Schwunglicht-magnet-zünder
SHL 150	1 ste-hend	Zweitakt	57 × 58	148	6,5–4800	1,1–3500	6,5	Luft	Mischgs.-Schmierung	3-Scheiben-Kupplung im Ölbad	20 mm Ø	Schwunglicht-magnet-zünder
SHL 175	1 ste-hend	Zweitakt	58 × 61,5	172,3	9–5000	1,5–3800	7,0	Luft	Mischgs.-Schmierung	4-Scheiben-Kupplung im Ölbad	24 mm Ø	Schwunglicht-magnet-zünder
WFM-OSA M 50 Roller	1 lie-gend	Zweitakt	57 × 58	148	6,5–4800	1,1–3500	6,3	Luft	Mischgs.-Schmierung	3-Scheiben-Kupplung im Ölbad	20 mm Ø	Schwunglicht-magnet-zünder
SFM-JUNAK	1 ste-hend	Viertakt	75 × 79	349	17–6000	2,8–3800	7,0	Luft	2 Ölpumpen Trockensumpf-schmierung Ölbehälter im Motorgehäuse Getrennte Systeme für Getriebe und für Kupplung	Mehrscheiben-kupplung im Ölbad	26 mm Ø mit Start-klappe	Magnet-zündung von VEB Fahr-zeugelektrik
SFM-JUNAK Dreirad (klein)	1 ste-hend	Viertakt hängend	75 × 79	349	17–6000	2,8–3800	7,0	Luft		Mehrscheiben-kupplung	26 mm Ø mit Start-klappe	Magnet-zündung von VEB Fahr-zeugelektrik

Getriebe	Kupplungantrieb	Radantrieb	Rahmen	Vorderradfederung	Hinterradfederung	Sitz	Radstand (mm)	Bereifung	Masse (kg) fahrbereit	Höchstgeschw. (km/h)	Kraftstoff (l/100 km)	Hersteller	Bemerkungen
2-Gang-Klauen-Drehgriff-schaltung	Kette	Kette	Offener Zentral-rohrrahmen	Kurzschwinge mit Gummi-puffer	keine	Einzel-sitz	1180	23 × 2,125	51	45	1,8–2,1	Zjednoczone Zaklady Rowerowe Bydgoszcz	Motor des ZAK vorgesehen
2-Gang-Klauen-Drehgriff-schaltung	Kette	Kette	Offener Zentral-rohrrahmen	Telegabel ohne Öl-dämpfung	Schwinge mit Zentr.-Feder ohne Öldämpfung	Einzel-sitz	1234	23 × 2,125	53	50	1,8–2,2	Zaklady Metalowe Zakrzow Wroclaw	
2-Gang-Klauen-Drehgriff-schaltung	Kette	Kette	Offener Zentral-rohrrahmen	Telegabel ohne Öl-dämpfung	Schwinge mit Zentr.-Feder ohne Öldämpfung	Einzel-sitz	1234	23 × 2,125	64	45	1,8–2,2	Zaklady Metalowe Zakrzow Wroclaw	Motor des ZAK vorgesehen
3-Gang-Klauen-Fußschal-tung	Kette	Kette	Geschlossener Doppelrohr-rahmen	Telegabel ohne Öl-dämpfung	Schwinge mit 2 gedämpften nicht nachstell-baren Feder-beinen	Dop-pel-sitz-bank	1300	3,00 × 19	106	70	3–3,5	Warszawska Fabryka Motocykli Warszawa	
3-Gang-Klauen-Fußschal-tung	Kette	Kette	Geschlossener Doppelrohr-rahmen	Telegabel mit Öldämpfung	Schwinge mit 2 gedämpften nicht nachstell-baren Feder-beinen	Dop-pel-sitz-bank	1290	3,00 × 19	116	75	2,7–3,3	Wytwornia Sprzetu, Komu-nikacyjnego Swidnik	
3-Gang-Klauen-Fußschal-tung	Kette	Kette	Geschlossener Doppelrohr-rahmen	Telegabel mit Öldämpfung	Schwinge mit 2 gedämpften nicht nachstell-baren Feder-beinen	Dop-pel-sitz-bank	1290	3,00 × 19	117	78	3,5–4,5	Wytwornia Sprzetu, Komu-nikacyjnego Swidnik	
3-Gang-Klauen-Fußschal-tung	Kette	Kette	Geschlossener Doppelrohr-rahmen	Geschobene Langschwinge	Schwinge mit 2 gedämpften nicht nachstell-baren Feder-beinen	Dop-pel-sitz-bank	1290	3,00 × 19	122	78	3,5–4,5	Kieleckie Zaklady Wyrobow Metalowych Kielce	
3-Gang-Klauen-Fußschal-tung	Kette	Kette ge-kapselt	Geschlossener Doppelrohr-rahmen	Geschobene Langschwinge oder Telegabel mit Öldämpfg.	Schwinge mit 2 gedämpften nicht nachstell-baren Feder-beinen	Dop-pel-sitz-bank	1290	3,00 × 19	132	90	3,5–4,5	Kieleckie Zaklady Wyrobow Metalowych Kielce	
3-Gang-Klauen-Fußschaltg. Schalt-wippe	Kette	Kette ge-kapselt	Offener 2-Rohr-Rahmen	Gezogene Kurzschwinge	Schwinge mit 2 gedämpften nicht nachstell-baren Feder-beinen	Dop-pel-sitz-bank	1280	3,25 × 14	132	75	3,1–4,5	Warszawska Fabryka Motocykli Warszawa	
4-Gang-Klauen-Fußschal-tung	Kette	Kette ge-kapselt	Geschlossener Doppelrohr-rahmen	Telegabel mit Öldämpfung (geschobene Langschwinge vorbereitet)	Schwinge mit 2 gedämpften nicht nachstell-baren Feder-beinen	Dop-pel-sitz-bank	1417	3,50 × 19	193	105	3,2–4,3	Szczecinska Fabryka Motocykli Szczecin	
4-Gang-Klauen-Fußschal-tung	Kette	2 Ketten offen mit Ketten-spanner	Geschlossener Doppelrohr-rahmen	Telegabel mit Öldämpfung	2 Einzelquer-lenker und Querblattfd. offene Halbachse	Einzel-sitz	2010 Spur hinten 1100	3,50 × 19 vorn, 5,20 × 12 hinten	320	80	5,5	Szczecinska Fabryka Motocykli Szczecin	Länge 3055 mm Breite 1420 mm Höhe 1550 mm Ladefläche 1350 × 1026 mm für 300 kg Ladegut

TYP	MOTOR								ABMESSUNGEN						
	Zyl.	Ventilanordnung	Kühlung	Bohrung × Hub (mm)	Hubraum (cm³)	PS bei U/min	Max. Drehmoment mkp b. U/min	Verdichtung	Radstand (mm)	Spur vorn / hinten	Länge Breite Höhe (mm)	Reifen	Masse (kg) fahrfertig	Höchstgeschw. (km/h) Test	Verbrauch (l/km) Test
MIKRUS MR 300	2	Zweitakt	Luft	58 × 56	296	14,5–5100	2,0–3500	8,0	1850	1090 / 1090	3010 1310 1330	4,40 × 10	472	86	5,5–6,0
FSO-SYRENA 101	2	Zweitakt	Wasser	82 × 76	744	27–3800	6,25–2800	7,0	2300	1200 / 1240	4085 1555 1515	5,60 × 15	921	100	7,0–9,5
FSO-SYRENA 104	3	Zweitakt	Wasser	69 × 78,4	845	37–4200	7,5–2500	7,0	2300	1200 / 1240	4085 1555 1515	5,60 × 15	935	115	–
FSO-SYRENA Sportcoupé (Prototyp)	2	Viertakt Boxer hängend	Luft	75 × 79	700	–	–	7,6	2300	1200 / 1240	3900 1460 1280	5,25 × 16	–	–	7,5–8,5
FSO-WARSZAWA	4	Viertakt stehend	Wasser	82 × 100	2120	50–3600	12,5–2200	6,2	2700	1395 / 1402	4665 1695 1640	6,40 × 15	1460	107	11,5–13,5
FSO-WARSZAWA	4	Viertakt hängend	Wasser	82 × 100	2120	70–4000	15–2500	7,5	2700	1395 / 1402	4665 1695 1640	6,40 × 15	1470	135	10,5–12,5
FSO-WARSZAWA (pick up)	4	Viertakt stehend	Wasser	82 × 100	2120	50–3600	12,5–2200	6,2	2700	1395 / 1402	4665 1695 1870 1620 o. Plane	6,70 × 15	1460	107	11,5–13,5
NYSA N 59	4	Viertakt stehend	Wasser	82 × 100	2120	50–3600	12,5–2200	6,2	2700	1365 / 1372	4410 1760 1955	6,50 × 16	1450	95	14–16
FSO-ZUK	4	Viertakt stehend	Wasser	82 × 100	2120	50–3600	12,5–2200	6,2	2700	1355 / 1362	4307 – 2090	6,50 × 16	1430	95	14–16
FSO-SYRENA Kleinbus (Prototyp)	2	Zweitakt	Wasser	82 × 76	744	27–3800	6,25–2800	7,0	2300	1200 / 1240	3800 1550 1640	5,60 × 15	950	95	8,5–9,5
FSC-STAR M 21	6	Viertakt stehend	Wasser	90 × 110	4196	105–3000	27–1500	6,8	3000	1600 / 1600	5900 2200 2200	8,25 × 20	3600	98 (84)	22 (25)
SAN H 01-A H 01-B	6	Viertakt stehend	Wasser	90 × 110	4196	105–3000	27–1500	6,8	4550	1876 / 1600	9370 2500 3050	8,25 × 20	5000	90 (78)	24 (26)
ZUBR A 80	6	Viertakt stehend Diesel	Wasser	125 × 135	9900	160–2200	56–1350	16,5 Diesel	4100	2085 / 1800	7346 2500 3100	11,00 × 20	6900	65 (50 m. 10 t A.)	21
FSC-STAR 27 Diesel	6	Viertakt hängend	Wasser	100 × 120	5650	110–2700	34–1400	18 Diesel Wirb. k. verfahr.	3000	1600 / 1600	5900 2200 2200	8,25 × 20	–	100	–

Getriebe	Bremsen	Sitzplätze	Karosserie	Zuladg. od. Nutzlast (kg)	Vorderrad-aufhängung	Hinterrad-aufhängung	Motor-anord-nung	Antrieb	Hersteller	Elektrische Anlage	Bemerkungen
4-Gang-Klauen-getriebe	Hydraul. Trommel-bremsen	2 +2 Kinder	2türig selbsttragend. Stahlaufbau	240	Einzelquer-lenker, Tele-stoßdämpfer Schraubenfd.	Schwingachse m. geschoben. Lenkern Telestoßdpf.	Heck	Hinter-achse	W. S. K. Mielec	12 V Dyna-Start	wird nicht mehr produziert
4-Gang-Klauen-getriebe	Hydraul. Trommel-bremsen	4	2türig Rahmenfahr-gestell Stahlaufbau	350	Querlenker Querblattfeder Telestoßdpf.	Schwebeachse Kolben-stoßdämpfer	Front	Front	Fabryka Samochodow Osobowych Warsz./Zeran	12 V	
4-Gang-Voll-synchron.	Hydraul. Trommel-bremsen	4	2türig Rahmenfahr-gestell Stahlaufbau	350	Querlenker Querblattfeder Telestoßdpf.	Gezogener Einzellenker Querdrehstab Telestoßdpf.	Front	Front	Fabryka Samochodow Osobowych Warsz./Zeran	12 V	
4-Gang-Voll-synchron.	Hydraul. Trommel-bremsen	2	Rahmenfahr-gestell Polyester-Glas-fiber-Aufbau	200	Querlenker Querblattfeder Telestoßdpf.	Gezogener Einzellenker Querdrehstab Telestoßdpf.	Front	Front	Fabryka Samochodow Osobowych Warsz./Zeran	12 V	
3-Gang 2. und 3. Gang syn-chronisiert	Hydraul. Trommel-bremsen	5	4türig Plattform-rahmen Stahlaufbau	375	Doppelquer-lenker Schraubenfd. Telestoßdpf.	Starrachse halbelliptische Blattfeder Telestoßdpf.	Front	Hinter-achse	Fabryka Samochodow Osobowych Warsz./Zeran	12 V	
3-Gang 2. und 3. Gang syn-chronisiert	Hydraul. Trommel-bremsen	5	4türig Plattform-rahmen Stahlaufbau	375	Doppelquer-lenker Schraubenfd. Telestoßdpf.	Starrachse halbelliptische Blattfeder Telestoßdpf.	Front	Hinter-achse	Fabryka Samochodow Osobowych Warsz./Zeran	12 V	
3-Gang 2. und 3. Gang syn-chronisiert	Hydraul. Trommel-bremsen	2	2türig, Platt-formrahmen Stahlaufbau Heckklappe	500 +2 Pers.	Doppelquer-lenker Schraubenfd. Telestoßdpf.	Starrachse halbelliptische Blattfeder Telestoßdpf.	Front	Hinter-achse	Fabryka Samochodow Osobowych Warsz./Zeran	12 V	
3-Gang 2. und 3. Gang syn-chronisiert	Hydraul. Trommel-bremsen	2 Klein-bus 10	2-/4türig Rahmenfahr-gestell Ganzstahl	800	Doppelquer-lenker Schraubenfd. Telestoßdpf.	Starrachse halbelliptische Blattfeder Telestoßdpf.	Front	Hinter-achse	Fabryka Samochodow Osobowych Warsz./Zeran	12 V	
3-Gang 2. und 3. Gang syn-chronisiert	Hydraul. Trommel-bremsen	2 gepl. 3	Klein-LKW m. Plane Stahlfahrer-haus	900	Doppelquer-lenker Schraubenfd. Telestoßdpf.	Starrachse halbelliptische Blattfeder Telestoßdpf.	Front	Hinter-achse	Fabryka Samochodow Ciezarowych Lublin	12 V	
4-Gang	Hydraul. Trommel-bremsen	5 +1	3türig Rahmenfahr-gestell Stahlaufbau	450	Querlenker Querblattfeder Telestoßdpf.	Gezogener Einzellenker Querdrehstab Telestoßdpf.	Front	Front	Fabryka Samochodow Osobowych Warsz./Zeran	12 V	
5-Gang	Hydr. T.-Brems. m. Servohilfe	2	Rahmenfahr-gestell, Stahl-fahrerhaus	4000	Starrachse 2 Blattfedern	Starrachse 2 halbellipt. Blattfedern + Zusatzfd.	Front	Hinter-achse	Fabryka Samochodow Ciezarowych Starachowice	12 V	Geschwindigkeits- und Verbrauchs-angaben f. beide Übersetzungen
5-Gang	Hydr. T.-Brems. m. Servohilfe	45 (60)	Selbsttrag. Bauweise	45 P. + 300 kg (60 P.)	Starrachse 2 Blattfedern	Starrachse 2 halbellipt. Blattfedern + Zusatzfd.	Front	Hinter-achse	Sanocka Fabryka Wagonow Sanok	12 V	H 01-A für Stadtv. H 01-B für Strek-kenverkehr, beide mit 2 Übersetzungen
5-Gang Vollsyn-chronisch	Pneumat. Trommel-bremsen	3 +2 Betten	Rahmenfahr-gestell, Stahl-fahrerhaus	8000	Starrachse halbelliptische Feder	Starrachse 2 halbellipt. Blattfedern + Zusatzfd.	Schräg-bauweise 30° zum Boden	Hinter-achse	Jelczanskie Zaklady Samochodow Jelcz	12 V oder 24 V	
5-Gang	Hydr. T.-, Brems. m. Servohilfe	2 2	Rahmenfahr-gestell, Stahl-fahrerhaus	4000	Starrachse halbelliptische Feder	Starrachse 2 halbellipt. Blattfedern + Zusatzfd.	Front	Hinter-achse	Fabryka Samochodow Ciezarowych Starachowice	12 V	

12

In den letzten 10 Jahren hat die Volksrepublik Polen die Produktion der Fahrzeugbauindustrie auf das Sechsfache von 1951 gesteigert. Es entfielen in den Jahren 1939, 1960 und 1965 (Plan) jeweils ein Fahrzeug auf folgende Personenzahlen:

	1939	1960	1965 (Plan)
Personenkraftwagen	1320	241	156
Lastkraftwagen	3700	233	124
Omnibus	15850	2850	1500
Motorrad	2700	36	24
Fahrrad	24	10	6

Gewiß gibt es viele Länder, die bereits auch im Verhältnis zur Bevölkerungszahl einen größeren Fahrzeugpark aufweisen können. Die ständig wachsende Industrialisierung unseres Landes und der große Sprung, den wir schon im Fahrzeugbau gemacht haben, lassen uns aber mit besten Hoffnungen in die Zukunft blicken.

10 Syrena-Sportcoupé mit Polyester-Glasfiber-Karosserie. Ein Frontantriebswagen mit luftgekühltem 700-cm³-Viertakt-Boxermotor

11 Eine modernisierte Version des „Syrena". Bei den neuesten Ausführungen sind die Türen hinten angeschlagen

12 NYSA-Kleinbus für 9 Fahrgäste und Fahrer. Auch als Transporter ohne Seitenfenster erhältlich

13 ZUK-Kleinlaster für 0,9 t Zuladung. Eine Version für 1,5 t Zuladung befindet sich in Vorbereitung

14 SAN-Omnibus aus den Waggonbauwerken im Sanok. Für diese selbsttragende Konstruktion wurden die Fahrgestellelemente des STAR benutzt

15 „ZUBR", mit 8 t Zuladungskapazität der größte polnische Lastwagen. Die Fahrerkabine ist serienmäßig mit zwei Liegestätten ausgerüstet

14

15

»Polonez« – Fließheckeleganz aus Warschau

Vom Modebewußtsein der Polinnen weiß man in aller Welt – aber Warschau als Zentrum attraktiver Automobilformgestaltung, das ist neu!

Ehrgeizige Pläne sind es allerdings seit langem, die der polnische Automobilbau mit Energie verfolgt. Nach dem Aufschwung, den die Lizenzproduktion des Mittelklassemodells 125p brachte, widmete man sich einem noch weiter reichenden Projekt. Der Kleinwagen Polski Fiat 126p erreicht inzwischen eine Jahresstückzahl von etwa 200 000 mit einem steigenden Anteil für den Export. Darüber hinaus fertigt das Werk FSM in Bielsko-Biala jährlich über 100 000 Triebwerkseinheiten, die als «Lizenzgebühren» an Fiat geliefert werden. Ein beträchtlicher Anteil aller italienischen Fiat 126 wird also von einem 600-cm^3-Viertaktmotor aus Polen angetrieben.

Die Krönung der Pkw-Entwicklung dürfte im neuen Polonez zu sehen sein, der zwar auf der Technik des Polski Fiat 125p aufbaut, aber für gehobene Ansprüche bestimmt ist. In diese Richtung weist allein schon die geplante Motorisierung. An Motoren mit 1 600, 1 800 und 2 000 cm^3 ist in naher Zukunft gedacht, die dank moderner ohc-Ventilsteuerung auch eine noch höhere Leistungsausbeute versprechen. Der polnische Automobilbau wird dann eine Pkw-Palette von 600 bis 2 000 cm^3 anbieten – ein Programm, das nicht nur für die Befriedigung des differenzierten Inlandbedarfs von außerordentlichem Vorteil ist.

Mutige Form: Fließheck

Nachdem man mehr als 10 Jahre lang ausschließlich die Stufenheck-Karosserien des 125p produzierte – die zwar sachlich, aber eher konservativ gestaltet sind – ging man mit dem Polonez einen vollkommen neuen Weg. Neu nicht nur deshalb, weil die Form vom bisher Gewohnten so konsequent abweicht, sondern neu auch, weil hier kein Lizenzprodukt mehr Pate stand, sondern eigene Ideen verwirklicht wurden. Fiat gab lediglich Entwicklungshilfe in Form von computergestützter Festigkeitsberechnung und praktischer Erprobung.

Der Augenschein bestätigt, was die Vorausberechnungen aussagten: das Experiment ist geglückt. Die neue Karosserie unterscheidet sich wohltuend von den üblichen Limousinen in dieser Größenordnung. Die Proportionen – von der keilförmig verlaufenden Motorhaube bis hin zu den «fließenden» Linien des Schräghecks – sind ohne Fehl und Tadel. In der Frontpartie erinnern nur noch die charakteristischen Doppelscheinwerfer an den Vorgänger 125p. Dicke Plaststoßstangen und Schürfleisten bestimmen die Fahrzeugfront – ebenso wie das Heck. Die Schürfleiste in der Seitenpartie trägt allerdings auch dazu bei, daß sich die Polonez-Karosserie optisch vom Fahrwerk absetzt.

Solche Einzelheiten, wie die beinahe ebenflächige Deckel-Motorhaube, die Plasteinsätze vorn und hinten, die Karosserieteilung usw., lassen auch die technologische Reife der Neuentwicklung erkennen.

Besonders stolz ist man offensichtlich über die strömungsgünstige Form des Polonez. Das spart Antriebsleistung und damit auch Kraftstoff. Die Fahrtwindströmung streicht übrigens über die schräge Heckscheibe in der Weise hinweg, daß sie aufgrund dieses aerodynamischen Effekts beschlagfrei bleibt. Das ist u. a. der Grund für den Namen «Fließheck». Um die Sicht nach hinten aber auch unter ungünstigen Bedingungen zu erhalten, ist der Polonez zusätzlich mit einem Heckscheibenwischer ausgerüstet.

Respektabler Innenraum

Anschluß ans Weltniveau findet der Polonez auch mit seiner Innenausstattung. Fahrer und Beifahrer empfangen komfortable Einzelsitze mit körpergerecht ausgeformten Sitzflächen und hochreichender Rückenlehne. Anspruchsvolle Textilbezüge aus flauschigem Stoff bieten ebensolche Annehmlichkeit wie von den serienmäßigen Kopfstützen ein nicht zu unterschätzender Sicherheitseffekt ausgeht. In gleicher Richtung wirken die Sicherheitsgurte, deren Aufrollautomatik die Anlegequote erhöhen dürfte.

Die Instrumententafel ist ein Teil, das über die gesamte Breite mit Integralschaum abgepolstert ist. Das Kombiinstrument mit quadratisch angeordneten Skalen für Tachometer, Drehzahlmesser und Quarzuhr liegt blendgeschützt in einem relativ tiefen Schacht. Das Zweispeichenlenkrad hat einen voluminösen Nabenschutz. Neu ist auch eine Mittelkonsole, an der nicht nur die Hebel für Heizung und Lüftung, sondern auch eine Reihe von Kippschaltern konzentriert sind.

Körpergerechte Ausformungen gehören zum Ausstattungskomfort der Fondsitzbank. Bei den ersten Fahrzeugen vom Typ Polonez waren Sitzfläche und -lehne fest montiert. Für später ist auch an eine Ausführung mit umklappbarer Fondsitzeinrichtung gedacht, so daß der Polonez dann auch den so nützlichen Kombieffekt bietet.

1 Charakteristische Frontpartie des Polonez-Pkw mit dicken Plastauflagen und Doppelscheinwerfern

2 Eine dicke Schürfleiste kennzeichnet die Seitenpartie des Polonez

3 Ausgewogene Proportionen des neuen Polonez aus Warschau

Die Heckklappe ermöglicht den Zugang zum recht voluminösen Kofferraum, der von einer Plastablage abgedeckt wird. Diese Plastabdeckung ist mit der Heckklappe verbunden und bewegt sich beim Öffnen der Heckklappe mit.

Weiterentwicklungen an Fahr- und Triebwerk

Bis die vorn erwähnten ohc-Motoren mit größerem Hubraum zur Verfügung stehen, greift man auf die bewährten ohv-Motoren des 125p zurück. Der Polonez ging deshalb mit den bekannten beiden Hubraum-Varianten von 1300 und 1500 cm^3 in die Serie. Allerdings geschah das nicht ohne z. T. recht erhebliche Weiterentwicklungsmaßnahmen.

Zu den bedeutendsten zählt zweifellos der Übergang vom Ketten- zum Zahnriemenantrieb für die Nockenwelle. Diese blieb zwar wie bisher im Zylinderblock, weshalb der Antrieb relativ kurz ist, aber auch hier dürfte der Zahnriemen weniger Wartung erfordern und das Geräuschniveau weniger belasten als die Kette. Ebenfalls geräuschmindernd wirkt sich der Übergang auf den an beiden Motorenvarianten verwendeten elektrischen Kühllüfter aus, der sich nur bei extremem Temperaturanstieg im Kühlsystem selbsttätig einschaltet.

Die weiterentwickelten Motoren haben ein verändertes Schmiersystem. Die Ölfilterung erfolgt nun im Hauptstrom. Mit dem Blick auf Abgaszusammensetzung und Kraftstoffverbrauch wurde der Vergaser überarbeitet. Eine der Maßnahmen ist der Übergang zur mechanischen Betätigung der 2. Vergaserstufe, die die störanfällige Pneumatik ersetzt. Neu gestaltete Brennräume sorgen für vollständigere Verbrennung.

Obwohl durch den Wegfall des ständig mitlaufenden Kühllüfters effektiv etwas mehr Leistung zur Verfügung steht, werden die beiden Motoren mit den bisherigen Angaben für die Höchstleistung weitergeführt (48 kW = 65 PS bzw. 55 kW = 75 PS). Darüber hinaus gibt es leistungsgedrosselte Ausführungen für Kraftstoff mit geringerer Oktanzahl und auch eine leistungsgesteigerte Version des 1500-cm^3-Motors, die maximal 60 kW (82 PS) erreicht.

Eine neue Tellerfederkupplung sorgt für längere Funktionstüchtigkeit bei geringeren Pedalkräften. «Längere» Übersetzungen des 2. und 3. Getriebeganges schaffen einen besseren Zugkraftanschluß zum

4 Heckpartie des Polonez mit großer Ladeklappe

5 Körpergerecht geformte Vordersitze mit Kopfstützen im Polonez

4. Gang. Die Schaltbetätigung wurde übrigens wesentlich vereinfacht. Die bisherige Gestängeübertragung vom Mittelschalthebel zum Getriebe entfällt. Ähnlich wie bei den Lada-Modellen reicht der Schalthebel nun direkt vom Getriebedeckel in den Innenraum. Er ist gekröpft ausgebildet und wird an der Mittelkonsole in einer Ledermanschette geführt.

Am Fahrwerk blieben die Hauptbestandteile (Vorderrad-Aufhängung an Doppelquerlenkern, Starrachse an Blattfedern hinten) und auch die Hauptmaße unverändert. Neu sind selbstschmierende Kugelgelenke, straffere Schwingungsdämpfer und Radialreifen der größeren Abmessung 175 SR 13. Mit ihnen verbreitert sich die Spurweite. Die Vierscheiben-Bremsanlage mit Unterdruckservo konnte vom 125p übernommen werden.

Zukunftspläne

Der Polonez wird den 125p nicht verdrängen, zumindest in den nächsten Jahren noch nicht. Die am Triebwerk getroffenen Veränderungen, mit denen der Polonez in

6 Blick auf die Instrumententafel des Polonez

7 Unter den Innengriffen befinden sich Warnleuchten

die Serie ging, sollen sogar nach und nach in die Fertigung des 125p einfließen.

Mit dem Polonez hat der polnische Automobilbau aber ganz offenbar weitreichende Pläne. Neben den angekündigten ohc-Motoren wird es u. a. auch ein Fünfganggetriebe geben. Darüber hinaus ist eine zweitürige Ausführung des Polonez in Vorbereitung, bei der die Seitenverglasung auch die Fläche mit einschließt, die an den Heckholmen des Viertürers geschwärzt ausgeführt ist. Mit Front- und Heckspoiler ausgerüstet, dürfte dieses Modell den jetzigen Polonez an Charme und Eleganz noch übertreffen.

knut

Tabelle: Hauptdaten des Polonez

Motor	Vierzylinder-Viertakt-Ottomotor (ohv) mit Flüssigkeitskühlung	
Hub/Bohrung	79,5 mm/72 mm	79,5 mm/77 mm
Hubraum	1 295 cm³	1 481 cm³
Verdichtung	9	9
Höchstleistung	48 kW (65 PS)	55 kW (75 PS)
bei Drehzahl	5 600 U/min	5 250 U/min
maximales Drehmoment	92,3 Nm (9,5 kpm)	114,7 Nm (11,7 kpm)
bei Drehzahl	3 400 U/min	3 300 U/min
Radstand	2 509 mm	
Länge/Breite/Höhe	4 272 mm/1 650 mm/1 380 mm	
Leermasse	1 140 kg	
Höchstgeschwindigkeit	140 km/h	150 km/h

8 Blick in den Motorraum des Polonez

Fotos: Autor

9 Heckklappe des Polonez mit Kofferraumabdeckung

W. Roediger

Vom »Russobalt« zu Automobil-Millionen

Daten und Taten der UdSSR-Personenkraftwagenproduktion

1 Lastkraftwagen AMO F 15

Überblickt man den Automobilbau im zaristischen Rußland und – nach der Zäsur durch die Große Sozialistische Oktoberrevolution – dann die Entwicklung in der Konstruktion und Produktion sowjetischer Personenkraftwagen, so war Riga einziger Standort in der vorrevolutionären Vergangenheit, während Togliatti als gegenwärtig kennzeichnendste Station bereits eindrucksvoll die progressiven Perspektivvorhaben im Automobilbau der UdSSR veranschaulicht.

Unter dem Zepter der Zaren

Von der Vorgeschichte des Automobils lassen sich auch vereinzelte Spuren im damaligen Rußland entdecken. Dort waren wohl die ersten pferdelosen Wagen jene 1868 von Baranow und 1880 von Tscherpanow gebauten Dampfwagen. Als weiteres Dampfwagenmodell kam die „Mancelle", die nach Bollée-Konstruktion von einer Lokomotivfabrik in Berlin hergestellt wurde, zu Werbefahrten nach Petersburg und Moskau.

Was nach der Entstehung des Kraftwagens an Exemplaren von Automobilen in Rußland auftauchte, stammte aus Frankreich und Deutschland. Obwohl E. A. Jakowljew 1896 schon der Bau eines Benzinmotorwagens gelungen war, den er zur Messe in Nishni-Nowgorod vorführte, und obwohl die Rigaer Firma Leitmer bereits 1899 die Herstellung von Kraftwagen aus eingeführten Teilen anstrebte, die Zarenregierung zeigte sich an solchen Projekten jedoch überhaupt nicht interessiert.

Immerhin wurden schon Wettbewerbe gefahren. Das erste Automobilrennen in Rußland fand 1898 bei Petersburg auf einem 41,6 Kilometer langen Abschnitt der Straße Alexandrowskaja-Strelnja statt. Sieger wurde P. Belajew mit einer Durchschnittsgeschwindigkeit von 24,5 km/h. Ein Jahr später siegte Fürst Trubezkoj im 730 Kilometer langen Rennen von Petersburg nach Moskau.

Das Automobil bedeutete in Rußland besonders nur einen exklusiven Zeitvertreib, Luxusgegenstand für ein paar Angehörige der herrschenden begüterten Oberschicht. In seiner wirtschaftlichen Charakteristik war das zaristische Rußland vorwiegend ein rückständiges Agrarland, ein riesig weites wegeloses Land, in dem die Knute herrschte, die Armut und der Holzpflug. Unter solchen Umständen konnte eine eigene Automobilfabrikation schwerer noch als anderswo entstehen.

Reiche Russen ließen sich ihre Kraftwagen aus westeuropäischen Ländern kommen. Die Einfuhren waren gering und beliefen sich von 1901 bis 1903 auf insgesamt 148 und bis 1916 auf 7180 Automobile.

Erste Ansätze zu einem russischen Automobilbau fielen in das Jahr 1908. Die Russisch-Baltische Waggonfabrik in Riga unternahm den Versuch, eine Kraftwagenherstellung unter Benutzung importierter Einzelteile, wie Vergaser, Kurbelwellen und Kühler, zu beginnen. Die Ergebnisse waren kärglich. 1910 verließen die ersten zehn Kraftwagen namens „Russobalt" das Rigaer Werk. Sie erwiesen sich zwar als robust, aber ihre Herstellung stieg bis 1914 auf nicht mehr als 140 Stück im Jahr. Das war im Grunde alles vom russischen Automobilbau.

Während des ersten Weltkriegs legte die Zarenregierung jedoch plötzlich Wert darauf, über Kraftwagen verfügen zu können. Sie gab der Moskauer Handelsfirma Kusnezow, Rjabuschinskije & Co. einen Millionenkredit mit der Auflage, „nicht später als bis zum August 1918" mehrere tausend Automobile an die Militär-Technische Verwaltung zu liefern. Zur Grundsteinlegung für die Fabrik in Moskau, das spätere AMO-Werk, wurde am 2. August 1916 in Anwesenheit führender Militärs im Tjufel-Hain hinter dem Simonskloster feierlich eine Messe zelebriert. Ein Jahr später überrollten Ereignisse von welthistorischer Bedeutung das Vorhaben.

Freisetzung von Initiative der Massen

Zum Zeitpunkt der Großen Sozialistischen Oktoberrevolution gab es also in Rußland praktisch keine Erfahrungen im Automobilbau und keine technische Basis dafür.

Aber entscheidend – und gesellschaftlich fundamentierend für die heutige Position der sowjetischen Automobilindustrie – war das, was Lenin selbst am 28. Juni 1918 in der noch nicht fertiggestellten Halle des AMO-Werkes den Arbeitern erklärte: „Man behauptet, bei uns sei alles schlecht. Na und, ist das schlecht, daß wir die Kapitalisten und Großgrundbesitzer davongejagt haben, daß wir Herr aller Werke und unseres Landes sind!" Die Revolution und der Kampf gegen Weißgardisten und Interventionsarmeen brauchten Kraftwagen. Erbeutete Panzer und Lastkraftwagen ausländischer Herkunft, zerschossene und ausgebrannte Wracks,

wurden von AMO-Arbeitern ohne Ersatzteile und Werkzeuge notdürftig zusammengeflickt und repariert.
Dann kam der April 1921, in dem AMO-Werker Lenin kurz vor dessen Geburtstag telegrafierten: „Das Erste Staatliche Automobilwerk beglückwünscht Sie mit den ersten in unserer Republik hergestellten Automotoren mit Magnetsystem Wight und Kühler Fiat. Gleichzeitig feiern wir das einjährige Bestehen der Schulungskurse für Automechaniker.“ Lenins Antworttelegramm lautete: „Ich gratuliere Ihnen, Genossen. Besonders groß ist die Bedeutung Ihrer Erfolge vom Standpunkt der Arbeiter und Bauern, denn die weitere Entwicklung der Produktion von Automotoren verspricht, die Bauernwirtschaften mit billigen und praktischen Maschinen zu versorgen.“
Es blieb nicht bloß bei Motoren.
1923 konnte die Betriebsparteizelle den Regierungsorganen die Bereitschaft melden, „mit dem eigenen, vaterländischen Automobilbau zu beginnen“. Im März 1924 kam der Auftrag, zehn Eineinhalbtonner-Lastkraftwagen herzustellen. Das geschah noch buchstäblich nach Augenmaß und in Handarbeit, mit primitiven Werkzeugen und Maschinen. Doch am 7. November 1924, zum 7. Jahrestag der Großen Sozialistischen Oktoberrevolution, standen die zehn Lastkraftwagen vom Typ AMO F 15 mit 36 PS leistendem Motor zur Parade auf dem Roten Platz in Moskau. Anschließend gingen sie auf eine 2000 Kilometer lange Fahrt von Moskau nach Leningrad und zurück, die sie gut bewältigten und so das Entstehen der sowjetischen Kraftfahrzeugindustrie augenscheinlich demonstrierten.
Das war 1924.

Die erste Phase

Das war die Etappe, in der die technologischen Grundlagen zur Produktion in größeren Stückzahlen geschaffen werden mußten, und zwar vordringlich zur Produktion von Lastkraftwagen.
Nachdem die ersten zehn AMO F 15 in mehrmonatiger Arbeit entstanden waren, wurden 1925 im Moskauer AMO-Werk 100 Lastkraftwagen hergestellt. Das Werk wurde dann von dem ehemaligen Putilow-Schlosser I. A. Lichatschow geleitet, erhielt später dessen Namen und produziert jetzt die SIL-Typen. Im gleichen Jahr damals, 1925, begann das neue Jaroslawer Automobilwerk mit der Herstellung von 25 Dreitonner-Lastkraftwagen.
Diese Herstellungsziffern bedeuteten nur Tropfen auf dem heißen Stein.
Voraussetzungen zu durchgreifenden Produktionssteigerungen ergaben sich aus dem XIV. Parteitag der KPdSU, der 1926 die Industrialisierung der Sowjetunion einleitete, wobei der Beschluß zugrunde lag, die UdSSR müsse sich von einem Maschinen und Ausrüstungen einführenden Land in einen hochentwickelten Industriestaat verwandeln.
Damit wurde die anschließend einsetzende Entwicklung der sowjetischen Kraftwagenindustrie auf breiter Basis verankert. Zur gleichen Zeit entstand mit dem Forschungsinstitut NAMI ein wertvolles Organ, mit dessen Bildung die wesentlichen wissenschaftlich-technischen Funktionen in den Prozessen der Projektierung, der Modellentwicklung und der Produktionsvorbereitung von vornherein zentralisiert wurden.
An dieser Stelle sei gleich eingeflochten, daß der erste sowjetische Personenkraftwagen 1927 vom NAMI entwickelt wurde. Dieser NAMI 1 war ein Viersitzer mit 20 PS Leistung, der mit niedrigoktanigem Kraftstoff fuhr und 70 km/h Höchstgeschwindigkeit erreichte.
Den Schwerpunkt bildete jedoch vorerst und noch auf lange Sicht die Produktion von Nutzfahrzeugen, um den Bedürfnissen der Volks-

2

2 Aus der Wolga-„Ahnengalerie“

3 Dokumentation von der Geburtsstunde der sowjetischen Automobilindustrie: 10 AMO-Lastkraftwagen zur Parade auf dem Roten Platz in Moskau im Jahre 1924

3

4

5

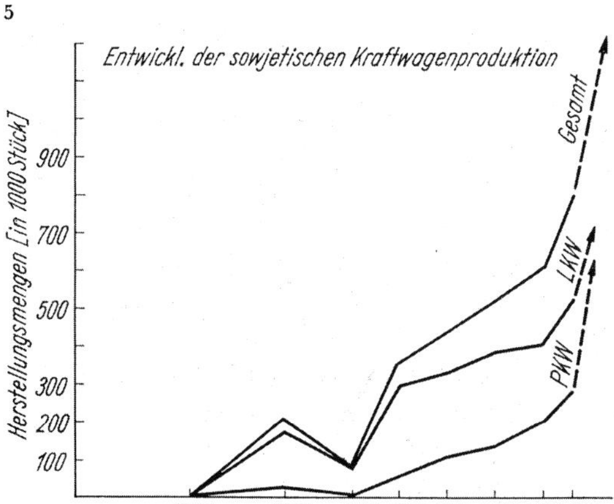

wirtschaft zu entsprechen, das heißt, um Straßen bauen zu können, die Transportverhältnisse und den Güterverkehr zu verbessern, um Rohstoffe zu befördern, um Staudämme und neue Werke zu errichten. Es ging um ökonomische und energetische Voraussetzungen bei der Umwandlung des weiten wegelosen Landes in eine erstrangige Industriemacht. Die Maßnahmen dazu legte der 1928 aufgestellte erste Fünfjahrplan fest. Er orientierte die Automobilindustrie vor allem auf die Rekonstruktion des AMO-Werks in Moskau und die Errichtung eines neuen Werks in Gorki, dem früheren Nishni Nowgorod.

Zur ersten Rekonstruktion des AMO-Werks wurde ein Vertrag mit der nordamerikanischen Firma Brand vereinbart, und zur Vertragskontrolle, die sich in Anbetracht der amerikanischen Geschäftspraktiken als unbedingt erforderlich herausstellte, sowie zu Studienzwecken reiste eine AMO-Kommission in die USA. Vor Rückkehr der Kommission äußerten amerikanische Ingenieure ihrer Ansicht nach objektiv: „Okay, Sie bauen Werke und rüsten sie aus. Aber Sie werden nicht zu einer Großserienproduktion kommen, weil Sie kein langjährig dafür geschultes Personal haben. Deshalb meinen wir, Sie müssen noch lange unsere Wagen kaufen.“ Diese Prognose erwies sich schon sehr bald als falsch. Die AMO-Rekonstruktion wurde unverzüglich nach dem 1929 gefaßten Beschluß des ZK der KPdSU in Angriff genommen und durchgeführt. Innerhalb eines Jahres wuchs die Zahl der Werksangehörigen von 3000 auf 17000 am 1. Oktober 1931. 1931 wurden 2981 Kraftwagen produziert, 1932 schon 15750 und im folgenden Jahr 20916. Mit dem Bau des neuen Automobilwerks GAS in Gorki wurde am 2. Mai 1930 und mit der Errichtung der zugehörigen Wohnstadt vierzehn Tage später begonnen. Werk und Stadt wuchsen in der kurzen Zeit von eineinhalb Jahren empor. Die Werksanlagen wurden in beispielgebendem Arbeitsheroismus vorfristig fertiggestellt. Den Plänen kamen die sowjetischen Arbeiter mit eigenen sogenannten „Gegenplänen“ zuvor und bildeten Stoßbrigaden aus ihren Reihen. So wurde eine 362-Tonnen-Riesenpresse mit komplizierten Einzelteilen in 22 Tagen montiert. Die Anlage des Werks erfolgte von vornherein nach Merkmalen für eine moderne Großserienproduktion mit Fließsystemen, mit dem Hauptband in der zentralen Gruppe von Montagehallen, flankiert von Gießereibetrieb, Schmiede, mechanischen Produktionsstätten auf der einen Seite, auf der anderen Seite von den Karosseriebaubetrieben und mit einem gesonderten Werk zur Herstellung der kompletten Triebwerke. GAS konnte bereits am 29. Januar 1932 den ersten Lastkraftwagen aus Gorki liefern.

Ein Jahr darauf entstand in Gorki der erste Personenkraftwagen, der kleine GAS A, von dem 30 Stück hergestellt wurden.

Erst von da an – als in Westeuropa bereits Vervollkommnungen in der Automobilkonstruk-

tion stattgefunden hatten und nordamerikanische Unternehmen schon Millionenauflagen vorweisen konnten – datiert der eigentliche Baubeginn sowjetischer Personenkraftwagen. Noch beschränkte er sich ebenso bewußt wie zwangsläufig auf minimale Mengen, die von den beiden großen Werken in Moskau und Gorki in zwei völlig unterschiedlichen Kategoriekonzeptionen hergestellt wurden.
Im Automobilwerk Gorki wurde der GAS A abgelöst. 1936 gelangte der GAS M 1 auf das Fließband, ein gebrauchstüchtiger, solider Wagen der Hubraummittelklasse, vier-, fünfsitzig, in klassischer Standardkonstruktion, mit Kraftübertragung vom 50 PS leistenden Motor auf die Hinterachse, vorderer Starrachse und Halbelliptik-Blattfedern. Eine Weiterentwicklung war der GAS 11.
Demgegenüber wurde im Moskauer Werk in ganz kleinen Stückzahlen der Bau von großen Wagen für staatliche Repräsentationszwecke betrieben. Diese Fahrzeuge repräsentierten auch einen entsprechenden Rahmen in der Konstruktion. Von einem Siebensitzer L 1 mit achtzylindrigem 5,6-dm^3-Reihenmotor ausgehend, entstanden in Moskau der SIS 101 als sechssitzige Pullman-Limousine sowie der große offene SIS 102. Beide 2550 Kilogramm schweren Wagen hatten den gleichen weiterentwickelten, auf 5750 cm^3 vergrößerten und 110 PS leistenden Achtzylindermotor.
1938 hatte die Produktion sowjetischer Personenkraftwagen, an der das Automobilwerk Gorki am meisten beteiligt war, insgesamt eine Jahresmenge von rund 27000 Fahrzeugen erreicht. Der Überfall Hitlerdeutschlands stoppte den Aufbau der jungen sowjetischen Automobilindustrie, die ihre Produktion umstellen mußte und während des Großen Vaterländischen Kriegs die Front mit Armeefahrzeugen, Panzerwagen und Panzern versorgte. Dabei wurden menschliche und technische Leistungskapazitäten in einem überragenden Maße offensichtlich, die nicht nur die Aggressoren, sondern auch Industrielle und Wirtschaftsexperten der Alliierten bisher vollkommen unterschätzt hatten.

Die zweite Etappe

Sie begann Ende des zweiten Weltkrieges und leitete einen Abschnitt ein, in dem eine breitere Fächerung der Pkw-Typen bei gleichzeitig kontinuierlich steigenden Zuwachsraten von Stückzahl und Qualität in planmäßigen Relationen zur Nutzfahrzeugproduktion betrieben wurde. Diese Phase läßt sich bis etwas über die Mitte der sechziger Jahre abstecken und ging fließend über zu jüngsten Prozessen in der sowjetischen Automobilindustrie.
Noch während des Großen Vaterländischen Kriegs entwickelten sowjetische Konstrukteure neue Personenkraftwagenmodelle.
In Moskau entstand der siebensitzige SIS 110, der 1946 in Serie ging und nach der Umbenennung der Produktionsstätten in Lichatschow-Werk als SIL 110 den seinerzeitigen Prototyp des großen sowjetischen Repräsentationswagens verkörperte. Als Triebwerk besaß der SIL 110 einen neuen Achtzylinder-Reihenmotor mit 6 dm^3 Hubraum bei 90 Millimeter Bohrung und 118 Millimeter Kolbenhub. Der 6,85 verdichtete Motor leistete 140 PS bei 3600 U/min und entwickelte ein maximales Drehmoment von 40 kpm bei 2000 U/min. Elastizität und Durchzugskraft waren so groß, daß der schwere Wagen mit einem Dreiganggetriebe auskam. Bei 3760 Millimeter Radstand und 1520/1600 Millimeter Spur betrugen die Außenabmessungen 6000 × 1960 × 1730 Millimeter, Höchstgeschwindigkeit 140 km/h, Kraftstoffverbrauch etwa 25 l/100 km. 1959 folgte der SIL 111 mit 220 PS leistendem V8-Motor, und 1967 erschien bereits – um hier gleich die Darstellung zu vervollständigen – als neuester Lichatschow-Prototyp der SIL 114, 7,8 Meter lang mit 2900 Kilogramm Eigenmasse, V8-Motor mit 7 dm^3 Hubvolumen, 300 PS bei 4300 U/min, 57 kpm Drehmoment bei 2700 U/min, Höchstgeschwindigkeit 190 km/h.
Im Automobilwerk Gorki erfolgte weiter die Entwicklung von Modellen der mittleren Hubraumklasse oder, noch genauer definiert, der oberen Mittelklasse. Bereits 1943 hatte dort

7

4 Vorfahren Moskauer Automobile und Tschaika aus Gorki

5 Entwicklung der sowjetischen Kraftwagenproduktion

6 Große sowjetische Personenkraftwagen auf der Leipziger Frühjahrsmesse 1959 als vielbewunderte Repräsentanten umfassender technischer Entwicklung ...

7 ... und der Moskwitsch vom gleichen Jahrgang

8

11 Rekordwagen der fünfziger Jahre
Unter Mitwirkung des Charkower Auto-Moto-Clubs konstruierte und baute W. Nikitin diesen zweisitzigen Rekordwagen (oben). Neben dem auf 2,48 dm³ aufgebohrten Pobjeda-Motor verwendete Nikitin dazu serienmäßige Teile des damaligen Gorki-Typs.
Mit einem neuen 3-dm³-Rekordwagen (untere Zeichnung) erzielte W. Nikitin 1953 auf der Strecke Simferopol-Dshankoj mit 280,15 km/h Rekord über den Kilometer mit fliegendem Start

9

10

8 So präsentierte sich der Moskwitsch 1964

9 Wolga GAS 21 – schon seit über zehn Jahren in dieser Form bekannt

10 Vollständige Rekonstruktion der Karosserie bei Erscheinen des Moskwitsch 408

Chefkonstrukteur Liphard die Limousine GAS-M 20 vorgeführt. Dieser Typ erhielt nach 1945 bei Serienproduktion den „Sieg" bedeutenden Namen Pobjeda. Der Pobjeda mit damals hochaktueller Karosserieform war ausgerüstet mit einem 52 PS leistenden 2120-cm³-Vierzylindermotor, Bohrung 82 Millimeter und Hub 100 Millimeter, Verdichtung 7,0. Die Kraftübertragung erfolgte über ein Dreiganggetriebe auf die starre Hinterachse. Radstand 2700 Millimeter, Spur 1364/1362 Millimeter, Außenabmessungen 4665 × 1695 × 1640 Millimeter, Eigenmasse 1360 Kilogramm, Höchstgeschwindigkeit 115 km/h, Kraftstoffverbrauch etwa 13 l/100 km. Der Pobjeda ging später als Warszawa nach Polen in Lizenzproduktion.
Etwas unterhalb der SIL-Maßstäbe brachte das Automobilwerk Gorki neben dem Pobjeda 1950 den GAS 12 heraus, sechssitzig, mit 3,48-dm³-Sechszylindermotor, Dreiganggetriebe und 120 km/h Höchstgeschwindigkeit, der bekannt wurde als SIM. Die Fortsetzung der Entwicklung auf solcher Konzeptionsebene mündete im großen GAS M 13, dem Tschaika, ausgerüstet mit einem im Lichatschow-Werk entwickelten und in Gorki modifizierten 5,5-dm³-V8-Motor (dessen Standardisierungselemente übrigens auch bei sowjetischen Nutzfahrzeugen anzutreffen sind) von 195 PS Leistung, vollautomatischem Getriebe und 160 km/h Höchstgeschwindigkeit.
Den Pobjeda löste in Gorki 1956 der große fünfsitzige Mittelklassetyp Wolga ab. Dessen neuer Vierzylindermotor wurde mit quadratischem Hub-Bohrungs-Verhältnis 92/92 Millimeter angelegt, mit 2445 cm³ Hubraum und Leistungswerten von 80 PS sowie 18 kpm Drehmoment. Ausgehend vom Pobjeda-Fahrwerk erhielt auch der Wolga vorn Einzelradaufhängung an Querlenkern und mit Schraubenfedern, starre Hinterachse mit Längsblattfedern. Höchstgeschwindigkeit 135 km/h, Verbrauch etwa 12,5 l/100 km.
Wie diese Darstellungen von der Typenentwicklung des Automobilwerks Gorki erkennen lassen, gehört einiges, was in den Grundzügen bis zu den vierziger Jahren zurückreicht, heute noch nicht der Vergangenheit an. Es ist ein Kennzeichen der gesamten sowjetischen Typenentwicklung, zwar keine hektischen und nur von der Mode diktierten Modellwechsel vorzunehmen, aber in ständigen Modernisierungsübergängen die Typen fortwährend karosserieseitig, im Triebwerk und bei den Fahrgestellelementen zu verbessern sowie ohne jegliche Fließbandwartezeiten in die Produktion einzuführen. So taucht fast unmerklich ein neues Modell auf und läuft noch, wie etwa am

Wolga-Beispiel ersichtlich, in der Fertigung eine bestimmte Zeit parallel zum vorhergehenden Typ einher.
Nicht anders geschah und geschieht das auch auf der unter Pobjeda- bzw. Wolga-Ebene gelagerten Hubraum-Etage der dichter werdenden Staffelung sowjetischer Automobilmodelle. In Moskau wurde als erster kleiner Mittelklassetyp ab 1947 der Moskwitsch 401 produziert, bei dem es sich noch um ein Vorkriegsmodell handelte. Sein Vierzylindermotor leistete 23 PS. Der Wagen war wirtschaftlich, zuverlässig und sehr tauglich bei den erschwerten klimatischen Bedingungen und unter besonderen Straßenverhältnissen. Diese Eigenschaften wurden charakteristisch bei der anschließenden Entwicklung einer stattlich heranwachsenden Moskwitsch-Modellreihe. Sie präsentiert sich mittlerweile in der dritten Karosserieform-,,Generation", ohne zwischendurch vorgenommene Detailänderungen gerechnet. Die jeweiligen Fahrwerke wurden laufend konstruktiv überarbeitet, und mit der Motorenentwicklung gingen beträchtliche Leistungssteigerungen einher. Stufen der Typenentwicklung, wobei auch da die äußere Form nicht immer gleichzeitig mit dem Triebwerk wechselte, waren die Moskwitsch-Limousinen 402, 403, 407 und 408. Die Motorleistung stieg von 30 auf 36 PS, dann, als der 1 220-cm^3-Motor statt der stehenden Ventile einen neuen Zylinderkopf mit hängenden Ventilen erhielt (407-Motor), auf 45 PS und mit dem 1 357-cm^3-Motor des Moskwitsch 408 auf 50 PS. Der Moskwitsch erlangte spätestens vom 407 an große Popularität in der Sowjetunion, und gleichzeitig nahmen die Exportquoten rapide zu. Der Moskwitsch wurde zu einem profilierten Automobiltyp mit hoher Wertschätzung in vielen anderen, auch westeuropäischen Ländern.
In der Betrachtung muß man aber nochmal zurückschwenken.
Nach sowjetischen Begriffen, dortigen Auffassungen und Maßstäben sowie im Hinblick auf den Wolga, ganz zu schweigen von Tschaika und SIL, galt zwar der Moskwitsch als kleiner Wagen, aber dennoch entstand zunehmend das Bedürfnis nach einem echten Kleinwagen, einem ,,Familienwagen" zum individuellen tagtäglichen Gebrauch in der Stadt und in ländlichen Gebieten. Das Interesse daran wuchs fortwährend, warf jedoch gemäß dem Katalog von Forderungen mindestens ebenso viele technische Probleme auf. Wie sollte so ein sowjetischer Kleinwagen aussehen?
Nun, 1960 lief im Automobilwerk Kommunar in Saporoshez die Serienproduktion des Kleinwagens SAS 965 an, der zunächst viel Beifall fand. Das Erstlingsmodell war im Moskauer Kleinwagenwerk entwickelt worden und basierte auf einem für die UdSSR völlig neuen Konstruktionskonzept: V4-Hecktriebwerk mit Luftkühlung – und das besonders kam dem Wagen sehr zustatten. Die Motorleistung stieg von anfangs 23 PS, ausreichend für 90 km/h Höchstgeschwindigkeit, auf 27 PS, womit der Wagen 105 km/h Spitze erreichte. Indessen stellte sich bald heraus, daß die Karosserie platzmäßig, hinsichtlich Gepäckunterbringung, oder solcher Details wie den nach vorn öffnenden Türen kaum eine Optimallösung darstellte. Genau da setzten die Kritiken ein, die auch berücksichtigt und ausgewertet wurden. Es entstand ein neuer Saporoshez, der SAS 966, völlig neu erst in der Gestaltung der selbsttragenden Karosserie. Seine Serienproduktion begann 1967. Nächste Entwicklungsphase war die Leistungssteigerung des Motors auf 30 PS. Ihr folgte der Einsatz eines neuen Hecktriebwerks, wieder mit luftgekühltem V4-Motor, aber mit 1197 cm^3 Hubraum und 40 PS Leistung, das die bisherige 887-cm^3-Ausführung ablöste.
Bevor die Betrachtung so zur unmittelbaren Gegenwart übergeht, noch eine Zusammenfassung.
Bis zur Mitte der sechziger Jahre hatte die sowjetische Automobilindustrie ein ausgewogenes Typenprogramm aufbereitet. Dabei entsprachen nicht nur die technischen Parameter der verschiedenen Modelle sowohl den spezifischen Erfordernissen in der Sowjetunion als auch internationalen Standards, sondern mehrmalige Rekonstruktionen in den Automobilwerken lieferten bei hohem Automatisierungsgrad die technologischen Grundlagen zu weiteren planmäßigen Produktionssteigerungen.

12

13

14

15

12 Die DDR-Premierenvorstellung des neuen Saporoshez erfolgte 1967

13 Der neue Wolga GAS 24 wurde zur Leipziger Herbstmesse 1969 präsentiert

14 ... ebenfalls der neue Motor Moskwitsch 412, leicht geneigt eingebaut und mit obenliegender Nockenwelle

15 Ein Moskwitsch 412 für den Rallye-Einsatz

Fotos: Autor

Modellkonsolidierung und Stückzahlwachstum erfolgten in einem Stadium, in dem neben allgemeinen ökonomischen Belangen und denen der Nutzfahrzeugproduktion nun das Automobil als individuelles Verkehrsmittel erstmalig und besonders – so hatten vor allem die öffentlichen Diskussionen um die Kleinwagenentwicklung sowie die Saporoshez-Kritiken gezeigt – auch in den Brennpunkt persönlicher Interessen gerückt war.
Und noch einige bezeichnende Fakten:
1967, nachdem erst etwa zwei Jahrzehnte zuvor eine Pkw-Großserienfertigung in Betracht gezogen werden konnte, kamen aus Moskau und Gorki jeweils die millionsten Personenkraftwagen. Sowjetische Automobile hatten ausgezeichneten internationalen Ruf erlangt, besonders wegen ihrer Robustheit und Zuverlässigkeit. Die Exporte, besonders mit hohem Moskwitsch-Anteil, gingen bereits in 67 Länder der Erde. Den Hauptabnehmerkreis bildeten die sozialistischen Staaten. Zu weiteren Importeuren zählten Skandinavien, Österreich, Dänemark und Belgien sowie selbst die Zentren kapitalistischer Automobilproduktion, Frankreich, England und Westdeutschland. Das Service-Netz umfaßte schon fast 1700 Stationen im Ausland, und das sowjetische Außenhandelsunternehmen Avtoexport zeigte die Erzeugnisse der UdSSR-Kraftfahrzeugindustrie auf allen namhaften Messen, Ausstellungen und Salons. Von solcher Position aus – da die objektiven Tatsachen ein paar Verfasser hämischer, unsachlicher Randbemerkungen als gehässige Ignoranten bloßstellten und Fachleute längst die dynamisch-progressive Entwicklung erkannt hatten und respektierten – ging die sowjetische Automobilindustrie in ihre jüngste Epoche.

Der Griff in die Zukunft

Mit dem neuen Fünfjahrplan, dessen Kennziffern der XXIII. Parteitag der KPdSU 1966 beschloß, wurde eine neue Etappe bei der Schaffung der materiell-technischen Basis des Kommunismus in der Sowjetunion eröffnet.
Ausgehend vom erreichten Entwicklungsniveau orientierten die wirtschaftspolitischen Beschlüsse des XXIII. Parteitags der KPdSU auf eine höhere Effektivität der Volkswirtschaft und auf schnelle Annäherung der Produktion von Produktionsmitteln und Konsumgütern. Mit welchen enormen Zuwachsraten dabei der Automobilbau bedacht wurde, wird sogleich deutlich.
Vor dem XXIII. Parteitag der KPdSU erklärte Ministerpräsident Kossygin: „Es ist geplant, die Produktion von Personenkraftwagen auf annähernd das Vierfache zu vergrößern."
Der Fünfjahrplan steckte das Ziel, 1970 in der Pkw-Produktion eine Stückzahl zwischen 600000 und 800000 Wagen zu erreichen.
Operative Grundlage zu dieser Entwicklung bildeten erstens die vorhandenen und technologisch fortwährend modernisierten Produktionsstätten. So wurde das Moskauer Werk erneut rekonstruiert. Im Zuge dieser Maßnahmen erfolgten neue Aufwertungen der Fertigungstechnologie, die unter anderem dadurch gekennzeichnet sind, daß 1967 bereits 70 Prozent aller Fahrzeugteile auf über 200 vollautomatischen Taktstraßen gefertigt wurden. Ferner begann die etappenweise Schaffung eines komplexen automatisierten Systems, das sämtliche Funktionen der Produktionssteuerung von der Planung und Vorbereitung über Materialzulauf, Steuerung der Hauptproduktion, Kontrolle bis zum Absatz hin umfaßt und Bestandteil des komplexen Systems der Leitungstätigkeit ist. Kapazitätserweiterungen der Moskwitsch-Fertigung, in die auch das Werk in Ishewsk einbezogen ist, laufen ständig entsprechend den Plandispositionen, und mit neuen Anlagen soll die Moskwitsch-Jahresproduktion auf 600000 Stück anwachsen. Für das Werk Kommunar in Saporoshez lautete eine erste Zielstellung auf 150000 Fahrzeuge im Jahr.
Die drei in Moskau, Gorki und Saporoshez konzentrierten Fertigungskomplexe stützen sich zweitens in den Herstellungsprogrammen ebenfalls auf drei hochentwickelte und jeweils spezifische Hauptkonzeptionen in den Modellreihen von Gebrauchswagen (also außer den die große Spitzenkategorie verkörpernden SIL-Automobilen und Tschaika-Modellen). Dabei lösten und lösen, wie vorhin schon als charakteristisch erwähnt, in streckenweisem Nebeneinander bereits neue Typen die bisherigen ab. So wurde im Automobilwerk Gorki parallel zum Wolga 21 während des Sommers 1965 schon die Nullserie des GAS 24 aufgelegt, also des Wolga, wie er in der DDR zur Leipziger Herbstmesse 1969 in völlig neuer Karosserieform und mit überarbeitetem Motor sowie neuem Getriebe gezeigt wurde. Ein ähnlicher Umstellungsprozeß zeichnete sich mit dem Erscheinen des Moskwitsch 412 ab, der vor allem in der Triebwerkentwicklung durch den größeren und wesentlich leistungsstärkeren Motor mit obenliegender Nockenwelle sowie das nunmehr vollsynchronisierte Getriebe gekennzeichnet ist. Und nachdem im Mai 1969 bei Kommunar in Saporoshez die Produktion des SAS 965 auslief und ab 1968 zur neuen Karosserie allmählich schon die neuen 40-PS-Motoren aus dem Werk Melitopol zuflossen, das die Saporoshez-Triebwerke liefert, beherrscht nun der SAS 966 dort die Fließbänder.

Tabelle 1 Produktionsziffern sowjetischer Lkw und Pkw (in 1000 Stück)

	Lkw	Pkw	Gesamt
1928	0,79	0,05	0,84
1938	182,4	27,0	209,4
1945	69,7	5,0	74,7
1950	298,3	64,6	362,9
1955	337,5	107,8	445,3
1960	384,8	138,8	523,6
1965	415,1	201,2	616,3
1968 (*)	520,6	280,3	800,9

(*) Stückzahlpositionen in der europäischen Kraftwagenproduktion: 1. Stelle Lkw
5. Stelle Pkw

Technische Daten der Modelle 1969/70 sind gesondert in einer Tabelle aufgeführt.
Diese Typen aber sowie deren Fertigungszentren mit ohnehin schon eindrucksvollen Herstellungsmengen sind nicht allein die Ausgangsbasen für die weitere gigantische Entwicklung.
Weltweit aufsehenerregend rückte inzwischen das Riesenprojekt Togliatti ins Blickfeld, wo neben der neuen Stadt an der Wolga das größte Pkw-Werk der UdSSR entstand und weiter wächst. Die wissenschaftlich-technische Zusammenarbeit beim Bau des neuen Werks erfolgte zwischen dem Ministerium für Automobilindustrie der UdSSR und dem italienischen FIAT-Konzern. Das Werk Togliatti ist ein Systemkomplex spezialisierter Produktionsstätten zur Herstellung der Rohteile, der Aggregate und Baugruppen mit koordinierten Transferstraßen, Fließsystemen und Montagebändern. Die Fertigungskapazität ist vorerst so aus-

Tabelle 2 Typen-Kennziffern sowjetischer Personenkraftwagen der Baujahre 1969/70

	SIL 111	GAS M 13 Tschaika	Wolga-GAS 21	Wolga-GAS 24	Moskwitsch 408	Moskwitsch 412	Saporoshez SAS 965	Saporoshez SAS 966
Motor								
Zylinderanordnung	V	V	Reihe	Reihe	Reihe	Reihe	V	V
Zylinderzahl	8	8	4	4	4	4	4	4
Bohrung/Hub	100/95 mm	100/88 mm	92/92 mm	92/92 mm	76/75 mm	82/70 mm	72/54,4 mm	76/66 mm
Hubraum	5980 cm³	5530 cm³	2445 cm³	2445 cm³	1357 cm³	1478 cm³	887 cm³	1197 cm³
Leistung	220 PS bei 4200 U/min	195 PS bei 4400 U/min	85 PS bei 4200 U/min	98 PS bei 4500 U/min	50 PS bei 4750 U/min	75 PS bei 5800 U/min	30 PS bei 4000 U/min	40 PS bei 4400 U/min
Drehmoment	47 kpm bei 2000 U/min	41 kpm bei 2300 U/min	18 kpm bei 2200 U/min	19,2 kpm bei 2400 U/min	9,3 kpm bei 2750 U/min	11,3 kpm bei 3400 U/min	5,3 kpm bei 2500 U/min	7,8 kpm bei 2800 U/min
Kühlung	Wasser	Wasser	Wasser	Wasser	Wasser	Wasser	Luft	Luft
Kraftübertragung								
Kupplung	Drehmomentwandler mit Planetengetriebe und automatischer Schaltung		Einscheibenkupplung	Einscheibenkupplung	Einscheibenkupplung	Einscheibenkupplung	Einscheibenkupplung	Einscheibenkupplung
Wechselgetriebe	zweistufig	dreistufig						
Gangzahl/synchronisiert			3/2	4/4	4/3	4/4	4/3	4/4
Fahrwerk								
Vorderräder	Einzelaufhängung	Einzelaufhängung	Einzelaufhängung	Einzelaufhängung	Einzelaufhängung	Einzelaufhängung	Einzelaufhängung	Einzelaufhängung
Federung	Schraubenfedern Hebelstoßdämpfer	Schraubenfedern Teleskopstoßdämpfer	Schraubenfedern Teleskopstoßdämpfer	Drehstab- und Schraubenf. Teleskopstoßdämpfer	Schraubenf., Querstab. Teleskopstoßdämpfer	Schraubenf., Querstab. Teleskopstoßdämpfer	Drehfederstäbe Teleskopstoßdämpfer	Drehfederstäbe Teleskopstoßdämpfer
Hinterräder	Starrachse	Starrachse	Starrachse	Starrachse	Starrachse	Starrachse	Einzelaufhängung	Einzelaufhängung
Federung	Längsblattfedern	Längsblattfedern	Längsblattfedern	Längsblattfedern	Längsblattfedern	Längsblattfedern	Schraubenfedern	Schraubenfedern
Bremsen	Trommelbremsen	Trommelbremsen	Trommelbremsen	Trommelbremsen	Trommelbremsen	Trommelbremsen	Trommelbremsen	Trommelbremsen
Bereifung	8.90–15	8.20–15	7.00–15	7.35–14	6.00–13	6.00–13	5.20–13	5.20–13
Karosserie	Kastenprofilrahmen	Kastenprofilrahmen	selbsttragend	selbsttragend	selbsttragend	selbsttragend	selbsttragend	selbsttragend
Plätze/Türen	7/4	7/4	5/4	5···6/4	4···5/4	4···5/4	4/2	4/2
Maße								
Radstand	3760 mm	3250 mm	2700 mm	2800 mm	2400 mm	2400 mm	2023 mm	2160 mm
Spur vorn/hinten	1570/1650 mm	1540/1530 mm	1410/1420 mm	1470/1420 mm	1237/1227 mm	1237/1227 mm	1144/1160 mm	1220/1200 mm
Länge	6030 mm	5600 mm	4810 mm	4735 mm	4090 mm	4090 mm	3330 mm	3730 mm
Breite	2030 mm	2000 mm	1800 mm	1800 mm	1550 mm	1550 mm	1395 mm	1535 mm
Höhe	1640 mm	1620 mm	1620 mm	1490 mm	1440 mm	1440 mm	1450 mm	1370 mm
Allgemeines								
Eigenmasse	2550 kg	2150 kg	1410 kg	1300 kg	960 kg	960 kg	650 kg	710 kg
Höchstgeschwindigkeit	170 km/h	160 km/h	135 km/h	145 km/h	125 km/h	145 km/h	105 km/h	120 km/h

gerichtet, daß nach dem Anlaufen in rascher Steigerung bis 1972 ein Jahresausstoß von 660000 Wagen erreichbar wird, und zwar auch in Kooperation mit Zulieferindustrien anderer sozialistischer Länder. Als Lizenzmodell der Typ-Großserienproduktion im Werk Togliatti dient bekanntlich zunächst der FIAT 124. An diesem viertürigen Wagen mit 1197-cm³-60-PS-Fronttriebwerk wurden jedoch im Hinblick auf universelle Straßentauglichkeit sowie auf die besonderen klimatischen Bedingungen in der Sowjetunion beträchtliche Korrekturen der Konstruktion vorgenommen. Die Togliatti-Werksbezeichnung dieses jüngsten Typs, der zwischen Saporoshez und Moskwitsch plaziert ist, lautet Shiguli (WAS 2101).

Togliatti und Shiguli sind aber wiederum bestimmt nicht die letzten Worte, weder was hocheffektive Produktionsstätten betrifft noch die Modellskala ...

Die Entwicklung im Automobilbau der Sowjetunion geht in sämtlichen Bereichen progressiv weiter.

Rückschauend auch in perspektivischer Sicht soll schließlich noch etwas über eine Begleiterscheinung und einen nicht unwesentlichen Faktor in der aufgezeigten Entwicklung gesagt werden, über den Automobilsport in der UdSSR. Erstens hat er längst Massencharakter angenommen. Dazu ist beispielsweise aufschlußgebend, daß sich schon 1961 bei der Allunionsspartakiade der technischen Sportarten an 17942 Automobilveranstaltungen 363398 Sportler beteiligten. Zweitens demonstriert der Automobilsport technisches Leistungsniveau der Industrie. So lieferte 1968 beim Automobil-Marathon von London nach Sidney die Moskwitsch-Equipe den überzeugendsten Zuverlässigkeitsbeweis; denn alle vier gestarteten Wagen erreichten das Ziel, ein Erfolg, den keine andere Marke sonst für sich verbuchen konnte. Drittens ist der Automobilsport in der Sowjetunion ein funktionelles Element in Entwicklung und Forschung. Dabei bilden insbesondere Rekordfahrten – in Form und Inhalt selbstverständlich fernab makabrer Sensationsschaustellungen nordamerikanischen Stils – ein wertvolles Experimentierfeld. Das reicht in chronologischem Sinne von den 1938er NAMI-Rekordwagen des Forschungsinstituts für Kraftfahrzeugbau über die Rekorde von W. Nikitin mit einem auf Pobjeda-Basis gebauten Fahrzeug im Spätherbst 1963 bis zum Anfang 1970 von Chefkonstrukteur Nikitin erläuterten Rekordvorhaben des Instituts für Automobile und Straßen, bei dem ein ferngesteuerter Wagen mit 5500-PS-Gasturbinentriebwerk die sogenannte Schallgrenze durchbrechen soll.

Schon erprobt die Automobilindustrie der UdSSR neuartige Elektroantriebe, und in der Personenkraftwagenproduktion orientiert sie sich für 1975 auf eine Gesamtjahresmenge von zwei Millionen Stück!

ING. J. KLEINERMAN, MOSKAU

Der sowjetische Kleinwagen »Saporoshez«

Zu den interessantesten Ereignissen der letzten Zeit in der sowjetischen Automobilindustrie gehört die Entwicklung eines Kleinwagens. Ja, man kann vielleicht sagen, daß dies das Wichtigste auf diesem Gebiete überhaupt ist.

Die Produktion von Kleinwagen ist für uns völlig neu und wurde in der UdSSR erstmalig aufgenommen. Sie steht vor einem großen Aufschwung. Am Ende des Siebenjahrplanes soll sie zur Massenproduktion werden. Schon Ende des Jahres 1960 wird die erste Serie des Kleinwagens „Saporoshez" (etwa 1500 Stück) hergestellt werden, und 1965, am Ende des Siebenjahrplanes, soll die Jahresproduktion mehrere zehntausend Stück erreichen. Zu diesem Zweck wird in Saporoshje das Werk „Kommunard" umgebaut, das eng mit den großen Automobilwerken in Moskau und Gorki zusammenarbeitet. Den Motor für diesen neuen Wagen wird das Werk in Melitopol herstellen.

Die ersten Schritte

Das Problem der Entwicklung eines sowjetischen Kleinwagens hat sich bis vor nicht langer Zeit auf die Auswahl einer geeigneten Konstruktion konzentriert. Das war eine sehr schwierige Aufgabe. Zunächst kam man – und nicht ohne Grund – zu der Auffassung, daß es nicht möglich sei, den Typ eines Kleinwagens zu schaffen, der sich unter den schwierigen Wegeverhältnissen und schwierigen klimatischen Bedingungen in der Sowjetunion für einen langen und verläßlichen Betrieb eignen würde. Zu dieser Überzeugung kam man in erster Linie auf Grund der mit dem Betrieb und der Erprobung vieler ausländischer Kleinwagen gemachten Erfahrungen. Die ausländischen Kleinwagen erwiesen sich gewöhnlich für den Betrieb in unserem Lande als ungeeignet. Ihr Fahrwerk hatte keine genügende Festigkeitsreserve, besaß keine ausreichende Bodenfreiheit, Motor und elektrische Anlage (insbesondere die Akkumulatoren) hatten meist sehr schnell „ausgedient".

Es dauerte sehr lange, bis man nach langen Vorarbeiten und Überprüfungen schließlich zu der Schlußfolgerung gekommen war, daß die Konstruktion eines Kleinwagens, der den Betriebsanforderungen in der Sowjetunion entspricht sowie genügend verläßlich, schnell und wirtschaftlich ist, sehr wohl möglich und schließlich auch notwendig ist.

Mit diesen Entwicklungsarbeiten haben sich einige Konstruktionskollektive befaßt. Neben dem Forschungsinstitut für Kraftfahrzeuge (NAMI) in Moskau arbeiteten an diesem Problem Konstrukteure im fernen Irbit, Entwicklungsingenieure im Motorradwerk in Serpuchow, ferner ein besonders zu diesem Zweck geschaffenes Konstrukteurkollektiv des Moskauer Werkes für Kleinwagen (MZMA), das den „Moskwitsch 407" herstellt.

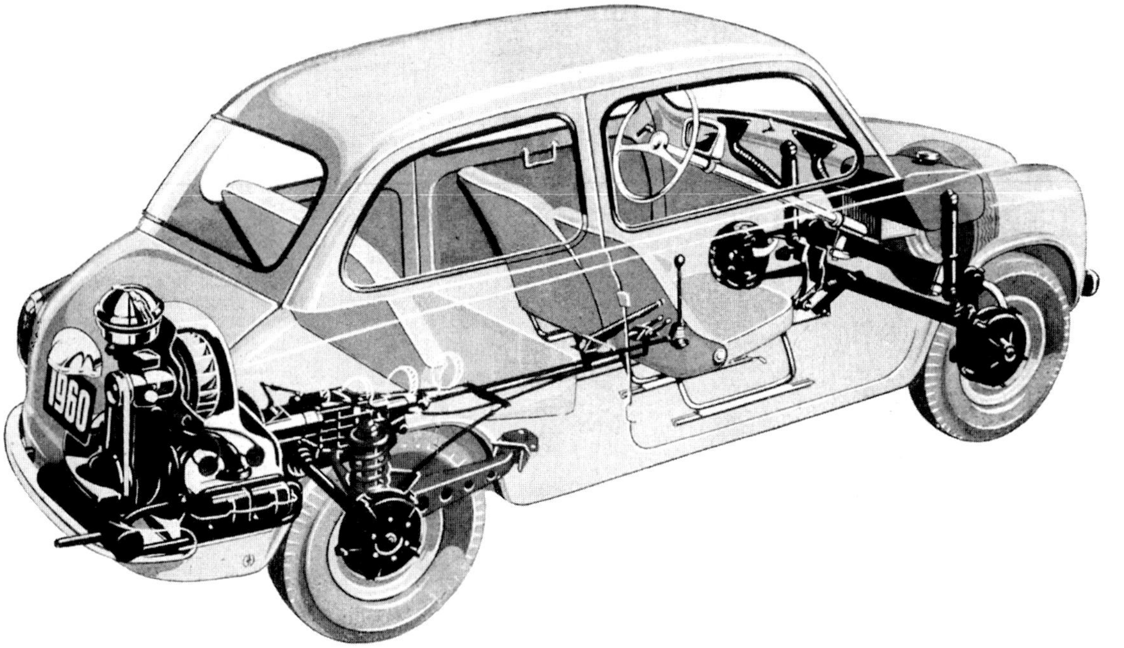

Der „Saporoshez" wird geboren

Das Ergebnis waren einige Prototypen, von denen jeder eine bestimmte Entwicklungsetappe darstellte. So hatte beispielsweise der Wagen „Bjelka", vorgestellt in „Der Deutsche Straßenverkehr", der seinerzeit die Gemüter so erregt hatte, neben einigen Vorzügen auch eine Reihe sehr wesentlicher Mängel. Die Übergangstypen, die nach dem „Bjelka" kamen, entsprachen teilweise bereits den gestellten Anforderungen. Im Verlaufe der Zeit, als genügend Erfahrungen gesammelt worden waren, wurden die grundlegenden Richtlinien für einen endgültigen Vorschlag ausgearbeitet. Das Ergebnis war der Prototyp für den Wagen „Saporoshez", den man als den erfolgreichsten Versuch einer Lösung dieses Problems betrachten kann.

Dieser neue Kraftwagen ist das Ergebnis gemeinschaftlicher Arbeit. An seiner Entwicklung beteiligten sich die Konstrukteurkollektive des Forschungsinstituts für Kraftfahrzeuge in Moskau, des Moskauer Werkes für Kleinwagen, der Automobilwerke in Saporoshje und des Motorenwerkes in Melitopol.

Die konstruktiven Grundelemente des „Saporoshez" sind aus der „Röntgen"-Ansicht auf dem Bilde zu sehen. Es muß erwähnt werden, daß einige Details nicht mehr den Tatsachen entsprechen. So wird beispielsweise der abgebildete Boxermotor nicht hergestellt werden. Die Gesamtkonzeption behält aber ihre charakteristischen Züge.

Der PKW „Saporoshez" ist eine zweitürige Limousine, 3305 mm lang, 1400 mm breit und 1420 mm hoch. Sein kurzer Radstand (2024 mm) macht den Wagen sehr wendig. Der Radius seines Wendekreises beträgt nur 4,80 m. Die Ganzmetallkarosserie ist selbsttragend konstruiert und mit gewölbten Vorderscheiben versehen, die die Sicht des Fahrers und der Reisenden verbessern. Sie hat weiche, bequeme Sitze für vier Personen und ist mit einer Heizung ausgestattet, die auch bei sehr niederen Wintertemperaturen den Anforderungen voll entspricht.

Der verhältnismäßig große Raum in der Karosserie bei kleinen Gesamtmaßen wurde durch eine geeignete Anordnung der Baugruppen und insbesondere dank der Unterbringung des Motors im Heck des Wagens in einem Block mit dem Getriebe und dem Ausgleichsgetriebe erreicht. Der Motor des „Saporoshez" ist ein Vierzylinder-Viertakt-V-Motor mit einem Zylinderinhalt von 746 cm^3.

Es muß bemerkt werden, daß bei der Auswahl eines Motors von langer Lebensdauer, der sich beliebig „quälen" läßt, die spezifischen Bedingungen unseres Landes entscheidend waren. Zuerst zog man einen Motor mit einem Zylinderinhalt von 600 cm^3 in Erwägung, wie ihn die Mehrzahl der europäischen Kleinwagen haben. Er wurde entworfen und gebaut und ähnelte dem Motor eines Motorrades. Die Berechnungen und Erprobungen haben jedoch gezeigt, daß sich ein solcher Motor nicht eignet. Die notwendige Leistung mußte durch die Erhöhung der Umdrehungszahl erzielt werden, was unausweichlich mit einer erhöhten Belastung des Kolbens und einer Erhöhung der Kolbengeschwindigkeit verbunden ist. Das ist bei gleichbleibenden sonstigen Bedingungen von ungünstigem Einfluß auf die Lebensdauer des Motors.

Ein solcher Motor ist zumindest für Geländefahrten ungeeignet. In diesem Falle arbeitet der Motor praktisch dauernd mit hohen Umdrehungszahlen bei niederer Übersetzung.

Eben deshalb wurde entschieden, für den sowjetischen Kleinwagen einen 750-cm^3-Motor zu verwenden und keinen 600-cm^3-Motor, wie sich dies aus dem Verhältnis 1 cm^3 Inhalt je 1 kg Wagenmasse ergeben hätte. Aber auch dies hat noch kein befriedigendes Ergebnis erbracht. Als der „Saporoshez" einen horizontalen Boxermotor mit gegenüberliegenden Zylindern, 750 cm³ Inhalt und einer Leistung von 23 PS erhalten sollte, der in der Konstruktion dem Motor des Volkswagens ähnlich war, beeilten sich einige Witzbolde im Ausland, unseren „Saporoshez" ironisch „Volksfiatowitsch" zu taufen. Abgesehen davon, daß in diesem Motor metallkeramische Kolbenringe, dreischichtige Lagerschalen für die Kurbelwellenlager, Ölfilter und Ölkühler, eine Vorwärmeeinrichtung zum Starten bei Kälte, ein wirksamer Luftfilter und viele andere konstruktive Neuerungen Verwendung finden sollten, so daß dieser Motor weit moderner war als der Volkswagenmotor, hat sich dieser Motor im Probebetrieb nicht bewährt. Es zeigte sich, daß die Zylinder für die Pflege und bei Reparaturen sehr schwer zugänglich waren. Infolge der großen Länge der Ansaugrohre der gegenüberliegenden Zylinder sprang der Motor im Winter sehr schwer an. Bei Geländefahrten unter ungünstigen Witterungsbedingungen trat eine sehr starke Verschmutzung der unter der Karosserie gelegenen Teile des Motors ein, wodurch die Kühlung beeinträchtigt wurde.

Der neue V-Motor

Nach langen Entwicklungsarbeiten und Erprobungen konstruierte die Konstruktionsgruppe des Forschungsinstituts für Kraftfahrzeuge in Moskau (Hauptkonstrukteur A. Ajsenberg) einen Vierzylinder-V-Motor, dessen Zylinder in einem Winkel von 90° angeordnet sind. Auf den Abbildungen ist der Motor im Längs- und Querschnitt zu sehen.

„Warum das?" wird vielleicht mancher Kraftfahrer fragen, der die Grundlagen der Theorie des Motorbaues kennt. „Es ist doch bekannt, daß die vierzylindrigen V-Motoren schlecht ausgewogen sind."

Darin liegt gerade der große Erfolg der sowjetischen Konstrukteure, daß sie es verstanden, die „Theorie" zu korrigieren und eine gute Laufruhe des V-Motors zu erreichen, und zwar auf eine originelle Art. Für die Auswuchtung wurden zwei Zahnräder und ein Gegengewicht verwendet, welches mit gleicher Drehzahl wie die Kurbelwelle rotiert.

Diese kompakte Konstruktion erhöht die Kompliziertheit des Motors nur unwesentlich und vergrößert seine Ausmaße nicht. Außerdem erhöht sich bei Verwendung eines V-Motors die Bodenfreiheit des Wagens auf 300 mm.

So wurde für den „Saporoshez" endgültig ein vierzylindriger V-Motor mit einem Zylinderinhalt von 746 cm³ festgelegt (Hub 54,5, Bohrung 66 mm, Verdichtung 6,6). Der Motor besitzt bei 4000 Umdrehungen in der Minute eine Leistung von 20 PS.

Beachtenswert ist die Schmierung des Motors. Es ist eine Druckschmierung mit Ölpumpe. Die Funktion eines Feinfilters versieht hier eine „Zentrifuge", die im Antriebsrad der Lichtmaschine und des Ventilators untergebracht ist. Im Schmierungssystem ist ein Ölkühler und ein Reduktionsventil eingegliedert.

Die Luftkühlung des Motors ist sehr wirksam. Der an der Welle der Lichtmaschine angebrachte Axiallüfter saugt die Luft aus dem Raum zwischen den Zylindern ab. Die erhitzte Luft wird aus dem Motorraum über Öffnungen in der Motorhaube hinausgedrückt.

Die Nockenwelle ist über der Kurbelwelle angeordnet. Kurze und leichte Stößelstangen vermindern die Masse des Ventiltriebes. Die Ansaugrohre sind kurz, so daß sich der Kraftstoff bei kaltem Start an ihren Wänden nicht niederschlägt.

Ein wichtiger Vorzug des V-Motors ist der bequeme Zugang zu allen seinen Teilen. Der Besitzer eines „Saporoshez" kann nicht nur Verbrennungsrückstände beseitigen und Ventile einschleifen, sondern auch Kolbenringe und Kolben auswechseln, ohne den Motor ausbauen zu müssen.

Einigen Lesern wird möglicherweise die angegebene Leistung für einen 750-cm³-Motor als ungenügend erscheinen. Viele Motoren dieses Zylinderinhaltes haben tatsächlich eine höhere Leistung, ungefähr 25 bis 27 PS. Doch hat die Erprobung der ersten Versuchsmuster des „Saporoshez" gezeigt, daß dieser Motor in Verbindung mit dem Vierganggetriebe dem Fahrzeug gute dynamische und ökonomische Eigenschaften sichert. Der „Saporoshez" erreicht eine Maximalgeschwindigkeit von 90 km/h, hat eine gute Beschleunigung und verträgt im 4. Gang eine ruckfreie Minimalgeschwindigkeit von 28 bis 30 km/h. Aus diesem Tempo läßt er sich rasch beschleunigen. Der ungefähre Kraftstoffverbrauch liegt bei 5,15 bis 5,40 Liter je 100 km.

Der Stellvertreter des Chefkonstrukteurs des Melitopoler Motorenwerkes, F. A. Reppich, äußerte sich zu diesem Thema wie folgt:

„Der Kleinwagen ‚Saporoshez' überwindet im 2. Gang fast alle Steigungen. Auf Feldwegen und im Gelände kann man im 3. und 4. Gang fahren. Durch die Erhöhung der Motorleistung könnte man zwar die Maximalgeschwindigkeit um 8 bis 10 km/h erhöhen, die Kilometerleistung ohne Reparaturen würde sich jedoch um 10 000 bis 20000 vermindern. Die geringfügige Erhöhung der Maximalgeschwindigkeit rechtfertigt aber dieses Opfer nicht."

Das ist also der Motor des „Saporoshez"; er hat eine Masse von 70 kg und ist sehr kompakt in einem Block mit dem Vierganggetriebe angeordnet.

Das Fahrwerk

Das Fahrzeug besitzt eine Einscheibenkupplung. Auf Wunsch wird der Wagen auch mit einer halbautomatischen Kupplung geliefert, die die Führung des Kraftwagens in dichtem Stadtverkehr erleichtert. Die Übersetzungsverhältnisse der einzelnen Gangabstufungen des Vierganggetriebes sind so gewählt, daß das Schalten von Gangstufe zu Gangstufe erleichtert und der Start des Wagens beschleunigt wird. Dadurch wird der Ausnutzungsgrad der höheren Gangstufen (3. und 4.) erhöht, die dynamischen Eigenschaften des Fahrzeuges (und seine Beschleunigung) verbessert und der Brennstoffverbrauch im Stadtverkehr gesenkt. Das Getriebe ist beginnend vom zweiten Gang aufwärts synchronisiert. Die Zahnräder der Achsübersetzung sind kreisbogenverzahnte Kegelräder. Eine Besonderheit des Achsantriebes ist die Lagerung der Kardangelenke der Achswellen in den Aussparungen der Zahnräder des Achsantriebes und des Differentials. Die Achswellen haben Kardangelenke auch an den Radachsen.

Alle vier Räder sind einzeln aufgehängt. Die Hinterräder hängen an V-förmigen Lenkern. Die Federn sind Schraubenfedern. Die Hinterräder befinden sich nicht in einer vertikalen Ebene, sondern sind in einem bestimmten Winkel nach innen geneigt (1° 30′), was die Fahreigenschaften bedeutend verbessert. Die Vorderräder sind auf Längslenkern und querstehenden Torsionsblattfedern aufgehängt. Eine solche Konstruktion der Achsen gewährleistet zusammen mit doppelt wirkenden Teleskopstoßdämpfern und einer richtig ausgerichteten Lenkgeometrie bei guten Fahreigenschaften eine bequeme und leichte Fahrt auch auf schlechten Wegen. Erprobungen haben gezeigt, daß sich die Spurweite der Hinterräder beim Einfedern der Räder nur wenig verändert. Die Vorderräder behalten beim Federn fast genau ihre Einstellung.

Die Bereifung des Fahrzeuges in der Größe 5,20 – 13″ ist schlauchlos und besitzt ein etwas vergrößertes Profil.

Die hydraulischen Bremsen sind mit einer automatischen Nachstellung der Bremsbacken versehen. Die mechanische Handbremse wirkt auf die Hinterräder. Um die Verläßlichkeit der Bremsen zu erhöhen, insbesondere bei Fahrten auf staubigen und kotigen Straßen, übersteigt ihre wirksame Oberfläche die analogen Werte europäischer Kraftwagen. Dies ist unter unseren Fahrbedingungen notwendig, ebenso wie eine große Bodenfreiheit des Wagens, die beim Befahren verschneiter Wege im Winter erforderlich ist.

Der neue sowjetische Kleinwagen hat trocken eine Masse von 600 kg. Auf guten Straßen erreicht er eine Maximalgeschwindigkeit von etwas mehr als 90 km/h.

Die laufende Produktion

Nun, der neue sowjetische Kleinwagen ist gebaut. Es verbleibt noch, seine laufende Produktion zu sichern. In dieser Hinsicht ist noch eine ganze Reihe sehr wichtiger Aufgaben zu lösen.

Eine der wichtigsten Aufgaben ist die Vorbereitung und Schulung hochqualifizierter Kader. Das Werk „Kommunard" in Saporoshje hat bisher Mähdrescher und andere landwirtschaftliche Maschinen erzeugt. Die Technologie ihrer Produktion ist bedeutend einfacher als die Technologie der Kraftfahrzeugproduktion. Die Qualifikation der Kader aller Stufen ist niedriger als in Automobilfabriken. Es genügt beispielsweise anzuführen, daß zu der Zeit, als das Werk „Kommunard" der Automobilindustrie übergeben wurde, in ihm insgesamt 350 Gasschweißer beschäftigt waren, während allein im Karosseriebau der Kraftfahrzeugproduktion mindestens 500 bis 600 Elektroschweißer erforderlich sind. Solche und ähnliche Probleme müssen jetzt von der Leitung des Werkes „Kommunard" auch in anderen Abteilungen gelöst werden.

Nach Saporoshje sind viele Konstrukteure und Technologen aus anderen Kraftfahrzeugbetrieben gekommen, unter ihnen auch der Hauptkonstrukteur des Werkes, J. Sopotschkin, der langjährige Erfahrungen aus seiner Arbeit in den Automobilwerken in Gorki mitbringt.

Im Werk werden beschleunigt Bauarbeiten vorgenommen. Es entsteht eine neue Abteilung nach der anderen, die Hauptproduktionsabteilungen werden umgebaut und mit neuen Ausrüstungen versehen. Es muß noch eine gewaltige Arbeit geleistet werden, bis alle Abteilungen mit der fortschrittlichen Technik ausgerüstet sind sowie eine große Anzahl Pressen, Ausrüstungen und Einrichtungen angefertigt ist. Alle Abteilungen des Werkes in Saporoshje werden in hohem Grade automatisiert und mechanisiert sein.

An der Vorbereitung der Produktion der Kleinwagen beteiligen sich sehr wirksam auch andere Automobilbetriebe. Die geplante Massenfertigung von Kleinwagen erfordert eine Produktionsorganisation nach dem Prinzip einer breiten industriellen Kooperation. An der Produktion dieser Kraftwagen wird eine große Anzahl Zulieferbetriebe beteiligt sein. Viele Teile aus Gummi, Glas und Plaste sowie vieles andere Zubehör wird der neue Betrieb aus den Betrieben der Ukraine und der RSFR erhalten. Praktisch hilft die gesamte Automobilindustrie der Sowjetunion der jungen Automobilfabrik in Saporoshje. Dies gibt uns die Gewißheit, daß dieses große Werk erfolgreich beendet wird und die ersten sowjetischen Kleinwagen sehr bald auf den Straßen der Sowjetunion erscheinen werden.

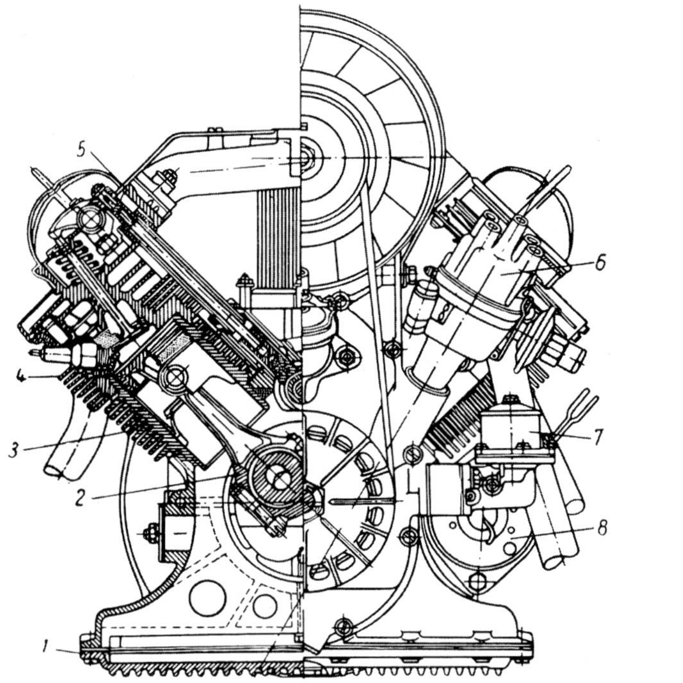

Querschnitt des Motors für den Kleinwagen

1 Gehäuse, 2 Pleuelstange, 3 Zylinder, 4 Kolben, 5 Zylinderkopf, 6 Unterbrecher-Verteiler-System der Zündung, 7 Kraftstoffpumpe, 8 Starter (Anlasser)

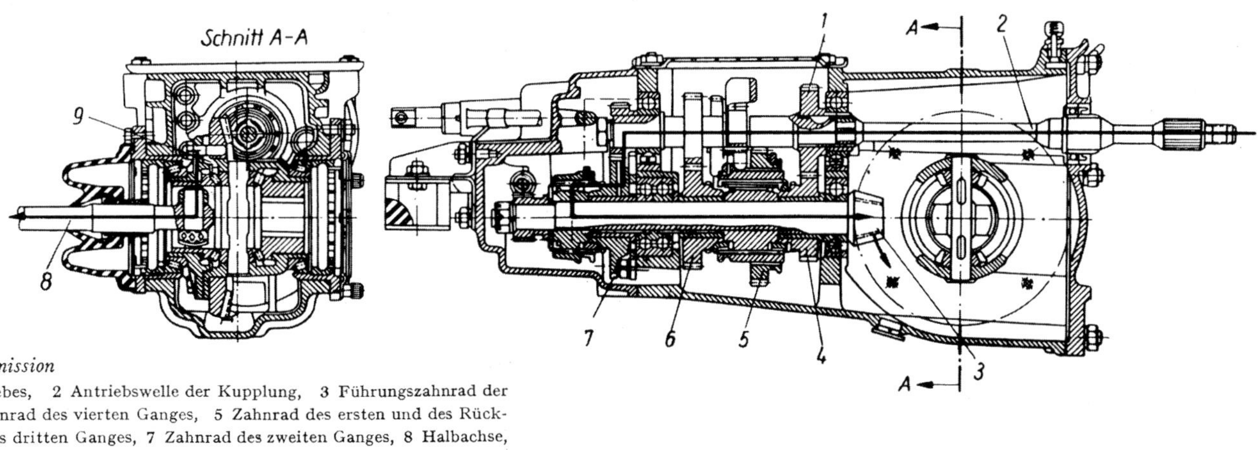

Getriebe und Haupttransmission

1 Führungswelle des Getriebes, 2 Antriebswelle der Kupplung, 3 Führungszahnrad der Haupttransmission, 4 Zahnrad des vierten Ganges, 5 Zahnrad des ersten und des Rückwärtsganges, 6 Zahnrad des dritten Ganges, 7 Zahnrad des zweiten Ganges, 8 Halbachse, 9 Differential

Ing. E. Reusch

Der sowjetische FIAT

WAS 2101-Shiguli

Shiguli – dieser Namenszug steht am Heck des Wagens, der in dem neuerbauten Automobilwerk Togliatti vom Band läuft. Den gleichen Namen tragen die nahegelegenen Berge und die kleinen Wolga-Segelboote. Der russische Buchstabe „B", abgeleitet von Wolga-Automobilwerk, in der Mitte des Kühlergrills wurde deshalb wie ein Segelboot stilisiert. Das Wolga-Automobilwerk ist für eine jährliche Fertigungsstückzahl von 660 000 ausgelegt. Sein Aufbau begann kurz nach der Unterzeichnung des Vertrages über die Zusammenarbeit auf technischem Gebiet zwischen der sowjetischen Automobilindustrie und dem italienischen FIAT-Konzern im Mai 1966. Das Vorbild für den sowjetischen Lizenztyp WAS 2101 war der Turiner FIAT 124, der 1966 als das bestgelungene Modell des Jahres international anerkannt worden war. Mit seinem Vorbild hat der sowjetische Typ zwar die grundsätzliche technische Konzeption und die äußeren Formen gemeinsam, im Detail unterscheidet er sich vom FIAT 124 aber recht wesentlich. Einige Baugruppen wurden verstärkt, andere völlig neu gestaltet. Die Änderungen bezogen sich nicht nur auf die Anpassung des Wagens an die klimatischen Bedingungen und Straßenverhältnisse der Sowjetunion, sie dienten vor allem dem Ziel, den Wagen robuster und unempfindlicher zu gestalten, um auch unter harten Bedingungen eine angemessene Lebensdauer zu gewährleisten. Nicht zuletzt wurde die Konstruktion dem neuesten technischen Stand angepaßt. Manche Einzelheiten, die sich damals in Turin noch in der Konstruktion befanden, wurden bei der Entwicklung des Shiguli mit eingearbeitet, in anderen Details war der sowjetische Lizenztyp bereits bei seinem Erscheinen noch fortschrittlicher als sein Vorbild, das in Turin vom Band läuft. So hat der Shiguli einen neu entwickelten, hochmodernen OHC-Motor mit Schwinghebel-Ventilsteuerung, während die Maschine des FIAT 124 noch mit unten liegender Nockenwelle, Stoßstangen und Kipphebeln arbeitet.

Karosserie

Die selbsttragende Ganzstahlkarosserie ist außerordentlich kompakt gestaltet und zeichnet sich durch konsequente Raumausnutzung aus. Motor- und Kofferraum wurden möglichst kurz gehalten, so daß für die Insassen etwa genau so viel Raum zur Verfügung steht wie bei dem größeren Typ 125, der insgesamt rund 16 cm länger ist. Der Aufbau wirkt schlicht und zweckmäßig und verzichtet auf modische Extravaganzen. Auch die Innenausstattung der Kabine, die fünf Personen Platz bietet, ist betont schlicht gehalten. Die Sitze und Seitenverkleidungen sind mit strapazierfähigem Kunstleder bezogen. Das mit gepolsterten Aufprallkanten versehene Instrumentenbrett ist mattschwarz gehalten, um Spiegelungen in der Windschutzscheibe zu vermeiden. Die Sicht von Fahrersitz über die Wagenkanten vorn und hinten erlaubt exaktes Manövrieren.

Die vier Türen haben Kurbelfenster, die vorderen Dreieckflügel lassen sich ausstellen. Die äußeren Türgriffe sind als Zugtasten ausgebildet, um an der Außenhaut hervorstehende Kanten zu vermeiden. Beide Vordertüren sind wahlweise von innen zu verriegeln oder von außen zu verschließen. Neben der Verstellung in Längsrichtung kann bei den vorderen Einzelsitzen auch jeder gewünschte Neigungswinkel der Lehnen eingestellt werden, und zwar grob in Stufen bis in die Liegestellung sowie mit einer Feineinstellung noch innerhalb der Stufen. Gewindebohrungen zur Befestigung der Dreipunkt-Sicherheitsgurte (Bauch- und Schultergurt) sind nicht nur vorn, sondern auch für die Fondpassagiere vorgesehen. Die Motorhaube ist vorn angelenkt, so daß sie auch bei defektem Verschluß nicht vom Fahrtwind hochgeschlagen werden kann. Die Kofferklappe läßt sich nur mit dem Türschlüssel öffnen. Der Kofferraum hat ein Volumen von 385 l. Reserverad und Kraftstofftank sind an den Seiten stehend untergebracht. Dadurch steht eine beträchtliche Tiefe für Gepäck zur Verfügung, die es ermöglicht, auch größere und sperrige Gegenstände unterzubringen. Der Tankverschluß befindet sich rechts unter einer Abdeckklappe.

Zur Serienausstattung gehören gepolsterte Sonnenblenden, Handgriffe an der Dachkante für die Mitfahrer, Aschenbecher vorn im Instrumentenbrett und hinten an den Türen, Türtaschen vorn sowie ein geräumiger, beleuchteter Handschuhkasten. Der Innenspiegel ist kippbar; bei ihm schwenkt in Abblendstellung die zum Spiegelglas im Kippwinkel geneigte Abdeckscheibe in das Blickfeld, die ein blendfreies Bild der nachfolgenden Scheinwerfer spiegelt. Die in die mittleren Türsäulen eingelassenen Innenleuchten werden von Türschaltern an allen vier Türen eingeschaltet.

Motor

Der vorn eingebaute Vierzylinder-Reihenmotor hat 1198 cm^3 Hubraum. Sein maximales Drehmoment von 8,9 kpm wird bei

1

2

3

3400 U/min, die höchste Leistung von 62 PS bei 5600 U/min erreicht. Die Verdichtung von 8,8 erfordert Kraftstoff mit 83 Oktan. Mit 66 mm Hub bei 76 mm Bohrungsdurchmesser bleibt die Kolbengeschwindigkeit in verschleißgünstigen Grenzen. Die Kurbelwelle ist fünffach gelagert, und die Kolben laufen in trockenen Zylinderbüchsen. Die mit einer Doppelkette angetriebene Nockenwelle liegt noch über dem Leichtmetall-Zylinderkopf. Sie steuert die hängenden Ventile über auf Kugelköpfen abgestützten Schwinghebel. Das Ventilspiel wird zwischen Nocken und Schwinghebel geprüft und durch Höhenverstellung der eingeschraubten Kugelköpfe verändert.
Abbildung 8 zeigt diese interessante Konstruktion, die sich durch eine bemerkenswerte mechanische Laufruhe auch bei hohen Drehzahlen auszeichnet. Die Doppelkette kann durch eine Spannvorrichtung von außen nachgestellt werden.
Im Schmierölkreislauf sorgt eine Zahnradpumpe für einen Druck von 3,5 bis 4,5 kp/cm^2 bei Nenndrehzahl. Das Motorenöl wird von einem im Hauptstrom liegenden Feinfilter mit Papiereinsatz zwangsweise gereinigt. Beim eingefahrenen Motor ist ein Ölwechsel erst nach 10 000 km oder sechs Monaten vorgeschrieben. Die Ölpumpe, der Verteiler und die Kraftstoffpumpe werden über eine gesonderte Welle angetrieben, deren Lager wie die Haupt- und Pleuellager der Kurbelwelle unter Öldruck stehen. Die Wasserpumpe mit vierflügligem Lüfter aus Plaste und die Drehstromlichtmaschine werden über Keilriemen angetrie-

4

ben. Das geschlossene Kühlsystem ist mit einer frostsicheren Mischung gefüllt, die nach je 60 000 km oder zwei Jahren gewechselt wird. Der Flüssigkeitsstand kann im Plast-Ausgleichsbehälter kontrolliert werden.

Das Kraftstoffluftgemisch bereitet ein Doppelfallstromvergaser, dessen Drosselklappen mechanisch nacheinander öffnen. Ein pneumatisch gesteuertes Spardüsensystem sorgt für günstige Verbrauchswerte im Teillastbereich. Der vorgeschaltete Luftfilter saugt im Sommer Kaltluft und im Winter nach Umsetzen seines Deckels vom Auspuffkrümmer vorgewärmte Luft an. Der Zündzeitpunkt wird im Zündverteiler nur durch einen Fliehkraftversteller den Drehzahlen angepaßt. Eine Unterdruckzündverstellung ist nicht vorgesehen. Am Verteiler befindet sich aber ein Oktankorrektor mit Exzenterverstellung, der die Anpassung der Zündeinstellung an verschiedene Kraftstoffqualitäten ermöglicht. Einstellmarken für den Zündzeitpunkt befinden sich an der Riemenscheibe der Kurbelwelle und am Deckel des Verteilerantriebs.

Kraftübertragung

Gegenüber dem Turiner FIAT 124 wurde der Durchmesser der Einscheiben-Trockenkupplung mit Tellerfeder von 184 auf 203 mm vergrößert. Die Fußkraft vom Pedal zur Kupplung wird hydraulisch übertragen. Das mit einem Schaltknüppel auf dem Mitteltunnel geschaltete Wechselgetriebe ist in allen vier Vorwärtsgängen synchronisiert. Vom Getriebe wird das Drehmoment über eine zweiteilige, zwischengelagerte Kardanwelle zur hinteren Antriebsachse übertragen. Das Schmieröl kann 30 000 km im Wechselgetriebe und im Ausgleichsgetriebe verbleiben, zur Prüfung des Ölstandes dienen in Höhe des vorgeschriebenen Niveaus angeordnete Kontrollschrauben. An der Kardanwelle benötigt lediglich das Schiebestück nach je 30 000 km neues Schmierfett. Die Kreuzgelenke und das Zwischenlager sind wartungsfrei.

Fahrwerk

Die Vorderräder werden oben und unten von unterschiedlich langen Querlenkern geführt. Die unteren Lenker stützen sich auf Schraubenfedern, während innerhalb der Federn angeordnete Teleskopstoßdämpfer die Schwingungen unterdrücken. Ein Torsionsstabilisator, der die unteren Lenker verbindet, wirkt der Kurvenneigung des Aufbaus entgegen. Das Schneckenlenkgetriebe und die dreiteilige Spurstange liegen geschützt hinter dem Vorderachsträger. Sämtliche Gelenke an Vorderachse und Lenkung sind wartungsfrei, nur die Vorderradlager müssen nach je 20 000 km geschmiert werden.

Die starre Hinterachse wird nicht wie üblich von Blattfedern geführt und gefedert, wobei Lageänderungen der Achse gegenüber dem Aufbau die Fahreigenschaften negativ beeinflussen können. Beim Shiguli sind hinten Schraubenfedern und Teleskopstoßdämpfer eingebaut, die keine Radführungsfunktionen zu erfüllen haben. Die Führung der Achse übernehmen zwei an der Karosserie angelenkte Längsschubstreben, während eine quer angelenkte Strebe (Panhardstab) seitliche Lageänderungen verhindert. Zwei zusätzliche kurze Längs-

1 Der WAS 2101 – Shiguli ist mit einem Vierzylinder-Viertakt-OHC-Motor ausgestattet, der mit 60 PS Leistung dem Wagen eine Höchstgeschwindigkeit von reichlich 140 km/h ermöglicht

2 Die großen Fensterflächen gewährleisten eine gute Sicht nach allen Richtungen und auf die Karosseriekanten

3 Der viertürige Wagen bieten fünf Personen Platz. Zugunsten des reichlich bemessenen Innenraums wurden Motor- und Kofferraum kurz gehalten

4 Die Ausstattung ist reichhaltig, das Viergang-Getriebe wird mit einem Mittelschalthebel geschaltet, der Handbremshebel liegt zwischen den Vordersitzen

5 An Stelle der üblichen Entfrosterdüsen hat der Shiguli zwei Rosetten, deren Luftstrom in jede gewünschte Richtung gebracht werden kann. Der beleuchtete Handschuhkasten – im Bild aufgeklappt – bietet recht viel Platz

5

lenker nehmen die Reaktionskräfte beim Bremsen und Beschleunigen auf. Sämtliche Gelenke sind wartungsfrei. Diese recht aufwendige Achsführung wird seit kurzem auch beim FIAT 124 eingebaut; das ursprüngliche Modell hatte an Stelle der kurzen Reaktionsstäbe noch ein mit der Hinterachse fest verbundenes Tragrohr, das sich am Kardan-Zwischenlager elastisch abstützte.

Bremsen und Räder

Ein Tandem-Hauptbremszylinder teilt die hydraulische Betriebsbremse in zwei voneinander unabhängige Bremskreise; einer umfaßt die Vorderräder, der zweite die Hinterräder. Die Vorderräder haben Scheibenbremsen mit festem Bremssattel und gesondertem Bremszylinder für jede einzelne Bremsbacke. Die Hinterräder sind mit Simplex-Trommelbremsen ausgerüstet. Die Bremstrommeln bestehen aus Leichtmetall. Die an den Hinterrädern wirksame Bremskraft wird von einem Regler eingestellt, der an der Hinterachse angelenkt ist und den Bremsdruck abhängig von der Belastung wählt. Damit wird das Überbremsen und Blockieren der Hinterräder vermieden, das sonst vorwiegend bei nur teilbesetztem Wagen zumindest bei nasser und glatter Fahrbahn zum Ausbrechen des Wagens aus der Spur führen kann. Die Handbremse wirkt über Seilzüge auf die hinteren Trommelbremsen. Der Handbremshebel liegt auf dem Mitteltunnel griffgünstig zwischen den Vordersitzen.
Die Super-Niederquerschnitt-Reifen der Dimension 6.15 – 13 auf Felgen $4^1/_2 \times 13$ haben eine im Verhältnis zur Querschnitthöhe sehr breite Lauffläche. Sie haften auch auf nassen und schlüpfrigen Fahrbahnen wesentlich besser als die bei anderen Wagen noch überwiegend eingesetzten Niederquerschnittreifen. Die Karkassen werden im herkömmlichen Diagonalaufbau gefertigt, Radialreifen der gleichen Abmessungen sind vorgesehen.

Ausstattung

Bei der Anpassung des Lizenzmodells an die sowjetischen Klimaverhältnisse wurde besonderer Wert auf gutes Kaltstartverhalten unter extremen Bedingungen gelegt. Der Doppelfallstromvergaser wurde aus diesen Gründen dem Doppelhorizontalvergaser des Turiner FIAT 124 vorgezogen. Die elektrische Anlage des Shiguli ist sehr reichlich bemessen. Die eingebaute Batterie 12 V/55 Ah ist etwa genau so groß wie die des Pkw Wolga, dessen 2,5-l-Motor ein wesentlich größeres Anlaßdrehmoment erfordert. Die Drehstomlichtmaschine mit eingebauten Siliziumgleichrichterdioden, die schon in Leerlaufdrehzahlen Strom in das Bordnetz liefert, gibt bei 4000 U/min 40 A ab. Das entspricht einer Leistung von 480 bis über 500 W je nach geregelter Spannung bzw. Belastung. Die verschiedenen Änderungen setzten die Kaltstartgrenztemperatur auf – 25 °C herab, wobei der Motor noch ohne besondere Maßnahmen anspringt. Für noch extremere Bedingungen steht eine Andrehkurbel zur Verfügung, und an der Kraftstoffpumpe befindet sich ein Handhebel, mit dem Kraftstoff aus dem Hecktank zum Vergaser gefördert werden kann, ohne die Anlaßanlage zu belasten.
Auch die Heizung wurde angesichts der in der Sowjetunion auftretenden Temperaturen reichlicher bemessen als beim FIAT 124. Ihre Wirkung setzt schon nach relativ kurzer Warmfahrstrecke ein. Als mittlere Temperatur im Innenraum werden vom Werk + 25 °C und im Flußraum + 30 °C bei voll eingeschalteter Heizung und – 25 °C Außentemperatur angegeben! Lufteintritt und Kühlwasserdurchfluß werden mit Schiebehebeln geregelt, die an der Kante des Instrumentenbrettes eingelassen sind. Zwei Luftleitrosetten auf seiner Oberseite übernehmen die Funktion der sonst üblichen Entfrosterdüsen. Mit diesen Rosetten können die Luftströme je nach Bedarf an die Seitenscheiben oder in den Innenraum gelenkt werden. Die Regelklappe für den Warmluftaustritt im Fußraum verteilt die Heizluft in verschiedene Richtungen, um eine annähernd gleichmäßige Erwärmung zu gewährleisten. Ein zweistufiges Elektrogebläse sorgt für erhöhten Luftdurchsatz im Stand und bei niedrigen Fahrgeschwindigkeiten. Die Frischluft für die Heizung oder bei geschlossenem Wasserdurchlauf zur Belüftung wird der weitgehend

6 Bei den Vordersitzlehnen kann jeder gewünschte Neigungswinkel eingestellt werden. Die Aschenbecher im Fondsraum sind in die Armlehnen eingearbeitet

7 Durch die Anordnung des Reserverads und des Kraftstoffbehälters in den Ecken hinter den Radkästen steht die gesamte Tiefe des Kofferraumes für Gepäck zur Verfügung

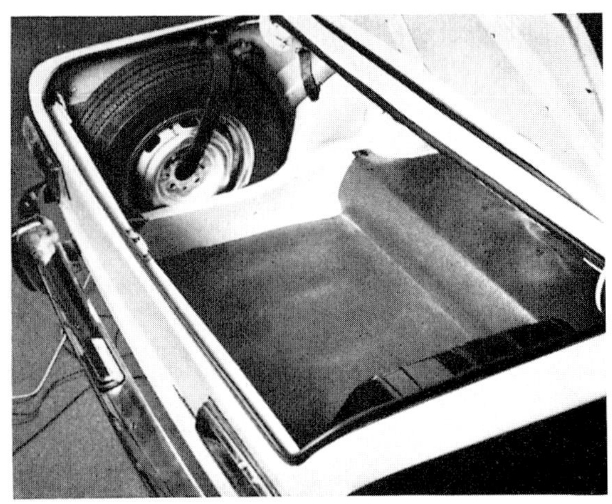

staubfreien Zone vor der Windschutzscheibe entnommen.
Das Kombinationsinstrument enthält außer Tachometer und Kilometerzähler Instrumente für die Kühlwassertemperatur und den Kraftstoffvorrat im Tank sowie Kontrolllampen für Kraftstoffreserve, angezogene Handbremse, Öldruck, Batterieladung, Fahrtrichtungsanzeiger, eingeschaltete Begrenzungsleuchten und Fernlicht. Die Beleuchtungsstufen Standlicht, Abblendlicht und Fernlicht werden nach Einschalten eines Hauptlichtschalters mit einem in Lenkradnähe liegenden Hebel gewählt. Der ebenfalls an der Lenksäule angeordnete, etwas kürzere Blinkhebel schaltet sich bei Rückdrehung des Lenkrades selbst aus. Die Scheibenwaschanlage wird mit einem Druckknopf bedient. Der Scheibenwischer arbeitet je nach Schaltstellung im Dauerbetrieb oder in Intervallen. Leuchten im Kofferraum, Motorraum und Handschuhkasten, die sich beim Öffnen der Klappen einschalten, gehören ebenso zur Serienausstattung wie der Zigarettenanzünder.
Fahrfertig hat der Shiguli eine Leermasse von 945 kg, die Nutzlast einschließlich 50 kg Gepäck im Kofferraum beträgt 400 kg. Die Steigleistung wird im ersten Gang mit 34 %, im zweiten mit 19, im dritten mit 11 und im vierten mit 6,5 % angegeben. Die Höchstgeschwindigkeit liegt bei 140 km/h.

8 Ventilsteuerung
1 – Nocken 2 – Ventilspiel, das zwischen Nokken und Schwinghebel gemessen wird 3 – Kontermutter der Stellschraube 4 – Stellschraube mit Kugelkopf

TECHNISCHE DATEN

Motor: Viertakt-Vierzylinder-OHC
Hubraum: 1198 cm^3
Bohrung: 76 mm
Hub: 66 mm
Verdichtung: 8,8
Leistung: 62 PS bei 5600 U/min (nach Gost-Norm)
Max. Drehmoment: 8,9 kpm bei 3400 U/min
Schmierung: Druckumlauf mit Feinfilter im Hauptstrom
Kühlung: Abgeschlossenes System mit frostsicherer Flüssigkeit
Vergaser: Doppelfallstrom mit Spareinrichtung
Zündung: Verteiler mit Fliekraftversteller und Oktankorrektor
Zündkerzen: M 14, Langgewinde 19 mm, Wärmewert 240
Batterie: 12 V, 55 Ah
Lichtmaschine: Drehstrom 480 W
Anlasser: 1,3 kW
Kupplung: Einscheiben-Trockenkupplung, hydraulisch betätigt
Getriebe: Viergang, 1.–4. synchronisiert, Mittelschalthebel
Getriebeübersetzungen: 1. Gang 3,75
2. Gang 2,30
3. Gang 1,49
4. Gang 1,0
Rückwärtsgang 3,87
Antrieb: Hinterachse, Übersetzung 4,3
Karosserie: Ganzmetall, selbsttragend, vier Türen
Vorderachse: Einzelradaufhängung an Querlenkern, Schraubenfedern, Teleskopstoßdämpfer, Querstabilisator
Lenkung: Globoidschneckengetriebe, Spurstange dreiteilig
Hinterachse: Starrachse, geführt an 4 Längslenkern und Panhardstab, Schraubenfedern, Teleskopstoßdämpfer
Betriebsbremse: Zweikreissystem, vorn Scheibenbremsen, hinten Trommelbremsen mit lastabhängigem Bremskraftregler
Handbremse: mechanisch auf die Hinterräder wirkend
Bereifung: 6,15 – 13 (Felgen $4^1/_2$ J × 13)
Radstand: 2424 mm
Spurweite: vorn 1345 mm, hinten 1304 mm
Länge: 4073 mm
Breite: 1611 mm
Höhe: 1382 mm
Bodenfreiheit: 170 mm (Fiat 124 140 mm)
Trockenmasse: 890 kg
Leermasse fahrfertig: 945 kg
Nutzlast: 400 kg
Gesamtmasse: 1345 kg
Beschleunigung von 0 bis 100 km/h: 22 Sekunden (voll belastet)
Bremsweg bei 80 km/h: 35 m (voll belastet)
Kraftstoffkontrollverbrauch: 8 l/100 km (voll belastet, konstante 80 km/h in der Ebene)
Höchstgeschwindigkeit: 140 km/h

Fotos: Pochanke

9 Verteiler, Kraftstoffpumpe und Zündkerzen sind gut zugänglich. Im Bild sind rechts die Ausgleichbehälter für die Zweikreisbremse sowie für die hydraulische Kupplung und unten der Kühlwasser-Ausgleichbehälter zu erkennen

9

Komfortabel und geländegängig

Niwa – WAS 2121

Überall dort, wo es abseits befestigter Wege über Stock und Stein geht, hat das geländegängige Kraftfahrzeug sein Bewährungsfeld. Manches entlegene Bergdorf im weiten Sowjetland, viele Ortschaften in Taiga, Tundra und Wüstengebiet verdanken solchen Kraftfahrzeugen den ständigen Kontakt mit der übrigen Zivilisation. Und so ist es kaum verwunderlich, daß es neben dem Bedarf an Lastkraftwagen und Traktoren auch den Wunsch nach geländetauglichen Pkw gibt.

Fahrzeuge dieser Art haben in der UdSSR eine weitreichende Tradition. Vor allem die Geländewagen mit der Typenbezeichnung UAS konnten sich in den Gebieten vom Hohen Norden bis zu den Steppen des Südens bewähren. Solche Eigenschaften auf der Basis eines Großserienmodells mit hohen Stückzahlen zu verwirklichen, das war die Aufgabenstellung für das WAS-Automobilwerk an der Wolga. Mit dem Modell Niwa ist dieses Vorhaben zweifellos gelungen. Es vereint die Vorzüge eines geländegängigen Fahrwerks mit dem Komfort der größeren Lada-Modelle und deren moderner Fertigungstechnik.

Fertigungsvoraussetzungen

Anders als bei den Modellen der Lada-Palette stellt der Niwa ein Produkt dar, für das eine besondere Fertigungsstätte notwendig war.

Innerhalb des Werkgeländes in Togliatti entstand deshalb eine neue Werkhalle, in der Karosseriebau und Fertigmontage für den Niwa untergebracht sind. Ein großer Teil der mechanischen Bauteile und Aggregate konnte jedoch mit einigen Änderungen von den bisherigen Modellen abgeleitet werden, so daß sie auf den vorhandenen Fertigungsanlagen mit produziert werden.

Mit der Herstellung des Niwa-WAS 2121 konnte bereits 1977 begonnen werden, nachdem die umfangreichen Straßen- und Labortests erfolgreich abgeschlossen waren. Die projektierte Kapazität dieses für die Volkswirtschaft der Sowjetunion und dabei besonders die Landwirtschaft so wichtigen Fahrzeugs beträgt nicht weniger als 50 000 Exemplare im Jahr. 1980 soll dieser enorme Ausstoß an geländetauglichen WAS-Pkw erstmals erreicht werden.

Technische Konzeption

Fahr- und Triebwerk des Niwa basieren auf dem technischen Konzept der Lada-Pkw. Da der Lada über Standard-Antrieb mit vorn liegendem Motor und angetriebener Hinterachse verfügt, konnte die hintere Antriebsachse mit einigen Verstärkungen von der Straßenlimousine übernommen werden. Anders dagegen die Vorderachse: Sie besteht aus einem speziell hierfür gebauten Schmiedeteil, den Radantriebswellen und geschmiedeten Doppelquerlenkern zur Radführung.

Die Kraftübertragung erfolgt über das Vierganggetriebe, das eine zusätzliche Nachschaltgruppe erhielt, sowie über eine kurze Kardanwelle auf das Verteilergetriebe, von dem aus sowohl Hinterachse als auch Vorderachse angetrieben werden. Auf diese Weise war es möglich, daß das Triebwerk – bestehend aus dem 1600-cm^3-Motor des WAS 2106 (Lada 1600, siehe Motor-Jahr 79) und dem seriennahen Vierganggetriebe – ohne größere Änderungen übernommen werden konnte.

Der Niwa hat einen um 224 mm geringeren Radstand, aber größere Spurweiten (vorn + 67 mm, hinten + 79 mm). Mit Hilfe der 16-Zoll-Räder (Limousine 13 Zoll) entsteht eine Bodenfreiheit von 220 mm.

Die Karosserie ist zweitürig ausgelegt und verfügt über eine praktische Ladeklappe in der steil abfallenden Heckpartie. Die um 51 cm geringere Länge gegenüber den größeren Lada-Limousinen wird vor allem durch Reduktionen im Heckbereich erreicht. Das ist einer der Gründe, weshalb das Reserverad aus dem Heck in den Motorraum verlagert werden mußte.

Konstruktive Besonderheiten

Um den 1600-cm^3-Motor trotz veränderter Vorderradaufhängung und des zusätzlichen Frontantriebs einbauen zu können, mußte die Ölwanne verändert werden. Das wiederum erforderte Umkonstruktionen der Ölpumpe. Zur Anpassung an extreme Witterungsverhältnisse hat der Niwa einen größeren Kühler mit rd. 1 l größerem Flüssigkeitsvorrat. Sechsflügliger Plastlüfter und gekapselte Lichtmaschine sind weitere Zugeständnisse an den Geländebetrieb.

Das Vierganggetriebe ist im Prinzip genauso zu schalten wie bei den Limousinen. Zusätzlich befindet sich im Niwa ein Hebel zur Betätigung des zweistufigen Vorschaltgetriebes, so daß man von insgesamt 8 Vorwärtsgängen sprechen kann. Mit einem weiteren Hebel schaltet man den Frontantrieb zu, wodurch dann alle 4 Räder angetrieben sind, als beste Voraussetzung für maximale Vortriebskräfte unter schweren Geländebedingungen. Gegenüber den Lada-Limousinen hat der Niwa neue Vorderrad-Scheibenbremsen. Ihre Dreikolben-Bauart gestattet eine noch sicherere Bremskreisaufteilung.

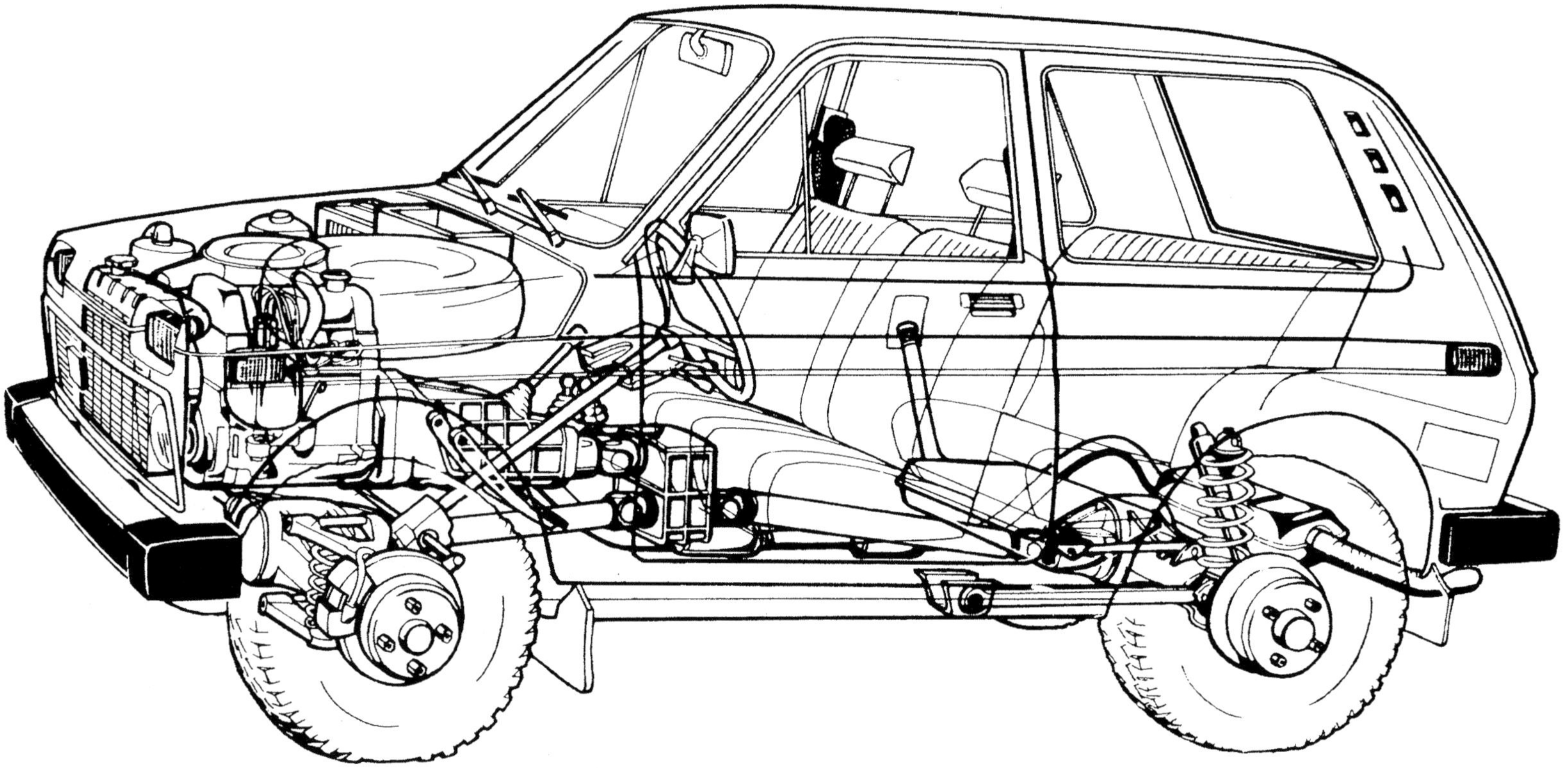

1 Röntgenzeichnung des Niwa (Zeichnung: Hasse)

Tabelle: Hauptdaten des Niwa-WAS 2121

Motor	Vierzylinder-Viertakt-Ottomotor
Ventilsteuerung	ohc
Hub/Bohrung	80 mm/79 mm
Hubraum	1 568 cm^3
Höchstleistung	57 kW (78 PS) bei 5 200 U/min
Maximales Drehmoment	121,5 Nm (12,0 kpm) bei 3 400...4 000 U/min
Hinterachsübersetzung	4,4
Felgen	5 J–16
Reifen	6.95–16
Elektrische Anlage	12 V
Radstand	2 200 mm
Spur v/h	1 432 mm/1 400 mm
L/H/B	3 590 mm/1 680 mm/1 645 mm
Leermasse	1 150 kg
Nutzmasse	400 kg
Höchstgeschwindigkeit	130 km/h

2 Niwa-WAS 2121 – der geländegängige Pkw aus der UdSSR

3 Schraubenfedern an allen 4 Rädern des Niwa erhöhen den Fahrkomfort

4 Seitenpartie des Niwa mit Vollheckabschluß

Die Ganzstahl-Karosserie ist zweckbezogen ausgestattet, verfügt aber über die meisten im Lada 1 500/1 600 vorhandenen Sicherheitsdetails. Kopfstützen an den Vordersitzen, Einhand-Sicherheitsgurte und die Instrumente (einschließlich Drehzahlmesser) gehören hinzu. Die Fondsitzbank läßt sich umklappen und bietet somit eine wesentliche Vergrößerung von Ladefläche und Laderaum. Die Heckklappe wird von 2 Gasdruckhebern in geöffneter Stellung gehalten.
Die Sitze sind zwar mit Kunstleder bezogen, bieten aber körpergerechte Ausformungen.

Schlußbetrachtung
Zweifellos ist dem Automobilwerk Togliatti mit dem Modell Niwa-WAS 2121 ein besonderer Wurf geglückt. Inzwischen findet gerade dieses Baumuster auch im Ausland sehr viel Anerkennung und auch Käufer. Mit einem Steigvermögen von 58% im

ersten Geländegang und einer Höchstgeschwindigkeit von 130 km/h im Straßenbetrieb kann sich der Niwa den jeweiligen Anforderungen gut anpassen. Und gerade diese Fähigkeit macht die besondere Stärke des Niwa aus.

Fotos: Böttcher

5 Entlüftungsschlitze in der hinteren Dachsäule sorgen für einwandfreie Durchlüftung des Innenraums

6 Auch formgestalterisch überzeugend: Heckpartie des Niwa-WAS 2121